第8章●振動運動のシミュレーション

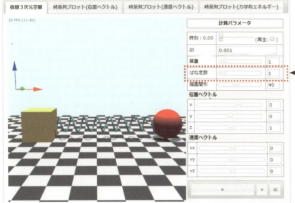

ばね定数の指定

図 8.16
●単振動シミュレータの実行画面

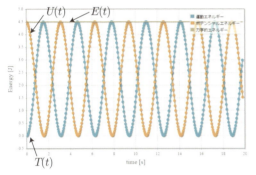

図 8.19
●単振動運動のエネルギー各種の時系列データ

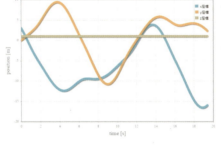

位置ベクトル

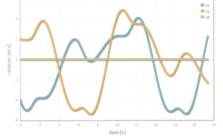

速度ベクトル

各種エネルギー

図 8.23
●球体に初速度を与えた場合の物理量各種の時系列プロット

HTML5による
物理シミュレーション

剛体編　物理エンジンの作り方（2）

遠藤理平●著

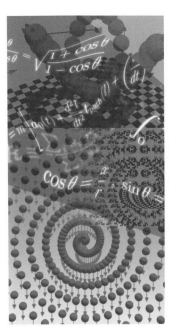

■サンプルファイルのダウンロードについて

　本書に掲載のサンプルファイルは、一部を除いてインターネットからダウンロードすることができます。学習を進める際に、参考としてご利用ください。詳しいダウンロード手順については、本書の巻末にある「袋とじ」を参照してください。

※ダウンロードサービスを利用するには、巻末の「袋とじ」の中に記されている「ナンバー」が必要です。本書を中古書店で購入した場合や、図書館などから借りた場合には、ダウンロードサービスを利用できない可能性があることをご了承ください。

本書で取り上げられているシステム名／製品名は、一般に開発各社の登録商標／商品名です。本書では、™および®マークは明記していません。本書に掲載されている団体／商品に対して、その商標権を侵害する意図は一切ありません。本書で紹介しているURLや各サイトの内容は変更される場合があります。

はじめに

　本書は、HTML5 を利用しウェブブラウザのみで完結した物理シミュレーション環境（仮想物理実験室）の構築手法と物理学の基礎を実践を交えながら習得することを目的とした『HTML5 による物理シミュレーション』、『HTML5 による物理シミュレーション【拡散・波動編】』をベースとして、剛体運動のシミュレーションを実現するためのライブラリである「物理エンジン」の開発方法を解説した『HTML5 による物理シミュレーション【剛体編】〜物理エンジンの作り方（1）〜』の続編です。物理シミュレーションを HTML5 で実装する意義については上記 3 冊の「はじめに」にて述べさせて頂いたので、ここでは実際に物理シミュレーションを構築する過程で得た所感を記します。

　本書は書名の通り HTML5 を用いて剛体を対象とした仮想物理実験室構築用物理エンジンの開発を目的としていますが、2 冊目を終えた段階においても最も単純な剛体球の重心運動しか対応できておりません。今更ながら仮想物理実験室構築のために実装すべき事項の膨大さを痛感している次第です。その要因として考えられるのは次の 3 つです。

　1 つ目は物理現象を適切に可視化するための 3 次元グラフィックスの実装についてです。物理現象をモデル化した仮想空間内で 3 次元グラフィックスとして表現することは、そこで起こっていることを視覚的に理解することができる非常に強力な手法になり得ます。しかしながら、3 次元グラフィックスであれば何でも良いわけではなく、仮想物理実験における臨場感を醸成するのに必要なクオリティが求められます。本書の第 7 章では視覚効果を高めるテクスチャ関連、第 8 章では振動現象を表現するための「ばね」、第 9 章では運動の拘束された物体の経路を表現する「曲線」を実装しましたが、どれ一つとっても簡単ではありません。

　2 つ目は「物理エンジン」として十分な汎用性を担保した数値計算アルゴリズムの実装についてです。剛体球の重心運動に絞りながら、第 7 章までで様々な形状の剛体との衝突を考慮した剛体球の運動、第 8 章では物理学における非常に重要な概念を含んだ線形ばねによる振動運動、第 9 章では任意の経路に拘束された束縛運動をと、徐々に対応可能な物理系を広げてきました。しかしながら、運動する剛体球同士の衝突や回転運動すらも未だ対応できていません。今後対応する物理系を見据えて想定し得る限りの汎用性を考慮して設計し実装していくのは簡単ではありません。

　3 つ目は物理シミュレータとして必要十分な機能を実現するために必要な HTML5 関連技術の習得と、プログラミング言語である JavaScript に対する深い理解です。HTML5 における 3 次元グラフィックスの規格である WebGL のライブラリ three.js や 2 次元グラフ描画ライブラリ jqPlot、ユー

ザインターフェースを実現する jQueryUI に加え、本書では canvas 要素に描画された 3 次元グラフィックスから WebM 形式の動画を生成するライブラリ whammy を導入しました。これらを目的に応じて有機的につなぐだけでなく、さらに仮想物理実験室として充実した機能を実現するには、言語仕様にまで踏み込んだ理解が不可欠となります。

　上記の 3 項目の習得はどれも決して簡単ではありません。しかしながら、物理シミュレーションを実現したいというモチベーションと少しずつでも完成に近づいて行くことへの充足感に比べれば取るに足らないでしょう。むしろ目的がはっきりしているからこそ、HTML5 によるアプリケーション開発の習得の速度も上がり、物理学や数学の理解も深まると確信しています。本書がその一助となれば筆者としてこれほどの喜びはありません。なお、筆者の勉強不足のために、プログラムや数学、物理学の説明に間違いが有るかもしれません。その際はお手数ですが、ご指摘いただければ幸いです。

　最後に、本書の執筆の機会を頂きました株式会社カットシステムの石塚勝敏さん、製作にあたられた同社編集部の皆さん、また、日常的に議論に付き合って頂いている特定非営利活動法人 natural science の皆さんには、深く感謝申し上げます。

2015 年 2 月
遠藤理平

■ 実行環境

　本書で利用する HTML5 の新要素である canvas 要素に描画する 3 次元コンピュータ・グラフィックスは、HTML5 関連の API の一つである「WebGL」を利用します。WebGL が実行可能なウェブブラウザを利用する必要があります。本書で開発する物理シミュレーションは、執筆時点における主要ウェブブラウザで実行可能です。ただし、コンピュータには WebGL の実行に必要な OpenGL 2.0 もしくは OpenGL ES 2.0 が実行可能なグラフィックスカードが搭載されている必要があります。

- ◎　Google Chrome 39（全機能動作）
- ◎　Opera 26（全機能動作）
- ○　Mozilla Firefox 35（動画生成不可）
- △　Internet Explorer 11（動画生成不可・画像ダウンロード不可）

　本書では「Google Chrome 35」にて開発を行っています。その他のウェブブラウザで全ての機能が動作することは保証しません。

本書のサンプルプログラムの開発環境

OS	Windows 8.1 Pro 64bit
ウェブブラウザ	Google Chrome 26
GPU	NVIDIA GeForce GTX 680 2GB
CPU	Intel Core i7 3930K
メモリ	DDR3 SDRAM 32GB

付属サンプルプログラム一覧（Chapter7 ～ Chapter10 フォルダ）

章	ファイル名	説明
7.1.1	PHYSLAB_r7__Polygon.html	ポリゴンオブジェクト（Polygon クラス）の生成例
7.1.4	OneBodyLab_r7__Polygon.html	ポリゴンオブジェクトと球オブジェクトとの衝突計算例
7.1.5	PHYSLAB_r7__Lucy.html	外部 JSON 形式ファイルによるポリゴンオブジェクトの生成例
7.1.5	OneBodyLab_r7__Lucy.html	外部 JSON 形式ファイルによるポリゴンオブジェクトと球オブジェクトとの衝突計算例
7.3.2	OneBodyLab_r7_dynamicCollision.html	dynamicFunction を用いた衝突計算の例（vectorsNeedsUpdate プロパティの追加）
7.4.1	PHYSLAB_r7__Plane_map.html	平面オブジェクトへのテクスチャマッピングの適用例

章	ファイル名	説明
7.4.3	PHYSLAB_r7__Earth_map.html	球オブジェクトへのテクスチャマッピングの適用例
7.4.4	PHYSLAB_r7__Plane_mapFunction.html	mapTextureFunction プロパティによる動的テクスチャマッピングの生成例
7.4.4	PHYSLAB_r7__Cube_mapFunction.html	立方体オブジェクトに動的テクスチャマッピングを適用した例
7.4.5	PHYSLAB_r7__Earth_normalMap.html	球オブジェクトへの法線マッピングの適用例
7.4.5	PHYSLAB_r7__Plane_normalMapFunction.html	平面オブジェクトに動的テクスチャマッピングを適用した例
7.4.6	PHYSLAB_r7__Earth_specularMap.html	球オブジェクトへの鏡面マッピングの適用例
7.4.6	PHYSLAB_r7__Plane_specularMapFunction.html	平面オブジェクトへ動的に鏡面反射率を適用した例
7.4.7	PHYSLAB_r7__Moon.html	球オブジェクトへ適用したバンプマッピング
7.4.7	PHYSLAB_r7__Plane_bumpMapFunction.html	平面オブジェクトに動的バンプマッピングを適用した例
7.4.8	PHYSLAB_r7__Sphere_env.html	球オブジェクトに環境マッピングを適用した例
7.5.1	PHYSLAB_r7__Earth.html	各種マッピングを施した球オブジェクト
7.5.1	PHYSLAB_r7__Cloud.html	球オブジェクトへ雲テクスチャマッピングを適用例
7.5.1	PHYSLAB_r7__Earth_Cloud.html	テクスチャマッピングを施した2つの球オブジェクト
7.5.3	PHYSLAB_r7__Earth2.html	地球オブジェクト
7.6.1	PHYSLAB_r7__Sphere_env_skybox.html	球オブジェクトに環境マッピング+スカイボックスを適用した例
7.6.1	PHYSLAB_r7__Lucy_env_skybox.html	ポリゴンオブジェクトに環境マッピング+スカイボックスを適用した例
7.6.2	PHYSLAB_r7__Lucy_skydome.html	スカイドームの実装例
7.6.3	PHYSLAB_r7__Cube_fog.html	フォグ効果の実装例
7.6.4	PHYSLAB_r7__Earth_lensFlare.html	レンズフレアの実装例
7.7.2	Blob_test1.html	Blob オブジェクトから外部ファイル出力
7.8.4	addEventListener_test1.html	イベント伝搬の基本形
7.8.4	addEventListener_test2.html	イベント伝搬の停止
7.8.4	addEventListener_test3.html	1つの要素に同じイベントが登録された場合のイベント伝搬の挙動
7.8.4	addEventListener_test4.html	親子要素のイベント伝搬の挙動
7.8.5	PHYSLAB_r7__FreeFall.html	再生モードの実装と時間制御スライダー時の挙動変更
7.8.7	OneBodyLab_r7__Cube_rotation.html	立方体オブジェクトの姿勢制御
7.8.8	OneBodyLab_r7__Cylinder.html	円柱オブジェクトの上向きの変更
8.1.1	PHYSLAB_r8__Spring.html	ばねオブジェクト（Spring クラス）の生成例

章	ファイル名	説明
8.1.2	PHYSLAB_r8__Spring_1.html	ばねオブジェクトと衝突する球オブジェクト
8.1.8	PHYSLAB_r8__Spring_2.html	伸び縮みするばねオブジェクトの上端で跳ね返る球オブジェクト
8.2.3	GraphViewer_1.html	2階の常微分方程式の解（D>0 かつ p>0 の場合）
8.2.3	GraphViewer_2.html	2階の常微分方程式の解（D>0 かつ p<0 の場合）
8.2.3	GraphViewer_3.html	2階の常微分方程式の解（D<0 かつ p>0 の場合）
8.2.3	GraphViewer_4.html	2階の常微分方程式の解（D<0 かつ p<0 の場合）
8.2.3	GraphViewer_5.html	2階の常微分方程式の解（D=0 かつ p>0 の場合）
8.2.3	GraphViewer_6.html	2階の常微分方程式の解（D=0 かつ p<0 の場合）
8.3.3	OneBodyLab_r8__simpleHarmonicOscillation1.html	単振動シミュレータの実行画面
8.3.6	OneBodyLab_r8__simpleHarmonicOscillation2.html	重力項を加えた単振動運動
8.4.2	OneBodyLab_r8__dampedOscillation1.html	減衰振動運動シミュレーション
8.4.2	GraphViewer_dampedOscillation1.html	減衰振動運動の過減衰解
8.4.2	GraphViewer_dampedOscillation2.html	減衰振動運動の過減衰解（空気抵抗力の係数の違い）
8.4.2	GraphViewer_dampedOscillation3.html	減衰振動運動の過減衰解（$x_0 = 0$、$v_0 \neq 0$ の解析解）
8.4.2	GraphViewer_dampedOscillation4.html	減衰振動運動の過減衰解（$x_0 = 0$、$v_0 \neq 0$ の空気抵抗力の係数の違い）
8.4.2	GraphViewer_dampedOscillation5.html	減衰振動運動の過減衰解（最速過減衰の時間依存性）
8.4.2	GraphViewer_dampedOscillation6.html	減衰振動運動の過減衰解（最速過減衰の時間依存性の対数表示）
8.4.3	GraphViewer_dampedOscillation7.html	減衰振動運動の解（$x_0 = 3$、$v_0 = 0$ の場合）
8.4.3	GraphViewer_dampedOscillation8.html	減衰振動運動の解（$x_0 = 0$、$v_0 = 3$ の場合）
8.4.3	GraphViewer_dampedOscillation9.html	減衰振動運動の解（空気抵抗力の係数の違い）
8.4.4	GraphViewer_dampedOscillation10.html	減衰振動運動の臨界減衰解
8.4.6	OneBodyLab_r8__dampedOscillatio2.html	重力場中の減衰振動運動シミュレーション
8.5.3	GraphViewer_forcedOscillation1.html	強制振動運動の解（2つのω_0に対する解析解の概形）
8.5.3	GraphViewer_forcedOscillation2.html	強制振動運動の解（$\omega_0 = \omega \times 1.1$ の場合）
8.5.3	GraphViewer_forcedOscillation3.html	強制振動運動の解（$\omega_0 = \omega = 1$ の場合の変調項）
8.5.4	GraphViewer_forcedOscillation4.html	強制振動運動の解（振動のω_0依存性）
8.5.4	GraphViewer_forcedOscillation5.html	強制振動運動の解（振幅のγ依存性）
8.5.5	OneBodyLab_r8__forcedOscillation1.html	強制振動運動シミュレーション（マウスドラックによる強制振動運動）

章	ファイル名	説明
8.5.5	OneBodyLab_r8__forcedOscillation2.html	強制振動運動シミュレーション（γ＝0に対する共鳴状態の時間発展）
8.5.5	OneBodyLab_r8__forcedOscillation3.html	強制振動運動シミュレーション（ばねの自然長が有限の場合）
8.5.5	OneBodyLab_r8__forcedOscillation4.html	強制振動運動シミュレーション（γ＝0.1に対する共鳴状態の時間発展）
8.6.3	GraphViewer_simplePendulum1.html	微小振動における角度、角速度、張力の時間依存性
8.5.5	OneBodyLab_r8__pendulum1.html	振子運動シミュレーション（支柱が固定された振り子運動の様子）
8.5.5	OneBodyLab_r8__pendulum2.html	振子運動シミュレーション（支柱が固定された振り子運動の様子）
8.6.6	OneBodyLab_r8__pendulum3.html	振子運動シミュレーション（異なる初期角度の運動の比較）
8.6.6	OneBodyLab_r8__pendulum4.html	振子運動シミュレーション（長さの異なる振り子運動のシミュレーション結果）
8.6.6	OneBodyLab_r8__pendulum5.html	振子運動シミュレーション（重さの異なる振り子運動のシミュレーション結果）
8.6.7	OneBodyLab_r8__pendulum6.html	振子運動シミュレーション（最下点から初速度与えた結果）
8.6.8	OneBodyLab_r8__pendulum7.html	振子運動シミュレーション（強制振動角振動数 $\omega_{box}=\omega$ の場合）
8.6.9	OneBodyLab_r8__pendulum8.html	振子運動シミュレーション（式(7.13)で計算した速度ベクトルを与えた場合）
8.6.10	OneBodyLab_r8__pendulum9.html	振子運動シミュレーション（数理モデルの改善後）
9.1.1	PHYSLAB_r9__Line.html	線オブジェクト（Lineクラス）の生成例
9.1.1	OneBodyLab_r9__Line.html	一体問題シミュレーション（マウスドラック用のバウンディングボックスの表示と衝突の様子）
9.1.1	PHYSLAB_r9__Line_dashed.html	仮想物理実験室の創造(線オブジェクトの破線表示)
9.1.2	PHYSLAB_r9__Line_colors.html	仮想物理実験室の創造（頂点色を指定した線オブジェクト）
9.1.2	PHYSLAB_r9__Polygon.html	仮想物理実験室の創造（頂点色を指定したポリゴンオブジェクト）
9.1.3	PHYSLAB_r9__Line_parametric.html	仮想物理実験室の創造（媒介変数関数で頂点座標を指定した例）
9.1.3	PHYSLAB_r9__Line_parametric_colors.html	仮想物理実験室の創造（頂点座標と頂点色を指定した例）
9.2.2	PrametricPlot_Circle.html	媒介変数表示の例（円）
9.2.3	PrametricPlot_Ellipse.html	媒介変数表示の例（楕円）
9.2.4	PrametricPlot_Parabola.html	媒介変数表示の例（放物線）
9.2.5	PrametricPlot_Cycloid.html	媒介変数表示の例（サイクロイド）

章	ファイル名	説明
9.3.4	OneBodyLab_r9__Path_Circle.html	経路に拘束された球の運動シミュレーション（円形の経路）
9.3.6	OneBodyLab_r9__Path_Circle_dynamic.html	経路に拘束された球の運動シミュレーション（円形経路）
9.3.6	OneBodyLab_r9__Path_Circle_dynamic.html	経路に拘束された球の運動シミュレーション（円形経路を強制円運動させた様子）
9.4.1	OneBodyLab_r9__Path_Ellipse.html	経路に拘束された球の運動シミュレーション（楕円形経路）
9.4.3	OneBodyLab_r9__Path_Parabola.html	経路に拘束された球の運動シミュレーション（放物線形経路）
9.4.5	OneBodyLab_r9__Path_Cycloid.html	経路に拘束された球の運動シミュレーション（サイクロイド曲線形経路）
9.4.7	OneBodyLab_r9__Path_Cycloid2.html	経路に拘束された球の運動シミュレーション（円サイクロイド曲線形経路（異なる初期条件に対する比較））
9.4.8	OneBodyLab_r9__Path_hikaku.html	経路に拘束された球の運動シミュレーション（異なる経路による振り子運動の比較）
9.4.8	OneBodyLab_r9__Path_hikaku2.html	経路に拘束された球の運動シミュレーション（異なる経路による振り子運動の比較）
10.1.1	test_object.html	Javascriptにおけるオブジェクトの復習
10.1.1	test_loadTime.html	配列宣言に必要な時間の比較
10.1.2	test_shallowCopy.html	オブジェクトの浅いコピー（シャローコピー）
10.1.2	test_deepCopy.html	オブジェクトの深いコピー（ディープコピー）
10.1.3	test_class.html	Javascriptにおけるクラスの宣言
10.1.3	test_inheritance.html	自作クラスの継承方法
10.1.4	test_classCopy.html	自作クラスで生成されたオブジェクトのコピー
10.1.4	test_classCopy2.html	自作クラスで生成したオブジェクトの完全コピー
10.1.4	test_inheritance_forin.html	継承時のfor in構文の振る舞いチェック
10.1.5	test_classCopy3.html	拡張cloneObject関数を用いた自作クラスで生成されたオブジェクトのコピー
10.1.6	test_JSON.html	オブジェクト→JSON形式文字列（JSON.stringify関数）
10.2.4	PHYSLAB_r10_clone_Shpere.html	3次元オブジェクトのコピー（球オブジェクト）
10.2.4	PHYSLAB_r10_clone_Floor.html	3次元オブジェクトのコピー（床オブジェクト）
10.2.4	PHYSLAB_r10_clone_Axis.html	3次元オブジェクトのコピー（軸オブジェクト）
10.2.4	PHYSLAB_r10_clone_Plane.html	3次元オブジェクトのコピー（平面オブジェクト）
10.2.4	PHYSLAB_r10_clone_Cube.html	3次元オブジェクトのコピー（立方体オブジェクト）
10.2.4	PHYSLAB_r10_clone_Circle.html	3次元オブジェクトのコピー（円オブジェクト）

章	ファイル名	説明
10.2.4	PHYSLAB_r10_clone_Point.html	3次元オブジェクトのコピー（点オブジェクト）
10.2.4	PHYSLAB_r10_clone_Cylinder.html	3次元オブジェクトのコピー（円柱オブジェクト）
10.2.4	PHYSLAB_r10_clone_Polygon.html	3次元オブジェクトのコピー（ポリゴンオブジェクト）
10.2.4	PHYSLAB_r10_clone_Earth.html	3次元オブジェクトのコピー（地球オブジェクト）
10.2.4	PHYSLAB_r10_clone_Spring.html	3次元オブジェクトのコピー（ばねオブジェクト）
10.2.4	PHYSLAB_r10_clone_Line.html	3次元オブジェクトのコピー（線オブジェクト）
10.3.7	PHYSLAB_r10_Shpere_path.html	仮想物理実験室の創造（経路が指定された球オブジェクトのコピー）
10.4.1	PHYSLAB_r10_loadData.html	仮想物理実験室の創造（外部ファイルからの復元）
10.4.1	OneBodyLab_r10_loaData.html	一体問題シミュレータ（外部ファイルからの復元）
10.5.1	play_WebM.html	video 要素による WebM 形式動画の再生
10.5.3	test_WebM.html	three.js と whammy の連携テスト
10.5.3	GraphViewer_WebM.html	画質と動画のファイルサイズ、動画コンパイル時間の関係
10.5.8	OneBodyLab_r10_video.html	一体問題シミュレータ（動画生成機能追加版）

■ ローカル環境にてサンプルプログラムを実行する際の注意点（Google Chrome 起動オプションの設定）

　ローカル PC 上に存在するテクスチャマッピング用の画像ファイルや 3 次元モデリングデータなどを読み込むと意図通り動作せず、次のようなエラーメッセージがコンソールログに出力されます。

```
Cross-origin image load denied by Cross-Origin Resource Sharing policy.
```

　このエラーのもともとの意味は「異なるドメインに存在するリソースは活用できない」というポリシーに反したことによるもので、WebGL（three.js）に限らず HTML5 の他の API でも同様のエラーが発生します（ウェブサーバ上で実行した場合には問題なく実行できます）。この制限を外す方法は「ウェブブラウザの設定を変更する」か「ローカル PC 上でウェブサーバを立てる」必要があります。本書では前者を採用します。

　Google Chrome は、起動オプションで様々な内部パラメータを指定することができます。起動オプションはショートカットアイコンの右クリックメニューの「プロパティ」で現れる「ショートカットタブ」にて、「リンク先」欄があります（次図を参照）。この欄には Google Chrome の実行ファイル（chrome.exe）の位置が記述されています。起動オプションは「chrome.exe」の後に特

定の文字列を追記することで設定することができます。先のエラーは「--allow-file-access-from-files」と追記することで解消することができます。

```
~¥chrome.exe --allow-file-access-from-files
```

「chrome.exe」と「--」の間には半角スペースを入れてください。追記後、「OK」ボタンをクリックします。Google Chromeが起動していればすべて終了した後に、起動オプションを追記したショートカットアイコンをダブルクリックしてGoogle Chromeを起動してください。

起動オプションの設定方法

はじめに iii

■ 第 7 章　仮想物理実験室の機能拡張……1

7.1 ポリゴンオブジェクト 2
- 7.1.1 Polygon クラス（Plane クラスの派生クラス） 2
- 7.1.2 コンストラクタの実装 5
- 7.1.3 getGeometry メソッド（PhysObject クラス）の拡張 7
- 7.1.4 ポリゴンオブジェクトと球オブジェクトとの衝突計算 8
- 7.1.5 外部 JSON 形式ファイルによるポリゴンオブジェクトの生成 12

7.2 PhysObject クラスの新規追加メソッド 14
- 7.2.1 新規追加メソッドの一覧 14
- 7.2.2 setVertices メソッド（PhysObject クラス） 15
- 7.2.3 setFaces メソッド（PhysObject クラス） 15
- 7.2.4 computeCenterOfGeometry メソッド（PhysObject クラス） 16
- 7.2.5 loadJSON メソッド（PhysObject クラス） 19
- 7.2.6 setVerticesAndFacesFromGeometry メソッド（PhysObject クラス） 20
- 7.2.7 computeFacesBoundingSphereRadius メソッド（PhysObject クラス） ... 22

7.3 衝突計算の最適化 24
- 7.3.1 問題点の整理 24
- 7.3.2 頂点座標計算のスキップ 27
- 7.3.3 各平面の簡易衝突判定の導入 29

7.4 3 次元オブジェクトへのテクスチャ利用 30
- 7.4.1 テクスチャマッピングの復習 30
- 7.4.2 PhysObject クラスへのテクスチャマッピングの実装 32
- 7.4.3 座標系の変更の必要性 XYZ → ZXY 34
- 7.4.4 動的テクスチャマッピング 37
- 7.4.5 法線マッピング 41
- 7.4.6 鏡面マッピング 44
- 7.4.7 バンプマッピング 47
- 7.4.8 環境マッピング 51

7.5 地球オブジェクト 54
- 7.5.1 地球オブジェクトの作り方 54

- 7.5.2 Earth クラス（Sphere クラスの派生クラス）.. 57
- 7.5.3 コンストラクタの実装.. 59

7.6 実験室の 3 次元グラフィックスの強化 61
- 7.6.1 スカイボックス.. 61
- 7.6.2 スカイドーム... 64
- 7.6.3 フォグ効果... 68
- 7.6.4 レンズフレア... 70

7.7 計算結果の外部ファイルへの出力 73
- 7.7.1 Blob クラス（HTML5）... 73
- 7.7.2 Blob オブジェクトから外部ファイル出力... 74
- 7.7.3 3 次元オブジェクトの運動データのダウンロード..................................... 75
- 7.7.4 一体問題シミュレーターへの実装... 76
- 7.7.5 makeDownloadData メソッドの定義（PhysLab クラス）.......................... 79
- 7.7.6 2 次元グラフのダウンロード.. 80

7.8 その他の修正・改善 81
- 7.8.1 three.js の仕様変更に伴う変更点（r66 → r68）.. 81
- 7.8.2 バウンディングボックスの中心座標の取り扱いの改善............................. 83
- 7.8.3 マウスドラック時の挙動の改善... 84
- 7.8.4 addEventListener メソッドで登録されたイベントの実行順についてのメモ.... 85
- 7.8.5 時間制御スライダー時の挙動変更... 89
- 7.8.6 再生モードの実装.. 90
- 7.8.7 3 次元オブジェクトの回転（resetAttitude メソッド、rotation メソッド）........ 93
- 7.8.8 円柱オブジェクトのデフォルト姿勢の指定... 95
- 7.8.9 ベルレ法における速度の計算（computeTimeEvolution メソッドの修正）..... 97

■第 8 章　振動運動のシミュレーション……101

8.1 ばねオブジェクト... 102
- 8.1.1 Spring クラス（Cylinder クラスの派生クラス）....................................... 102
- 8.1.2 コンストラクタの実装.. 105
- 8.1.3 getGeometry メソッドの拡張（PhysObject クラス）................................ 107
- 8.1.4 getSpringGeometry メソッドと updateSpringGeometry メソッド（Spring クラス）...... 108
- 8.1.5 updateSpringGeometry メソッド（Spring クラス）................................... 108
- 8.1.6 ばねオブジェクトの頂点座標の計算方法... 109
- 8.1.7 setSpringGeometry メソッド（Spring クラス）.. 111
- 8.1.8 setSpringBottomToTop メソッド（Spring クラス）.................................. 116

8.2 常微分方程式の解法のまとめ 119
- 8.2.1 1 階の常微分方程式：変数分離型・同次型・完全微分型....................... 119
- 8.2.2 1 階の常微分方程式：線形常微分方程式.. 121
- 8.2.3 2 階の常微分方程式：定数係数線形型（同次方程式）............................ 123

8.2.4　2階の常微分方程式：定数係数線形型（非同次方程式）.................................. 130
8.2.5　2階の常微分方程式：一般の場合 132

8.3　単振動運動シミュレーション 133
8.3.1　単振動運動の理論 133
8.3.2　単振動運動の計算アルゴリズム 136
8.3.3　単振動運動シミュレータの作成 137
8.3.4　単振動運動シミュレーション結果と解析解との比較 142
8.3.5　解析解が得られない場合 145
8.3.6　ばね弾性力と重力を加えた場合 147

8.4　減衰振動運動シミュレーション 150
8.4.1　減衰振動運動の理論 150
8.4.2　解析解1：過減衰（D>0） 152
8.4.3　解析解2：減衰振動（D<0） 157
8.4.4　解析解3：臨界減衰（D=0） 161
8.4.5　減衰振動運動の計算アルゴリズム 163
8.4.6　減衰振動運動のシミュレーション結果 164

8.5　強制振動運動シミュレーション 167
8.5.1　強制振動運動の理論 167
8.5.2　$z_0(t) = L \sin \omega_0 t$ の解析解 168
8.5.3　単振動運動に対する解析解の振る舞い 171
8.5.4　減衰振動運動に対する解析解の振る舞い 176
8.5.5　強制振動運動のシミュレーション結果 180

8.6　振り子の運動シミュレーション 185
8.6.1　2次元極座標系におけるニュートンの運動方程式の導出 185
8.6.2　3次元極座標系におけるニュートンの運動方程式の導出 189
8.6.3　振り子運動は理論 192
8.6.4　一般の振幅に対する振り子運動の解析 196
8.6.5　振り子運動の計算アルゴリズム 201
8.6.6　振り子の等時性の破れシミュレーション 207
8.6.7　振り子回転運動の条件の検証 214
8.6.8　振り子の強制振動運動 217
8.6.9　計算アルゴリズムの経験的改善方法 222
8.6.10　数理モデルの改善による安定性向上の方法論 227

■ 第9章　拘束力のある運動のシミュレーション……231 ■

9.1　線オブジェクト 232
9.1.1　Line クラス（PhysObject クラスの派生クラス） 232
9.1.2　頂点色を利用した描画色の補間 237
9.1.3　媒介変数関数を利用した頂点座標の指定 239

- 9.1.4　コンストラクタの実装 241
- 9.1.5　computeVerticesFromParametricFunction メソッド（Line クラス）.............. 244
- 9.1.6　computeVerticesFromSpline メソッド（Line クラス）............................ 245
- 9.1.7　computeCenterOfGeometry メソッド（PhysObject クラス）...................... 246
- 9.1.8　setColors メソッド（PhysObject クラス）.. 247
- 9.1.9　PhysObject クラスのメソッドの拡張... 248
- 9.1.10　線オブジェクトと球オブジェクトとの衝突計算アルゴリズム 252

9.2　経路の解析的取り扱い **256**
- 9.2.1　経路ベクトル、接線ベクトル、曲率ベクトルの定義 256
- 9.2.2　曲線の解析的取り扱いの例 1：円 260
- 9.2.3　曲線の解析的取り扱いの例 2：楕円 264
- 9.2.4　曲線の解析的取り扱いの例 3：放物線 269
- 9.2.5　曲線の解析的取り扱いの例 4：サイクロイド曲線...................................... 273

9.3　任意の経路に拘束された運動の計算アルゴリズム **279**
- 9.3.1　任意の経路に拘束された物体の運動論 279
- 9.3.2　PhyObject クラスへの経路プロパティの追加 282
- 9.3.3　getBindingForce メソッド（PhyObject クラス）.................................. 285
- 9.3.4　円形の経路に拘束された 3 次元オブジェクトの実装例 288
- 9.3.5　計算誤差の確認 291
- 9.3.6　経路の強制振動の実装方法 293

9.4　楕円、放物線、サイクロイド曲線を経路とした運動 **296**
- 9.4.1　楕円形経路の実装方法 296
- 9.4.2　楕円形経路運動の計算誤差 299
- 9.4.3　放物線形経路の実装方法 300
- 9.4.4　放物線形経路運動の計算誤差 303
- 9.4.5　サイクロイド曲線形経路の実装方法 305
- 9.4.6　サイクロイド曲線形経路運動の計算誤差 311
- 9.4.7　サイクロイド振り子の等時性 313
- 9.4.8　円、楕円、放物線、サイクロイド振り子の周期の比較 320

■ 第 10 章　実験室の保存・復元と動画生成……325

10.1　JavaScript のオブジェクトに関する復習 **326**
- 10.1.1　JavaScript におけるビルトインクラスとオブジェクト.......................... 326
- 10.1.2　オブジェクトの浅いコピーと深いコピー... 334
- 10.1.3　JavaScript におけるクラス定義と継承方法... 340
- 10.1.4　自作クラスオブジェクトのコピー 344
- 10.1.5　拡張 cloneObject 関数の定義 348
- 10.1.6　オブジェクトの JSON 形式文字列への変換と逆変換 350
- 10.1.7　関数を JSON 形式文字列への変換する方法 352

10.2 仮想物理実験室関連オブジェクトのコピー 354
- 10.2.1 コピー対象プロパティリストの導入 354
- 10.2.2 clone メソッド（PhysLab クラス、PhysObject クラス） 357
- 10.2.3 getProperty メソッド（PhysLab クラス、PhysObject クラス） 358
- 10.2.4 3次元オブジェクトの完全コピーの例 360
- 10.2.5 通信メソッドの拡張 362

10.3 仮想物理実験室データの保存とダウンロード 365
- 10.3.1 外部ファイルへの保存の手順 365
- 10.3.2 保存データのダウンロードボタンの準備 367
- 10.3.3 objectToJSON 関数の導入と cloneObject 関数の更なる拡張 368
- 10.3.4 makeJSONSaveData メソッド（PhysLab クラス） 370
- 10.3.5 getSaveData メソッド（PhysLab クラス） 371
- 10.3.6 getClassName メソッド（PhysObject クラス） 372
- 10.3.7 保存データ（JSON 形式）のダウンロードの実行例 373

10.4 仮想物理実験室データの復元 375
- 10.4.1 外部ファイルからの復元の手順 375
- 10.4.2 PhysLab クラスのコンストラクタの拡張 376
- 10.4.3 loadJSONSaveData メソッド 377
- 10.4.4 JSONToObject 関数の導入と cloneObject 関数の更なる拡張 378
- 10.4.5 restorePhysObjectsFromLoadData メソッド 380

10.5 3次元グラフィックスの動画生成 381
- 10.5.1 HTML5 における動画再生とフォーマット 381
- 10.5.2 動画生成ライブラリ「whammy」の導入 384
- 10.5.3 three.js と whammy の連携 387
- 10.5.4 仮想物理実験室への動画生成機能の追加 391
- 10.5.5 動画生成・ダウンロードボタン設置とフラグによる制御 393
- 10.5.6 makeVideo メソッド（PhysLab クラス） 396
- 10.5.7 timeControl メソッドの拡張（PhysLab クラス） 397
- 10.5.8 仮想物理実験室の完成形（リビジョン 10） 398

■付　録……401

索　引 435

第7章

仮想物理実験室の機能拡張

7 仮想物理実験室の機能拡張

7.1 ポリゴンオブジェクト

本節では、任意のポリゴンを構成する最小単位である三角形オブジェクトを定義します。

7.1.1 Polygon クラス（Plane クラスの派生クラス）

ポリゴンオブジェクトを生成するためのクラスです。ポリゴンは三角形だけで構成されているので、Plane クラスの派生クラスとして定義します。Plane クラスを継承することで衝突や接触の計算をそのまま流用することができます。なお、本クラスの3次元グラフィックスは、three.js に用意されている Geometry クラスで表現します。図 7.1 は、以下のコンストラクタで生成したポリゴンオブジェクトです。

プログラムソース 7.1 ●コンストラクタの例（PHYSLAB_r7__Polygon.html）

```
var polygon = new PHYSICS.Polygon({
    draggable: true,                    // マウスドラックの有無
    allowDrag: true,                    // マウスドラックの可否
    r: {x: 0, y: 0, z: 4},              // 位置ベクトル
    collision: true,                    // 衝突判定の有無
    axis: {x: -0.6, y: 0, z: 1},        // 姿勢軸ベクトル
    vertices: [                                                          (※1)
      { x: Math.sqrt(3)-3,    y:  0, z: 6 }, // 頂点1               (※2-1)
      { x: -3,                y: -3, z: 0 }, // 頂点2               (※2-2)
      { x: 3*Math.sqrt(3)/2,  y:  0, z: 0 }, // 頂点3               (※2-3)
      { x: -3,                y:  3, z: 0 }, // 頂点4               (※2-4)
    ],
    faces: [                                                             (※3)
      [ 0, 1, 2 ],                      // 面1                       (※4-1)
      [ 0, 2, 3 ],                      // 面2                       (※4-2)
      [ 0, 3, 1 ],                      // 面3                       (※4-3)
      [ 3, 2, 1 ],                      // 面4                       (※4-4)
    ],
    resetVertices: true,                // 頂点再設定の有無              (※5)
    // 材質オブジェクト関連パラメータ
    material: {
(省略)
    },
    // バウンディングボックス関連パラメータ
    boundingBox: {
(省略)
```

```
    }
 })
```

(※1) ポリゴンオブジェクトのローカル座標系における頂点座標を配列として格納するプロパティです。

(※2) 本項では単純なポリゴンである正四面体の頂点座標を指定します。

(※3) 与えた頂点座標からポリゴンの最小単位である三角形の頂点を指定するプロパティです。faces プロパティは2重配列をとり、face[i][j] は i+1 番目の面の j+1 番目の頂点番号を指定します。

(※4) 正四面体の各面を構成する三角形の頂点番号を指定します。三角形は指定した頂点座標に対して反時計回りが「表」と定義されます。全ての面が表面となるように face プロパティを指定する必要があります。

(※5) ポリゴンを頂点座標は vertices プロパティで指定した座標となるため、一般にポリゴンオブジェクトの中心（形状中心）はローカル座標系の原点と一致しません。この場合、ポリゴンオブジェクトの位置座標を指定する r プロパティは、グローバル座標系におけるローカル座標系の原点の位置ベクトルと定義しているため、r プロパティの値とポリゴンオブジェクトのグローバル座標系における位置が直感的ではなくなります（ポリゴンの頂点座標の与え方によっては、ポリゴンの外にポリゴンの位置ベクトルの基準点が存在する）。resetVertices プロパティは、ポリゴンの形状中心をローカル座標系原点と一致させるかの有無を指定するフラグです。true とすると、形状中心がローカル座標系の原点と一致するように頂点座標の再計算が行われます。デフォルトでは false です。

図7.1●立方体オブジェクト（PHYSLAB_r7__Polygon.html）

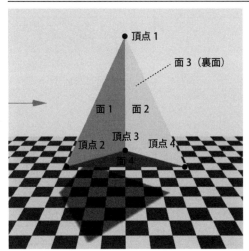

7 仮想物理実験室の機能拡張

プロパティ

プロパティ	データ型	デフォルト	説明
vertices	[<object>]	[　{x:-5, y: 0, z:0}, 　{x: 0, y:-5, z:0}, 　{x: 0, y: 5, z:0}]	ポリゴンオブジェクトの頂点座標を配列形式で格納するプロパティ。頂点座標を指定しただけでは実際のポリゴンの頂点として利用されるわけではなく、faces プロパティで該当する頂点番号を指定することで初めて利用される。
faces	[[]]	[　[0, 1, 2]]	ポリゴンオブジェクトの面を構成する頂点番号を指定するためのプロパティ。
resetVertices	<bool>	false	ポリゴンオブジェクトの位置ベクトルの基準点（ローカル座標系の原点）とポリゴンオブジェクトの形状中心を一致させるかどうかを指定するブール値。true とすると、内部プロパティ _vertices の値を平行移動する。
loadJSONFilePath	<string>	null	JSON 形式の 3 次元オブジェクトデータのファイルパスを指定。詳細は 7.1.5 項を参照。
polygonScale	<float>	1	ポリゴンオブジェクトの頂点座標を指定する際のスケール。全ての頂点座標を polygonScale 倍する。ポリゴンサイズが適当でない場合に指定する。
rotationXYZ	<bool>	false	ポリゴンオブジェクトの頂点座標を指定する際に、全ての頂点座標を (x,y,z) から (z,x,y) へローテーションを行うかを指定するブール値。

内部プロパティ

プロパティ	データ型	デフォルト	説明
geometry.type	< string>	"Polygon"	3 次元グラフィックスで利用する形状オブジェクトの種類。
centerOfGeometry	<Vector3>	new Vector3()	ローカル座標系におけるポリゴンの形状中心座標。computeCenterOfGeometry メソッドを実行することで計算可能。

プロパティ	データ型	デフォルト	説明
centerPosition	[<Vector3>]	[]	ポリゴンを構成する各三角形の中心を格納した配列。computeCenterPositionメソッド（4.2.3項）で計算。
facesBoundingSphereRadius	[<float>]	[]	ポリゴンを構成する各三角形のバウンディング球の半径を格納した配列。computeFacesBoundingSphereRadiusメソッド（7.2.7項）で計算。
asynchronous	<bool>	false	非同期で行われる外部ファイル読み込みにて、読み込み中の場合に本フラグが立てられる。本フラグが立てられている最中は、該当3次元オブジェクトの各種計算がスキップされる。

メソッド

なし

7.1.2 コンストラクタの実装

　Polygonクラスのコンストラクタの実装を解説します。コンストラクタ内では、引数で指定された頂点座標（vertices）と面指定配列（faces）に対してポリゴンオブジェクトの生成を行います。なお、ポリゴンを構成する三角形と球体との衝突計算は平面（長方形）と同様なので、平面クラス（Planeクラス）を継承します。

プログラムソース 7.2 ●Polygon クラスのコンストラクタ（physObject_r7.js）

```
PHYSICS.Polygon = function( parameter ){
    // Planeクラスを継承
    PHYSICS.Plane.call( this, parameter );
    parameter = parameter || {};
    parameter.geometry = parameter.geometry || {};
    parameter.material = parameter.material || {};
    parameter.vertices = parameter.vertices || [
        { x: -5, y:  0, z: 0 },
        { x:  0, y: -5, z: 0 },
        { x:  0, y:  5, z: 0 }
    ];
    parameter.faces = parameter.faces || [
        [ 0, 1, 2 ]
```

7 仮想物理実験室の機能拡張

```
        ];
        // 頂点座標の指定
        this.setVertices( parameter.vertices );                              ――――――――――― (※1-1)
        // 面指定配列の指定
        this.setFaces( parameter.faces );                                    ――――――――――― (※1-2)
        // 3次元オブジェクトの形状中心と基準点とを一致させるための頂点座標の再計算実行の有無
        this.resetVertices = parameter.resetVertices || false;
        // 形状オブジェクト
        this.geometry.type = "Polygon";                                      ――――――――――――― (※2)

        // JSONファイルパスが指定されている場合
        if( parameter.loadJSONFilePath ){                                    ――――――――――――― (※3)
            // JSONファイルのパス
            this.loadJSONFilePath = parameter.loadJSONFilePath;
            // 非同期フラグ
            this.asynchronous = true;                                        ――――――――――――― (※4)
            // 頂点座標のスケール
            this.polygonScale = parameter.polygonScale || 1;                 ――――――――――――― (※5)
            this.loadJSON( this.loadJSONFilePath );                          ――――――――――――― (※6)
        }
        // 移動・回転後の頂点座標
        this.vertices = [];
        // 各種ベクトルの初期化
        this.initVectors();
        // 各三角形の中心座標
        this.centerPosition = [];                                            ――――――――――― (※8-1)
        // 各三角形の中心を計算
        this.computeCenterPosition();                                        ――――――――――― (※8-2)
        // 形状中心座標
        this.centerOfGeometry = new THREE.Vector3();                         ――――――――――― (※7-1)
        // 形状中心座標の計算
        this.computeCenterOfGeometry();                                      ――――――――――― (※7-2)
        // 各三角形のバウンディング球の半径
        this.facesBoundingSphereRadius = [];                                 ――――――――――― (※9-1)
        // 各三角形のバウンディング球の半径を計算
        this.computeFacesBoundingSphereRadius();                             ――――――――――― (※9-2)
    }
    PHYSICS.Polygon.prototype = Object.create( PHYSICS.Plane.prototype );
    PHYSICS.Polygon.prototype.constructor = PHYSICS.Polygon;
```

(※1) コンストラクタで指定されたvertices プロパティとfaces プロパティの値を本クラスの_vertices プロパティとfaces プロパティへそれぞれ与えるためのメソッドを実行します。setVertices メソッドとsetFaces メソッドの詳細は 7.2.2 項と 7.2.3 項を参照してください。

(※2) 3次元グラフィックスの形状オブジェクトの種類を指定します。形状オブジェクトはその他

の3次元オブジェクト同様、getGeometryメソッド（PhysObjectクラス）で与えられます。getGeometryメソッドの追記については7.1.3項を参照してください。

(※3) loadJSONFilePathプロパティに3次元グラフィックスの情報が格納されたJSONファイルへのパスが指定された場合の処理を記述します。外部ファイルによるポリゴンオブジェクトの生成については、7.2.5項を参照してください。

(※4) three.jsにおいてJSONファイルの読み込みは非同期で行われます。ポリゴンオブジェクトを生成するまでには相応の時間がかかるため、その間にポリゴンオブジェクトの各種処理をスキップするためのフラグです。3次元オブジェクトの準備が完了しだい、falseとなります。

(※5) 外部ファイルの頂点座標をリスケールするためのプロパティです。本プロパティを用いた具体的な実装は7.2.6項を参照してください。

(※6) 外部JSONファイルの読み込みを行うloadJSONメソッドを実行します。loadJSONメソッドは7.2.5項で解説します。

(※7) ポリゴンオブジェクトの形状中心座標を計算し、centroidプロパティに格納します。computeCenterOfGeometryメソッドは7.2.4項で解説します。

(※8) ポリゴンを構成する各三角形の中心座標を計算し、centerPositionプロパティに格納します。centerPositionプロパティは7.3節で解説する衝突計算の最適化で利用します。なお、computeCenterPositionメソッドは4.3.2項を参照してください。

(※9) ポリゴンを構成する各三角形のバウンディング球の半径を計算し、facesBoundingSphereRadiusプロパティに格納します。facesBoundingSphereRadiusプロパティは7.3節で解説する衝突計算の最適化で利用します。なお、computeFacesBoundingSphereRadiusメソッドは7.2.6項で解説します。

7.1.3　getGeometryメソッド（PhysObjectクラス）の拡張

　3次元オブジェクトの形状オブジェクトを生成するPhysObjectクラスのgetGeometryメソッドに、ポリゴンオブジェクトの形状オブジェクトの生成を実行する記述を追加します。なお、resetVerticesプロパティにtrueが与えられている場合には、頂点座標の再計算を実行します。

プログラムソース7.3 ●getGeometryメソッド（physObject_r7.js）

```javascript
PHYSICS.PhysObject.prototype.getGeometry = function( type, parameter ) {
    // 材質の種類
    type = type || this.geometry.type;
    parameter = parameter || {};

    if( type === "Polygon" ){
        // 頂点座標の再設定
        if( this.resetVertices ){
```

```
      for(var i = 0; i < this._vertices.length; i++){
        this._vertices[i].sub( this.centerOfGeometry );    ------------------------------------- (※1)
      }
    }
    // 形状オブジェクトの宣言と生成
    var _geometry = new THREE.Geometry();
    for(var i = 0; i < this._vertices.length; i++){
      _geometry.vertices.push( this._vertices[i] );        ---------------------------------- (※2-1)
    }
    for(var i = 0; i < this.faces.length; i++){
      _geometry.faces.push( new THREE.Face3( this.faces[i][0], this.faces[i][1],
                                             this.faces[i][2] ) );  ---------------- (※2-2)
    }
    // 面の法線ベクトルを計算
    _geometry.computeFaceNormals();
    // 面の法線ベクトルから頂点法線ベクトルの計算
    _geometry.computeVertexNormals();
  }
  (省略)
}
```

(※1) ポリゴンオブジェクトの形状中心座標と基準点（ローカル座標系の原点）を一致させるために、全ての頂点座標を形状中心座標分平行移動させます。

(※2) three.jsのGeometryクラスのverticesプロパティとfacesプロパティに、ポリゴンオブジェクトの_verticesプロパティとfacesプロパティの値をそれぞれ格納します。

7.1.4 ポリゴンオブジェクトと球オブジェクトとの衝突計算

　ポリゴンオブジェクトは平面である三角形の集合として表現されるので、平面と球体との衝突計算をそのまま適応することができます。そのため、ポリゴンオブジェクトはPlaneクラスを継承しました。しかしながら、Planeクラスは4つの頂点で定義される長方形であるため、若干の拡張が必要となります。拡張箇所は次の2つです。

(1) 移動・回転後の法線ベクトルと接線ベクトルを計算するcomputeVectorsメソッド（PhysObjectクラス、3.5.5項参照）

(2) 球の中心から平面に下ろした垂線の位置ベクトルが平面内にあるかを判定するgetCollisionPlaneメソッド（PhysLabクラス、2.1.2項参照）

　本項ではそれぞれのメソッドの拡張について具体的に解説します。

computeVectors メソッドの拡張

接線ベクトルの計算のために利用する頂点番号に修正が必要となります。四角形の場合、2つ目の接線ベクトルは頂点番号1と4の頂点座標を利用していましたが、三角形では頂点番号4が存在しません。そのためポリゴンオブジェクトの場合には頂点番号1と3を用いることにします。

また、ポリゴンを構成する各三角形の中心座標の計算も本メソッドで行います。具体的には、円オブジェクトと円柱オブジェクトのみで計算していたcomputeCenterPositionメソッドをポリゴンオブジェクトでも実行します。

プログラムソース 7.4 ●computeVectors メソッド（physObject_r7.js）

```javascript
PHYSICS.PhysObject.prototype.computeVectors = function(){
  (省略)
  // 各面に対する法線ベクトル接線ベクトルを計算
  for( var i=0; i < this.faces.length; i++ ){
    // 1つ目の接線ベクトル
    this.tangents[i][0].subVectors( this.vertices[ this.faces[i][1] ],
                                    this.vertices[ this.faces[i][0] ] );
    if( this instanceof PHYSICS.Polygon ) {
      // 2つ目の接線ベクトル
      this.tangents[i][1].subVectors( this.vertices[ this.faces[i][2] ],
                                      this.vertices[ this.faces[i][0] ] );
    } else  { // 平面の場合（頂点数4）
      // 2つ目の接線ベクトル
      this.tangents[i][1].subVectors( this.vertices[ this.faces[i][3] ],
                                      this.vertices[ this.faces[i][0] ] );
    }
    this.normals[i].crossVectors( this.tangents[i][0], this.tangents[i][1] )
                   .normalize();
  }
  // 円オブジェクト、円柱オブジェクトの円の中心座標、ポリゴンオブジェクトの各三角形中心座標の計算
  if( this instanceof PHYSICS.Circle || this instanceof PHYSICS.Cylinder
      || this instanceof PHYSICS.Polygon ){
    this.computeCenterPosition();
  }
}
```

getCollisionPlane メソッドの拡張

getCollisionPlaneメソッドは3.5.8項で示したとおり、平面オブジェクトの平面領域と球体が衝突しているかの判定を行います。3.5.8項では平面を長方形と想定していましたが、本項にて三角形あるいは平行四辺形の平面領域での衝突判定を行えるように拡張します。図7.2で示すよう

に、三角形の一つの頂点を基準として、2つの接線ベクトル t_1、t_2、平面上の任意のベクトル Q を定義します。なお、Q は球体の中心から三角形が表す平面へ下ろした垂線の足です。

図7.2●接線ベクトルと平面内ベクトル

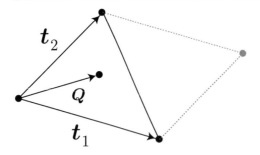

図7.2 の Q は、2つの接線ベクトル t_1、t_2 で張られる平面上のベクトルなので、2つの定数 a、b を用いて

$$Q = at_1 + bt_2 \tag{7.1}$$

と表されます。この Q が三角形の内部に存在するための条件は

$$a, b > 0、かつ a + b < 1 \tag{7.2}$$

です。一方、Q が図7.2 の点線領域も含めた平行四辺形の内部に存在するための条件は、

$$a, b > 0、かつ a, b < 1 \tag{7.3}$$

となります。当然の結果ですが、三角形との衝突条件は平行四辺形との衝突条件に含まれるので、平行四辺形との衝突判定の後に三角形との衝突判定を行います。なお、3.5.8 項の長方形は平行四辺形に含まれます。後は a と b の表式が得られれば良いことになります。a と b は 3.5.8 項と同様に、式（7.1）の両辺に t_1 と t_2 の内積をとり、a と b の連立方程式を解くことで導出することができます。計算結果は次のとおりです。

$$a = \frac{(Q \cdot t_1)|t_2|^2 - (t_1 \cdot t_2)(Q \cdot t_2)}{|t_1|^2|t_2|^2 - (t_1 \cdot t_2)^2} \tag{7.4}$$

$$b = \frac{(Q \cdot t_2)|t_1|^2 - (t_1 \cdot t_2)(Q \cdot t_1)}{|t_1|^2|t_2|^2 - (t_1 \cdot t_2)^2} \tag{7.5}$$

この結果を用いて、getCollisionPlane メソッドの該当部分を書き換えます。なお、長方形

の場合には t_1 と t_2 の内積は 0（$t_1 \cdot t_2 = 0$）なので、3.5.8 項の結果一致します。以上を踏まえ、長方形だけでなく三角形に対する衝突判定を追加した getCollisionPlane メソッドの拡張版を示します。

プログラムソース 7.5 ●getCollisionPlane メソッド（physLab_r7.js）

```
PHYSICS.PhysLab.prototype.getCollisionPlane = function( sphere, object, i ){
  // 垂線の足ベクトル
  var A = PHYSICS.Math.getFootVectorOfPerpendicularFromPlane(      ────── 3.8.5項
    object.normals[i],                    // 面の法線ベクトル
    object.vertices[object.faces[i][0]],  // 面が通過する点
    sphere.r                              // 距離を計算する位置座標
  );
  // 平面内ベクトル
  var Q = new THREE.Vector3().subVectors( A, object.vertices[object.faces[i][0]] );
  // 三角形の接線ベクトル
  var t1 = object.tangents[i][0];
  var t2 = object.tangents[i][1];
  // 三角形の辺の長さの2乗
  var t1_lengthSq = t1.lengthSq();
  var t2_lengthSq = t2.lengthSq();
  // 三角形の接線ベクトルとQとの内積
  var dot1 = Q.dot( t1 );
  var dot2 = Q.dot( t2 );
  // 三角形の接線ベクトル同士の内積
  var dotT = t1.dot( t2 )
  // 係数の計算
  var a = ( dot1 * t2_lengthSq - dotT * dot2 )
        / ( t1_lengthSq * t2_lengthSq - dotT * dotT );          ────── 式 (7.4)
  var b = ( dot2 * t1_lengthSq - dotT * dot1 )
        / ( t1_lengthSq * t2_lengthSq - dotT * dotT );          ────── 式 (7.5)
  // 平行四辺形との衝突条件
  if( a > 0 && b > 0 && a < 1 && b < 1 ) {                      ────── 式 (7.3)
    // ポリゴンオブジェクトの場合
    if( object instanceof PHYSICS.Polygon ) {
      if( a + b < 1 ) return false;                             ────── 式 (7.2)
    }
    var R = new THREE.Vector3().subVectors( sphere.r, A);
    return R.normalize();
  } else {
    return false;
  }
}
```

7 仮想物理実験室の機能拡張

　図7.3は、上記の拡張を施してポリゴンオブジェクトと球オブジェクトとを衝突させたときの様子です。三角形の面、辺、角での衝突計算が想定通り行われ、意図通りの挙動が得られることが確認できます。

図7.3●ポリゴンオブジェクトと球オブジェクトとの衝突の様子（OneBodyLab_r7__Polygon.html）

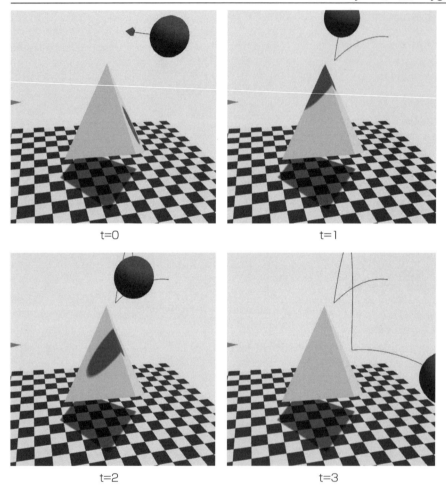

7.1.5　外部JSON形式ファイルによるポリゴンオブジェクトの生成

　ポリゴンオブジェクトは頂点座標と面指定配列を適切に設定することで、任意の形状の3次元オブジェクトを生成することができます。しかしながら、頂点座標や面指定配列を頭で考えて値を設

定するには限度があるので、Blenderなどの3次元モデリングツールを利用してポリゴンの形状を生成するのが一般的です。three.jsでは様々なデータ形式の外部ファイルを読み込んで3次元グラフィックスに利用するための仕組みが用意されています。本実験室でも外部ファイルを読み込んでポリゴンオブジェクトを生成することができる仕組みを用意します。リビジョン7ではJavaScriptでの取り扱いが容易なデータ形式であるJSON形式に対応します。

図7.4は、three.jsに同梱されているJSON形式データ（Lucy100k_slim.js）を用いて3次元オブジェクトを生成した結果です。頂点数50002個、面数（三角形の数）100,000個で構成されています。もちろん、マウスドラックによるオブジェクトの移動や球オブジェクトとの衝突計算も可能です。ただし、面数が大きすぎるために衝突判定に時間がかかります。7.3節にて衝突判定の計算不可の低減について考えます。

図7.4●ルーシーさん（PHYSLAB_r7__Lucy.html）

次のプログラムは、図7.4のポリゴンオブジェクトを生成するためのPolygonクラスのコンストラクタの実行箇所です。引数のloadJSONFilePathプロパティで指定されたJSON形式ファイルパスのデータを読み込みます。loadJSONFilePathプロパティが指定された場合、verticesプロパティとfacesプロパティを与えても無視されます。polygonScaleプロパティとrotationXYZプロパティは7.2.6項で詳細に説明します。

プログラムソース7.6●ポリゴンオブジェクトの生成（PHYSLAB_r7__Lucy.html）

```
var polygon = new PHYSICS.Polygon({
    (省略)
        loadJSONFilePath: "../data/Lucy100k_slim.js",    // JSONファイルのパス
        polygonScale:      0.01,                         // ポリゴンのスケール
```

7 仮想物理実験室の機能拡張

```
        rotationXYZ:       true, // 頂点座標を (x,y,z) → (z,x,y) へローテーション
  (省略)
        })
```

7.2 PhysObject クラスの新規追加メソッド

7.2.1 新規追加メソッドの一覧

　ポリゴンオブジェクトを利用するにあたり、Polygon クラスの基底クラスである PhysObject クラスに汎用メソッドを新規に追加します。主にポリゴンを構成する頂点座標と三角形の面の取り扱いに関するものです。

新規追加メソッド一覧（PhysObject クラス）

メソッド名	引数	戻値	説明
setVertices (vertices)	[<object>]	なし	引数で指定した頂点座標配列 vertices を、本クラスの vertices プロパティに格納するためのメソッド。→ 7.2.2 項
setFaces (faces)	[[]]	なし	引数で指定した頂点指定配列 faces を、本クラスの faces プロパティに格納するためのメソッド。→ 7.2.3 項
computeCenterOfGeometry ()	なし	なし	ローカル座標系におけるポリゴンの形状中心座標を計算して、centroid プロパティに格納するメソッド。→ 7.2.4 項
loadJSON(filePath)	<string>	なし	引数で指定した JSON 形式のファイルを読み込んで、3 次元オブジェクトを生成する。→ 7.2.5 項
setVerticesAndFacesFromGeometry (geometry)	<Geometry>	なし	引数で指定した three.js の形状オブジェクト（Geometry クラス）からポリゴンオブジェクトの頂点座標と面指定配列を指定するためのメソッド。→ 7.2.6 項
computeBoundingSphereRadius()	なし	なし	ポリゴンオブジェクトを構成する三角形ごとのバウンディング球の半径を計算するメソッド。計算結果は boundingSphereRadius プロパティに格納される。→ 7.2.7 項

メソッド名	引数	戻値	説明

resetAttitude(
  axis,
  theta)
	\<Vector3\>
	\<float\>
		なし	3次元オブジェクトの姿勢を引数で与えた姿勢軸ベクトル (axis) と回転角度 (theta) に再設定するメソッド。内部プロパティである姿勢を表すクォータニオン quaternion プロパティの再設定を行う。→ 7.8.7 項

rotation(
  axis,
  theta)
	\<Vector3\>
	\<float\>
		なし	3次元オブジェクトを引数で与えた回転軸ベクトル (axis) に対して回転角度 (theta) 回転させるためのメソッド。内部プロパティである姿勢を表すクォータニオン quaternion プロパティを更新する。→ 7.8.7 項

7.2.2　setVertices メソッド（PhysObject クラス）

　引数で指定されたオブジェクトリテラル「{x:○, y:○, z:○}」の配列から、3次元オブジェクトの初期頂点座標（_vertices プロパティ）を設定するメソッドです。主にコンストラクタの引数で指定された頂点座標配列が引数に与えられることを想定しています。

プログラムソース 7.7 ●setVertices メソッド（physLab_r7.js）

```javascript
PHYSICS.PhysObject.prototype.setVertices = function( vertices ){
  // 初期頂点座標
  this._vertices = [];
  if( vertices.length > 0 ){
    for( var i = 0; i < vertices.length; i++ ){
      this._vertices[i] = new THREE.Vector3( vertices[i].x, vertices[i].y,
                                             vertices[i].z );          -------------------------- (※)
    }
  }
}
```

（※）　_vertices プロパティは移動・回転前のポリゴンを構成する頂点座標の配列です。7.5.2 項を参照してください。

7.2.3　setFaces メソッド（PhysObject クラス）

　引数で指定された2重配列から、3次元オブジェクトの面指定配列（faces プロパティ）を設定するメソッドです。faces[i][j] は i+1 番目の三角形の j+1 番目の頂点番号を格納します。主にコンストラクタの引数で指定された面指定配列が引数に与えられることを想定しています。

7 仮想物理実験室の機能拡張

プログラムソース 7.8 ●setFaces メソッド（physLab_r7.js）

```
// 面指定配列を設定
PHYSICS.Polygon.prototype.setFaces = function( faces ){
  // 面指定配列の初期化
  this.faces = [];
  if( faces.length > 0 ){
    for( var i = 0; i < faces.length; i++ ){
      this.faces[i] = [];
      for( var j = 0; j < faces[i].length; j++ ){
        this.faces[i][j] = faces[i][j];                                    ─(※)
      }
    }
  }
}
```

（※）　JavaScript では、配列要素に配列を与えることで 2 重配列を実現することができます。

7.2.4 computeCenterOfGeometry メソッド（PhysObject クラス）

　ポリゴンオブジェクトの形状中心座標を計算するメソッドです。計算結果は centerOfGeometry プロパティに格納されます。そもそも任意の形状のポリゴン中心（形状中心座標）とはどのように定義されるべきでしょうか。三角形の中心座標は、頂点座標 3 点の平均をとるだけなので、ポリゴンの場合もポリゴンオブジェクトの _vertices プロパティ（初期頂点座標配列）に格納されている頂点座標の平均を計算すれば良いのではないかと考えられます。しかしながら、この方法には問題があります。ポリゴンを構成する三角形の大きさが均一であれば良いですが、不均一の場合には頂点 1 つあたりの寄与にばらつきがあると考えられるためです。例えば、図 7.5 のような 1 つのポリゴン内で頂点数の密度に空間的な偏りがある場合、上記のように頂点座標の平均では頂点の密度の高い領域の寄与が大きくなってしまいます。

図7.5●ポリゴンを構成する頂点の密度が偏っている場合の模式図

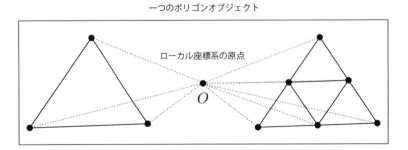

つまり、形状中心座標は頂点座標の平均ではなく、ポリゴンを構成する三角形に質量が存在する剛体と考えて、その重心として定義することを考えます。つまり、卵の殻のようにポリゴンの内部には質量を持たずに外郭のみに質量が存在すると考えます。そして、質量は三角形の面積に比例すると考えます。3.1 節にて、N 粒子系の重心 $\boldsymbol{R}$ は

$$\boldsymbol{R} \equiv \frac{\sum_i m_i \boldsymbol{r}_i}{\sum_i m_i} = \frac{\sum_i m_i \boldsymbol{r}_i}{M} \tag{7.6}$$

で与えられることを示しました。ただし、r_i と m_i は i 番目の粒子の位置ベクトルと質量を表しています。これを今回のポリゴンオブジェクトに当てはめて考えると、r_i と m_i はポリゴンを構成する三角形中心の位置ベクトルと三角形の面積にそれぞれ対応させることができます。三角形中心座標（centerPosition プロパティ）は、computeCenterPosition メソッドの実行ですでに計算されているので、残るは三角形の面積の計算だけです。

図7.6●ポリゴンを構成するi番目の三角形の模式図

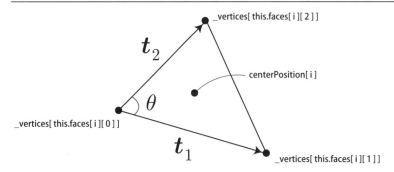

図 7.6 はポリゴンを構成する i 番目の三角形の模式図です。三角形の各頂点座標（_vertices[this.faces[i][j]]）と中心座標（centerPosition[i]）は既知として、三角形の面積の導出を考えます。三角形の 1 つの頂点を基準としたその他の頂点の位置ベクトルを $\boldsymbol{t}_1$、$\boldsymbol{t}_2$ とし、この 2 つのベクトルのなす角を θ と表した場合、三角形の面積は

$$s = \frac{1}{2} |\boldsymbol{t}_1||\boldsymbol{t}_2| \sin\theta \tag{7.7}$$

と表されます。$\sin\theta$ は 3.6.4 項で示したとおり、ベクトル演算の外積で一般的に

$$|\boldsymbol{t}_1 \times \boldsymbol{t}_2| = |\boldsymbol{t}_1||\boldsymbol{t}_2| \sin\theta \tag{7.8}$$

の関係があるので、三角形の面積は

$$s = \frac{1}{2} |\boldsymbol{t}_1 \times \boldsymbol{t}_2| \tag{7.9}$$

となります。これは、外積の大きさが2つのベクトルで張られる平行四辺形の面積に等しいので、三角形の面積はその半分であるということも表しています。

以上の議論からポリゴンオブジェクトの形状中心座標 $\boldsymbol{R}$ は、ポリゴンを構成する i 番目の三角形の面積 s_i、三角形の中心位置ベクトル $\boldsymbol{r}_i$ として

$$\boldsymbol{R} \equiv \frac{\sum_i s_i \boldsymbol{r}_i}{\sum_i s_i} = \frac{\sum_i s_i \boldsymbol{r}_i}{S} \tag{7.10}$$

$$S \equiv \sum_i s_i \tag{7.11}$$

と与えられます。なお、S は表面積を表します。

プログラムソース 7.9 ●computeCenterOfGeometry メソッド（physLab_r7.js）

```javascript
PHYSICS.PhysObject.prototype.computeCenterOfGeometry = function( ){
  // 形状中心座標の初期化
  this.centerOfGeometry = new THREE.Vector3();
  // 表面積
  var S = 0;
  for(var i = 0; i < this.faces.length; i++ ) {                              // (※1)
    var v1 = new THREE.Vector3().subVectors(   // ベクトル1
      this._vertices[ this.faces[ i ][ 1 ] ],
      this._vertices[ this.faces[ i ][ 0 ] ]
    );
    var v2 = new THREE.Vector3().subVectors(   // ベクトル2
      this._vertices[ this.faces[ i ][ 2 ] ],
      this._vertices[ this.faces[ i ][ 0 ] ]
    );
    // 各面の面積
    var s = new THREE.Vector3().crossVectors( t1, t2 ).length();             // 式 (7.9)
    // 三角形の場合
    if( this.faces[ i ].length == 3 ) s = s / 2;                             // (※2)
    // 三角形の中心座標の取得
    var center = this.centerPosition[ i ].clone();
    this.centerOfGeometry.add( center.multiplyScalar( s ) );                 // 式 (7.10) の分子
    S += s;                                                                  // 式 (7.11)
  }
  this.centerOfGeometry.divideScalar( S );                                   // 式 (7.10)
}
```

(※1) 面指定配列（faces プロパティ）で指定される全ての三角形に対して和を計算します。
(※2) 「faces[i].length」は i 番目の面を構成する頂点数を表し、三角形であれば 3、四角形であれば 4 となります。三角形の場合には式（7.9）のとおり、面積は 2 で割る必要があります。

7.2.5 loadJSON メソッド（PhysObject クラス）

7.1.5 項で示した JSON 形式の外部データを読み込んでポリゴンオブジェクトを生成するためのメソッドです。Polygon クラスのコンストラクタの引数で与えられた JSON ファイルへのパスである loadJSONFilePath プロパティが本メソッドの引数にそのまま与えています。なお、コンストラクタの JSON ファイルの読み込みは three.js の JSONLoader クラスを利用しています。

プログラムソース 7.10 ●loadJSON メソッド（physObject_r7.js）

```
PHYSICS.PhysObject.prototype.loadJSON = function( filePath ){
  var scope = this;    // コールバック関数内で利用するためthisを保持
  // ローダーオブジェクト
  var loader = new THREE.JSONLoader( false );    ────────────── (※1)
  // データロードを実行
  loader.load(    ──────────────────────────────────────────── (※2)
    filePath ,              // ファイルパス
    function( geometry ) {  // 読み込み完了時のコールバック関数  ── (※3)
      // 形状オブジェクトから_verticesプロパティとfacesプロパティを与える
      scope.setVerticesAndFacesFromGeometry( geometry );  ───── (※4)
      // 非同期処理の終了
      scope.asynchronous = false ;  ─────────────────────────── (※5)
      // 3次元オブジェクトの生成
      scope.physLab.createPhysObject( scope );  ─────────────── (※6)
    });
}
```

(※1) JSONLoader クラスのコンストラクタの第 1 引数には、ファイルローディングの進捗状況の可視化を行うか否かを指定するブール値を与えます。本メソッドでは false とします。
(※2) JSONLoader クラスの load メソッドの第 1 引数にファイルパス、第 2 引数に読み込み完了時のコールバック関数を指定します。
(※3) 読み込みが完了するとコールバック関数の引数に three.js の形状オブジェクト（Geometry クラスのオブジェクト）が渡されて実行されます。
(※4) 形状オブジェクトからポリゴンオブジェクトの頂点座標と面指定配列を与える setVerticesAndFacesFromGeometry メソッド（7.2.6 項）を実行します。
(※5) ファイルの読み込みは非同期で行われます。7.1.2 項の（※4）で解説したとおり、非同期処理が終了したことを asynchronous プロパティを false として通知します。

（※6）　仮想物理実験への登録を行うため、Physlab クラスの createPhysObject メソッド（1.2.4 項）を引数に 3 次元オブジェクトを与えて実行します。

7.2.6　setVerticesAndFacesFromGeometry メソッド（PhysObject クラス）

引数に与えた three.js の形状オブジェクトからポリゴンオブジェクトの頂点座標と面指定配列を指定するメソッドです。7.2.5 項で解説した loadJSON メソッド内で呼び出されます。本メソッドは JSON データから作成された形状オブジェクトだけでなく、three.js の任意の Geometry クラスのオブジェクトを利用することもできます。

プログラムソース 7.11 ●setVerticesAndFacesFromGeometry メソッド（physObject_r7.js）

```
PHYSICS.PhysObject.prototype.setVerticesAndFacesFromGeometry = function( geometry ){
  var vertices = [];
  var faces = [];
  for( var i = 0; i < geometry.vertices.length; i++ ){
    // 頂点座標を (x,y,z) → (z,x,y) へローテーション
    if( this.rotationXYZ ){                                    ------ (※1)
      vertices[ i ] = {
        x: geometry.vertices[ i ].z * this.polygonScale,       ------ (※2-1)
        y: geometry.vertices[ i ].x * this.polygonScale,       ------ (※2-2)
        z: geometry.vertices[ i ].y * this.polygonScale        ------ (※2-3)
      }
    } else {
      vertices[ i ] = {
        x: geometry.vertices[ i ].x * this.polygonScale,       ------ (※2-4)
        y: geometry.vertices[ i ].y * this.polygonScale,       ------ (※2-5)
        z: geometry.vertices[ i ].z * this.polygonScale        ------ (※2-6)
      }
    }
  }
  for( var i = 0; i < geometry.faces.length; i++ ){
    faces[ i ] = [
      geometry.faces[ i ].a,
      geometry.faces[ i ].b,
      geometry.faces[ i ].c
    ];
  }
  // 頂点座標の指定
  this.setVertices( vertices );                                ------ 7.2.2項
  // 面指定配列の指定
  this.setFaces( faces );                                      ------ 7.2.3項
  // 各種ベクトルの初期化
```

```
        this.initVectors();
        // 各三角形の中心座標
        this.centerPosition = [];
        // 各三角形の中心を計算
        this.computeCenterPosition();
        // 形状中心座標
        this.centerOfGeometry = new THREE.Vector3();
        // 形状中心座標の計算
        this.computeCenterOfGeometry();          -------------------------------7.2.4項
        // 各三角形のバウンディング球の半径
        this.facesBoundingSphereRadius = [];
        // 各三角形のバウンディング球の半径を計算
        this.computeFacesBoundingSphereRadius();
    }
```

(※1) 3次元コンピュータ・グラフィックスにおいて、奥行きにz軸を採ることが一般的です。一方、本実験室ではz軸を3次元空間の上と定義しているので、3次元モデリングツールで作成された3次元データ（頂点座標や面指定配列など）を利用する際に、3次元オブジェクトの向きを設定しづらい場合があります。そこで、3次元データの頂点座標を（x, y, z）から（z, x, y）へとローテーションを行います。そのフラグがrotationXYZプロパティです。図7.7は「rotationXYZ = false」としたルーシーさんの結果です。もし、図7.4と同じ姿勢を取るには、姿勢軸ベクトルと回転角度を

```
        axis: {x:1, y:0, z:0},    // 姿勢軸ベクトル
        angle: Math.PI/2,         // 姿勢軸回りの回転角
```

と指定する必要があります。

(※2) polygonScaleプロパティは、ポリゴンオブジェクトの頂点座標を指定する際のスケールです。全ての頂点座標をpolygonScale倍することで、ポリゴンの大きさを指定することができます。本実験室では、長さのスケールをメートル[m]とするため、一般的な3次元グラフィックスのスケールと違いがあります。ちなみに、図7.4のルーシーさんは1/1000倍（polygonScale = 0.001）としています。

図7.7● 「rotationXYZ = false」の場合（PHYSLAB_r7__Lucy.html）

7.2.7　computeFacesBoundingSphereRadius メソッド（PhysObject クラス）

　ポリゴンオブジェクトを構成する三角形ごとのバウンディング球の半径を計算するメソッドです。計算結果は facesBoundingSphereRadius プロパティに格納されます。バウンディング球の半径の計算方法を図 7.8 で示します。三角形の場合、バウンディング球は必ず外接円となります。バウンディング球を正確に取得するには三角形の頂点から円の中心座標と半径を計算する必要があり、計算結果を格納するための新たなプロパティを用意する必要があります。しかしながら、今回三角形ごとのバウンディング球の半径を必要とする目的は 7.3.3 項で説明する簡易衝突判定を行うためなので、そもそもそこまで正確である必要がありません。そこで、本項では図 7.8 右のように、三角形の中心座標を円の中心としてすっぽり覆う円（簡易バウンディング球）を考えます。三角形の中心から最も遠い頂点までの距離が簡易バウンディング球の半径となります。

図7.8●バウンディング球の模式図

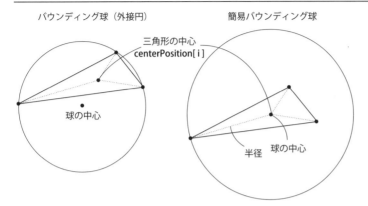

簡易バウンディング球を採用するメリットは、三角形の中心と球の中心がどんな場合でも一致する点です。外接円の中心を毎計算ステップごとに取得する必要が無いため、一度半径を計算しておくことで衝突判定に利用することができます。衝突判定の詳細は 7.3.3 項を参照してください。

プログラムソース 7.12 ●computeFacesBoundingSphereRadius メソッド（physObject_r7.js）

```
PHYSICS.PhysObject.prototype.computeFacesBoundingSphereRadius = function() {
  for( var i = 0; i < this.faces.length; i++ ) {
    var max = 0;
    for( var j = 0; j < this.faces[i].length; j++ ) {
      var v = this._vertices[ this.faces[i][j] ];                  ──────── (※1-1)
      var l2 = v.distanceToSquared( this.centerPosition[i] );      ──────── (※1-2)
      if( max < l2 ) max = l2;                                     ──────── (※2-1)
    }
    this.facesBoundingSphereRadius[i] = Math.sqrt( max );          ──────── (※2-2)
  }
}
```

(※1) i−1 番目の平面（三角形または四角形）の j−1 番目の頂点座標を読み取り、i−1 番目の平面の中心座標との距離を計算します。distanceToSquared メソッドは three.js の Vector3 クラスのメソッドで、実行したオブジェクト（Vector3 クラス）と引数で与えたオブジェクトの距離の 2 乗を計算します。

(※2) 平面の中心から一番遠い距離を簡易バウンディング球の半径として登録します。

7.3 衝突計算の最適化

7.3.1 問題点の整理

　多数の頂点数と面数（三角形の数）をもつポリゴンオブジェクトの衝突計算を行う場合、衝突判定に膨大な計算が必要となります。例えば、7.1.5 項で示したルーシーさん（図7.9）は、頂点数50002 個、面数10 万個で構成されているので、計算ステップごとに大雑把に

- 点と面との距離の計算回数：10 万回
- 点と線との距離の計算回数：30 万回
- 点と点との距離の計算回数：30 万回

程度の計算が必要となります。その前に衝突計算に必要な各種ベクトルの計算も 10 万回必要になります。つまり、描画 1 フレームあたり実験室オブジェクトの skipRendering プロパティで指定した回数（デフォルト値は 40）かかるので、もし 60［FPS］を実現するには上記の計算回数の2400 倍の計算回数が必要になります。次の 2 点の改善を考えます。

図7.9●ポリゴンオブジェクトと球体との衝突（OneBodyLab_r7__Lucy.html）

t=0 [s]

t=3.0 [s]

改善1：頂点座標や各種ベクトル量の計算のスキップ（computeVectors メソッドの改善、7.3.2 項）

3次元オブジェクトの移動・回転後の頂点座標や衝突計算に必要な各種ベクトル量の計算を行う computeVectors メソッド（3.5.5 項）は、リビジョン 6 までは全ての 3 次元オブジェクトで全ての時間ステップ実行されていました。しかし、そもそも衝突計算を行わない 3 次元オブジェクト（collision プロパティが false の場合）は必要ありません。さらには、運動を行わない場合（dynamic プロパティが false の場合）も、マウスドラックで移動しない限り頂点座標の更新は必要ありません。computeVectors メソッドによる各種ベクトル量の更新を必要な場合に絞ることで、計算負荷を下げることができると考えられます。詳細は、7.3.2 項で解説を行います。

改善2：各面の簡易衝突判定の導入（checkCollisionSphereVsPlane メソッドの改善、7.3.3 項）

仮想物理実験室に登場する 3 次元オブジェクト同士の衝突計算は、PhysLab クラスの checkCollision メソッド（3.4.2 項）で行います。はじめにバウンディング球同士の重なりの有無を調べ、重なっていることが判定された場合には、3 次元オブジェクトを構成する全ての平面（三角形や四角形）に対して詳細な衝突判定を行います。3 次元オブジェクトを構成する平面の数が膨大な場合、計算負荷が非常にかかってしまう原因となってしまいます。そこで、3 次元オブジェクトを構成する面の中で衝突可能性の無いものは、詳細な衝突判定を行わないようにすることで計算負荷を下げることができると考えられます。詳細は、7.3.3 項で解説を行います。

計算時間の比較

図 7.9 で示した球オブジェクトとポリゴンオブジェクトの衝突に関して、上記 2 つの改善をそれぞれ施した際の計算時間の測定を行います。計測方法には、2.3 節で導入した実験室内部と外部の上方の授受を行う通信メソッドの一つである beforeLoop メソッドを利用し、3000 計算ステップ（実験室内の時刻経過 3 秒間）の計算時間を計測します。具体的には、実験室オブジェクトを生成する PhysLab クラスのコンストラクタ引数に次のとおり記述します。

プログラムソース 7.13 ●計算時間の計測方法（OneBodyLab_r7__Lucy.html）

```
// 仮想物理実験室オブジェクトの生成
PHYSICS.physLab = new PHYSICS.PhysLab({
(省略)
  beforeLoop : function () {
    if( this.step > 0 && PHYSICS.startTime === undefined ) {
      PHYSICS.startTime = new Date();       ------------------------------------------------ (※)
      console.log( "時間測定開始" );
```

```
      }
      if( this.step === 3000 ) {
        PHYSICS.endTime = new Date();        ────────────────────────────────── (※)
        console.log( "計算時間： " + ( PHYSICS.endTime - PHYSICS.startTime ) );
      }
    }
  });
```

(※) 計算時間の取得には JavaScript の Date クラスを利用します。本クラスのオブジェクトを生成すると JST 形式と呼ばれる時刻形式で現在時刻を取得することができます（取得例：Sun Sep 07 2014 22:45:10 GMT+0900 (東京 (標準時)))。このオブジェクトの引き算によって、経過時刻をミリ秒で取得することができます。

4 つのパターン、(a) 改善なし、(b) 上記 1 の改善のみ、(c) 上記 2 の改善のみ、(d) 上記 1 と 2 の両方の改善で計算時間を計測します。計測結果は次表のとおりです。(a) と (d) を比較して、本改善を実装することで計算時間が概ね 1/12 程度に圧縮することができました。また (b) と (c) を比較して、改善 1 の方が改善 2 よりも効果的であることがわかります。これは、改善 2 はポリゴンオブジェクトと球オブジェクトの距離が離れている時には、そもそも衝突判定が行われないため時間短縮効果はありませんが、改善 1 は全ての時間ステップで効果が期待できることに関係します。

表 7.1 ●計測時間の比較

パターン	改善 1	改善 2	計算時間（ミリ秒）	パターン（a）を基準とした短縮時間（ミリ秒）
(a)	×	×	453,804	0
(b)	○	×	192,500	261,304
(c)	×	○	265,857	187,947
(d)	○	○	35,625	418,179

(d) の場合であっても、1 計算ステップあたり 11.8 [ミリ秒] であり、1 秒あたり 85 計算ステップ計算することができる計算なので、デフォルト値の skipRendering = 40 の場合にはフレームレートは 2 [fps] 程度です。つまり、リアルタイム計算には程遠い値となります。本書で解説する物理エンジンは、リアルタイム計算が必要なゲームなどでの使用を目的としていないので、当面気にしないことにします。

7.3.2 頂点座標計算のスキップ

3次元オブジェクトを構成する頂点座標、法線ベクトルや接線ベクトルの計算に必要な各種ベクトル量の計算を必要なときのみ実行する仕組みを考えます。新しくPhysObjectクラスに`vectorsNeedsUpdate`プロパティを追加し、このプロパティが`true`の場合のみ`computeVectors`メソッド内の内容を実行するように変更します。

プログラムソース 7.14 ●computeVectors メソッド（physObject_r7.js）

```
PHYSICS.PhysObject.prototype.computeVectors = function() {
    // 衝突計算を行わない3次元オブジェクトはスキップ
    if( !this.collision ) return;                                              (※1)
    // 各種ベクトル量の更新の必要性が無い場合はスキップ
    if( !this.dynamic && !this.vectorsNeedsUpdate ) return;                    (※2)
    (省略)
    // 各種ベクトル量の更新の必要性を解除
    this.vectorsNeedsUpdate = false;                                           (※3)
}
```

(※1) 「collision = false」、つまり衝突計算を行わない3次元オブジェクトの場合は、`return`を実行することで本メソッドを終了します。

(※2) 「dynamic = false」かつ「vectorsNeedsUpdate = false」、つまり「運動は行わない」かつ「更新の必要がない」場合もスキップします。`return`を実行することで本メソッドを終了します。この条件分岐では、「dynamic = true」（運動するオブジェクト）の場合には必ず本メソッドの内容を実行します。

(※3) 本メソッドの最後で更新の必要性を解除します。これで、次に「vectorsNeedsUpdate = true」となるまで本メソッドの内容は実行されなくなります。

「vectorsNeedsUpdate = true」とする必要がある場合1：マウスドラック時

「dynamic = false」の3次元オブジェクトをマウスドラックした場合、頂点座標が移動するため`vectorsNeedsUpdate`プロパティを`true`にする必要があります。そこで次のプログラムソースのとおり、PhysLabクラスの`initDragg`メソッドにおいてマウスドラック時のイベントに、該当3次元オブジェクトの`vectorsNeedsUpdate`プロパティを`true`とする1文を追記します。これでマウスドラックされるごとに移動量に合わせた頂点座標の再計算を行うことができます。

7　仮想物理実験室の機能拡張

プログラムソース 7.15 ●initDragg メソッド（physLab_r7.js）

```
PHYSICS.PhysLab.prototype.initDragg = function ( ) {
  (省略)
  // マウスムーヴイベント
  function onDocumentMouseMove ( event ) {
  (省略)
    // 衝突計算に必要な各種ベクトル量の更新を通知
    SELECTED.physObject.vectorsNeedsUpdate = true;   ------------------------------------------------ 追記
  }
  (省略)
}
```

「vectorsNeedsUpdate = true」とする必要がある場合 2：動的関数の設定時

　5.3.3 項で解説したとおり、dynamicFunction プロパティに関数を設定することで 3 次元オブジェクトに任意の動きを実現することができます。この場合も頂点座標が移動するので「vectorsNeedsUpdate = true」とする必要があります。次のプログラムソースは、5.3.3 項で示した上下運動する平面オブジェクトを設定するためのコンストラクタです。dynamicFunction プロパティに追記を行います。

プログラムソース 7.16 ●dynamicFunction プロパティによる平面の移動（OneBodyLab_r7_dynamicCollision.html）

```
var plane = new PHYSICS.Plane({
  collision: true,     // 衝突判定の有無
  dynamic:   false,    // 運動の有無
  draggable: false,    // マウスドラックの有無
  allowDrag: false,    // マウスドラックの可否
  (省略)
  dynamicFunction : function(){
    var time = this.physLab.dt * this.physLab.step;
    var A = 1, A0 = 3;
    var omega = Math.PI*1.5;
    var z = A0 + A * Math.sin( omega * time );
    this.r.z = z;
    this.v = new THREE.Vector3().subVectors( this.r, this.r_1 )
                                .divideScalar( this.physLab.dt );
    this.r_2.copy( this.r_1 );
    this.r_1.copy( this.r );
    // 衝突計算に必要な各種ベクトル量の更新を通知
    this.vectorsNeedsUpdate = true;   ------------------------------------------------ 追加
  }
});
```

7.3.3 各平面の簡易衝突判定の導入

リビジョン6では、運動する球体と停止中の様々な形状の3次元オブジェクトとの衝突計算が実装されています。その内、3次元オブジェクトを構成する平面との衝突判定を実装しているcheckCollisionSphereVsPlaneメソッドでは、存在する全ての平面（三角形や四角形）に対して全ての時間ステップで詳細な衝突判定を行っていました。そこで計算負荷を下げるために、平面ごとに用意しておいたバウンディング球を用いた簡易衝突判定を導入し、衝突の可能性の無い場合はその時点でそれ以上詳細な判定をスキップすることにします。次のプログラムソースは、球オブジェクトと3次元オブジェクトの平面領域との衝突判定を行うcheckCollisionSphereVsPlaneメソッド（3.5.7項）です。球オブジェクトと衝突する3次元オブジェクトがポリゴンオブジェクトの場合に簡易衝突判定を行います。

プログラムソース 7.17 ●checkCollisionSphereVsPlane メソッド（physObject_r7.js）

```
PHYSICS.PhysLab.prototype.checkCollisionSphereVsPlane
            = function( sphere , object , noSide ) {
    // 端での衝突計算を無効化
    noSide = noSide || false;
    // 衝突有無フラグ
    var flag = false;
    // 平面との衝突
    for( var i=0; i < object.faces.length; i++ ){                    ------------------ (※1)
      ////////////////////////////////////////////////                ------------------ 追加始め
      if( object instanceof PHYSICS.Polygon ){
        // バウンディング球の半径の取得
        var l1 = sphere.boundingSphere.radius;         // 球オブジェクト
        var l2 = object.facesBoundingSphereRadius[i]; // ポリゴンオブジェクト  --------------- (※2)
        // グローバル座標系におけるバウンディング球の中心座標
        var r1 = new THREE.Vector3().copy( sphere.r ).add( sphere.boundingSphere.center );
        var r2 = object.centerPosition[i];                             ------------------ (※3)
        // 中心座標間の距離の2乗
        var l = new THREE.Vector3().subVectors(r1, r2).lengthSq();
        if (l > (l1+l2) * (l1+l2) ) continue;                          ------------------ (※4)
      }
      ////////////////////////////////////////////////                ------------------ 追加終わり
      // 平面と点の距離
      var R = PHYSICS.Math.getDistanceBetweenPointAndPlane (           ------------------ (※5)
        object.normals[i],                         // 面の法線ベクトル
        object.vertices[ object.faces[i][0] ],     // 面が通過する点
        sphere.r                                   // 距離を計算する位置座標
      );
(省略)
```

```
        }
    }
```

(※1) ポリゴンオブジェクトを構成する全ての三角形との衝突判定に対して、詳細な衝突判定を行う前に簡易衝突判定を行う記述を追記します。

(※2) ポリゴンオブジェクトを構成する各三角形のバウンディング球の半径を取得します。この半径は computeFacesBoundingSphereRadius メソッド（7.2.7項）で事前に計算されます。

(※3) ポリゴンオブジェクトを構成する各三角形の中心座標を取得します。この座標は computeCenterPosition メソッド（4.3.4項）で事前に計算されます。

(※4) バウンディング球同士の接触の有無を調べます。接触が無い場合には continue ステートメントで（※1）の1つ面に対する衝突判定をこの時点で終了し、次の面の衝突判定を行います。間違って return ステートメントを利用しないように気をつけてください。もし間違えると、本メソッド自体が終了してしまいます。

(※5) ここから詳細な衝突計算の検証です。ポリゴンを構成する三角形との衝突計算の大部分はここまで辿り着かないので、計算負荷を相当減らす効果が期待できます。

7.4 3次元オブジェクトへのテクスチャ利用

テクスチャを利用したマッピングは、コンピュータ・グラフィックスにおいてリアリティを低負荷で実現するための手法として利用されます。本節では、テクスチャマッピング、法線マッピング、鏡面マッピング、バンプマッピング、環境マッピングを取り上げます。

7.4.1 テクスチャマッピングの復習

3次元オブジェクトへのテクスチャマッピングの実装の前に、まず three.js でテクスチャマッピングを利用するための方法を復習します。

(1) テクスチャの読み込み

```
var texture = THREE.ImageUtils.loadTexture('../data/simyu-kun256.png ');
```

three.js で定義される ImageUtils.loadTexture 関数を用いてテクスチャを読み込みます。戻り値は three.js のテクスチャオブジェクト（Texture クラス）です。

（2）テクスチャオブジェクトのプロパティの指定

```
// リピートの指定
texture.repeat.set( 2.5, 2.5 );
// テクスチャラッピングの指定
texture.wrapS = THREE.RepeatWrapping;         // s軸方向
texture.wrapT = THREE.MirroredRepeatWrapping; // t軸方向
```

　repeat プロパティはテクスチャをマッピングする際の繰り返し数です。wrapS と wrapT は繰り返しの際のテクスチャの向きをステート定数で指定します。

表7.2 ●wrapS と wrapT へ与えるステート定数

ステート定数	意味
ClampToEdgeWrapping	引き伸ばしラッピング（デフォルト値）
RepeatWrapping	リピートラッピング
MirroredRepeatWrapping	反転リピートラッピング

（3）材質オブジェクトの生成

```
var material = new THREE.MeshLambertMaterial({ color: 0xFFFFFF, map: texture });
```

　生成したテクスチャオブジェクトを map プロパティに与えて材質オブジェクトを生成します。この材質オブジェクトとマッピングを行う形状オブジェクトを用いることで、任意の形状の3次元オブジェクトにテクスチャマッピングを施すことができます。なお、color プロパティは材質の素地の色で、3次元オブジェクト表面の実際の描画色は color プロパティとマッピング時のテクセル色との色積算で決まります。

図7.10●平面オブジェクトへのテクスチャマッピング（PHYSLAB_r7__Plane_map.html）

テクスチャ

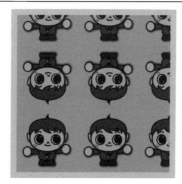
テクスチャマッピングを行った平面オブジェクト

図 7.10 は、上記の repeat プロパティや wrapS プロパティ、wrapT プロパティを与えて、平面オブジェクトにテクスチャマッピングを施した結果です。S 方向（横方向）には通常の繰り返し、T 方向（縦方向）には反転を繰り返しとなっています。

7.4.2　PhysObject クラスへのテクスチャマッピングの実装

テクスチャマッピングは材質オブジェクトに関係するので、3 次元オブジェクトを生成する際のコンストラクタにて、必要な値を material オブジェクトに追記する形で与えることにします。

プログラムソース 7.18 ●テクスチャマッピングの実装（PHYSLAB_r7__Plane_map.html）

```javascript
var plane = new PHYSICS.Plane({
    (省略)
    material : {
        type: "Lambert",                            // 反射モデル
        color: 0xffffff,                            // 反射色
        ambient : 0x000000,                         // 環境色
        mapTexture: "../data/simyu-kun256.png",     // テクスチャマッピング
        mapRepeat: {s:2.5, t:2.5},                  // リピート数
        mapWrapS: "RepeatWrapping",
                            // s方向リピート方法( ClampToEdgeWrapping |
                            //     RepeatWrapping | MirroredRepeatWrapping )
        mapWrapT: "MirroredRepeatWrapping",
                            // t方向リピート方法( ClampToEdgeWrapping |
                            //     RepeatWrapping | MirroredRepeatWrapping )
    },
})
```

材質オブジェクトの生成：getMaterial メソッド

上記のコンストラクタで与えられたテクスチャマッピングに必要なパラメータを受け取り、3 次元オブジェクトを生成するための材質オブジェクトの生成を行います。そのため、PhysObject クラスの getMaterial メソッド（1.3.6 項）への追記を行います。

プログラムソース 7.19 ●getMaterial メソッドへの追記（physObject_r7.js）

```javascript
PHYSICS.PhysObject.prototype.getMaterial = function( type, parameter ) {
    // 材質の種類
    type = type || this.material.type;
    parameter = parameter || {};
    // 材質パラメータ
```

```
    var _parameter = {                                                             ……(※1-1)
      color: ( parameter.color !== undefined )
                  ? parameter.color : this.material.color,    ……(※2)
      (省略)
    };
    var texture;
    // テクスチャマッピング
    if( texture = parameter.mapTexture || this.material.mapTexture ){    ……(※3)
      // テクスチャの読み込み
      _parameter.map = THREE.ImageUtils.loadTexture( texture );    ……(※1-2)
      setMapParameter( _parameter.map, this );    ……(※4)
    }
    (省略)
  }
```

(※1) 材質オブジェクトは、本メソッド内のローカル変数「_parameter」に与えられたパラメータを元に生成されます。そのため、この変数に map プロパティを追加してテクスチャオブジェクトを与えます。

(※2) getMaterial メソッドの第2引数で与えられる parameter に color プロパティが存在する場合にはこの値を優先して与え、存在しない場合には本クラスの material.color プロパティを適用します。

(※3) getMaterial メソッドの第2引数で与えられる parameter に mapTexture プロパティが存在する場合にはこの値を優先して与え、存在しない場合には本クラスの material.mapTexture プロパティを適用します。

(※4) コンストラクタで与えたテクスチャオブジェクトのプロパティを与える setMapParameter 関数を実行します。なぜ関数化する必要があるかというと、テクスチャマッピングの他に、法線マッピング、鏡面マッピング、バンプマッピングでも同じことを行うためです。本関数については、次のプログラムソースで解説します。

プログラムソース7.20 ●内部関数 setMapParameter 関数（physObject_r7.js）

```
  function setMapParameter ( texture, scope ) {                          ……(※1)
    // テクスチャラッピングの指定（デフォルト値）
    texture.wrapS = THREE.ClampToEdgeWrapping; // s軸方向         ……(※2-1)
    texture.wrapT = THREE.ClampToEdgeWrapping; // t軸方向         ……(※2-2)
    // テクスチャラッピングの値の上書き
    if ( scope.material.mapWrapS == "RepeatWrapping" )
      texture.wrapS = THREE.RepeatWrapping;                       ……(※3-1)
    else if ( scope.material.mapWrapS == "MirroredRepeatWrapping" )
      texture.wrapS = THREE.MirroredRepeatWrapping;               ……(※3-2)
    if( scope.material.mapWrapT == "RepeatWrapping" )
      texture.wrapT = THREE.RepeatWrapping;                       ……(※3-3)
    else if ( scope.material.mapWrapT == "MirroredRepeatWrapping" )
```

```
      texture.wrapT = THREE.MirroredRepeatWrapping;          ---------------------------------------------- (※3-4)
      // リピートの指定
      texture.repeat.set(1, 1);          ----------------------------------------------------------------------- (※4-1)
      if ( scope.material.mapRepeat ) {
        texture.repeat.set ( scope.material.mapRepeat.s, scope.material.mapRepeat.t);
                                                                        ------------------- (※4-2)
      }
      // 上下反転
      texture.flipY = ( scope.material.flipY !== undefined )
                                  ? scope.material.flipY : true;   ----------------------------- (※5)
    }
```

(※1) 本関数は、引数で指定したテクスチャオブジェクトにコンストラクタで与えられたパラメータを設定します。また、メソッド内で定義された関数内の `this` はメソッドを実行するオブジェクト自身を指しません。そのため、関数内に3次元オブジェクト自身を示す「`this`」を引き渡すために、第2引数を用意します。

(※2) 繰り返し方法のデフォルト値として、引き伸ばしラッピングを明示的に与えます。

(※3) コンストラクタで与えられたリピート方法を指定する文字列に応じて、three.js のステート定数を与えます。

(※4) リピート数のデフォルト値を明示的に与えておいて、コンストラクタで mapRepeat プロパティが与えたれた場合には上書きを行います。

(※5) uv 座標系の原点を canvas 要素の原点と一致させて、テクスチャを上下反転させるかを指定するブール値です。デフォルトでは true です。

7.4.3　座標系の変更の必要性 XYZ → ZXY

　テクスチャマッピングは、形状が平面だけでなく曲面に対しても実装することができます。three.js には図 7.11 右で示した地球テクスチャが用意されています。このテクスチャを利用して球オブジェクトへマッピングする場合も平面オブジェクトと同様にコンストラクタで指定することができます。

プログラムソース 7.21 ●球オブジェクト（PHYSLAB_r7__Earth_map.html）
```
  // 球オブジェクトの生成
  var sphere = new PHYSICS.Sphere({
    (省略)
    // 材質オブジェクト関連パラメータ
    material : {
      type : "Lambert",
      color : 0xFFFFFF,                              // 反射色
```

```
        ambient : 0x555555,                          // 環境色
        mapTexture: "../data/earth_atmos_2048.jpg",  // テクスチャマッピング
    },
    // rotationXYZ : true,   // XYZ→ZXYへ変更 ────────────────────────── (※)
    (省略)
}
```

実行結果は図 7.11 の右のとおりです。ここで一つ問題があります。それは 7.2.6 項の頂点データの読み込み時に解説したのと同様、z軸方向を上と定義している仮想物理実験室の座標系に対して、y軸方向が上と定義されているコンピュータ・グラフィックスの座標系とのズレが生じてしまうため、図 7.11 のとおり、北極がy軸上にきてしまいます。

図7.11●球オブジェクトへのテクスチャマッピング（PHYSLAB_r7__Earth_map.html）

地球テクスチャ　　　　　　　　　　　　　球オブジェクト

そこで球オブジェクトの頂点座標も 7.2.6 項のポリゴンオブジェクトと同様、座標をローテーションして x、y、z を z、x、y へと入れ替えます。そのために getGeometry メソッドに追記を行います。なお、座標のローテーションの有無は 7.2.6 項のポリゴンオブジェクトと同様、rotationXYZ プロパティを指定することとします。

プログラムソース 7.22●getGeometry メソッドへの追記

```
PHYSICS.PhysObject.prototype.getGeometry = function( type, parameter ) {
    (省略)
    // 頂点座標を (x,y,z) → (z,x,y) へローテーション
    if( type !== "Polygon" && this.rotationXYZ ){  ──────────────────── (※1)
        // 頂点のローテーション
```

```
        for( var i = 0; i < _geometry.vertices.length; i++ ){
          var r = _geometry.vertices[ i ].clone();              ──────────── (※2-1)
          _geometry.vertices[ i ].x = r.z;                      ──────────── (※2-2)
          _geometry.vertices[ i ].y = r.x;                      ──────────── (※2-3)
          _geometry.vertices[ i ].z = r.y;                      ──────────── (※2-4)
        }
        // 面法線ベクトルのローテーション
        for( var i = 0; i < _geometry.faces.length; i++ ){
          var r = _geometry.faces[ i ].normal.clone();          ──────────── (※3-1)
          _geometry.faces[ i ].normal.x = r.z;                  ──────────── (※3-2)
          _geometry.faces[ i ].normal.y = r.x;                  ──────────── (※3-3)
          _geometry.faces[ i ].normal.z = r.y;                  ──────────── (※3-4)
        }
        // 頂点法線ベクトルのローテーション
        for( var i = 0; i < _geometry.faces.length; i++ ){
          for( var j = 0; j < _geometry.faces[ i ].vertexNormals.length; j++) {
            var r = _geometry.faces[ i ].vertexNormals[ j ].clone();  ──── (※4-1)
            _geometry.faces[ i ].vertexNormals[ j ].x = r.z;          ──── (※4-2)
            _geometry.faces[ i ].vertexNormals[ j ].y = r.x;          ──── (※4-3)
            _geometry.faces[ i ].vertexNormals[ j ].z = r.y;          ──── (※4-4)
          }
        }
      }
      (省略)
    }
```

(※1) ポリゴンオブジェクトの場合は、形状オブジェクト（three.js の Geometry クラス）の生成前に頂点座標のローテーションは終えているので除外します（7.2.6 項 setVerticesAndFacesFromGeometry メソッド）。

(※2) 一時変数 r を用意して元の頂点座標を格納し、ローテーションした頂点座標を与えます。

(※3) ポリゴンを構成する面法線ベクトルの方向もローテーションします。ここで計算した法線ベクトルはフラットシェーディング時に利用されます。

(※4) ポリゴンを構成する頂点法線ベクトルの方向もローテーションします。ここで計算した法線ベクトルはスムースシェーディング時に利用されます。

図 7.12 はコンストラクタにて「rotationXYZ = true」を与えたときの実行結果です。意図通り、北極が上向き（z 軸方向）となっていることが確認できます。

図7.12●頂点座標ローテーション後の球オブジェクト（PHYSLAB_r7__Earth_map.html）

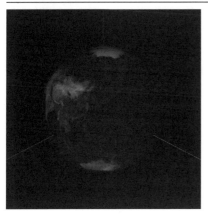

7.4.4 動的テクスチャマッピング

three.jsでは、canvas要素に描画された画像をそのままテクスチャとして利用することができます[1]。canvas要素をJavaScriptで動的に扱うことができるので、動的にテクスチャを生成することができます。3次元オブジェクトを生成するコンストラクタの引数に、次のとおり指定することにします。

プログラムソース7.23●動的テクスチャを生成するコンストラクタ（PHYSLAB_r7__Plane_mapFunction.html）

```
var plane = new PHYSICS.Plane({
  (省略)
  material : {
    type: "Basic",         // 反射モデル
    color: 0xFFFFFF,       // 反射色
    textureWidth: 256,     // テクスチャ横幅                              ----(※1-1)
    textureHeight: 256,    // テクスチャ縦幅                              ----(※1-2)
    mapTextureFunction: function( s, t ){                                ----(※2)
      var r = s/256 - t/256;                                             ----(※3-1)
      var b = t/256 - s/256;                                             ----(※3-2)
      var g = ( t/256 + s/256 - 1 );                                     ----(※3-3)
      var a = 1;
      return {r:r, g:g, b:b, a:a};                                       ----(※4)
    },
  },
})
```

† 1　『three.jsによるHTML5 3Dグラフィックス』下巻（ISBN:978-4-87783-331-2）p.10を参照。

(※1) テクスチャとして利用するcanvas要素のサイズを指定するプロパティです。
(※2) canvas要素の各ピクセルの描画色を決定する関数です。引数のs、tは左上を原点とするcanvas要素の座標で、sとtの上限は`textureWidth`プロパティと`textureHeight`プロパティで与えた値となります。
(※3) canvas要素の各ピクセルのRGB値を座標(s, t)の値を用いて指定します。RGB値は0から1で指定するとします。
(※4) 各ピクセルのRGBA値をオブジェクトリテラルで返します。

　上記のコンストラクタで生成した平面オブジェクトの実行結果が図7.13です。関数で指定したとおり、原点付近（左上）は黒、右上 (s, t) = (1, 0) は赤、(s, t) = (0, 1) は青、(s, t) = (1, 1) は緑となっていることが確認できます。

図7.13●動的に生成したテクスチャマッピング（PHYSLAB_r7__Plane_mapFunction.html）

テクスチャの動的生成方法

　上記のコンストラクタで指定した関数を用いて、テクスチャを動的に生成するための実装を解説します。通常のテクスチャマッピングと同様、getMaterialメソッドに追記を行います。

プログラムソース7.24●getMaterialメソッドへの追記（physObject_r7.js）

```
PHYSICS.PhysObject.prototype.getMaterial = function( type, parameter ) {
  (省略)
  var textureFunction;
  // テクスチャマッピング
  if(textureFunction = parameter.mapTextureFunction
      || this.material.mapTextureFunction ){                              ─(※1)
    // テクスチャ画像用のcanvas要素の取得
```

```
            var canvas = generateCanvas(                                    ─────(※2)
                           textureFunction,         // ピクセル指定関数
                           this.material.textureWidth,  // canvas要素の横幅
                           this.material.textureHeight  // canvas要素の縦幅
                       );
            // テクスチャオブジェクトの生成
            _parameter.map = new THREE.Texture( canvas );   ─────────────────(※3)
            // テクスチャ画像の更新
            _parameter.map.needsUpdate = true;   ────────────────────────────(※4)
            setMapParameter( _parameter.map, this );   ──────────────────7.2.4項
        }
        (省略)
    }
```

(※1) コンストラクタの mapTextureFunction プロパティに関数が指定された場合に、動的テクスチャ生成を行います。

(※2) コンストラクタの mapTextureFunction プロパティに指定された関数に従って、canvas 要素を生成する「generateCanvas 関数」を実行します。この関数の戻り値は canvas 要素となります。本関数の実装は次のプログラムソースをご覧ください。

(※3) three.js の Texture クラスのコンストラクタは、canvas 要素を引数に与えることもできます。これによりテクスチャオブジェクトを生成されます。

(※4) canvas 要素でテクスチャオブジェクトを生成した場合、テクスチャを更新する needsUpdate プロパティを明示的に true とする必要があります。

プログラムソース 7.25 ●canvas 要素を生成する関数「generateCanvas 関数」（physObject_r7.js）

```
    function generateCanvas( textureFunction, width, height ) {
        // canvas要素の生成
        var canvas = document.createElement('canvas');     ──────────────────(※1-1)
        // canvas要素のサイズ
        canvas.width = width;    // 横幅   ──────────────────────────────────(※1-2)
        canvas.height = height;  // 縦幅   ──────────────────────────────────(※1-3)
        // コンテキストの取得
        var context = canvas.getContext('2d');    ───────────────────────────(※1-4)
        // ビットマップデータのRGBAデータ格納配列
        var bitmapData = [];
        // RGBAデータ格納配列への値の代入
        for (var t = 0; t < canvas.height; t++) {
            for (var s = 0; s < canvas.width; s++) {
                var index = (t * canvas.width + s) * 4;  // 各ピクセルの先頭を与えるインデックス番号  ─── (※2-1)
                var color = textureFunction (s, t);   ───────────────────────(※3)
                // ビットマップデータのRGBAデータ
                bitmapData[index + 0] = 255 * color.r; // R値   ─────────────(※2-2)
                bitmapData[index + 1] = 255 * color.g; // G値   ─────────────(※2-3)
```

```
          bitmapData[index + 2] = 255 * color.b; // B値          ---------------------------------------------------(※2-4)
          bitmapData[index + 3] = 255 * color.a; // A値          ---------------------------------------------------(※2-5)
    }
  }
  // イメージデータオブジェクトの生成
  var imageData = context.createImageData(canvas.width, canvas.height);
  for (var i = 0; i < canvas.width * canvas.height * 4; i++) {
    imageData.data[i] = bitmapData[i]; // 配列のコピー
  }
  // イメージデータオブジェクトからcanvasに描画する
  context.putImageData(imageData, 0, 0);
  return canvas;  -------------------------------------------------------------------------------------------------------(※3)
}
```

（※1）　canvas 要素を生成し横幅と縦幅を指定します。その後、HTML5 の Canvas2D のコンテキストを取得します。

（※2）　canvas 要素の各ピクセルの描画色は 1 次元配列で指定されます。index は各ピクセルを指定する配列の要素番号の先頭を表すインデックスです[†2]。

（※3）　生成した canvas 要素を返します。

動的テクスチャマッピングの例

　動的に生成したテクスチャを立方体オブジェクトへマッピングした例を示します。アルファ値を 1 未満の値を与えることで、向こう側が透けて見えるように指定することができます。図 7.14 はその結果です。今回は単純な三角関数を用いてテクスチャを生成していますが、物理シミュレーションの結果を反映したテクスチャを与えることで、視覚的に効果的なグラフィックスを実現できると考えられます。

図7.14●動的テクスチャマッピングした立方体オブジェクト（PHYSLAB_r7__Cube_mapFunction.html）

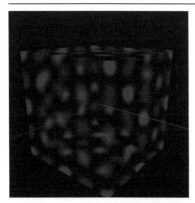

[†2]　詳細は『HTML5 による物理シミュレーション、拡散・波動編』（ISBN:978-4-87783-312-1）の p.25 を参照してください。

プログラムソース 7.26 ●立方体オブジェクトへのマッピング（PHYSLAB_r7__Cube_mapFunction.html）

```
  var cube = new PHYSICS.Cube({
    (省略)
    material : {
      type: "Basic",        // 反射モデル
      side: "Double",       // 描画面
      color: 0xFFFFFF,      // 反射色
      transparent: true,    // 透明化     ─────────────────────── (※1-1)
      blending: "Additive", // ブレンディングの方法 ("No" | "Normal" | "Additive" |
                            //   "Subtractive" | "Multiply" | "Custom")  ────── (※1-2)
      depthWrite: false,    // デプスバッファの更新の有無  ──────────────── (※2)
      textureWidth:256,     // テクスチャ横幅
      textureHeight:256,    // テクスチャ横幅
      mapTextureFunction : function( s, t ){
        var k = 2 * Math.PI / 256 * 2;  ──────────────────────────── (※3)
        var f = Math.cos( k * s ) * Math.cos( k * t );  ────────── (※4-1)
        var r = ( f > 0 )? f : 0;  ──────────────────────────────── (※4-2)
        var g = 0;
        var b = ( f < 0 )? -f : 0;  ─────────────────────────────── (※4-3)
        var a = Math.abs( f );  ─────────────────────────────────── (※4-4)
        return {r:r, g:g, b:b, a:a};
      },
    },
  });
```

（※1） 透明化した際の背景とのブレンディング方法を指定するプロパティです[†3]。なお、本プロパティの値を反映する記述を getMaterial メソッドに追記します。

（※2） 向こう側のオブジェクトも描画するために、デプスバッファの値を更新しないように指定します。

（※3） k は波数と呼ばれる三角関数の周期と関係する量です。

（※4） テクスチャ座標 (s, t) に応じて RGBA の値を与えます。

7.4.5 法線マッピング

法線マッピングとは、法線ベクトルの情報を与えたテクスチャを 3 次元オブジェクトにマッピングすることで、3 次元オブジェクト表面にあたかも凸凹が存在するかのように表現するための手法です。図 7.15 は、法線マッピング用のテクスチャと法線マッピングを施した球オブジェクトです。球オブジェクトの表面にあたかも地球の凸凹が存在するかのように見えます。なお、テクスチャの色（RGB 値）で法線ベクトルの方向が表されます（後出の表を参照）。

[†3] 与える文字列の意味や詳細については『three.js による HTML5 3D グラフィックス』下巻（ISBN:978-4-87783-331-2）の p.78 を参照してください。

図7.15●球オブジェクトへの法線マッピング（PHYSLAB_r7__Earth_normalMap.html）

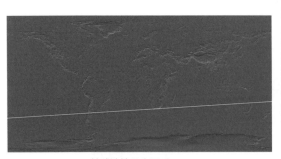

地球法線テクスチャ　　　　　　　　　法線マッピングを施した球オブジェクト

　本実験室では、法線マッピングもテクスチャマッピングと同様、3次元オブジェクトを生成するコンストラクタの引数の material プロパティに該当プロパティを与えます。次のプログラムは図 7.15 の球オブジェクトを生成するためのコンストラクタです。

プログラムソース 7.27 ●法線マッピングの設定方法（PHYSLAB_r7__Earth_normalMap.html）

```
var sphere = new PHYSICS.Sphere({
  (省略)
  // 材質オブジェクト関連パラメータ
  material : {
    type: "Phong",       // 反射モデル                                           ────(※1)
    color : 0xFFFFFF,    // 反射色
    ambient : 0x000000,  // 環境色
    specular: 0x000000,  // 鏡面色
    normalMapTexture: "../data/earth_normal_2048.jpg",   // 法線マッピング    ────(※2)
  },
  rotationXYZ : true,    // XYZ→ZXYへ変更
  (省略)
})
```

(※1)　法線マッピングはフォン反射材質でのみ有効となります。
(※2)　法線マッピング用のテクスチャのパスを指定します。なお、PhysObject クラスの getMaterial メソッドにおける normalMapTexture プロパティの取り扱いは 7.4.2 項の mapTexture プロパティと同じなので省略します。

法線マッピングの動的生成

法線マッピング用のテクスチャも、テクスチャマッピングと全く同様に動的に生成することができます。テクスチャの各ピクセルにおける色を適切に与えることで、任意の法線ベクトルの空間分布を実現することができます。なお、RGB値と法線ベクトルの方向は下表のとおりです。

表7.3 ●テクスチャの色と法線ベクトルの方向との対応表

テクスチャの色	役割	法線ベクトルとの対応
R値	0〜1で法線ベクトルのx成分を指定。	R=0 → x=-1
		R=1 → x=1
G値	0〜1で法線ベクトルのy成分を指定。	G=0 → y=-1
		G=1 → y=1
B値	0〜1で法線ベクトルのz成分を指定。	B=0 → z=-1
		B=1 → z=1
A値	0〜1で法線ベクトルの階調数を指定	A=0 → 階調数：1
		A=1 → 階調数：256

次のプログラムソースでは、平面オブジェクトに対して法線マッピング用のテクスチャを正方形（256×256）で用意して、テクスチャの真ん中から外向きへ同心円状に法線ベクトルの向きを与えています。これで法線ベクトル的には球のようなものが存在しているようになります。実行結果は図7.16です。正面から見るとあたかも球が存在しているように見えますが、傾けるとそうではないことが確認できます。

プログラムソース7.28 ●法線ベクトルの動的生成（PHYSLAB_r7__Plane_normalMapFunction.html）

```
var plane = new PHYSICS.Plane({
    (省略)
  material : {
    (省略)
    textureWidth: 256,    // テクスチャ横幅
    textureHeight: 256,   // テクスチャ縦幅
    normalMapTextureFunction : function( s, t ){    ---------------------------------------------- (※1)
      var s_ = 256/2, t_ = 256/2;         // 球の中心座標
      var R = 256/3;                       // 球の半径
      var f = Math.sqrt(( s - s_ ) * ( s - s_ ) + ( t - t_ ) * ( t - t_ ));
                                           // 球の中心からの距離
      var r = 0.5 + 0.5 * ( s - s_ ) / R; // 法線ベクトルのx成分 ------------------------------- (※2-1)
      var g = 0.5 + 0.5 * ( t - t_ ) / R; // 法線ベクトルのy成分 ------------------------------- (※2-2)
      var b = 0.5 + 0.5 * ( R - f )  / R; // 法線ベクトルのz成分 ------------------------------- (※2-3)
      var a = 1;
```

```
            return {r:r, g:g, b:b, a:a};
        },
    },
    (省略)
})
```

(※1) 法線マッピング用のテクスチャ生成用関数です。PhysObject クラスの getMaterial メソッドにおける normalMapTextureFunction プロパティの取り扱いは mapTextureFunction プロパティと全く同じなので割愛します。

(※2) 法線ベクトルの成分をテクスチャ座標 (s, t) に対して与えます。球の中心で法線ベクトルの成分は (0, 0, 1) となり、そこから離れるほど z 成分が 0 に近づいて、x 成分と y 成分は中心から外向きに同心円的に大きくなっていきます。なお、図 7.16 を見ると球のように見えますが、法線ベクトルの向きは球のそれとは一致しません。

図7.16●平面オブジェクトへの動的法線マッピング（PHYSLAB_r7__Plane_normalMapFunction.html）

7.4.6 鏡面マッピング

　鏡面マッピングとは、フォン反射材質における鏡面反射の反射率の空間分布を、テクスチャを用いて指定する手法です。本手法を用いることで場所によって光沢が異なる 3 次元オブジェクトを表現することができます。図 7.17 は、鏡面マッピングを施した球オブジェクトと地球鏡面テクスチャです。テクスチャの白い領域が鏡面反射率の高い領域を表し、地球の海領域で光が反射しているように見えます。なお、鏡面反射率はテクスチャの R 値のみで定義されますが、グレースケールで指定するのが一般的となります（後出の表を参照）。

7.4 3次元オブジェクトへのテクスチャ利用

図7.17●球オブジェクトへの鏡面マッピング（PHYSLAB_r7__Earth_specularMap.html）

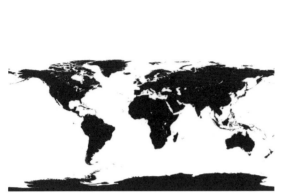
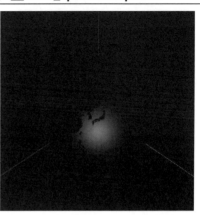

地球鏡面テクスチャ　　　　　　　　鏡面マッピングを施した球オブジェクト

　本実験室では、鏡面マッピングもテクスチャマッピングや法線マッピングと同様、3次元オブジェクトを生成するコンストラクタの引数の material プロパティに該当プロパティを与えます。次のプログラムは図7.17の球オブジェクトを生成するためのコンストラクタです。

プログラムソース7.29●鏡面マッピングの設定方法（PHYSLAB_r7__Earth_specularMap.html）

```
var sphere = new PHYSICS.Sphere({
  (省略)
  // 材質オブジェクト関連パラメータ
  material : {
    type: "Phong",        // 反射モデル ------------------------------------------- (※1)
    color: 0x000000,      // 反射色
    ambient: 0x000000,    // 環境色
    specular: 0x444444,   // 鏡面色
    shininess: 20,        // 鏡面指数
    specularMapTexture: "../data/earth_specular_2048.jpg", // 鏡面マッピング ------------ (※2)
  },
  rotationXYZ : true,  // XYZ→ZXYへ変更
  (省略)
})
```

- （※1） 鏡面マッピングはフォン反射材質でのみ有効となります。
- （※2） 鏡面マッピング用のテクスチャのパスを指定します。なお、PhysObject クラスの getMaterial メソッドにおける specularMapTexture プロパティの取り扱いは、7.4.2項の mapTexture プロパティと同じなので省略します。

7 仮想物理実験室の機能拡張

鏡面マッピングの動的生成

　鏡面マッピング用のテクスチャも、テクスチャマッピングと全く同様に動的に生成することができます。テクスチャの R 値を適切に与えることで、任意の鏡面反射率の空間分布を実現することができます。RGB 値と鏡面反射率との関係は次表のとおりです。先述のとおり、テクスチャは R 値のみでも問題ありませんが、グレースケールで指定するのが一般的です。

表7.4 ●テクスチャの色と鏡面反射率との対応表

テクスチャの色	役割	鏡面反射の反射率との対応
R 値	0〜1で反射率を指定。	R=0 → 反射率：0
		R=1 → 反射率：100
G 値	なし	－
B 値	なし	－
A 値	0〜1で反射率の階調数を指定	A=0 → 階調数：1
		A=1 → 階調数：256

プログラムソース 7.30 ●鏡面反射率の動的生成（PHYSLAB_r7__Plane_specularMapFunction.html）

```
var plane = new PHYSICS.Plane({
  (省略)
  material : {
  (省略)
    type: "Phong",      // 反射モデル     ------------------------------------------- (※1-1)
    color: 0x000000,    // 反射色         ------------------------------------------- (※1-2)
    ambient: 0x000000,  // 環境色         ------------------------------------------- (※1-3)
    specular: 0x333333, // 鏡面色         ------------------------------------------- (※1-4)
    shininess: 40,      // 鏡面指数       ------------------------------------------- (※1-5)
    textureWidth:256,   // テクスチャ横幅
    textureHeight:256,  // テクスチャ縦幅
    specularMapTextureFunction : function( s, t ){ ----------------------------------- (※2)
      var k = 2 * Math.PI / 256 * 2;
      var f = Math.cos( k * s ) * Math.cos( k * t );  ------------------------------- (※3-1)
      var r = 0.5 + 0.5 * f;  ------------------------------------------------------- (※3-2)
      var g = 0;              ------------------------------------------------------- (※3-3)
      var b = 0;              ------------------------------------------------------- (※3-4)
      var a = 1;
      return {r:r, g:g, b:b, a:a};
    },
  },
  (省略)
})
```

（※1） 鏡面反射はフォン反射材質でのみ作用します。鏡面色（specular プロパティ）、鏡面指数（shininess プロパティ）で指定したパラメータが有効となります。なお、鏡面反射のみの効果を調べるため、反射色（color プロパティ）と環境色（ambient プロパティ）は黒としています。

（※2） 鏡面マッピング用のテクスチャ生成用関数です。PhysObject クラスの getMaterial メソッドにおける specularMapTextureFunction プロパティの取り扱いは mapTextureFunction プロパティと全く同じなので割愛します。

（※3） 鏡面反射率を三角関数を用いて指定します。図 7.18 では、平行光源を用いて平面オブジェクトを真正面から照射しているため、真正面から見ると鏡面色が描画されます。一方、横からのぞくと鏡面色は描画されません。鏡面色の数理モデルは『three.js による HTML5 3D グラフィックス』下巻（ISBN:978-4-87783-331-2）の p.176「フォン反射モデルの数理」を参考にしてください。

図7.18●平面オブジェクトへの動的鏡面マッピング（PHYSLAB_r7__Plane_specularMapFunction.html）

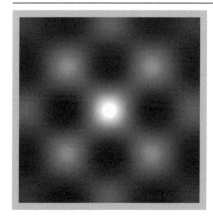 

7.4.7 バンプマッピング

　バンプマッピングとは、3次元オブジェクトの表面に擬似的に凹凸があるかのように施すことができる手法です。テクスチャの濃い部分は凹んでいるように描画されます。そのため、通常のテクスチャマッピングで用いたテクスチャをバンプマッピングで利用することで、凹凸感を実現することができます。これは、同様に表面に凹凸を表現することができる法線マッピングが専用のテクスチャを用意する必要があるのとは異なり、非常に便利です。

図7.19●月バンプマッピングの有無の比較（PHYSLAB_r7__Moon.html）

テクスチャマッピングのみ　　　　　　テクスチャマッピング＋バンプマッピング

　図 7.19 は、three.js に同包された月テクスチャを用いてテクスチャマッピングとバンプマッピングを施した実行結果です。テクスチャマッピングのみの場合と比べて、バンプマッピングを施すことで月表面に凹凸感を表すことができて質感が良くなります。なお、図 7.20 は月テクスチャを用いてバンプマッピングのみを実装した結果です。テクスチャの濃さに応じた凹凸が表現できていることが確認できます。

図7.20●月バンプマッピング（PHYSLAB_r7__Moon.html）

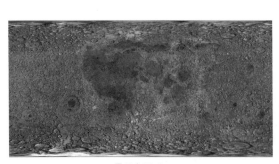

月テクスチャ　　　　　　　　　　　バンプマッピングを施した球オブジェクト

　次のプログラムソースは、図 7.19 のテクスチャマッピングとバンプマッピングを施した球オブジェクトを生成するコンストラクタです。これまでのマッピングと同様、material プロパティに

該当プロパティを与えます。

プログラムソース 7.31 ●月バンプマッピング（PHYSLAB_r7__Moon.html）

```
var sphere = new PHYSICS.Sphere({
  (省略)
  // 材質オブジェクト関連パラメータ
  material : {
    type: "Phong",                                                    ────(※1)
    color: 0xFFFFFF,     // 反射色
    ambient: 0x000000,   // 環境色
    specular: 0x444444,  // 鏡面色
    shininess: 1,        // 鏡面指数
    bumpScale: 0.1,      // バンプの大きさ                            ────(※2)
    mapTexture: "../data/moon_1024.jpg",      // テクスチャマッピング  ────(※3-1)
    bumpMapTexture: "../data/moon_1024.jpg", // バンプマッピング      ────(※3-2)
  },
  rotationXYZ : true,    // XYZ→ZXYへ変更
  (省略)
})
```

- （※1） バンプマッピングも法線マッピングや鏡面マッピングと同様、フォン反射材質でのみ適用されます。
- （※2） バンプの大きさを指定するプロパティで、デフォルト値は 0.05 です。大きいほど凹凸感が増しますが、大きすぎると不自然になりがちです。
- （※3） テクスチャマッピングとバンプマッピングにて同一のテクスチャ用の画像ファイルを指定します。

バンプマッピングの動的生成

　バンプマッピング用のテクスチャも、テクスチャマッピングと全く同様に動的に生成することができます。鏡面マッピングと同様、テクスチャの R 値で凸凹の空間分布を実現することができます。RGB 値とバンプの高低差との関係は次表のとおりです。バンプは R 値のみで決まるため、R 値が変化しないテクスチャではバンプマッピングは適用できないことがわかります。

表 7.5 ●テクスチャの色とバンプの大きさとの対応表

テクスチャ画像の色	役割	バンプの高さとの対応
R 値	0 〜 1 で高低差を指定。	R=0 → 高低差:-1
		R=1 → 高低差：1
G 値	なし	─

テクスチャ画像の色	役割	バンプの高さとの対応
B 値	なし	—
A 値	0 ～ 1 で高低差の階調数を指定	A=0 → 階調数：1
		A=1 → 階調数：256

　次のプログラムソースは、バンプマッピング用のテクスチャを正方形（1024 × 1024）で用意し、三角関数を用いて平面オブジェクト表面に高低差を与えています。実行結果は図 7.21 です。表面に意図通りの高低差が表現されていますが、拡大してみるとブロックが積み重なったような状態であることが確認できます。これは、バンプマッピングが法線ベクトルの補間を行わなれないことを意味します。なお、A の値を小さくすると階調数が減るため、ブロックの段差が大きく見えるようになります。

プログラムソース 7.32 ●バンプの動的生成（PHYSLAB_r7__Plane_bumpMapFunction.html）

```
var plane = new PHYSICS.Plane({
    (省略)
  material : {
    type: "Phong",      // 反射モデル   ----------------------------------------- (※1-1)
    color: 0xFFFFFF,    // 反射色      ----------------------------------------- (※1-2)
    ambient: 0x000000,  // 環境色      ----------------------------------------- (※1-3)
    specular: 0x000000, // 鏡面色      ----------------------------------------- (※1-4)
    bumpScale: 1,       // バンプの高さ
    textureWidth:1024,  // テクスチャ横幅
    textureHeight:1024, // テクスチャ縦幅
    bumpMapTextureFunction : function( s, t ){ ----------------------------------------- (※2)
        (鏡面マッピングと同じ)
    },
  },
  (省略)
})
```

(※1)　バンプマッピングはフォン反射材質でのみ作用します。バンプマッピングのみの効果を調べるため、鏡面色（`specular` プロパティ）を黒としています。

(※2)　鏡面マッピング用のテクスチャ生成用関数です。`PhysObject` クラスの `getMaterial` メソッドにおける `bumpMapTextureFunction` プロパティの取り扱いは `mapTextureFunction` プロパティと全く同じなので割愛します。

図7.21●平面オブジェクトへの動的バンプマッピング（PHYSLAB_r7__Plane_bumpMapFunction.html）

7.4.8 環境マッピング

　環境マッピングとは、図7.22のように3次元オブジェクトの表面に周りの環境の映りこみを表現する手法です。鉄球のような材質を比較的低負荷で表現できるので、3次元グラフィックスにおいて非常に強力な手法として知られています。環境マッピングには環境を表す6枚のテクスチャ（x、y、z、−x、−y、−zの6方向）をあらかじめ用意しておく必要があります。6枚のテクスチャについては後述します。

図7.22●環境マッピングの例（PHYSLAB_r7__Sphere_env.html）

　環境マッピングもテクスチャマッピングと同様、3次元オブジェクトを生成するコンストラクタ

の引数の material プロパティに該当プロパティを与えます。次のプログラムは図 7.22 の球オブジェクトを生成するためのコンストラクタです。

プログラムソース 7.33 ●環境マッピングの設定方法（PHYSLAB_r7__Sphere_env.html）

```
var sphere = new PHYSICS.Sphere({
   (省略)
   // 材質オブジェクト関連パラメータ
   material : {
      type: "Basic",     // 材質の種類          ------------------------------------(※1)
      color: 0xFFFFFF,   // 発光色
      envMapTexture: [
         '../data/Park2_/posx.jpg', '../data/Park2_/negx.jpg',  ------------(※2-1)
         '../data/Park2_/posy.jpg', '../data/Park2_/negy.jpg',  ------------(※2-2)
         '../data/Park2_/posz.jpg', '../data/Park2_/negz.jpg'   ------------(※2-3)
      ]
   },
   // rotationXYZ : true,  // XYZ→ZXYへ変更      ------------------------------------(※3)
})
```

(※1) 環境マッピングは発光材質、ランバート反射材質、フォン反射材質どれにでも適用することができます。

(※2) 環境マッピングに利用する 6 つのテクスチャを配列として envMapTexture プロパティに渡します。なお、PhysObject クラスの getMaterial メソッドにおける envMapTexture プロパティの取り扱いは本節で後述します。

(※3) 環境マッピングは 3 次元オブジェクトの姿勢に関係なく、構成するポリゴン面が向いている方向に対するテクスチャがマッピングされます。そのため、rotationXYZ プロパティで形状オブジェクトの頂点座標をローテーションしても、環境マッピングの結果は変化しません。

環境マッピング用のテクスチャの用意

　図 7.22 では、three.js に同包された環境マッピング用のテクスチャを少し改造して利用しています。と言うのも、元々 y 軸方向が上向きであるコンピュータ・グラフィックスに対して仮想物理実験室では z 軸方向を上向きにとっているので、画像の向きや順番を変更する必要があるためです。図 7.23 は、改造前後の環境マッピング用テクスチャです。改造前は y 軸方向が上向きのため、「posy.jpg」に空、「negy.jpg」に地面が配置されていることが確認できます。そこから z 軸方向を上向きに取るために、「posz.jpg」に空、「negz.jpg」に地面を配置するように画像の入れ替えと回転を行います。

図7.23●改造前後の環境マッピング用の6枚のテクスチャ

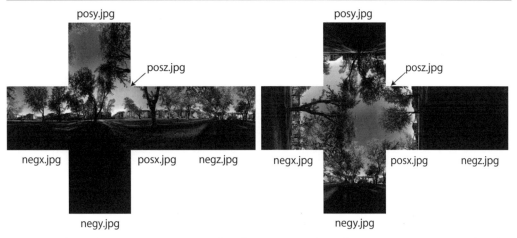

改造前（サンプルの data/Park2 フォルダ参照）　　改造後（サンプルの data/Park2_ フォルダ参照）

PhysObject クラスの getMaterial メソッドへの追記

　環境マッピングも 7.4.2 項で解説したテクスチャマッピング（map プロパティ）と同様、PhysObject クラスの getMaterial メソッドにて材質オブジェクトの生成時に必要なプロパティを与えます。プログラムソースは概ね同じですが、環境マッピングの場合における特有の設定が必要となります。

プログラムソース 7.34 ●getMaterial メソッドへの追記（physObject_r7.js）

```
    // 環境マッピング
    if( texture = parameter.envMapTexture || this.material.envMapTexture ){
        // テクスチャの読み込み
        _parameter.envMap = THREE.ImageUtils.loadTextureCube(
                            texture ,
                            new THREE.CubeReflectionMapping()      ------------ (※1)
                            );
        // テクスチャフォーマットの指定
        _parameter.envMap.format = THREE.RGBFormat;     ------------------------- (※2)
    }
```

（※1）　three.js の ImageUtils.loadTextureCube 関数の第 2 引数に環境マッピングの種類を指定するオブジェクトを渡します。three.js には全部で 4 種類の環境マッピングが存在しますが、本実験室では最も基本的な反射マッピングを適用します。その他の値については次表や更に詳しくは『three.js による HTML5 3D グラフィックス』下巻（ISBN:978-4-87783-331-2）の

P.39「環境マッピング」を参照してください。

（※2）テクスチャのフォーマットを指定します。デフォルトではテクスチャのRGBA値をそのまま適用する「THREE.RGBAFormat」が与えられていますが、環境マッピングではA値を無効とするために「THREE.RGBFormat」を与えています。

表7.6 ●ImageUtils.loadTextureCube関数の第2引数に指定するマッピングの種類

マッピングの種類	説明
UVMapping	通常のuv座標系を用いたマッピング（デフォルト）
CubeReflectionMapping	6つのテクスチャを利用した立方体型の反射マッピング
CubeRefractionMapping	6つのテクスチャを利用した立方体型の屈折マッピング
SphericalReflectionMapping	1つのテクスチャを利用した球型の反射マッピング
SphericalRefractionMapping	1つのテクスチャを利用した球型の屈折マッピング

7.5 地球オブジェクト

本節では、前節で実装した3次元オブジェクトへの各種マッピングを利用して、地球オブジェクトを生成する**Earthクラス**を定義します。なお、地球オブジェクトは11章で天体運動シミュレーションを行う際に活躍します。

7.5.1 地球オブジェクトの作り方

Earthクラスの定義の前に、リアルな地球オブジェクトの作成方法について解説します。まず図7.24をご覧ください。図7.12の地球テクスチャマッピング、図7.15の地球法線マッピング、図7.17の地球鏡面マッピングを同時に施した球オブジェクトですが、図7.24と比較して地球の質感がでていることがわかります。

図7.24●各種マッピングを施した球オブジェクト（PHYSLAB_r7__Earth.html）

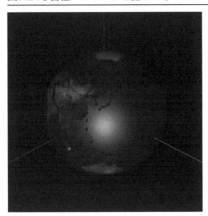

前節を踏まえれば、図7.24の実装は非常に簡単です。各種マッピングに関する該当プロパティ（mapTextureプロパティ、normalMapTextureプロパティ、specularMapTextureプロパティ）を適切に与えるだけです。次のプログラムソースはSphereクラスのコンストラクタです。

プログラムソース7.35●地球オブジェクトの生成（PHYSLAB_r7__Earth.html）

```
var sphere = new PHYSICS.Sphere({
  (省略)
  // 材質オブジェクト関連パラメータ
  material : {
    type: "Phong",
    color: 0xFFFFFF,        // 反射色
    ambient: 0x000000,      // 環境色
    castShadow: true,       // 影の描画
    specular: 0x444444,     // 鏡面色
    shininess: 20,          // 鏡面指数
    mapTexture: "../data/earth_atmos_2048.jpg",      // テクスチャマッピング  ――――――7.4.2項
    normalMapTexture: "../data/earth_normal_2048.jpg",    // 法線マッピング   ――――――7.4.5項
    specularMapTexture: "../data/earth_specular_2048.jpg", // 鏡面マッピング  ――――――7.4.6項
  },
  rotationXYZ : true,   // XYZ→ZXYへ変更  ――――――――――――――――――――7.4.3項
  (省略)
})
```

7 仮想物理実験室の機能拡張

雲オブジェクトの準備

さらに、three.js に同包された雲テクスチャを用いて、よりリアルな地球オブジェクトを生成することを試みます。雲オブジェクトも球オブジェクトに雲テクスチャマッピングを適用して生成することができます。実行結果は図 7.17 のとおりです。

プログラムソース 7.36 ●地球オブジェクトの生成（PHYSLAB_r7__Earth.html）

```
var sphere = new PHYSICS.Sphere({
    (省略)
    // 材質オブジェクト関連パラメータ
    material : {
        type: "Lambert",        // 材質モデル
        color: 0xFFFFFF,        // 反射色
        ambient: 0x000000,      // 環境色
        transparent:true,       // 透明化の有無 ──────────────────────── (※)
        mapTexture: "../data/earth_clouds_1024.png",    // テクスチャマッピング
    },
    (省略)
})
```

（※）雲テクスチャの A 値を反映するために transparent プロパティを true とします。

図7.25●球オブジェクトへの雲テクスチャマッピング（PHYSLAB_r7__Cloud.html）

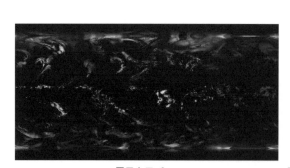
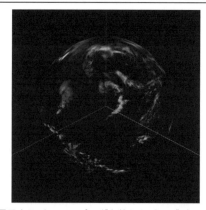

雲テクスチャ　　　　　　　　雲テクスチャマッピングを施した球オブジェクト

地球オブジェクト＋雲オブジェクト

上記の 2 つの球オブジェクトを重ねて表示した結果が図 7.26 です（雲オブジェクトの方を若干大きくする必要があります）。地表の雲も表現されて、リアリティの高い地球オブジェクトになり

ました。これを用いて天体運動のシミュレーションができると思いきや、このままでは重大な問題が生じます。それは、物理演算の対象となる球オブジェクトを重ねているだけなので、地球オブジェクトと雲オブジェクトはあくまで独立した3次元オブジェクトとして取り扱われてしまいます。その結果、重なっていることによる衝突計算などにより、一体的な運動を行うことができません。そのため、1つの球オブジェクトで地球本体と雲を表現することのできるEarthクラスを定義することにします。

図7.26●地球オブジェクト＋雲オブジェクト（PHYSLAB_r7__Earth_Cloud.html）

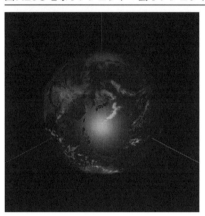

7.5.2 Earthクラス（Sphereクラスの派生クラス）

Earthクラスは図7.12の地球テクスチャマッピング、図7.15の地球法線マッピング、図7.17の地球鏡面マッピングに加え、雲テクスチャを加えて質感のある地球オブジェクトを生成するクラスです。雲は偏西風によって地表に対して回転しています。実行結果は図7.27です。なお、地球を球と近似して、EarthクラスはSphereクラスを継承します。

プログラムソース7.37●コンストラクタの例（PHYSLAB_r7__Earth.html）

```
var earth = new PHYSICS.Earth({
    (省略)
    // 材質オブジェクト関連パラメータ
    material : {  ------------------------------------------------------------------- (※1)
      type: "Phong",
      color: 0xFFFFFF,      // 反射色
      ambient: 0x000000,    // 環境色
      specular: 0x444444,   // 鏡面色
```

```
        shininess: 20,          // 鏡面指数
        mapTexture:         "../data/earth_atmos_2048.jpg",     // テクスチャマッピング
        normalMapTexture:   "../data/earth_normal_2048.jpg",    // 法線マッピング
        specularMapTexture: "../data/earth_specular_2048.jpg",  // 鏡面マッピング
    },
    rotationXYZ : true,   // XYZ→ZXYへ変更
    // 雲関連パラメータ
    cloud : {  ------------------------------------------------------------------------------------ (※2)
       mapTexture: "../data/earth_clouds_1024.png",
       angularVelocity: Math.PI /5000,
    },
    (省略)
}))
```

(※1) 球オブジェクトへのテクスチャマッピング、法線マッピング、鏡面マッピングと同様に、`material`プロパティにテクスチャへのパスを与えます。ここで指定したテクスチャは基底クラスである球オブジェクトのマッピングにそのまま適用されます。

(※2) Earthクラスの固有プロパティです。雲テクスチャの指定（`mapTexture`プロパティ）や雲の回転速度（`angularVelocity`プロパティ）を指定します。なお、雲の回転は本実験室の時間発展とは無関係に実行されます。雲テクスチャが指定されていない場合、地球オブジェクトは球オブジェクトと同等になります。

図7.27●地球オブジェクト（PHYSLAB_r7__Earth2.html）

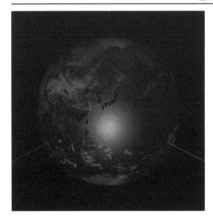

プロパティ

プロパティ	データ型	デフォルト	説明

cloud	\<object\>	{
		  mapTexture: null,
		  angularVelocity:
		          Math.PI/5000
		}
			雲関連パラメータを指定するプロパティ。mapTexture プロパティに雲テクスチャ、angularVelocity プロパティに雲の回転速度 [rad/frame] を指定。

メソッド

なし

7.5.3 コンストラクタの実装

Earth クラスの具体的な実装を示します。地球オブジェクトは球オブジェクトを拡張するので、先述のとおり Earth クラスは Sphere クラスを継承しています。なお、本実験室の 3 次元オブジェクトの継承方法の基本を習得することも意図しています。

プログラムソース 7.38 ● Earth クラス（physObject_r7.js）

```
PHYSICS.Earth = function ( parameter ) {
  // Sphereクラスの継承
  PHYSICS.Sphere.call( this, parameter );
  parameter.cloud = parameter.cloud || {};
  this.cloud = {                                                        ――― Earthクラスの固有プロパティ (7.5.2項)
    mapTexture: parameter.cloud.mapTexture,
    angularVelocity: parameter.cloud.angularVelocity || Math.PI/5000,
  }
  // 雲オブジェクトの生成
  this.afterCreate = function (){                                       ――― (※1)
    // 雲テクスチャが適用されていない場合は終了
    if( !this.cloud.mapTexture ) return;                                ――― (※2-1)
    // 地球本体の大きさを縮める
    this.CG.scale.set( 0.95, 0.95, 0.95 );                              ――― (※3-1)
    // 形状オブジェクトの生成
    var geometry = this.getGeometry ();                                 ――― (※4)
    // 材質オブジェクトのパラメータ
    var parameter = {
      mapTexture: this.cloud.mapTexture,
      normalMapTexture: null,
      specularMapTexture: null,
      transparent: true,
      normalMap: null,
      specularMap: null,
```

```
        };
        // 材質オブジェクトの生成
        var material = this.getMaterial( "Lambert", parameter );          ----------------------------- (※5)
        // 雲オブジェクトの生成
        this.cloud.CG = new THREE.Mesh( geometry, material );             ----------------------------- (※6-1)
        // 雲オブジェクトの大きさを若干大きく（干渉を防ぐため）
        this.cloud.CG.scale.set( 1.01, 1.01, 1.01 );                      ----------------------------- (※3-2)
        // 地球オブジェクトへ追加
        this.CG.add( this.cloud.CG );                                     ----------------------------- (※6-2)
    }
    this.afterUpdate = function(){                                        ----------------------------- (※7)
        // 雲テクスチャが適用されていない場合は終了
        if( !this.cloud.mapTexture ) return;                              ----------------------------- (※2-2)
        // 雲の回転
        this.cloud.CG.rotation.z += this.cloud.angularVelocity;
    }
};
PHYSICS.Earth.prototype = Object.create( PHYSICS.Sphere.prototype );
PHYSICS.Earth.prototype.constructor = PHYSICS.Earth;
```

(※1) 本メソッドは PhysObject クラスで定義された通信メソッド（2.3節）の一つです。3次元オブジェクトが生成する同クラスの create メソッド（1.3.7項）の最後で実行されます。create メソッドにて地球テクスチャを用いて球オブジェクトが生成された後に、雲を表す3次元グラフィックスを生成します。

(※2) 雲テクスチャが指定されていない場合には終了します。この場合、通常の球オブジェクトと同等となります。

(※3) 地球と雲の3次元グラフィックスを重ねないためにそれぞれの見た目の大きさを変更します。雲3次元グラフィックスの大きさを球オブジェクトと同じ大きさにすると干渉が生じてしまうため、若干大きくする必要があります。なお、衝突計算はあくまで元の地球オブジェクトの半径（radius プロパティ）を元に行われます。

(※4) 雲3次元グラフィックス用の形状オブジェクトを地球オブジェクトと同じパラメータで生成します。

(※5) 雲3次元グラフィックス用の材質オブジェクトを指定したパラメータで生成します。

(※6) 雲3次元グラフィックスを生成して、地球オブジェクトの3次元グラフィックス（this.CG）の子要素として与えます。これにより、雲と地球の3次元グラフィックスが一体として運動することができます。

(※7) 本メソッドも（※1）と同様、PhysObject クラスで定義された通信メソッド（2.3節）の一つです。3次元オブジェクトのグラフィックスを更新する同クラスの update メソッド（1.3.8項）の最後に実行されます。本クラスでは雲グラフィックスの回転を実行します。なお、update メソッドは実験室の時間発展とは無関係に呼び出されるため、雲の回転も時間発展とは無関係に実行されます。

7.6 実験室の3次元グラフィックスの強化

前節では3次元オブジェクトに対して、各種マッピングなどを施すことでグラフィックスの強化を図りました。本節では、仮想物理実験室オブジェクトの3次元グラフィックスの強化を図ります。

7.6.1 スカイボックス

7.4.8項で解説した環境マッピングは、3次元オブジェクトに対するテクスチャマッピングでした。three.jsでは、シェーダー言語を記述することで柔軟なグラフィックスを実現することができるShaderMaterialクラス（材質オブジェクトを生成）を用いて、あたかも6面テクスチャで張られた空間中に存在するかのような3次元グラフィックスを表現することができます。

図7.28●環境マッピング＋スカイボックスの例（PHYSLAB_r7__Sphere_env_skybox.html）

図7.28は、図7.22の3次元オブジェクトに対する環境マッピングに加え、図7.23のテクスチャを用いて仮想物理実験室オブジェクトの背景を実現した様子です。あたかも球体が公園にあるかのようです。紙面ではわかりませんが、マウスで視点を操作して風景を見渡してもテクスチャの継ぎ目は感じられません。これはシェーダー言語が適切に記述されている結果です。

次のプログラムソースは仮想物理実験室オブジェクトの生成を行うコンストラクタの引数に、スカイボックス関連プロパティを指定しています。

7 仮想物理実験室の機能拡張

プログラムソース 7.39 ●仮想物理実験室オブジェクトの生成（PHYSLAB_r7__Sphere_env_skybox.html）

```
PHYSICS.physLab = new PHYSICS.PhysLab({
   // スカイボックスの利用
   skybox: {                                                              (※1)
     size: 400,                                                           (※2)
     r:{x:0, y:0, z:180},                                                 (※3)
     cubeMapTexture : [                                                   (※4)
       '../data/Park2_/posx.jpg', '../data/Park2_/negx.jpg',
       '../data/Park2_/posy.jpg', '../data/Park2_/negy.jpg',
       '../data/Park2_/posz.jpg', '../data/Park2_/negz.jpg'
     ]
   }
   (省略)
});
```

（※1） スカイボックスの実装に必要なパラメータは skybox プロパティに格納することにします。

（※2） 後述しますが、スカイボックスは名前のとおり巨大な立方体を用いて実現されます。size プロパティは箱の大きさです。カメラオブジェクトの視体積に含まれる大きさにする必要があります。

（※3） r プロパティはスカイボックスの位置座標です。スカイボックスの中心はグローバル座標系の原点に配置されますが、本プロパティを与えることで平行移動することができます。

（※4） 環境マッピングと同様に 6 つのテクスチャを与えます。

環境マッピング＋スカイボックスの一例を図 7.29 に示します。環境マッピングは、球や立方体といった簡単な形状だけでなく 7.1 節で解説した任意のポリゴンオブジェクトに対しても適用することができます。

図7.29●環境マッピング＋スカイボックスの例（PHYSLAB_r7__Lucy_env _skybox.html）

PhysLab クラスの initThree メソッドへの追記

続いて、スカイボックスを実現するための具体的な実装を示します。基本的な考え方は、仮想物理実験室オブジェクトにスカイボックス用の立方体オブジェクトを用意し、その内側にテクスチャマッピングするという流れです。仮想物理実験室オブジェクトの3次元グラフィックスを用意する initThree メソッドに追記を行います。

プログラムソース 7.40 ●initThree メソッドへの追記（physLab_r7.js）

```
PHYSICS.PhysLab.prototype.initThree = function() {
  (省略)
  // スカイボックスの設定
  if( this.skybox. enabled ){                                              (※1)
    // 形状オブジェクトの宣言と生成
    var geometry = new THREE.BoxGeometry( this.skybox.size, this.skybox.size,
                                          this.skybox.size );
    // テクスチャの読み込み
    var textureCube = THREE.ImageUtils.loadTextureCube(
                  this.skybox.cubeMapTexture,
                  new THREE.CubeReflectionMapping()
                );
    // 画像データのフォーマットの指定
    textureCube.format = THREE.RGBFormat;
    // スカイボックス用シェーダー
    var shader = THREE.ShaderLib[ "cube" ];                                (※2)
    shader.uniforms[ "tCube" ].value = textureCube;                        (※3)
    // 材質オブジェクト
    var material = new THREE.ShaderMaterial( {                             (※4)
      fragmentShader: shader.fragmentShader,                               (※5-1)
      vertexShader:   shader.vertexShader,                                 (※5-2)
      uniforms:       shader.uniforms,                                     (※5-3)
      side:           THREE.BackSide,                                      (※6-1)
      depthWrite:     false                                                (※6-2)
    } );
    // スカイボックスの生成
    this.CG.skybox = new THREE.Mesh(geometry , material );                 (※7)
    this.CG.skybox.position.set( this.skybox.r.x, this.skybox.r.y, this.skybox.r.z );
    this.CG.scene.add( this.CG.skybox );
  }
  (省略)
}
```

（※1） skybox.enable を true とした場合にスカイボックスを適用します。
（※2） three.js 本体にスカイボックス用のシェーダープログラムが準備されていますので、それを取

(※3) シェーダープログラムの uniform 型変数の tCube 変数にテクスチャオブジェクトを与えます[†4]。

(※4) three.js には材質オブジェクトとして自作シェーダープログラムを適用される ShaderMaterial クラスが用意されています（自作と言ってもスカイボックス用のシェーダープログラムは three.js 本体内に存在します）。本クラスを利用してスカイボックスの材質オブジェクトを生成します。

(※5) ShaderMaterial クラスのコンストラクタに、フラグメントシェーダーとバーテックスシェーダの両シェーダープログラム、uniform 型変数を与えます。

(※6) スカイボックスは立方体オブジェクトの内側にマッピングを行うため、side プロパティに対応するステート定数を与えます。また、背面のオブジェクトを描画させるためにデプスバッファの上書きを禁止します。

(※7) スカイボックスオブジェクトの生成を行います。本オブジェクトを外から見たのが図 7.30 です。立方体オブジェクトの内側にテクスチャマッピングが施されていることが確認できます。

図7.30●スカイボックスを構成する立方体オブジェクト（PHYSLAB_r7__Sphere_env_skybox.html）

7.6.2 スカイドーム

　仮想物理実験室オブジェクトの renderer.clearColor プロパティで指定することのできる実験室の背景色は 1 色です。そのため多少味気ない雰囲気となってしまいます。そこで、天頂からの角度に応じて背景色が変化するようなスカイドームを用意します。前節のスカイボックスは巨大な立方体オブジェクトの内側にテクスチャマッピングすることで背景を表現したのと同様、スカイ

---

†4 uniform 型変数の詳細については、『three.js による HTML5 3D グラフィックス』下巻（ISBN:978-4-87783-331-2）の p.141 を参照してください。

7.6 実験室の3次元グラフィックスの強化

ドームは巨大な球オブジェクトの内側に任意色のグラデーションで背景を表現します。

図7.31●スカイドームの例（PHYSLAB_r7__Lucy_skydome.html）

図7.31はその実行結果です。雲の上の空をイメージして天頂を青、底面を白として高度によって色を変化させています。図7.4と比較して、雲の上的な雰囲気がでています。次のプログラムソースは仮想物理実験室オブジェクトの生成を行うコンストラクタの引数に、スカイドーム関連プロパティを指定しています。

プログラムソース7.41●仮想物理実験室オブジェクトの生成（PHYSLAB_r7__Lucy_skydome.html）

```
PHYSICS.physLab = new PHYSICS.PhysLab({
  (省略)
  // スカイドーム
  skydome : {                                                           ──(※1)
    enabled : true,        // スカイドーム利用の有無
    radius  : 200,         // スカイドームの半径                          ──(※2)
    topColor : 0x2E52FF,   // ドーム天頂色                                ──(※3-1)
    bottomColor :0xFFFFFF, // ドーム底面色                                ──(※3-2)
    exp : 0.8,             // 減衰指数                                   ──(※3-3)
    offset : 5,            // 高さ基準点                                ──(※3-4)
  },
  (省略)
});
```

(※1) スカイドームの実装に必要なパラメータはskydomeプロパティに格納することにします。

(※2) 後述しますが、スカイボックスは名前のとおり巨大な球を用いて実現されます。radiusプロパティは球の半径です。カメラオブジェクトの視体積に含まれる大きさにする必要があります。

（※3） HEX形式で指定した天頂色と底面色のグラデーションに関するパラメータを指定します。これらのパラメータを用いた描画色の決定方法は、後述するシェーダープログラムをご覧ください。

PhysLab クラスの initThree メソッドへの追記

続いて、スカイドームを実現するための具体的な実装を示します。基本的な考え方は、仮想物理実験室オブジェクトにスカイドーム用の球オブジェクトを用意し、その内側の描画色をシェーダープログラムで指定するという流れです。仮想物理実験室オブジェクトの3次元グラフィックスを用意する initThree メソッドに追記を行います。

プログラムソース 7.42 ●initThree メソッドへの追記（physLab_r7.js）

```javascript
PHYSICS.PhysLab.prototype.initThree = function() {
  (省略)
  // スカイドームの利用
  if( this.skydome.enabled ){
    var vertexShader = "// バーテックスシェーダー\n" +                                    ――――――――（※1-1）
    "// 頂点シェーダーからフラグメントシェーダーへの転送する変数\n" +
    "varying vec3 vWorldPosition;\n" +                                                  ――――――――（※2-1）
    "void main() {\n" +
    "  // ワールド座標系における頂点座標\n" +
    "  vec4 worldPosition = modelMatrix * vec4( position, 1.0 );\n" +
    "  vWorldPosition = worldPosition.xyz;\n" +                                         ――――――――（※2-2）
    "  gl_Position = projectionMatrix * modelViewMatrix * vec4( position, 1.0 );\n" +
    "}\n";
    var fragmentShader = "// フラグメントシェーダー\n" +                                ――――――――（※1-2）
    "// カスタムuniform変数の取得\n" +
    "uniform vec3 topColor;       // ドーム頂点色\n" +                                  ――――――――（※3-1）
    "uniform vec3 bottomColor;    // ドーム底辺色\n" +                                  ――――――――（※3-2）
    "uniform float exp;           // 減衰指数\n" +                                      ――――――――（※3-3）
    "uniform float offset;        // 高さ基準点\n" +                                    ――――――――（※3-4）
    "// バーテックスシェーダーから転送された変数\n" +
    "varying vec3 vWorldPosition;\n" +                                                  ――――――――（※4-1）
    "void main() {\n" +
    "  // 高さの取得\n" +
    "  float h = normalize( vWorldPosition + vec3(0, 0, offset) ).z;\n" +
                                                                                        ――――――――（※4-2）
    "  if( h < 0.0) h = 0.0;\n" +
    "  gl_FragColor = vec4( mix( bottomColor, topColor, pow(h, exp) ), 1.0 );\n" +
                                                                                        ――――――――（※5）
    "}\n";
    // 形状オブジェクトの宣言と生成
    var geometry = new THREE.SphereGeometry( this.skydome.radius, 100, 100);
```

```
        var uniforms = {                                               ------- (※6-1)
          topColor: {type: "c", value: new THREE.Color().setHex( this.skydome.topColor )},
                                                                  ---------------- (※6-2)
          bottomColor: {type: "c",
                        value: new THREE.Color().setHex( this.skydome.bottomColor )},
                                                                  ---------------- (※6-3)
          exp:{ type: "f", value : this.skydome.exp },            ---------------- (※6-4)
          offset:{ type: "f", value : this.skydome.offset }       ---------------- (※6-5)
        };
        // 材質オブジェクトの宣言と生成
        var material = new THREE.ShaderMaterial( {
          vertexShader:    vertexShader,
          fragmentShader:  fragmentShader,
          uniforms:        uniforms,
          side:            THREE.BackSide,
          depthWrite:      false
        } );
        // スカイドームの生成
        this.skydome.CG = new THREE.Mesh( geometry, material);
        this.CG.scene.add( this.skydome.CG );
      }
      (省略)
    }
```

(※1) シェーダー材質に与えるバーテックスシェーダーとフラグメントシェーダーのプログラムを文字列リテラルとして準備します。スカイボックスとは異なってthree.js内でシェーダープログラムは定義されていないので、自前で用意する必要があります[†5]。

(※2) スカイドーム内側各点のワールド座標系における座標点を計算し、フラグメントシェーダーに送ります。

(※3) スカイドームのグラデーション計算に必要なパラメータをuniform型変数として取得します。

(※4) バーテックスシェーダーから受け取ったワールド座標系における座標点から、規格化した高度を計算します。その際に、offsetプロパティで指定した値だけ高度のかさ上げをします。offsetプロパティの値が大きいほど、描画色は天頂色の方にシフトします。

(※5) 頂点色と底面色を、GLSL組み込み関数であるmix関数を用いて混合します。mix関数は、

```
    mix( x, y, a ) = x ( 1 - a ) + y * a
```

で定義される線形混合を実現するための関数ですが、混合割合を与える第3引数に指数関数を用いることで、グラデーションの変化率に変えることができます。

(※6) three.jsのシェーダー材質に与えるためのuniform型変数をオブジェクトリテラルで用意します。

[†5] シェーダープログラムの詳細については、『three.jsによるHTML5 3Dグラフィックス』下巻（ISBN:978-4-87783-331-2）p.203を参照してください。

7.6.3 フォグ効果

カメラ位置からの距離によって3次元オブジェクトをぼかすフォグ（大気効果）を本仮想物理実験室に導入します。フォグの性質についてはすでに『three.jsによるHTML5 3Dグラフィックス』下巻（ISBN:978-4-87783-331-2）のp.74「フォグ効果」で詳しく解説しているので、実装方法のみを簡単に説明します。図7.32は、カメラからの距離に対して比例してフォグが濃くなる線形フォグと、距離に対して指数関数式に従ってフォグが濃くなる指数フォグの実行結果です。背景色とフォグ色を一致させることで背景に溶け込んでいくように見えます。

図7.32●フォグ効果（PHYSLAB_r7__Cube_fog.html）

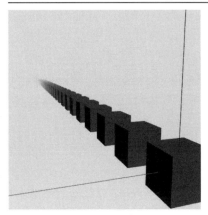
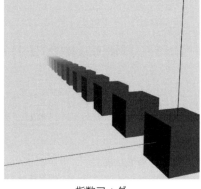

線形フォグ　　　　　　　　　指数フォグ

次のプログラムソースは仮想物理実験室オブジェクトの生成を行うコンストラクタの引数に、フォグ関連プロパティを指定しています。

プログラムソース7.43●仮想物理実験室オブジェクトの生成（PHYSLAB_r7__Lucy_skydome.html）

```
PHYSICS.physLab = new PHYSICS.PhysLab({
    (省略)
    // フォグの利用
    fog : {  -------------------------------------------------------- (※1)
        enabled: true,   // フォグ利用の有無
        type: "exp",     // フォグの種類 ( "linear" | "exp" ) ---------- (※2)
        color: null,     // フォグ色 ------------------------------- (※3)
        near: 1,         // フォグ開始距離（線形フォグ）-------------- (※4-1)
        far: 30,         // フォグ終了距離（線形フォグ）-------------- (※4-2)
        density : 1/30   // フォグの濃度（指数フォグ）--------------- (※4-3)
    },
```

```
　　（省略）
  });
```

（※1）　フォグの実装に必要なパラメータは fog プロパティに格納することにします。
（※2）　フォグの種類を type プロパティに文字列で指定します。
（※3）　フォグ色を指定しない場合、背景色と同色が与えられます。
（※4）　フォグ濃度を決定するパラメータを与えます。

PhysLab クラスの initThree メソッドへの追記

　フォグを実現するための具体的な実装を示します。フォグは three.js のシーンオブジェクトの fog プロパティにフォグオブジェクトを与えるだけです。仮想物理実験室オブジェクトの3次元グラフィックスを用意する initThree メソッドに追記を行います。

プログラムソース 7.44 ● initThree メソッドへの追記（physLab_r7.js）

```
PHYSICS.PhysLab.prototype.initThree = function() {
  （省略）
  // フォグの利用
  if( this.fog.enabled ){
    if( !this.fog.color ) this.fog.color = this.renderer.clearColor;   ------------------ (※1)
    if( this.fog.type === "linear" ){
      // 線形フォグオブジェクトの生成
      this.CG.scene.fog = new THREE.Fog (                             ---------------------------------------- (※2-1)
        this.fog.color,  // フォグ色
        this.fog.near,   // フォグ開始距離
        this.fog.far     // フォグ終了距離
      );
    } else if( this.fog.type === "exp" ) {
      // 指数フォグオブジェクトの生成
      this.CG.scene.fog =  new THREE.FogExp2(                         ---------------------------------------- (※2-2)
        this.fog.color,   // フォグ色
        this.fog.density // フォグの濃度（指数）
      );
    }
  }
  （省略）
}
```

（※1）　フォグ色（color プロパティ）が与えられていない場合、背景色を与えます。
（※2）　フォグの種類に応じて、対応するフォグオブジェクトを生成してシーンオブジェクトの fog プロパティに与えます。

7.6.4 レンズフレア

レンズフレアとは、強い光がカメラレンズに入射した際にレンズ内で多重反射などが起こることで映像に映り込む放射状の光の線（太陽の周りの線）です。three.js ではゴーストと呼ばれる画面に映り込む光の球（画面左下の淡い色の球）も含んでいます。本来、レンズフレアやゴーストは意図しない現象ですが、コンピュータ・グラフィックスでは光の明るさを表現する手法としてよく利用されます。three.js でも簡単に実装するための仕組み（LensFlare クラス）が用意されているので、本実験室にも導入します。

図7.33●レンズフレアの例（PHYSLAB_r7__Earth_lensFlare.html）

図 7.33 はレンズフレアを用いた地球オブジェクトの実行結果です。太陽に照らされている地球という雰囲気がでています。three.js のレンズフレアを生成するは、次のプログラムソースは仮想物理実験室オブジェクトの生成を行うコンストラクタの引数に、レンズフレア関連プロパティを指定しています。

プログラムソース 7.45●仮想物理実験室オブジェクトの生成（PHYSLAB_r7__Earth_lensFlare.html）

```
PHYSICS.physLab = new PHYSICS.PhysLab({
    (省略)
    // レンズフレア関連
    lensFlare : {
        enabled:     true,         // レンズフレア利用の有無
        flareColor:  0xFFFFFF,     // フレアテクスチャの発光色         -------------------------------- (※1)
        flareSize:   300,          // フレアのサイズ
        flareTexture: "../data/lensflare/lensflare0.png",  // フレアテクスチャ    -------------- (※2-1)
        ghostTexture: "../data/lensflare/lensflare3.png",  // ゴーストテクスチャ  -------------- (※2-2)
```

7.6 実験室の3次元グラフィックスの強化

```
        ghostList : [     // ゴーストのリスト  -------------------------------- (※3-1)
          { size: 60,  distance:0.6 }, // サイズと距離 ------------------- (※3-2)
          { size: 70,  distance:0.7 },                                    (※3-3)
          { size: 120, distance:0.9 },                                    (※3-4)
          { size: 70,  distance:1.0 },                                    (※3-5)
        ]
      }
      (省略)
    }
```

（※1） フレアテクスチャを貼る発光材質の発光色です。描画色はここで指定した色と実際のテクスチャの色の積算で決定されます。

（※2） レンズフレアとゴーストのテクスチャとして利用する画像のパスです。本書ではレンズフレア用に three.js に同包されている画像を利用します。

（※3） スクリーン内で光源と反対側に現れるゴーストの大きさと発生位置を指定する配列です。配列の要素数の数だけのゴーストが生成されます。ゴーストの発生距離を指定する `distance` プロパティは、スクリーン上での光源と同じ位置に対する距離を表すパラメータです。「0」で光源と同じ位置、「1.0」で光源のスクリーン中心に対する点対称の位置を表します。

PhysLab クラスの initLight メソッドへの追記

レンズを実現するための具体的な実装を示します。レンズフレアは太陽などの強い光を発する点光源に対して起こる現象ですが、本実験室では光源の種類に依らず光源の位置にフレアの描画を行うことにします。なお、レンズフレアは生成時に光源位置の情報を必要とするため、光源の初期化を行う initLight メソッドに記述します。

```
プログラムソース 7.46 ●initLight メソッドへの追記 (physLab_r7.js)
    PHYSICS.PhysLab.prototype.initLight = function() {
      (省略)
      // レンズフレアの利用
      if( this.lensFlare.enabled ){
        // レンズフレアテクスチャ用画像の読み込み
        var flareTexture = THREE.ImageUtils.loadTexture( this.lensFlare.flareTexture );
                                                               --------------- (※1-1)
        var ghostTexture = THREE.ImageUtils.loadTexture( this.lensFlare.ghostTexture );
                                                               --------------- (※1-2)
        // フレアテクスチャの発光色
        var flareColor = new THREE.Color( this.lensFlare.flareColor );
        // レンズフレアオブジェクトの生成
        this.lensFlare.CG = new THREE.LensFlare (  ---------------------------------- (※2)
          flareTexture,              // フレアテクスチャオブジェクト
```

```
            this.lensFlare.flareSize,      // フレアサイズ
            0,                             // フレア距離      ------------------------------------------- (※3)
            THREE.AdditiveBlending,        // 加算ブレンディング  ------------------------------------------- (※4)
            flareColor                     // フレア発光色
        );
        // フレア位置の指定
        this.lensFlare.CG.position.copy(this.CG.light.position ); ------------------------- (※5)
        // フレアの追加
        for( var i = 0; i < this.lensFlare.ghostList.length; i++ ){ ------------------------- (※6)
            this.lensFlare.CG.add( ------------------------------------------------------------ (※7)
              ghostTexture,                              // ゴーストテクスチャオブジェクト
              this.lensFlare.ghostList[i].size,          // ゴーストのサイズ
              this.lensFlare.ghostList[i].distance,      // ゴーストの発生距離
              THREE.AdditiveBlending                     // 加算ブレンディングの指定
            );
        }
        // レンズフレアオブジェクトのシーンへの追加
        this.CG.scene.add( this.lensFlare.CG );
    }
}
```

(※1) コンストラクタの引数で与えられたテクスチャ用の画像ファイルの読み込みを行います。

(※2) レンズフレアは three.js の LensFlare クラスで実装することができます。本クラスのコンストラクタでフレアのプロパティを指定した後に、後にゴースト関連の情報を add メソッドで追加します。

(※3) このパラメータはゴースト発生距離のと同じです。通常フレアは光源と同じ位置で発生するため、距離を「0」を指定すします。

(※4) レンズフレアはテクスチャのアルファ値を反映して描画されますが、その際のブレンディングの方法を指定します。一般的には背面の描画色とフレア描画色は加算ブレンディングとなるため、対応するステート定数を与えます。

(※5) フレア位置を光源位置と合わせます。

(※6) コンストラクタの引数で指定した ghostList プロパティに従って、ゴーストを生成します。

(※7) add メソッドはゴーストを追加するための LensFlare クラスのメソッドです。引数にゴースト関連プロパティを指定します。

7.7 計算結果の外部ファイルへの出力

リビジョン 6 までは、数値計算の結果は 2 次元グラフで描画することしかできませんでした。そこで本節では、HTML5 の機能の一つである Blob クラスを利用して、数値計算結果をテキストファイルとして出力するための実装を示します。Blob はウェブブラウザにてファイルを取り扱うための規格である File API の一つですが、window.URL.createObjectURL メソッドを利用することで Blob オブジェクトから外部ファイルを出力することも可能となります。仮想物理実験室ではこの機能を利用します。

7.7.1 Blob クラス（HTML5）

Blob の仕様は File API の一部として W3C にて最終草案（Last Call Working Draft）として公開されています（2014 年 10 月現在、http://www.w3.org/TR/FileAPI/）。仕様にまだ流動的な部分も残されているため、今後の動向に注目する必要があります。

コンストラクタ

Blob クラスのコンストラクタを利用して、任意の文字列を格納した Blob オブジェクトを生成することができます。任意の文字列はバイナリー形式でもアスキー形式でも問題なく、MIME タイプも指定することができます。コンストラクタの実行方法は次のとおりです。

```
var blob = new Blob( strings, parameter );
```

引数	データ型	デフォルト	説明
strings	\<array\>	[]	任意の文字列を配列リテラルで渡す。
parameter	\<object\>	null	オブジェクト形式でプロパティ名に "type"、値に MIME タイプを指定する。（例：{ "type" : "text/plain" }）

プロパティ

プロパティ	データ型	デフォルト	説明
size	\<int\>	0	データサイズ（Byte）。読み取り専用。
type	\<string\>	null	MIME タイプ。読み取り専用。

メソッド

メソッド名	引数	戻値	説明
slice(start, end, type)	\<int\> \<int\> \<string\>	\<Blob\>	Blob オブジェクトから一部を取り出して新しい Blob オブジェクトを生成する。第1引数と第2数で抜き取り開始 (start) と終了 (end) をバイト数で指定し、第3引数で MIME タイプを指定する。

7.7.2 Blob オブジェクトから外部ファイル出力

Blob オブジェクトから外部ファイル出力までの手順を示します。

(1) 出力目的の文字列を格納した Blob オブジェクトを生成する。
(2) window.URL.createObjectURL メソッドを利用して Blob オブジェクトから BlobURL を生成する。
(3) a 要素の href 属性に BlobURL を与える。
(4) a 要素の download 属性に出力ファイル名を与える。

次のプログラムソースは、あらかじめ用意しておいた a 要素に上記手順で生成した BlobURL とファイル名を与えた例です。実行後に a 要素をクリックすることで、ファイルのダウンロードを行うことができます。

プログラムソース 7.47 ●Blob オブジェクトから外部ファイル出力（Blob_test1.html）

```
<!DOCTYPE html>
<html>
<head>
<meta charset="UTF-8">
<title>Blobテスト1</title>
<script>
window.addEventListener("load", function () {
  // 出力内容の用意
  var outputs = [ "あいうえお\n", "かきくけこ\n", "さしすせそ\n" ];      ------------------------------- (※1)
  // Blobオブジェクトの生成
  var blob = new Blob( outputs, { "type" : "text/plain" } );      ------------------------------- (※2)
  document.getElementById("output").href = window.URL.createObjectURL( blob );   -- (※3)
  document.getElementById("output").download = "test.txt";        ------------------------------- (※4)
});
</script>
</head>
<body>
  <a id="output">ここをクリック！</a>
```

```
        </body>
        </html>
```

(※1) ファイル出力する文字列を格納した配列を用意します。配列の要素はファイルの行に対応している訳ではありません。そのため、改行を行うには JavaScript における改行を表すエスケープシーケンスである "\n" を随時挿入する必要があります。

(※2) Blob クラスのコンストラクタの第 2 引数にプレーンテキスト（アスキー形式）の MIME タイプを指定します。

(※3) `window.URL.createObjectURL` メソッドは Blob オブジェクトにかぎらず様々なデータから URL を生成する HTML5 で新しく実装された API の一つです。あらかじめ用意しておいた a 要素に href 属性として戻り値を格納します。

(※4) あらかじめ用意しておいた a 要素に download 属性として、ダウンロードファイルのファイル名を与えます。

図7.34●実行結果と出力結果（Blob_test1.html）

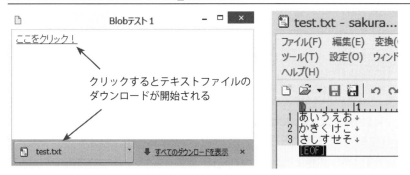

図 7.34 は Blob_test1.html の実行結果です。クリックするとプログラムソース内で指定した文字列が格納されたプレーンテキストが、指定したファイル名で生成できていることが確認できます。なお、Windows 8.1 の各種ブラウザ、Google Chrome（37）、Mozilla Firefox（32）、Internet Explorer（11）、Opera（24）で挙動を確認し、Internet Explorer（11）以外で同一の挙動を確認しました（ファイルダウンロードの実装は異なります）。

7.7.3　3 次元オブジェクトの運動データのダウンロード

前項で解説した Blob オブジェクトを利用して、3 次元オブジェクトの位置、速度、エネルギーの時系列データをダウンロードする仕組みを用意します。3 次元オブジェクトの運動データは data プロパティ内に格納されているので、次に示すプログラムソースのように記述することで

Blobオブジェクトを生成することができます。

プログラムソース 7.48 ●Blob オブジェクトの生成方法

```javascript
// 出力内容の用意
var outputs = [];
for( var i = 0; i < this.data.x.length; i++ ){           ────────── (※1)
  var data =   this.data.x[i][0];      // 時刻           ────────── (※2)
  data += "\t" + this.data.x[i][1];    // x座標          ────────── (※3)
  data += "\t" + this.data.y[i][1];    // y座標
  data += "\t" + this.data.z[i][1];    // z座標
  data += "\t" + this.data.vx[i][1];   // vx座標
  data += "\t" + this.data.vy[i][1];   // vy座標
  data += "\t" + this.data.vz[i][1];   // vz座標
  data += "\t" + this.data.kinetic[i][1];    // 運動エネルギー
  data += "\t" + this.data.potential[i][1];  // ポテンシャルエネルギー
  data += "\t" + this.data.energy[i][1];     // 力学的エネルギー
  data += "\n";                                          ────────── (※4)
  outputs.push( data );
}
// Blobオブジェクトの生成
var blob = new Blob( outputs, { "type" : "text/plain" } );
document.getElementById( "output" ).href = window.URL.createObjectURL( blob );
document.getElementById( "output" ).download = "test.txt";
```

(※1) data プロパティに格納されている各物理量の時系列データの数は同じなので、x 座標に格納されているデータ数を基準とします。

(※2) x[i][j] の i はデータ番号を表し、j=0 は時刻［s］、j=1 はそれに対する x 座標の値［m］が格納されている二重配列です。1つ目のデータとして時刻を取得します。

(※3) まず、+= 演算子を用いて（※2）で取得した時刻につづいてデータをタブ区切りで並べるためのタブを表すエスケープシーケンスである "\t" を記述します。続いて x 座標を与えます。

(※4) 必要なデータをタブ区切りで並べた最後に改行するために、エスケープシーケンス "\n" を与えます。

7.7.4　一体問題シミュレーターへの実装

2.4 節で導入した一体問題シミュレーターに対して、数値計算結果をダウンロードする仕組みを解説します。まず、実行結果を示します。図 7.35 は球オブジェクトの時間発展の時系列プロットを表示するタブインターフェースの下に、ダウンロードメニューとして a 要素を追記した様子です。「数値データ（TXT）」をクリックすると、2 次元グラフ描画している数値データをプレーンテキストがダウンロードされます。なお、「画像（PNG）」は canvas 要素に描画された 2 次元グラフ

のダウンロードも 7.7.6 項で実装予定のため、あらかじめ記述しておきます。

図7.35●ダウンロードメニューの追加（OneBodyLab_r7__Polygon.html）

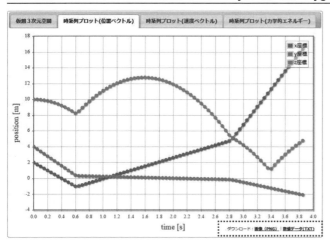

次のプログラムソースでは、一体問題シミュレーターへの実装のための HTML 要素を追加します。前項で示したとおり、任意の id 属性の値を与えた a 要素を配置します。なお、位置座標の他、速度、エネルギーについても同様の記述を行います。

プログラムソース 7.49●タブインターフェース（OneBodyLab_r7__Polygon.html）

```html
<!-- タブコンテンツ領域 -->
<div id="tab2" class="inner">
  <!-- グラフ描画領域 -->
  <div id="canvas-frame_position" class="plotFrame"></div>
  <div class="download">
    ダウンロード：<a id="pngR">画像（PNG）</a>
                | <a id="downloadR">数値データ(TXT)</a>
  </div>
</div>
```

続いて、7.7.3 項で示したプログラムを参考に、出力するデータを選択できる PhysLab クラスの makeDownloadData メソッド（7.7.5 項）を次のように呼び出すと想定します。なお、位置座標の他、速度、エネルギーについても同様の記述を行います。

7 仮想物理実験室の機能拡張

```
プログラムソース7.50 ●タブ切り替えイベント（OneBodyLab_r7__Polygon.html）
// 2つ目のタブに切り替え時
document.getElementById("tabList").getElementsByTagName("a").item(1)
                                .addEventListener("click", function () {
    (プロットデータの準備、省略)
    scope.plot2D_position.linerPlot();    // メソッドによる再描画

    (2次元グラフのダウンロードのための実装を記述) ----------------------------------7.7.6項

    // ダウンロードデータの生成
    scope.makeDownloadData ( ----------------------------------------------------(※1)
       [ scope.ball.data.x, scope.ball.data.y, scope.ball.data.z ],    // データ列  ------(※2)
       "downloadR",    // a要素のID  --------------------------------------------(※3-1)
       "Position.txt"  // ダウンロードファイル名 ---------------------------------(※3-2)
    );
    (省略)
});
```

（※1） タブインターフェースにてタブを切り替えたタイミングで2次元グラフの描画だけでなく、グラフ描画に利用したデータのダウンロードデータを生成する`makeDownloadData`メソッドを実行します。本メソッドの実装は7.7.5項で示します。なお、プログラム中の`scope`は実験室オブジェクトを指します。

（※2） 第1引数に出力するデータ列を配列として渡します。一体問題シミュレーターでは着目する球オブジェクトは`ball`プロパティに与えられているので（2.4節を参照）、その`data`プロパティを与えます。

（※3） 先のa要素で指定したid属性の値と、ダウンロードする際のファイル名を指定します。

出力データについて

図7.36は、ダウンロード後のテキストファイルをテキストエディタで開いたときの様子です。想定通りにデータが生成されていることが確認できます。また、データがタブ区切りであるので、マイクロソフト社のエクセルファイルにもそのままコピーアンドペーストすることもできます。このようにプレーンテキストとして数値計算結果の生データを取得することができるので、その後、データの加工やその他のグラフ描画にも利用することができます。

図7.36●ダウンロードしたプレーンテキストとエクセルファイル

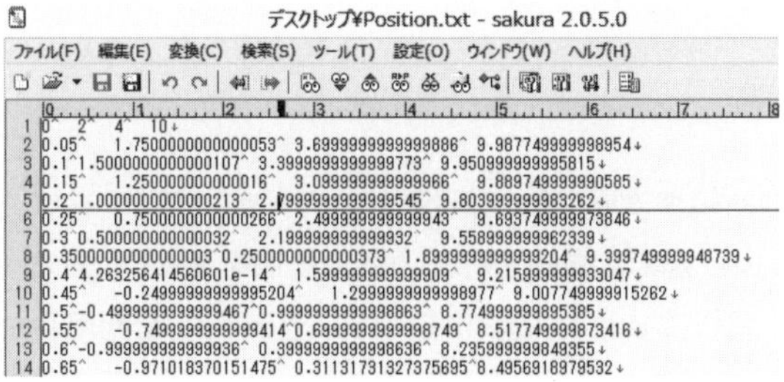

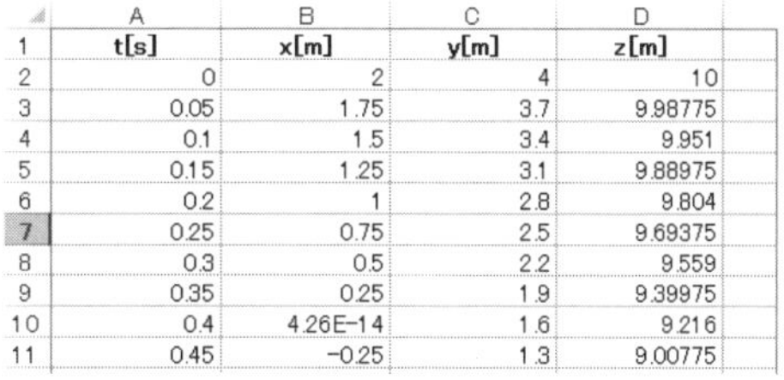

	A	B	C	D
1	t[s]	x[m]	y[m]	z[m]
2	0	2	4	10
3	0.05	1.75	3.7	9.98775
4	0.1	1.5	3.4	9.951
5	0.15	1.25	3.1	9.88975
6	0.2	1	2.8	9.804
7	0.25	0.75	2.5	9.69375
8	0.3	0.5	2.2	9.559
9	0.35	0.25	1.9	9.39975
10	0.4	4.26E-14	1.6	9.216
11	0.45	-0.25	1.3	9.00775

7.7.5 makeDownloadData メソッドの定義（PhysLab クラス）

7.7.3 項で示したプログラムソースを参考に、3 次元オブジェクトの任意の運動データを格納したダウンロードデータを作成する makeDownloadData メソッドを定義します。第 1 引数に位置、速度、エネルギーの時系列データが格納されたプロパティ、第 2 引数には a 要素の id 属性値、第 3 引数にはダウンロードファイル名を与えます。

プログラムソース 7.51 ●makeDownloadData メソッド（physLab_r7.js）

```
PHYSICS.PhysLab.prototype.makeDownloadData = function ( column, ID ,fileName ){
  // データ列
  column = column || [];
  // 出力内容の用意
  var outputs = [];
  for( var i = 0; i < column[0].length; i++ ){  ---------------- (※1)
    var data = column[0][i][0]; // 時刻  ---------------- (※2)
    for(var j = 0; j < column.length; j++ ){
      data += "\t" + column[j][i][1];  ---------------- (※3)
    }
    data += "\n";
    outputs.push( data );
  }
  // Blobオブジェクトの生成
  var blob = new Blob( outputs, { "type" : "text/plain" } );
  document.getElementById( ID ).href = window.URL.createObjectURL( blob );
  document.getElementById( ID ).download = fileName;
}
```

（※ 1）　column[0] の具体例は this.data.x です。length プロパティは時系列データのデータ数を指します。

（※ 2）　i 番目の時系列データの時刻を取得します。

(※3) 第1引数で指定した column に格納された分だけ、タブ区切りでデータをつないでいきます。

7.7.6　2次元グラフのダウンロード

　1.2.16項では、three.js を用いた仮想物理実験室の3次元空間を画像ファイルとしてダウンロードする仕組みを用意しました。HTML5 では canvas 要素に描画された任意の画像を PNG 形式の画像ファイルとして保存することができるので、同様に canvas 要素に描画する jqPlot を利用した2次元グラフも保存してダウンロードすることができます。しかしながら、1つの canvas 要素に出力する three.js とは異なり、jqPlot で作成する2次元グラフは複数の canvas 要素が重ね合わされて表現されているため、簡単には PNG 形式へ変換することができません。jqPlot には2次元グラフを一つの img 要素として生成する jqplotToImageElem メソッドが用意されていますので、これを利用します。

　次のプログラムソースは、『HTML5 による物理シミュレーション』（ISBN:978-4-87783-303-9）p.153 で開発した Plot2D クラスに追加した、描画した2次元グラフから img 要素を生成する makeImage メソッドです。このメソッドをグラフ描画後に実行することで、img 要素を取得することができます。

プログラムソース 7.52 ●2次元グラフ描画用 Plot2D クラス（plot2D_r6.js）
```
// メソッド8：画像データの出力
this.makeImage = function ( ) {
  // img要素の取得（PNG形式）
  var img = $( "#" + canvasDom ).jqplotToImageElem();
  return img;
}
```

一体問題シミュレータへの実装

　7.7.4項で示したとおり、タブインターフェースのタブ切り替え時に Plot2D クラスの makeImage メソッドを用いて、ダウンロード用の2次元グラフの PNG 形式画像ファイルの生成を行います。

プログラムソース 7.53 ●2次元グラフの PNG 形式画像ファイルの生成
```
// PNG画像の生成
var img = scope.plot2D_position.makeImage();                    ─────────────── (※1)
document.getElementById( "pngR" ).href = img.src;               ─────────────── (※2)
document.getElementById( "pngR" ).download = "Position.png";
```

（※1） plot2D_position は位置座標の時系列プロット用の Plot2D クラスのオブジェクトです。
（※2） img 要素の src 属性には base64 形式の PNG 形式画像データが格納されています。

図7.37●ダウンロードしたPNG形式画像ファイル（OneBodyLab_r7__Polygon.html）

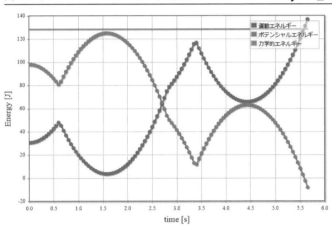

　図 7.37 は、エネルギーの時系列プロットをダウンロードした画像データです。リビジョン 6 までは画面キャプチャで 2 次元グラフの画像データを作成していましたが、今後はクリックひとつで作成可能となります。なお、jqPlot の jqplotToImageElem メソッドは canvas 要素に描画された画像のみを画像データとして生成するため、それ以外の要素（div 要素などによる追加情報）は反映されません。

7.8　その他の修正・改善

7.8.1　three.js の仕様変更に伴う変更点（r66 → r68）

　three.js は現在も数多くの機能追加、改訂などが行われておりますが、その際にクラスやメソッド、プロパティの名称や機能が変更になっている場合もあります[6]。つまり、過去のリビジョンで動作していたものが最新のリビジョンでは動かないということが多々あるという問題点があります。しかしながら、リビジョンが上がるほど使いやすくまたバグも減ってきているので、基本的に

---

[6] リビジョンごとの変更履歴のなどの詳しい情報は「https://github.com/mrdoob/three.js/」に記載されています。

7 仮想物理実験室の機能拡張

はその都度の最新版を利用していくことをおすすめします。そこで、本仮想物理実験室でも three.js の仕様変更に伴って修正を行います。

クラス名の変更：THREE.CubeGeometry → THREE.BoxGeometry

立方体オブジェクトを生成するクラスの名称が、CubeGeometry クラスから BoxGeometry クラスへと変更になりました。もともと 3 辺の長さを任意に指定することが可能で、直方体と表すほうが適切といえるので、この名称変更は妥当です。ただし、利用方法などに変更はありません。この変更に伴い、本実験室でもリビジョン 7 から変更を行います。

position プロパティへの直接代入不可

position プロパティは Object3D クラスのプロパティで、一般的にはグローバル座標系における 3 次元グラフィックスの位置座標を Vector3 クラスのオブジェクトで指定します。この position プロパティへ値を与える際に、Vector3 クラスのオブジェクトを直接代入することが無効とされました。例えば、three.js のカメラオブジェクト camera の位置を指定する際に

```
camera.position = new THREE.Vector3(10,10,10);
```

といった記述で値を更新することができません。そのため、Vector3 クラスの clone メソッドを利用しての位置座標の更新も不可能となります。例えば、

```
○○.CG.position = this.r.clone();    // ダメな例（これまでの実装）
```

といった記述では値の更新ができません。対応策として、Vector3 クラスの copy メソッドを利用して位置座標のコピーを行います。具体的には

```
○○.CG.position.copy ( this.r );    // 適切な例（これからの実装）
```

というような記述に変更します。

WebGLRenderer クラスのアルファテストのデフォルト値の変更

three.js の WebGLRenderer クラスは、レンダリングに必要な情報を含むクラスです。レンダリング時の挙動を指定するプロパティの一つである、アルファテスト適用の有無を指定する alpha プロパティのデフォルト値が変更になりました（正確には r63 で変更になっていましたが気がつきませんでした）。それに伴って、PhysLab クラスのコンストラクタ内へ以下のとおり追記を行います。

```
// レンダラ関連パラメータ
this.renderer = {
(省略)
  parameters : {      // WebGLRendererクラスのコンストラクタに渡すパラメータ
    antialias: true,  // アンチエイリアス（デフォルト：false）
    alpha: true       // アルファテスト（デフォルト：false）  ──────────── 追加
  }
}
```

なお、WebGLではアルファテストのデフォルト値はtrueです。それにも関わらずthree.jsにてfalseをデフォルトした理由として考えられるのは、パフォーマンスの問題です。リアルタイムレンダリングでは描画に関する計算負荷を極力減らしたいので、必要に応じて有効にすれば良いという意図であると考えられます。本実験室ではリアルタイムレンダリングにこだわらないので、デフォルトでtrueとします。

7.8.2 バウンディングボックスの中心座標の取り扱いの改善

バウンディングボックスは、リビジョン1にてマウスドラックによる3次元オブジェクトの平行移動を行うために導入しました。導入時は中心がローカル座標系の原点にない3次元オブジェクトを回転させた際に、バウンディングボックスの中心座標の回転を考慮していなかったため、意図通りの結果が得られない問題が発見されました。リビジョン7で修正しておきます。次のプログラムは、描画ステップごとにバウンディングボックスの状態を更新するupdateBoundingBoxメソッド（1.3.11項）です。

プログラムソース7.54 ●updateBoundingBoxメソッド（PhysObjectクラス）

```
PHYSICS.PhysObject.prototype.updateBoundingBox = function( ){
  if( !this.draggable ) return;
  //////////////////////////////////////////////////////  ──────────── 追記始め
  // 回転前のバウンディングの中心座標をコピー
  this.boundingBox.center.copy( this.boundingBox._center );  ──────────── (※1)
  // 行列要素の生成
  var mv = new THREE.Matrix4().compose(  ──────────── (※2-1)
    new THREE.Vector3(),       // 平行移動 (Vector3クラス)  ──────────── (※2-2)
    this.quaternion,           // 回転量 (Quaternionクラス)  ──────────── (※2-3)
    new THREE.Vector3(1,1,1)   // 拡大量 (Vector3クラス)  ──────────── (※2-4)
  );
  // 回転後の中心座標の位置ベクトル
  this.boundingBox.center.applyMatrix4( mv );  ──────────── (※3-1)
  //////////////////////////////////////////////////////  ──────────── 追記終わり
  // バウンディングボックスの位置と姿勢の更新
```

```
    this.boundingBox.CG.position.copy( this.r ).add( this.boundingBox.center ) ;      (※3-2)
    this.boundingBox.CG.setRotationFromQuaternion( this.quaternion );
   (省略)
}
```

(※1) 無回転時のバウンディングボックスの中心座標を表すプロパティ「boundingBox._center」を新しく導入しておき[†7]、この座標を毎回コピーして回転操作を加えます。

(※2) バウンディングボックスの中心座標の回転操作を行うための行列（three.jsのMatrix4クラス）を生成します。Matrix4クラスのcomposeメソッドの利用方法は3.5.5項と同様ですが、回転はローカル座標系の原点を中心に行うので、第1引数で指定する平行移動量は0となります。

(※3) 回転後のバウンディングボックスの中心座標を計算し、バウンディングボックスの中心座標を補正します。

7.8.3 マウスドラック時の挙動の改善

マウスドラックは、リビジョン1にて3次元オブジェクトの平行移動を行うために導入しました。本項では、操作性の改善について考えます。マウスドラックで仮想3次元空間中のオブジェクトを直感的に移動させることができて便利ですが、リビジョン1ではマウスドラックしたままマウスポインタを額縁の外に外した後にドラックを解除すると、その後、マウスドラックをしていない状態で3次元オブジェクトが移動してしまうという問題がありました。

この原因は、額縁外でマウスドラックの解除を行った際に、必要な処理が行われていないことです。そこで、マウスポインタが額縁外に出た場合に、マウスドラックの解除に必要な手続きを実行するようにします。具体的には、額縁を表す要素にaddEventListenerメソッドを用いて'mouseout'イベントを追加し、マウスボタンがアップされた時と同じ関数（onDocumentMouseUp関数）が実行されるようにします。

プログラムソース 7.55 ●initDragg（physLab_r7.js）

```
PHYSICS.PhysLab.prototype.initDragg = function ( ) {
  (省略)
  this.CG.canvasFrame.addEventListener('mousemove', onDocumentMouseMove, false);
  this.CG.canvasFrame.addEventListener('mousedown', onDocumentMouseDown, true);    ── (※)
  this.CG.canvasFrame.addEventListener('mouseup'  , onDocumentMouseUp,   false);
  this.CG.canvasFrame.addEventListener('mouseout' , onDocumentMouseUp, false);     ──追加
  (省略)
}
```

†7 リビジョン1の「boundingBox.center」をリビジョン7では「boundingBox._center」とします。

(※) addEventListener の第 3 引数は、親子関係にある HTML 要素それぞれに設定されたイベントの実行順番の方法を指定するフラグです。three.js のマウスによるカメラのコントロールを実現するトラックボールオブジェクトが定義されている TrackballControls_r68.js のソースコードを確認すると、ここで設定した 'mousedown' イベントが同じ額縁要素に登録されています。この第 3 引数によりどちらのイベントを先に実行するかを指定することができます。true とすることで、ここで追加したイベントのほうが先に実行されるようになります。第 3 引数の意味については 7.7.4 項で紹介します。

7.8.4 addEventListener メソッドで登録されたイベントの実行順についてのメモ

　addEventListener メソッドは、HTML 要素にイベントを登録するための仕組みです。登録されたイベントがどのようなタイミングで実行されるかを理解することは、JavaScript によるアプリケーションの開発を行う際に避けては通れません。イベントの管理 HTML 要素（obj）ヘイベントを追加するには

```
obj.addEventListener ( type, listener, useCapture ) ;
```

と記述します。type はイベントの種類、listener はイベント発生時に実行されるコールバック関数、useCapture はイベント伝搬方法を指定するブール値です。働きについては後述します。また useCapture のみ省略可能です。

イベントの種類

　addEventListener メソッドの第 1 引数に指定するイベントの種類は非常に多岐にわたります。詳細は専門書や仕様書に譲り、ここではマウス関連イベントのみを列挙します。

type	イベント発生のタイミング
mouseover	要素上にマウスポインタが乗った時。（※ 1）
mouseout	要素上からマウスポインタが離れた時。（※ 1）
mouseenter	要素上にマウスポインタが入った時。（※ 1）
mouseleave	要素上にマウスポインタが出た時。（※ 1）
mousedown	要素上でマウスボタンが押された時。
mouseup	要素上で押された状態のマウスボタンが離された時。
mousemove	要素上でマウスポインタが動いた時。
mousewheel	要素上でマウスホイールが作動した時。

type	イベント発生のタイミング
click	要素をマウスクリックした時（※2）
dblclick	マウスダブルクリック

(※1) mouseover／mouseoutとmouseenter／mouseleaveの2組は、イベント発生のタイミングが似ています。イベントを登録した要素に子要素が存在する場合に両者の違いが現れます。後者は子要素の存在に関わらず、イベントを登録した親要素への入出時にイベントが発生するのに対して、前者は、子要素へマウスポインタが乗った場合に、マウスポインタが要素外へ移動したと捉えられ、mouseoutイベントが発生します。再度親要素へマウスポインタが乗った時にmouseoverイベントが発生します。ちなみにmouseoverイベントとmouseenterイベントが同時に発生した場合、mouseenterイベントの方が先に実行されます。mouseoutイベントとmouseleaveイベントの場合も同様にmouseleaveイベントが先に実行されます。

(※2) clickイベントはマウスボタンが押されて離された時に発生します。本イベントに加え、mousedownイベント、mouseupイベントの3つのイベントが登録されている要素をクリックした場合、(1) mousedownイベント、(2) mouseupイベント、(3) clickイベントの順番で実行されます。

イベント伝搬の基本形

次のプログラムソースで示したとおり、div要素を入れ子にしてそれぞれにmousedownイベントを登録します。イベント伝播（実行順番）の様子を調べるために、コンソールへ出力を行います（「1」と表示されれば親要素、「2」と表示されれば子要素のイベント）。

プログラムソース 7.56 ●イベント伝搬テスト1（addEventListener_test1.html）

```
<!DOCTYPE html>
<html>
<head>
<meta charset="UTF-8">
<title>イベント伝搬テスト1</title>
<script>
window.addEventListener("load", function () {
  // 親要素
  var div1 = document.getElementById('test1');
  div1.addEventListener('mousedown', function( event ){
    console.log( 1 );      ────────────────本イベントが発生した場合にコンソール画面へ出力
  }, false );
  // 子要素
  var div2 = document.getElementById('test2');
```

```
    div2.addEventListener('mousedown', function( event ){
      console.log( 2 );   ←本イベントが発生した場合にコンソール画面へ出力
    }, false );
  });
  </script>
  </head>
  <body>
  <div id="test1">
    <div id="test2">ここをクリック！（結果はconsoleに出力）</div>
  </div>
  </body>
  </html>
```

　ウェブブラウザで実行後、「ここをクリック！（結果はconsoleに出力）」をクリックした場合、親要素と子要素に登録されたmousedownイベントは発生条件を満たしますが、どちらのイベントが先に実行されるのでしょうか。それは、addEventListenerメソッドの第3引数のuseCaptureが未指定、あるいはfalseの場合、子要素→親要素の順番で実行されます。これは**バブリングフェーズ**と呼ばれます。反対に親要素→子要素の順番で実行するのは**キャプチャーフェーズ**と呼ばれ、useCaptureをtrueとすることで指定することができます。今回の例ではHTML要素の入れ子構造が1段ですが、多段の場合、バブリングフェーズは該当要素からルート要素（window要素）に向けて順番に実行され、キャプチャーフェーズではルート要素（window要素）から該当要素に向けて順番に実行されます[8]。なお、親要素の方を先に実行させるには、親要素へのイベント登録時にuseCaptureをtrueとします。

イベント伝搬の停止

　先のプログラムソースの場合、useCaptureの値に関わらず子要素と親要素の両方のmousedownイベントが実行されます。しかしながら、子要素のみ、あるいは親要素のみ実行したい場合も考えられます。そこで用意されているのが、コールバック関数の引数に渡されるイベントオブジェクト（Eventクラス）の**stopPropagationメソッド**です。先のプログラムソースにて、親要素へのイベント登録を次のとおり変更します。

プログラムソース7.57●イベント伝搬テスト2（addEventListener_test2.html）

```
  var div1 = document.getElementById('test1');
  div1.addEventListener('mousedown', function( event ){
    console.log( 1 );
```

---

[8] 詳細はW3CのDOMレベル3のイベント発生の仕様書（http://www.w3.org/TR/DOM-Level-3-Events/）をご覧ください。

```
            event.stopPropagation();
    }, true );
```

useCapture を true と指定しているので、親要素に登録された mousedown イベントが先に実行されます。その中で stopPropagation メソッドを実行すると、バブリングフェーズ、キャプチャーフェーズいずれの場合でもそれ以降のイベントの伝播が起こりません。上記プログラムはキャプチャーフェーズなので、親要素に登録した mousedown イベントだけが実行されます。

1 つの要素に同じイベントが登録された場合のイベント伝搬の挙動

親子関係にある要素に同じイベントを登録した際のイベントの伝搬については理解出来ました。それでは、1 つの要素に同じイベントを複数登録した場合、イベント伝搬はどうなるでしょうか。次のプログラムソースは、1 つの要素に 2 つの mousedown イベントを登録しています。この場合、後で登録した方で上書きされるわけではなく、登録順に実行されます。

プログラムソース 7.58 ●イベント伝搬テスト3（addEventListener_test3.html）

```
<!DOCTYPE html>
<html>
<head>
<meta charset="UTF-8">
<title>イベント伝搬テスト3</title>
<script>
window.addEventListener("load", function () {
  var div1 = document.getElementById('test1');
  div1.addEventListener('mousedown', function( event ){
    console.log( 1 );
  }, false);
  div1.addEventListener('mousedown', function( event ){
    console.log( 2 );
  }, false );
});
</script>
</head>
<body>
    <div id="test1">ここをクリック！（結果はconsoleに出力）</div>
</body>
</html>
```

上記のプログラムソースでは、コンソールに「1」の次に「2」と表示されることからイベント登録順に実行されます。このイベント実行順番を反対にすることができないかを考えます。上記の

ように、イベントの登録が同時に行われる場合には単に登録の順番を入れ替えれば良いだけですが、異なるファイルで定義されているような場合には、登録は簡単には入れ替えることができません。そこで、useCapture を true とすることで実行順番を変えることができないかの検証を行います。

　まず、上記のプログラムソースにて、2 つのイベント登録時にどちらかあるいは両方とも useCapture を true と指定するとどうでしょうか。結論は否です。実行順番は入れ替わりませんでした。useCapture は元々イベントの伝搬方向を指定するためのブール値であるので、これは当たり前の結果と言えます。しかしながら、次のプログラムソースように任意の要素で囲んで、後者のイベントの useCapture を true とすると不思議と実行順番が入れ替わります。

プログラムソース 7.59 ●イベント伝搬テスト 4（addEventListener_test4.html）
```
<div id="test1"><p>ここをクリック！（結果はconsoleに出力）</p></div>
```

　この挙動について考察します。useCapture は親子関係のイベント伝搬方向を指定するブール値なので、同じ要素に登録されたイベントの実行順番に影響は与えないと考えられます。これは「イベント伝搬テスト 3」で示したとおりです。ではなぜ「イベント伝搬テスト 4」では順番が入れ替わるのでしょうか。考えられるのは、同じ要素に登録されたイベントの実行順番はキャプチャーフェーズで逆転するが、キャプチャーフェーズとして挙動するには該当要素に子要素が必要であるということです。仕様書を読みましたがこれに関する記述は確認できませんでした。なお、Windows 8.1 の各種ブラウザ、Google Chrome（37）、Mozilla Firefox（32）、Internet Explorer（11）、Opera（24）にて同じ挙動であることを確認しています。

7.8.5　時間制御スライダー時の挙動変更

　2.2.3 項で導入した時間制御スライダーは、仮想物理実験室の時間発展が一時停止状態のときにスライダーを移動させることで、対応した過去の時刻の 3 次元オブジェクトの状態を表示するための機能です。リビジョン 6 の実装では、計算を終了した時間ステップまでの 3 次元オブジェクトの軌跡、速度ベクトル、ストロボが表示されます。そのため、図 7.38 左に示すように、時間制御スライダーで指定した時間ステップの 3 次元オブジェクトが埋もれてしまっていました。そこで、図 7.38 右に示すように、時間制御スライダーで指定した時間ステップの後の軌跡、速度ベクトル、ストロボが表示されないようにします。これにより、着目した時刻の様子がわかりやすくなります。

図7.38●挙動変更前後の違い（左：変更前、右：変更後）（PHYSLAB_r7__FreeFall.html）

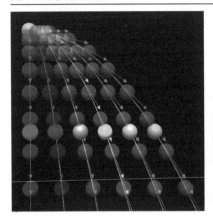 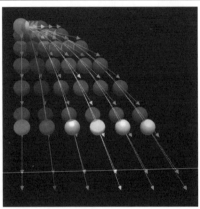

プログラムソースの改善点

今回の変更はプログラムソース的には軽微なので、プログラムソースを示さずに変更点を列挙します。

（1）`timeControl` メソッド（`PhysLab` クラス）にて、実験室が一時停止状態の時にスライダーの値（表示する時間ステップ）を取得して **`timeslider.m`** プロパティに格納する。

（2）`updateStrobe` メソッド（`PhysObject` クラス）にて、時刻 0 から `timeslider.m` までの運動データをストロボオブジェクトへ与える。

（3）`updateLocus` メソッド（`PhysObject` クラス）にて時刻 0 から `timeslider.m` までの運動データを軌跡オブジェクトへ与える。

詳細はプログラムソースをご覧ください。

7.8.6　再生モードの実装

再生モードとは、時間発展の計算が終了した時間ステップまでの仮想物理実験室の3次元オブジェクトの運動を、計算結果に基いて「再生」するための機能です。時間制御スライダーが自動的に動作する状態と考えて差し支えありません。このモードの利点は、数値計算の計算負荷が大きくてリアルタイムレンダリングが難しい場合でも、計算終了後に計算結果に基いたレンダリングを行うことで、あたかもリアルタイムレンダリングを行っているような状況を作ることができます。もちろん再生時にカメラ操作も可能なので、物理現象のより深い理解につながると考えられます。

図7.39●再生モードの利用（PHYSLAB_r7__FreeFall.html）

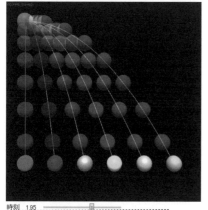

←── 再生モードの指定

　図 7.39 は、再生モードを利用して再生している様子です。「再生モード」と記述された左側のチェックボックスにチェックをつけると再生モードを開始します。紙面ではわかりませんが、時間制御スライダーが自動で移動していき、最後の時間ステップまで到達したら時間ステップ 0 に戻るという動作を無限に繰り返します。なお、再生モード時の軌跡、速度ベクトル、ストロボの表示の有無の設定は、再生モードのプロパティで一元的に設定するとします。

再生モードの実装方法

　再生モードは時間制御スライダーにおける時間制御を利用することで、簡単に実装することができます。そのため、再生モードは時間制御スライダー利用時のみ利用するとします。まずは、仮想物理実験室オブジェクトを生成する PhysLab クラスのコンストラクタにて、再生モード関連のパラメータを格納するプロパティを宣言します。

プログラムソース 7.60 ●PhysLab クラスのコンストラクタ（physLab_r7.js）

```
PHYSICS.PhysLab = function ( parameter ) {
  (省略)
  // 再生モード
  this.playback = {                                                              (※1)
    enabled: false,           // 再生モード利用の有無
    checkID: null,            // checkボックスのID                               (※2)
    locusVisible: true,       // 軌跡の表示                                      (※3-1)
```

```
            velocityVectorVisible: false,  // 速度ベクトルの表示  ──────────────── (※3-2)
            strobeVisible: false            // ストロボの表示      ──────────────── (※3-3)
        }
```

(※1) 再生モードの実装に必要なパラメータを格納する playback プロパティを用意します。

(※2) HTML 文書内で再生モードのオンオフを指定するチェックボックス（input 要素）の id 名を指定します。id 名が未指定の場合、実験室の状態が一時停止状態になった瞬間に再生モードが開始となります。

(※3) 軌跡、速度ベクトル、ストロボの表示の有無を指定します。再生モード時にはここで指定した表示の有無が優先的に反映されます。

続いて、再生モード時の時間制御についてです。仮想物理実験室の時間制御は PhysLab クラスの timeControl メソッドで行われます。再生モード時に、時間制御スライダーによる表示時間ステップが連続増加するように実装します。

プログラムソース 7.61 ●timeControl メソッド（physLab_r7.js）

```
PHYSICS.PhysLab.prototype.timeControl = function (){
    (省略)
    // 時間制御スライダーの利用時
    if( this.timeslider.enabled ) {
    (省略)
        // 再生モード
        if( this.playback.enabled ) {
            if( this.playback.checkID ) {                                          ──── (※1-1)
                this.playback.on =
                    document.getElementById( this.playback.checkID ).checked;      ──── (※1-2)
            } else {
                this.playback.on = true;                                            ──── (※1-3)
            }
            if( this.playback.on ){
                m++;                                                                ──── (※2)
                var max = document.getElementById( this.timeslider.domID ).max;     ──── (※3-1)
                if( m > max ) m = 0;                                                ──── (※3-2)
                document.getElementById( this.timeslider.domID ).value = m;        ──── (※4)
            }
        }
    (省略)
    }
    (省略)
}
```

(※1) チェックボックスの id 名が指定されている場合、チェックボックスのチェックの有無を取得して playback.on プロパティに格納します。本プロパティは、再生モードのオンオフの状態を表す内部フラグです。チェックボックスの id 名が指定されていない場合には、自動的に再生モードがオンになるようにします。

(※2) m は時間制御スライダーのスライダーの位置を表すローカル変数です。再生モードがオンの場合にはインクリメントすることで、スライダーの位置を移動します。

(※3) スライダーの最大値を取得して、m がそれよりも大きくなった場合は 0 にします。これにより再生モードの無限ループを実現します。

(※4) HTML 文書内のスライダー（input 要素）に位置 m の値を与えます。後はこのスライダーの位置に従った仮想物理実験室に存在する 3 次元オブジェクトの状態が表示されます。これに関する詳しい実装は 2.2 節を参照してください。

最後に、再生モード時の軌跡、速度ベクトル、ストロボの表示の設定です。先述のとおり、これらの表示の有無は playback オブジェクトに格納された各表示フラグ（locusVisible プロパティ、velocityVectorVisible プロパティ、strobeVisible プロパティ）で指定します。3 者とも実装方法は同じなので、その内の 1 つである軌跡オブジェクトを更新する updateLocus メソッドを説明します。

プログラムソース 7.62 ●updateLocus メソッド（physObject_r7.js）

```
PHYSICS.PhysObject.prototype.updateLocus = function( color ){
  (省略)
  if( this.physLab.playback.enabled && this.physLab.playback.on) {
    flag = this.physLab.playback.locusVisible;  -------------------------------------------------- (※)
  }
  (省略)
}
```

(※1) 再生モードの利用かつ再生モードがオンの場合には、軌跡の表示の有無は locusVisible プロパティで指定したフラグに従います。

7.8.7 3 次元オブジェクトの回転（resetAttitude メソッド、rotation メソッド）

3 次元オブジェクトの姿勢は、姿勢軸ベクトルを表す axis プロパティと姿勢軸周りの回転角度を表す angle プロパティで指定することができます。しかしながら、リビジョン 6 まではコンストラクタ以外で与える方法が存在しませんでした。今後のことも考えてここで追加しておきます。本項で追加するメソッドは 2 つです。1 つ目が、3 次元オブジェクトの姿勢を再設定する

resetAttitude メソッド、2つ目が3次元オブジェクトを回転させる rotation メソッドです。

resetAttitude メソッド（PhysObject）

コンストラクタの引数に与えられたパラメータを元に3次元オブジェクトの姿勢の初期値を計算するメソッドは、3.7.6項で解説した initQuaternion メソッドです。ここでは、任意のタイミングで任意の姿勢に再設定するメソッドを実装します。とはいえ、実質的な処理は initQuaternion メソッドと同じです。与えた姿勢軸ベクトル（第1引数：axis）と回転角度（第2引数：angle）に対する3次元オブジェクトの姿勢を表すクォータニオン（quaternion プロパティ）の計算を行います。

プログラムソース 7.63 ●resetAttitude メソッド（physObject_r7.js）
```
PHYSICS.PhysObject.prototype.resetAttitude = function ( axis, angle ){
    // 内部プロパティの更新
    this.axis.copy( axis );  // 姿勢軸ベクトル (Vector3クラス)
    this.angle = angle;      // 回転角度
    // クォータニオンの初期化
    this.initQuaternion();
}
```

rotation メソッド（PhysObject）

続いて、任意のタイミングで3次元オブジェクトの回転させるメソッドを定義します。引数で与えた回転軸ベクトル（第1引数：axis）、回転角度（第2引数：theta）から計算されるクォータニオンを、3次元オブジェクトの姿勢を表すクォータニオン（quaternion プロパティ）に積算することで、回転後の姿勢を計算します。

プログラムソース 7.64 ●rotation メソッド（physObject_r7.js）
```
PHYSICS.PhysObject.prototype.rotation = function( axis, theta ){
    // 姿勢軸回転用のクォータニオンの生成
    var q = new THREE.Quaternion().setFromAxisAngle( axis, theta );
    // 姿勢を表すクォータニオン
    this.quaternion.multiply( q );
}
```

7.8.8 円柱オブジェクトのデフォルト姿勢の指定

4.4節で導入した円柱オブジェクトの向きは、図 7.40 左に示すようにデフォルトでは y 軸方向を向いているため、このままでは姿勢ベクトル（axis プロパティ）による姿勢の指定が直感的ではありません。そこで、リビジョン 7 では円柱オブジェクトを生成する Cylinder クラスを拡張し、7.4.3 項で導入した頂点座標のローテーションを適用することで、図 7.40 右に示すように円柱の上向きを z 軸方向に変更することができます。

図7.40●円柱の上向きの変更（OneBodyLab_r7__Cylinder.html）

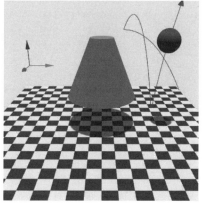

rotationXYZ = false　　　　　　　　　　rotationXYZ = true

円柱オブジェクトの上向きを変更するには、コンストラクタにて rotationXYZ プロパティを true とするだけでは足りません。なぜならば、rotationXYZ プロパティを true とすることで円柱オブジェクトを構成する頂点座標や法線ベクトルをローテーションすることはできますが、衝突計算に必要なパラメータはそのままとなるためです。そこで、rotationXYZ プロパティの値に応じて、衝突計算に必要な _vertices プロパティの値を変更します。

プログラムソース 7.65 ●Cylinder クラスのコンストラクタ（physObject_7.js）

```
PHYSICS.Cylinder = function( parameter ){
    (省略)
    // 円柱の上向きを変更
    this.rotationXYZ = ( parameter.rotationXYZ !== undefined )?
                        parameter.rotationXYZ : false;         ------------------------------------ (※1)
    if( !this.rotationXYZ ){   -------------------------------------------------------------------- ローテーションなし
        // 初期頂点座標
        this._vertices[0] = new THREE.Vector3(-this.radiusTop,
```

```
                                            this.height/2, -this.radiusTop);
    this._vertices[1] = new THREE.Vector3( this.radiusTop,
                                            this.height/2, -this.radiusTop);
    this._vertices[2] = new THREE.Vector3( this.radiusTop,
                                            this.height/2,  this.radiusTop);
    this._vertices[3] = new THREE.Vector3(-this.radiusTop,
                                            this.height/2,  this.radiusTop);
    this._vertices[4] = new THREE.Vector3(-this.radiusBottom,
                                           -this.height/2, -this.radiusBottom);
    this._vertices[5] = new THREE.Vector3( this.radiusBottom,
                                           -this.height/2, -this.radiusBottom);
    this._vertices[6] = new THREE.Vector3( this.radiusBottom,
                                           -this.height/2,  this.radiusBottom);
    this._vertices[7] = new THREE.Vector3(-this.radiusBottom,
                                           -this.height/2,  this.radiusBottom);
} else { -------------------------------------------------------------------------- ローテーションあり
    // 初期頂点座標
    this._vertices[0] = new THREE.Vector3(-this.radiusTop,
                                          -this.radiusTop,    this.height/2); ---- (※2-1)
    this._vertices[1] = new THREE.Vector3( this.radiusTop,
                                          -this.radiusTop,    this.height/2); ---- (※2-2)
    this._vertices[2] = new THREE.Vector3( this.radiusTop,
                                           this.radiusTop,    this.height/2); ---- (※2-3)
    this._vertices[3] = new THREE.Vector3(-this.radiusTop,
                                           this.radiusTop,    this.height/2); ---- (※2-4)
    this._vertices[4] = new THREE.Vector3(-this.radiusBottom,
                                          -this.radiusBottom,-this.height/2); ---- (※2-5)
    this._vertices[5] = new THREE.Vector3( this.radiusBottom,
                                          -this.radiusBottom,-this.height/2); ---- (※2-6)
    this._vertices[6] = new THREE.Vector3( this.radiusBottom,
                                           this.radiusBottom,-this.height/2); ---- (※2-7)
    this._vertices[7] = new THREE.Vector3(-this.radiusBottom,
                                           this.radiusBottom,-this.height/2); ---- (※2-8)
}
// 面指定インデックス
this.faces[0] = [0,1,2,3];
this.faces[1] = [4,7,6,5];
(省略)
}
```

(※1) rotationXYZ プロパティのデフォルトは、リビジョン4と同一動作を保証するため false とします。

(※2) rotationXYZ プロパティが true の場合、円柱の上面と下面の外接四角形の頂点をそれぞれ指定します。

7.8.9 ベルレ法における速度の計算（computeTimeEvolution メソッドの修正）

　前節までの物理シミュレーションでは、3 次元オブジェクトに加わる力は速度に依存しないため、最新時刻の 3 次次元オブジェクトの速度ベクトルは必要ありませんでした。今後、力の計算などに最新時刻の速度ベクトルを必要とすることを想定して、ベルレ法における速度ベクトルの取り扱いを「修正」します。「修正」と強調したのは、PhysObject クラスの v プロパティの意味を変更する必要があるためです。リビジョン 6 まで、v プロパティは最新時刻の速度ベクトルではなく 1 時間ステップ前のものでした。そこで、最新時刻の速度を v プロパティとし、1 時間ステップ前の速度を v_1 プロパティとすることに修正します。

　速度ベクトルの計算アルゴリズムについて考えます。リビジョン 6 までは 2 つの時刻 t_{n+1} と t_{n-1} の位置ベクトルから速度ベクトル v_n を

$$v_n = \frac{r_{n+1} - r_{n-1}}{2\Delta t} + \mathcal{O}(\Delta t^2) \tag{7.12}$$

と計算して、運動エネルギーなどの計算に利用していました。このアルゴリズムでは、最新時刻の速度ベクトルではなく 1 時間ステップ前のものしか与えられません。一方、最新の速度ベクトルを計算するアルゴリズムも位置ベクトルに関するものと同様の手順で導出することができて、

$$v_{n+1} = v_{n-1} + 2a_n \Delta t + \mathcal{O}(\Delta t^3) \tag{7.13}$$

と与えられます。この計算アルゴリズムは、過去の時刻の速度ベクトルから最新の速度ベクトルを漸化式で計算するというもので、初期値を与えることで位置ベクトルとはまったく独立に計算することができます。しかしながら、式（7.13）のアルゴリズムのみを利用した場合、衝突計算や接触計算などの処理も位置ベクトルと独立に取り扱う必要がでてしまうという問題があります。そこで折衷案として、すでに計算済みの位置ベクトルから最新時刻の速度ベクトルを取得する方法について考えることにします。式（7.12）で取得できる最新時刻から 1 時間ステップ前の速度ベクトルを保存しておいて、次の時間ステップでこの保存しておいた速度ベクトルに式（7.13）のアルゴリズムを適用して、最新時刻の速度ベクトルを計算するという流れです。次のプログラムソースでは、3 次元オブジェクトの時間発展を計算する computeTimeEvolution メソッドに、上記のアルゴリズムの組み込みを行ったものです。

プログラムソース 7.66 ●computeTimeEvolution メソッド（physObject_r7.js）

```
PHYSICS.PhysObject.prototype.computeTimeEvolution = function ( dt ) {
    // 現時刻の位置ベクトルを一時保存
    // var r_ = new THREE.Vector3().copy( this.r );
    var x_ = this.r.x;
```

```
    var y_ = this.r.y;
    var z_ = this.r.z;
    // 次時刻の位置の計算 ( x_{n+1} = 2x_n - x_{n_1} + a_{n}\Delta t^2 )
    // this.r = this.r.clone().multiplyScalar( 2.0 )
    //                .sub( this.r_1 ).add( this.a.clone().multiplyScalar( dt * dt ) );
    this.r.x = 2 * this.r.x - this.r_1.x + this.a.x * dt * dt;
    this.r.y = 2 * this.r.y - this.r_1.y + this.a.y * dt * dt;
    this.r.z = 2 * this.r.z - this.r_1.z + this.a.z * dt * dt;
    ///////////////////////////////////////////////// 追加開始
    // 次の時刻の速度の計算 ( v_{n+1} = v_n + 2 a_n \Delta t^2 ) ------------------------ (※1)
    this.v.x = this.v_1.x + 2 * this.a.x * dt; ---------------------------------------式 (7.13)
    this.v.y = this.v_1.y + 2 * this.a.y * dt; ---------------------------------------式 (7.13)
    this.v.z = this.v_1.z + 2 * this.a.z * dt; ---------------------------------------式 (7.13)
    // 衝突時に時間を巻き戻す時に利用する
    this.v_2.x = this.v_1.x;
    this.v_2.y = this.v_1.y;
    this.v_2.z = this.v_1.z;
    // 速度の取得 ( v_n = ( r_{n+1} - r_{n-1} ) / ( 2\Delta t ) ) ----------------------- (※2)
    this.v_1.x = (this.r.x - this.r_1.x) / (2 * dt); ---------------------------------式 (7.12)
    this.v_1.y = (this.r.y - this.r_1.y) / (2 * dt); ---------------------------------式 (7.12)
    this.v_1.z = (this.r.z - this.r_1.z) / (2 * dt); ---------------------------------式 (7.12)
    /////////////////////////////////////////////////
    // 衝突時に時間を巻き戻す時に利用する
    this.r_2.x = this.r_1.x;
    this.r_2.y = this.r_1.y;
    this.r_2.z = this.r_1.z;
    // 衝突時に時間を巻き戻す時に利用する
    this.r_2.x = this.r_1.x;
    this.r_2.y = this.r_1.y;
    this.r_2.z = this.r_1.z;
    // 次時刻の計算時に利用する「x_{n_1}」の保存   this.x_1 = x_;
    // this.r_1.copy( r_ );
    this.r_1.x = x_;
    this.r_1.y = y_;
    this.r_1.z = z_;
}
```

(※1) この時点での v_1 プロパティは、1 時間ステップ前に式（7.12）で計算した速度ベクトルです。つまり、最新時刻に対して 2 時間ステップ前の速度ベクトルとなります。そこで、式（7.13）を用いて、最新時刻の速度ベクトルを得ることができます。

(※2) 次の時間ステップで利用するための速度ベクトルを式（7.12）に基づいて計算します。この時点での r プロパティは最新時刻の位置ベクトルを表していることに注意してください。

なお、式（7.13）のみを用いて速度ベクトルを独立に計算した場合と、上記の方法を用いて 8.6

節の単振り子運動のシミュレーション（力の計算に速度ベクトルを利用する物理系）をそれぞれ行った場合、詳細な検証は行っておりませんが誤差が同程度であること確認しました。これは、2次精度である式（7.13）を用いた速度ベクトルの累積誤差と3次精度である位置ベクトルから間接的に得られる速度ベクトルの累積誤差が同程度であることを意味します。本書では、衝突計算などを考慮する必要が無いという実装の容易さから考えて、式（7.12）と式（7.13）の組み合わせによる速度ベクトルの取得を採用します。

またvプロパティの意味の変更に伴い、リビジョン6までvプロパティを利用していた運動エネルギーの計算を行うPhysObjectクラスのgetEnergyメソッドの該当部分を「this.v.lengthSq()」から「this.v_1.lengthSq()」へと修正し、衝突時の時間発展を計算するtimeEvolutionOfCollisionメソッドにて速度ベクトルの時間の巻き戻しを追記します。

第8章

振動運動のシミュレーション

8 振動運動のシミュレーション

8.1 ばねオブジェクト

第 8 章では、ばねを用いた物理シミュレーションを多数実施します。そのため、本節にてあらかじめ仮想物理実験室に登場するばねオブジェクトの実装方法について解説を行います。

8.1.1 Spring クラス（Cylinder クラスの派生クラス）

本仮想物理実験室では、ばねオブジェクトとして図 8.1 のようなコイル型のものを想定します。ばねの形状を決定するために必要となる基本的なパラメータは、ばねの長さ（length プロパティ）、ばねの半径（radius プロパティ）、管の半径（tube プロパティ）と巻き数（windingNumber プロパティ）です。ばねの長さとばねの半径は、管断面の中心座標を基準としていることに注意してください。なお、ばねオブジェクトは Spring クラスで定義します。

図8.1●ばねオブジェクトの外観（PHYSLAB_r8__Spring.html）

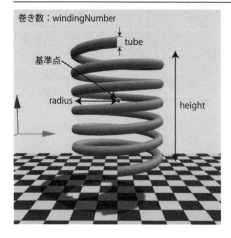

ばねオブジェクトの 3 次元グラフィックスを生成するには、図 8.2 に示すばね外周の分割数（radialSegments プロパティ）と管外周の分割数（tubularSegments プロパティ）を与える必要があります。両パラメータとも大きいほど円形に近づいて滑らかになりますが、ポリゴンを構成する頂点数や面数があっという間に膨大になってしまいます。頂点数は次のとおりです。

$$頂点数 = \text{tubularSegments} \times \text{radialSegments} \times \text{windingNumber} + \text{tubularSegments} \tag{8.1}$$

頂点数の詳細については、Spring クラスの実装についての解説（8.1.7 項）をご覧ください。

図8.2●radialSegmentsプロパティとtubularSegmentsプロパティ

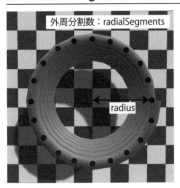

コンストラクタ

次のプログラムソースでは、図 8.1 のばねオブジェクトを Spring クラスのコンストラクタを利用して生成しています。なお、リビジョン 8 のばねオブジェクトは振動運動の物理シミュレーションにおける視覚効果を主の目的としているため、厳密なポリゴンオブジェクトとして扱いません。

プログラムソース 8.1 ●ばねオブジェクトの生成（PHYSLAB_r8__Spring.html）

```
// バネオブジェクト
var spring = new PHYSICS.Spring({
    draggable: true,        // マウスドラックの有無 ──────────────── (※1-1)
    allowDrag: true,        // マウスドラックの可否 ──────────────── (※1-2)
    r: {x: 0, y: 0, z: 2},  // 位置ベクトル
    collision: false,       // 衝突判定の有無 ──────────────── 衝突計算なし
    axis: {x:0, y:0, z:1},  // 姿勢軸ベクトル
    radius: 2,              // ばねの半径 ──────────────── ばねオブジェクト固有プロパティ
    tube: 0.2,              // 管の半径 ──────────────── ばねオブジェクト固有プロパティ
    length: 5,              // ばねの長さ ──────────────── ばねオブジェクト固有プロパティ
    windingNumber: 6,       // 巻き数 ──────────────── ばねオブジェクト固有プロパティ
    radialSegments: 20,     // 外周の分割数 ──────────────── ばねオブジェクト固有プロパティ
    tubularSegments:10,     // 管の分割数 ──────────────── ばねオブジェクト固有プロパティ
    // 材質オブジェクト関連パラメータ
    material : {
        type: "Normal",
        castShadow: true,     // 影の描画
        receiveShadow: true,  // 影の描画
        shading:"Smooth",   ──────────────── (※2)
```

```
    },
    boundingBox : {
      visible: true,            //  バウンディングボックスの可視化
    },
  });
```

(※1)　Spring クラスは PhysObject クラスの派生クラスなので、マウスドラックによる平行移動にも対応しています。バウンディングボックスとして、図 8.3 左に示すように立方体を用意します。

(※2)　ばねオブジェクトは球オブジェクトと同様、フラットシェーディングでは図 8.3 右のとおりポリゴンの凹凸感が否めません。shading プロパティに Smooth を与えることおすすめします。

図8.3●ばねオブジェクトのバウンディングボックス（左）とフラットシェーディング（右）の様子

プロパティ

プロパティ	データ型	デフォルト	説明
radius	<float>	1.0	ばねの半径
tube	<float>	0.2	管の半径
length	<float>	5	ばねの長さ。自然長
windingNumber	<int>	10	ばねの巻き数
radialSegments	<int>	10	外周の分割数
tubularSegments	<int>	10	管周の分割数

メソッド

メソッド名	引数	戻値	説明

getSpringGeometry (
  radius,
  tube,
  length,
  windingNumber,
  radialSegments,
  tubularSegments)
	
	<float>
	<float>
	<float>
	<int>
	<int>
	<int>
		<Geometry>	引数で指定したパラメータに基づいたばねオブジェクトの形状オブジェクト（three.jsのGeometryクラス）を生成して返すメソッド。PhysObjectクラスのgetGeometryメソッド内で呼び出される。引数の意味は上記プロパティと同じ。→8.1.4項

updateSpringGeometry (
  radius,
  tube,
  length,
  windingNumber,
  radialSegments,
  tubularSegments)
	
	<float>
	<float>
	<float>
	<int>
	<int>
	<int>
		なし	ばねオブジェクトの形状を引数で指定したパラメータに基づいて再計算を行い、3次元グラフィックスの更新を行う。引数の意味は上記プロパティと同じ。→8.1.5項

setSpringGeometry (
  geometry,
  radius,
  tube,
  length,
  windingNumber,
  radialSegments,
  tubularSegments)
	
	<Geometry>
	<float>
	<float>
	<float>
	<int>
	<int>
	<int>
		なし	引数で指定したパラメータに基づくばねオブジェクトの頂点座標や法線ベクトルの計算を行い、3次元グラフィックスの形状オブジェクトに格納するメソッド。→8.1.7項

setSpringBottomToTop (
  bottom,
  top)
	
	<Vector3>
	<Vector3>
		なし	引数で指定したばねの下端（bottom）と上端（top）の位置ベクトルをもとに、ばねの形状の再計算と姿勢を指定するメソッド。本メソッド内部でsetSpringGeometryメソッドが実行される。→8.1.8項

8.1.2 コンストラクタの実装

　リビジョン8では、ばねオブジェクトは球オブジェクトとの衝突計算の実装は行いませんが、今後ばね弾性力を反映した衝突計算の実装を考慮して、ばねオブジェクトと形状の似ているCylinderクラスを継承することにします。なお、現状では球オブジェクトとの衝突計算は基底クラスの円柱オブジェクトと同じです。

プログラムソース 8.2 ●Spring クラスのコンストラクタ（physObject_r8.js）

```
PHYSICS.Spring = function( parameter ){
  parameter = parameter || {};
  this.radius         = parameter.radius      || 1;   // ばねの半径
  this.tube           = parameter.tube        || 0.2; // 管の半径
```

8 振動運動のシミュレーション

```
    this.length           = parameter.length          || 5;    // ばねの長さ
    this.windingNumber    = parameter.windingNumber   || 10;   // ばねの巻き数
    this.radialSegments   = parameter.radialSegments  || 10;   // 外周の分割数
    this.tubularSegments  = parameter.tubularSegments || 10;   // 管周の分割数
    //////////////////////////////////////////////////
    // 円柱オブジェクトのパラメータ
    //////////////////////////////////////////////////
    // 円柱の高さ
    parameter.height = this.length + this.tube * 2;  --------------------------------- (※1-1)
    // 上円の半径
    parameter.radiusTop = this.radius + this.tube;   --------------------------------- (※1-2)
    // 下円の半径
    parameter.radiusBottom = this.radius + this.tube; ------------------------------- (※1-3)
    // 上下円の開閉
    parameter.openEnded = false;
    // 円柱オブジェクトの上向きを変更
    parameter.rotationXYZ = true;  ---------------------------------------------------- (※2)
    // Cylinderクラスを継承
    PHYSICS.Cylinder.call(this, parameter);
    // ばねオブジェクト用にプロパティの上書き
    this.geometry.type = "Spring";  -------------------------------------------------- (※3-1)
    this.rotationXYZ = false;       -------------------------------------------------- (※3-2)
}
PHYSICS.Spring.prototype = Object.create( PHYSICS.Cylinder.prototype );
PHYSICS.Spring.prototype.constructor = PHYSICS.Spring;
```

(※1) ばねオブジェクトの大きさに合わせて、衝突計算に利用する円柱の大きさを指定します。円柱がばねを覆うためには、円柱の半径と高さには管の半径を考慮する必要があります。

(※2) 7.8.8項で示したとおり、円柱オブジェクトの上向きをz軸方向へ変更するためにrotationXYZ プロパティを true とします。

(※3) Cylinder クラスの継承処理が終わった後に、Spring クラスに適用するプロパティを上書きします。この上書きを行わないと、getGeometry メソッドの実行時に円柱の形状オブジェクト（type="Cylinder" が適用）が取得され、頂点座標のローテーションも実行されてしまいます。

図8.4は、ばねオブジェクトの上端で跳ね返る球オブジェクトの様子を表しています。ばねの衝突計算は円柱オブジェクトと同じ取り扱いなので衝突面は平面として取り扱い、ばねの3次元グラフィックスを構成する形状を反映した衝突計算ではありません。またリビジョン8では、ばねの弾性力を考慮した衝突計算にも対応していません。

図8.4●ばねの上端で跳ね返る球体の様子（PHYSLAB_r8__Spring_1.html）

8.1.3 getGeometryメソッドの拡張（PhysObjectクラス）

3次元オブジェクトの形状オブジェクトを取得するgetGeometryメソッドにて、ばねの形状オブジェクトを取得できるように拡張します。three.jsには、ばねの形状を生成するクラスは存在しないため、ばねの形状オブジェクトを自前で生成する必要があります。形状オブジェクトの生成方法は8.1.4項で解説します。

プログラムソース 8.3 ●getGeometryメソッド（physObject_r8.js）

```
PHYSICS.PhysObject.prototype.getGeometry = function( type, parameter ) {
  // 材質の種類
  type = type || this.geometry.type;
  parameter = parameter || {};
  (省略)
  } else if( type === "Spring" ) {
    // ばねオブジェクトの形状オブジェクト
    var _geometry = this.getSpringGeometry( -------------------------------------------------- (※)
      this.radius,           // バネの半径
      this.tube,             // 管の半径
      this.length,           // バネの長さ
      this.windingNumber,    // 巻き数
      this.radialSegments,   // 外周の分割数
      this.tubularSegments   // 管の分割数
    );
  } else {
  (省略)
}
```

(※) Spring クラスのコンストラクタで指定したパラメータを元に、ばねの形状オブジェクトを生成するメソッドを実行します。getSpringGeometry メソッドは 8.1.4 項で解説します。

8.1.4　getSpringGeometry メソッドと updateSpringGeometry メソッド（Spring クラス）

　getSpringGeometry メソッドは、引数で与えたパラメータに対応したばねの形状オブジェクトを生成して返すメソッドです。実質的な形状オブジェクトの生成は、同様の処理を行う updateSpringGeometry メソッド（8.1.5 項）と共通化するために、setSpringGeometry メソッド（8.1.6 項）を用意してそこで実装します。

プログラムソース 8.4 ●getSpringGeometry メソッド（physObject_r8.js）

```
// ばねの形状オブジェクトを取得
PHYSICS.Spring.prototype.getSpringGeometry = function( radius, tube, length,
windingNumber, radialSegments, tubularSegments ){
  // 形状オブジェクトの宣言と生成
  var geometry = new THREE.Geometry();
  this.setSpringGeometry( geometry, radius, tube, length,
                          windingNumber, radialSegments, tubularSegments );
  return geometry;
}
```

　上記プログラムソースでは、空の形状オブジェクト（geometry）を生成してそれを setSpringGeometry メソッドの第 1 引数に与え、この形状オブジェクトにばねの頂点座標は法線ベクトルなどを与えています。このような実装にしている理由は次項で説明します。

8.1.5　updateSpringGeometry メソッド（Spring クラス）

　updateSpringGeometry メソッドは、ばねオブジェクトの 3 次元グラフィックスの形状オブジェクトを引数で与えたパラメータに基づいて再計算するためのメソッドです。仮想物理実験室において、ばねの伸びが時刻とともに変化するのに応じて本メソッドが呼び出されることを想定します。新しく形状オブジェクトを生成する前項の getSpringGeometry メソッドとは異なり、本メソッドは既存の形状オブジェクト（CG.geometry プロパティ）を setSpringGeometry メソッドの第 1 引数に与えることで更新します。両者とも setSpringGeometry メソッドの第 1 引数に与える形状オブジェクトが違うだけで、その後の処理が同一となります。

```
プログラムソース 8.5 ●updateSpringGeometry メソッド（physObject_r8.js）
// ばねの形状オブジェクトを更新
PHYSICS.Spring.prototype.updateSpringGeometry = function( radius, tube, length,
       windingNumber, radialSegments, tubularSegments ){
    // 形状オブジェクトの宣言と生成
    var geometry = this.CG.geometry;
    geometry.vertices = [];          ------------------------------------------------ (※1-1)
    geometry.faces = [];             ------------------------------------------------ (※1-2)
    this.setSpringGeometry( geometry, radius, tube, length,
          windingNumber, radialSegments, tubularSegments   );
    geometry.verticesNeedUpdate = true;   ------------------------------------------- (※2-1)
    geometry.normalsNeedUpdate = true;    ------------------------------------------- (※2-1)
}
```

(※1) 頂点座標と面指定配列が格納されている three.js の Geometry クラスの vertices プロパティと faces プロパティを初期化します。両プロパティとも setSpringGeometry メソッド内で引数に基づいた値が与えられます。

(※2) 形状オブジェクトの頂点座標や面指定配列が更新された際に、それを反映するには Geometry クラスの verticesNeedUpdate プロパティと normalsNeedUpdate プロパティをそれぞれ true とする必要があります。

8.1.6 ばねオブジェクトの頂点座標の計算方法

ばねオブジェクトの形状オブジェクト（Geometry クラス）は three.js で用意されていないので、自前で用意する必要があります。形状オブジェクトを用意するのに必要な情報は次の4つです。本項ではその中でもっとも重要な頂点座標の与え方について解説します。

(1) ばねオブジェクトを構成する頂点座標
(2) ばねオブジェクトを構成する頂点の頂点法線ベクトル
(3) ばねオブジェクトを構成する面指定配列
(4) ばねオブジェクトを構成する面の面法線ベクトル

ばねオブジェクトを構成する頂点は、図 8.2 で示したとおりです。管断面ごとに tubularSegments 個の頂点が存在し、管断面はばね一巻きあたり radialSegments 個存在し、それが windingNumber 巻存在するので、単純にこれらの積の分だけ頂点数が存在することになります。これらの頂点座標を適切に計算し、geometry オブジェクトの vertices プロパティへ与える必要があります。巻番号 w、外周分割番号 r、管周分割番号 t の頂点座標を与える関係式の導出を行います。

図8.5●ばねオブジェクトの断面の模式図

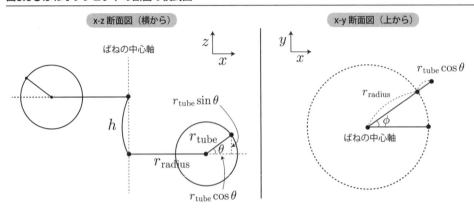

図8.5は、ばねオブジェクトを横および上から見た断面図です。まず、θ と ϕ に着目してください。θ は管断面中心から頂点座標に向かう直線と x-y 平面とのなす角、ϕ は x-y 平面上のばねの中心軸から管断面中心座標に向かう直線と x 軸とのなす角と定義します。このように定義すると外周分割番号 r、管周分割番号 t に対して

$$\theta = 2\pi \times \frac{t}{N_t} ,\ \phi = 2\pi \times \frac{r}{N_r} \tag{8.2}$$

という関係式が得られます。ただし、N_t は tubularSegments（管分割数）、N_r は radialSegments（外周分割数）です。この関係式から、外周分割番号 r、管周分割番号 t の頂点座標の x と y 成分を決定することができます。図8.5左から、頂点座標を x-y 平面へ射影した点は、ばね中心軸からの距離

$$l_{xy} = r_{\text{radius}} + r_{\text{tube}} \cos\theta \tag{8.3}$$

に存在することがわかります。そのため、図8.5右からもわかるとおり、頂点座標の x、y 成分は

$$x = l_{xy} \cos\phi = (r_{\text{radius}} + r_{\text{tube}} \cos\theta) \cos\phi \tag{8.4}$$
$$y = l_{xy} \sin\phi = (r_{\text{radius}} + r_{\text{tube}} \cos\theta) \sin\phi \tag{8.5}$$

と得られます。

次に z 成分です。まず各管断面の中心座標の z 成分の値について考えます。ばねの全長は length で与えられているので、一巻きあたりの長さは length / windingNumber となります。一巻きあたり管断面は radialSegments 個存在するので、隣り合う管断面の z 座標の変化分は

$$\delta h = \text{length}/(N_w \times N_r) \tag{8.6}$$

であるので、巻番号 w 番目の外周分割番号 r 番目の管断面の z 座標は

$$h = \delta h \times (N_r \times w + r) = \frac{\text{length} \times (N_r \times w + r)}{N_w \times N_r} \tag{8.7}$$

となります。ただし、N_w は windingNumber（巻き数）を表します。通常、w と r の範囲は 0 から $N_w - 1$、0 から $N_r - 1$ で定義されていますが、ばねの最後の断面は巻番号 $w = N_w$ の $r = 0$ と表すこととします（$w = N_w - 1$、$r = N_r$ と表すことも可能）。この式（8.7）の結果と図 8.5 から、管断面上の頂点座標の z 成分は

$$z = h + r_{\text{tube}} \sin\theta - \text{length}/2 \tag{8.8}$$

となります。ただし、最後の $-\text{length}/2$ は、ばねオブジェクトの基準点をオブジェクトの中心にもってくるための補正です。以上で、巻番号 w、外周分割番号 r、管周分割番号 t に対する頂点座標は

$$\boldsymbol{v} = \begin{pmatrix} x \\ y \\ z \end{pmatrix} = \begin{pmatrix} (r_{\text{radius}} + r_{\text{tube}} \cos\theta) \cos\phi \\ (r_{\text{radius}} + r_{\text{tube}} \cos\theta) \sin\phi \\ h + r_{\text{tube}} \sin\theta - \text{length}/2 \end{pmatrix} \tag{8.9}$$

と決定することができました。

8.1.7 setSpringGeometry メソッド（Spring クラス）

ばねオブジェクトの 3 次元グラフィックスの形状オブジェクトを実質的に計算するメソッドです。前項で示した計算方法に従って頂点座標を計算し、また適切に面指定配列を与えることで形状オブジェクトを生成することができます。なお、計算結果は第 1 引数に与えた geometry（three.js の Geometry クラス）に格納されます。大まかな手順は次のとおりです。

(1) 必要な変数の準備
(2) ばねオブジェクトを構成する頂点座標の準備
(3) ばねオブジェクトを構成する面指定配列の準備

プログラムソース 8.6 ●setSpringGeometry メソッド（physObject_r8.js）
```
// ばねオブジェクトの形状オブジェクトを実質的に計算するメソッド
PHYSICS.Spring.prototype.setSpringGeometry = function( geometry, radius, tube, length,
    windingNumber, radialSegments, tubularSegments ){
  //////////////////////////////////////////////////
```

8 振動運動のシミュレーション

```
// (1) 必要な変数の準備
////////////////////////////////////////////////
radius = radius || 1;              // ばねの半径
tube   = tube   || 0.2;            // 管の半径
length = length || 5;              // ばねの高さ
var Nw = windingNumber   || 10;    // 巻き数
var Nr = radialSegments  || 10;    // 外周分割数
var Nt = tubularSegments || 10;    // 管周分割数
// 管断面作成当たりの高さの増分
var dh = length / Nw / Nr;         // 管断面円の中心の高さ        --------------- 式 (8.6)
////////////////////////////////////////////////
// (2) ばねオブジェクトを構成する頂点座標の取得
////////////////////////////////////////////////
for(var w = 0; w < Nw; w++){       // 巻き番号           --------------------------- (※1-1)
  for(var r = 0; r < Nr; r++){     // 外周の分割番号     --------------------------- (※1-2)
    var phi = 2.0 * Math.PI * r/Nr; // 外周の分割角      ------------------- 式 (8.2)
    // 管断面の中心座標のz成分
    var h = deltaH * ( Nr * w + r );                  ------------------------- 式 (8.7)
    for(var t = 0; t < Nt; t++){   // 管の分割          --------------------------- (※1-3)
      var theta = 2.0 * Math.PI * t / Nt; // 管の分割角 ------------------- 式 (8.2)
      geometry.vertices.push(                         ---------------------------- (※2)
        new THREE.Vector3(
          (radius + tube * Math.cos(theta)) * Math.cos(phi), // x座標 --------- 式 (8.9)
          (radius + tube * Math.cos(theta)) * Math.sin(phi), // y座標 --------- 式 (8.9)
                   tube * Math.sin(theta) + h - length / 2   // z座標 --------- 式 (8.9)
        )
      );
    }
  }
}
////////////////////////////////////////////////
// 最後の管断面の頂点座標                         -------------------------------------- (※3)
var w = Nw;
var r = 0;
// 管断面の中心座標のz成分
var h = deltaH * ( Nr * w + r );
var phi = 2.0 * Math.PI * r/Nr; // 外周の分割番号
for(var t = 0; t < Nt; t++){
  var theta =  2.0 * Math.PI * t / Nt; // 管の分割角
  geometry.vertices.push(
    new THREE.Vector3(
      ( radius + tube * Math.cos(theta) ) * Math.cos(phi), // x座標
      ( radius + tube * Math.cos(theta) ) * Math.sin(phi), // y座標
               tube * Math.sin(theta) + h - length / 2     // z座標
    )
  );
```

```
}
/////////////////////////////////////////////
// 最初の管断面の中心座標
geometry.vertices.push(
  new THREE.Vector3 ( radius, 0,  - length / 2 )   ------------------------------------ (※4-1)
);
/////////////////////////////////////////////
// 最後の管断面の中心座標
geometry.vertices.push(
  new THREE.Vector3 ( radius, 0, length / 2 )   --------------------------------------- (※4-2)
);
/////////////////////////////////////////////
// (3) ばねオブジェクトを構成する面指定配列の設定
/////////////////////////////////////////////
for(var w = 0; w < Nw; w++){  // 巻き番号  --------------------------------------------- (※5-1)
   for(var r = 0; r < Nr; r++){  // 外周分割数  ---------------------------------------- (※5-2)
      // 巻き番号の指定
      var w1 = w;  ------------------------------------------------------------------- (※6-1)
      var w2 = ( r !== Nr -1 )? w : w + 1;  ------------------------------------------ (※6-2)
      // 外周分割番号の指定
      var r1 = r;  ------------------------------------------------------------------- (※6-3)
      var r2 = ( r !== Nr -1 )? r + 1 : 0;  ------------------------------------------ (※6-4)
      for( var t = 0; t < Nt; t++ ){   // 管分割数  ----------------------------------- (※5-3)
         // 管分割番号
         var t1 = t;  --------------------------------------------------------------- (※6-5)
         var t2 = ( t !== Nt -1 )? t + 1 : 0;  -------------------------------------- (※6-6)
         // 平面を構成する4点の頂点番号の算出
         var v1 = (Nr * Nt) * w1 + Nt * r1 + t1;  ----------------------------------- (※7-1)
         var v2 = (Nr * Nt) * w1 + Nt * r1 + t2;  ----------------------------------- (※7-2)
         var v3 = (Nr * Nt) * w2 + Nt * r2 + t1;  ----------------------------------- (※7-3)
         var v4 = (Nr * Nt) * w2 + Nt * r2 + t2;  ----------------------------------- (※7-4)
         // 頂点番号v1,v3,v4を面として指定
         geometry.faces.push ( new THREE.Face3( v1, v3, v4 ) );  -------------------- (※8-1)
         // 頂点番号v4,v2,v1を面として指定
         geometry.faces.push ( new THREE.Face3( v4, v2, v1) );  --------------------- (※8-2)
      }
   }
}
/////////////////////////////////////////////
// 最初の管断面の面を指定
var w = 0
var r = 0
for( var t = 0; t < Nt ; t++ ) { // 管分割数
   // 管分割番号
   var t1 = t;
   var t2 = ( t !== Nt -1 )? t + 1 : 0;
```

8 振動運動のシミュレーション

```
      // 管断面の中心座標とその他の2点の頂点番号
      var v1 = Nw * Nr * Nt + Nt;                                    ─── (※9-1)
      var v2 = (Nr * Nt) * w + Nt * r + t1;
      var v3 = (Nr * Nt) * w + Nt * r + t2;
      geometry.faces.push(
        new THREE.Face3( v1, v2, v3 )                                ─── (※10-1)
      );
    }
  // 最後の管断面の面を指定
  var w = Nw - 1;
  var r = Nr;
  for( var t = 0; t < Nt ; t++ ) { // 管分割数
    // 管分割番号
    var t1 = t;
    var t2 = ( t !== Nt -1 )? t + 1 : 0;
    // 管断面の中心座標とその他の2点の頂点番号
    var v1 =  Nw * Nr * Nt + Nt + 1;                                 ─── (※9-2)
    var v1 = (Nr * Nt) * w + Nt * r + t1;
    var v2 = (Nr * Nt) * w + Nt * r + t2;
    geometry.faces.push(
      new THREE.Face3( v1, v3, v2 )                                  ─── (※10-2)
    );
  }
  // 面法線ベクトルの自動計算
  geometry.computeFaceNormals();                                     ─── (※11-1)
  // 面の法線ベクトルから頂点法線ベクトルの計算
  geometry.computeVertexNormals();                                   ─── (※11-2)
}
```

(※1) 巻番号 w、外周分割番号 r、管周分割番号 t に対する頂点座標を、入れ子の for 文を利用して指定します。このループにより、ばねオブジェクトを構成する殆どの頂点座標を計算することができます。後足りないのは、w=Nw、r=0 の最後の管断面を表す頂点座標（※3）と、最初と最後の管断面の中心座標（※4）です。

(※2) 計算した頂点座標を geometry.vertices プロパティに push メソッドで追加していきます。後に面指定配列を準備する際に、頂点座標を追加した順番を正しく把握しておく必要があります。

(※3) 最後の管断面を表す w=Nw、r=0 の頂点座標を与えます。この管断面を加えることで巻き数がちょうど Nw となります。

(※4) 最初と最後の管断面のポリゴンを生成するのに管断面の中心座標が必要になります。それぞれの座標はばねオブジェクトのパラメータから即座に与えることができます。

(※5) 頂点座標を指定したのと同じ入れ子の for 文を利用して、面指定配列に面を構成する頂点番号を格納します。

(※6) まず、ポリゴン面の指定方法を図示した図8.6を参照してください。本ばねオブジェクトを構成するポリゴン面を、隣接する2つの管周上の4つの頂点座標を用いて指定します。4つの頂点を指定する巻番号、外周分割番号、管周分割番号の組み合わせは、v1 = (w, r, t)、v2 = (w, r, t+1)、v3 = (w, r+1, t)、v4 = (w, r+1, t+1) です。それぞれのパラメータ（w、r、t）には範囲が決められているので、それに合わせる必要がります。例えば、管外周分割番号tは同一円周上の点を指定するので、t=Ntとt=0は同じ座標点を表します。一方、外周分割番号rは、r=Nrとr=0では真上から見れば同じ座標点を指しているように見えますが、一巻き上の座標点となっているためwをw+1とする必要があります。このインデックスの差し替えを行うために、プログラム上では4つの頂点をv1 = (w1, r1, t1)、v2 = (w1, r1, t2)、v3 = (w2, r2, t1)、v4 = (w2, r2, t2) と指定しておき、w2、r2、t2を上記の条件に従って適切に与えます。

図8.6●ポリゴン面の指定方法

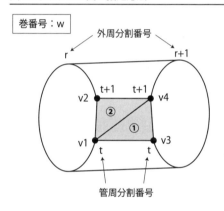

(※7) (※2) でgeometry.verticesプロパティに配列として格納された頂点座標の内、どの頂点番号の座標を利用するかを考えます。各管周上にNt個の頂点座標が存在し、一巻きあたりNr個の管断面が存在するので、巻番号がwでr=0、t=0で指定される管円周上の頂点番号は (Nr×Nt)×wからスタートし、w、r、tの組で指定される頂点座標は、geometry.verticesプロパティに格納された配列の (Nr * Nt) * w + Nt * r + t番目に格納されています。これを考慮して（※6）で示したv1、v2、v3、v4の頂点番号を取得します。ただし、配列は0番目から数えることに注意してください。

(※8) 図8.6で示したとおり、4つの頂点から2つのポリゴン面の頂点番号を指定します。面を指定する際には反時計回りとなるように指定します。

(※9) (※4) で指定した最初と最後の管断面中心の頂点座標を格納した番号を算出します。（※1）で指定した頂点座標の数はNw×Nr×Nt個、（※3）で指定した頂点座標の数はNtなので、（※4-1）と（※4-2）で指定した頂点座標はそれぞれNw×Nr×Nt＋Nt＋1個目、Nw×

Nr × Nt + Nt + 2 個目となります。ただし、配列の要素番号は 0 から始まるので、それぞれ 1 引いた数となります。

- （※ 10） 最初と最後の管断面中心座標と管円周上の頂点座標を用いてポリゴン面を構成します。（※ 10-1）と（※ 10-2）で頂点番号の指定順が異なるのは、ポリゴン面の表面の向きが反対のためです。
- （※ 11） ポリゴンの頂点座標と面指定配列が適切に設定されている場合、three.js の Geometry クラスの computeFaceNormals メソッドを実行することで、各ポリゴン面の法線ベクトルが計算されて geometry.faces[○].normal プロパティに適切に与えられます（「○」は面番号）。さらに、同クラスの computeVertexNormals メソッドを実行することで、面法線ベクトルから頂点法線ベクトルが計算されて geometry.faces[○].vertexNormals プロパティに格納されます。

8.1.8 setSpringBottomToTop メソッド（Spring クラス）

次節以降の物理シミュレーションにおいて、ばねの下端と上端の位置座標を与えることでばねオブジェクトの描画を行うのが主になります。そこで、ばねの下端（bottom）と上端（top）の位置ベクトルをもとに、ばねの形状の再計算と姿勢を指定するメソッドを用意します。

プログラムソース 8.7 ●setSpringBottomToTop メソッド（physObject_r8.js）

```
// ばねの形状と姿勢を設定するメソッド
PHYSICS.Spring.prototype.setSpringBottomToTop = function ( bottom, top ){
  // ばねオブジェクトの位置ベクトル
  this.r.copy(
    new THREE.Vector3().addVectors( bottom, top ).divideScalar( 2 )        ────── (※1)
  );
  // ばねオブジェクトの底面中心から上面中心へ向かうベクトル
  var L = new THREE.Vector3().subVectors( top, bottom );
  // ばねオブジェクトの長さを再設定
  this.length = L.length();                                                  ────── (※2)
  // ばねオブジェクトの姿勢を指定
  this.resetAttitude(                                                        ────── (※3)
    L.normalize(),  // 姿勢軸ベクトル
    0               // 回転角度
  );
  // ばねの形状オブジェクトの更新
  this.updateSpringGeometry (                                                ────── (※4)
    this.radius,         // 外円の半径
    this.tube,           // 管円の半径
    this.length,         // バネの長さ
    this.windingNumber,  // 巻き数
```

```
                this.radialSegments,  // 外周の分割数
                this.tubularSegments  // 管周の分割数
        );
        ////////////////////////////////////////////////
        // 以下衝突判定に必要なパラメータの再設定 -------------------------------------------------- (※5)
        // 円柱の高さ
        this.height = this.length + this.tube * 2 ;
        // 上円の半径
        this.radiusTop = this.radius + this.tube;
        // 下円の半径
        this.radiusBottom = this.radius + this.tube;
        // 初期頂点座標の設定
        this._vertices[0] = new THREE.Vector3(
                        -this.radiusTop, -this.radiusTop, this.height/2);
        this._vertices[1] = new THREE.Vector3(
                         this.radiusTop, -this.radiusTop, this.height/2);
        this._vertices[2] = new THREE.Vector3(
                         this.radiusTop,  this.radiusTop, this.height/2);
        this._vertices[3] = new THREE.Vector3(
                        -this.radiusTop,  this.radiusTop, this.height/2);
        this._vertices[4] = new THREE.Vector3(
                        -this.radiusBottom, -this.radiusBottom, -this.height/2);
        this._vertices[5] = new THREE.Vector3(
                         this.radiusBottom, -this.radiusBottom, -this.height/2);
        this._vertices[6] = new THREE.Vector3(
                         this.radiusBottom,  this.radiusBottom, -this.height/2);
        this._vertices[7] = new THREE.Vector3(
                        -this.radiusBottom,  this.radiusBottom, -this.height/2);
        // 衝突計算に必要な各種ベクトル量の再計算
        this.vectorsNeedsUpdate = true;
}
```

(※1) ばねオブジェクトの基準点は bottom と top で指定した位置座標の中間点です。

(※2) ばねオブジェクトの長さを示す length プロパティの値を更新します。

(※3) 7.8.7 項で定義した 3 次元オブジェクトの姿勢を指定する resetAttitude メソッドを実行します。

(※4) length プロパティが変更されているので、ばねオブジェクトを構成する頂点座標を一新する必要があります。そのため、8.1.5 項で定義したばねの形状オブジェクトを更新する updateSpringGeometry メソッドを実行します。

(※5) length プロパティが変更されているので、衝突計算に必要となる各種量を更新する必要があります。

(※6) 衝突計算に必要な各種ベクトル量の再計算を行うために、7.3.2 項で導入したフラグを true とします。

8 振動運動のシミュレーション

　setSpringBottomToTopメソッドの動作確認のため、描画ごとにばねオブジェクトの長さを変化させ、さらに球オブジェクトを衝突させてみます。次のプログラムソースでは、3次元オブジェクトが描画されるごとに実行されるbeforeUpdateメソッドにて、ばねの上端と下端の位置座標を指定することでばねの伸び縮みを表現しています。

プログラムソース8.8 ●伸び縮みを指定したばねオブジェクト（PHYSLAB_r8__Spring_2.html）

```
// ばねオブジェクトの生成
var spring = new PHYSICS.Spring({ （省略） })
// ばねオブジェクトの長さの指定
spring.beforeUpdate = function() {
  // 時刻の取得
  var time = this.physLab.dt * this.physLab.step;
  var bottom = {x:0, y:0, z:0}; // 上端
  var top = {x:0, y:0, z: 6 + 2 * Math.cos( time/2 * Math.PI*2 )  }; // 下端
  this.setSpringBottomToTop( bottom, top );
}
PHYSICS.physLab.objects.push( spring );
```

　上記プログラムソースの実行結果が図8.7です。仮想物理実験室の時刻とともにばねが伸び縮みを行い、衝突計算もばねの長さに応じたものになっていることが確認できます。なお、図8.4のときにも述べましたが、ばねの弾性力を考慮した衝突にはなっていません。

図8.7 ●伸び縮みするばねの上端で跳ね返る球体の様子（PHYSLAB_r8__Spring_2.html）

8.2 常微分方程式の解法のまとめ

　ほとんどの物理現象を表す方程式は微分方程式の形をとります。つまり、微分方程式を解くということはそれに対応した物理現象を理解することと同義になります。本シリーズでは登場した微分方程式を手当たり次第解いていたので、本節では体系的な理解を行えるように簡単にまとめておきます。

　まず、微分方程式は**常微分方程式**と**偏微分方程式**の2つに分類されます。ある量の変化を表す関数が一つのパラメータの変化だけ表される場合、その関数が従う微分方程式は常微分方程式と呼ばれます。質点の位置 x が時刻 t のみの関数として表され、その $x(t)$ と力の関係を表しているニュートンの運動方程式もそのひとつです。一方、ある量の変化を表す関数が2つ以上のパラメータの変化で表される場合、その関数が従う微分方程式は偏微分方程式と呼ばれます。『HTML5による物理シミュレーション、拡散・波動編』（ISBN:978-4-87783-312-1）の拡散方程式や波動方程式のように時刻 t、位置 x の場の量を表す関数 $u(t, x)$ が従う方程式もその仲間です。本節では、常微分方程式の一般的な解き方について解説します。なお、偏微分方程式の代表例である拡散方程式と波動方程式の一般的な解き方については『HTML5による物理シミュレーション、拡散・波動編』で示したとおりです。

8.2.1　1階の常微分方程式：変数分離型・同次型・完全微分型

1階の常微分方程式を型によって分類し、それぞに対する一般的な解法を示します。

変数分離型

　x が t の関数として常微分方程式が次の形の場合、**変数分離型**と呼ばれます。

$$\frac{dx(t)}{dt} = X(x)T(t) \tag{8.10}$$

上式の右辺が x と t に関する部分が分離している場合、簡単解くことができます。式（8.10）の両辺を $X(x)$ で割った後に t で積分を行うと

$$\int \frac{1}{X(x)} dx = \int T(t) dt \tag{8.11}$$

となり、両辺ともそれぞれ積分を実行することで一般解を得ることができます。ただし、$(dx/dt)dt = dx$ となることに注意してください。

同次型

続いて同次型と呼ばれる常微分方程式の形についてです。

$$\frac{dx(t)}{dt} = f\left(\frac{x}{t}\right) \tag{8.12}$$

上式の右辺にて関数と変数が x/t の形で登場する場合、先の変数分離型に帰着することができます。$u \equiv x/t$ と変数変換を行い、u を t で微分すると

$$\frac{du}{dt} = \frac{t\left(\frac{dx}{dt}\right) - x}{t^2} = \frac{f(u) - u}{t} \tag{8.13}$$

と変形することができます。ただし、変形の途中で式（8.12）を代入していることに注意してください。式（8.13）は式（8.12）と同値なわけですが、変数分離型と同型となることがわかります。つまり、式（8.13）から一般解は

$$\frac{du}{f(u) - u} = \frac{dt}{t} \to \int \frac{1}{f(u) - u}\, du = \int \frac{1}{t}\, dt \tag{8.14}$$

を計算することで得ることができます。

完全微分型

続いて完全微分型と呼ばれる常微分方程式の形についてです。微分方程式を

$$F(x,t)dx + Q(x,t)dt = 0 \tag{8.15}$$

と表した場合、$F(x,t)$ と $Q(x,t)$ が特別な形の場合には簡単に解くことができます。その条件を示す前に u を x と t の関数とした一般的な場合の u の全微分について考えます。u の変数である x と t をそれぞれ dx と dt だけ変化させたときの u の変化を du と表した場合、

$$du = \frac{\partial u(x,t)}{\partial x}dx + \frac{\partial u(x,t)}{\partial t}dt \tag{8.16}$$

と一般的に記述することができます。これは u の量が変化する可能性の全てを表す**全微分**と呼ばれます。この表式は $u(x + dx, t + dt)$ を x、t の周りでテーラー展開を行い、dx、dt についての1次までをとり、$du = u(x + dx, t + dt) - u(x, t)$ としたものと一致します。

もし、式（8.15）の $P(x,t)$ と $Q(x,t)$ がある $u(x,t)$ を用いて

$$P(x,t) = \frac{\partial u(x,t)}{\partial x}, \quad Q(x,t) = \frac{\partial u(x,t)}{\partial t} \tag{8.17}$$

と表すことができるならば、式（8.16）と合わせて

$$du = F(x,t)dx + Q(x,t)dt = 0 \tag{8.18}$$

と表すことができます。つまり、式（8.15）は $du = 0$ となることから両辺を u で積分を行うことで

$$u(x,t) = C \tag{8.19}$$

が得られます。これが式（8.15）の一般解となります。なお、$P(x,t)$ と $Q(x,t)$ が式（8.17）を満たす場合、

$$\frac{\partial P(x,t)}{\partial t} = \frac{\partial^2 u(x,t)}{\partial x \partial t}, \quad \frac{\partial Q(x,t)}{\partial x} = \frac{\partial^2 u(x,t)}{\partial t \partial x} \tag{8.20}$$

も成り立つため、複数の変数による偏微分の結果は演算の順番に依存しないことを考慮すると

$$\frac{\partial P(x,t)}{\partial t} = \frac{\partial Q(x,t)}{\partial x} \tag{8.21}$$

となります。この式（8.21）が完全微分型となるための必要十分条件となります。

8.2.2　1階の常微分方程式：線形常微分方程式

線形常微分方程式とは、次式のように x に関して 1 次ないし 0 次の項のみが存在する方程式を指します。

$$\frac{dx(t)}{dt} + p(t)x = q(t) \tag{8.22}$$

このような常微分方程式は一般解を得るための手順が存在します。まず、最も単純な $q(t) = 0$ の場合

$$\frac{dx(t)}{dt} + p(t)x = 0 \tag{8.23}$$

の解について考えます。式（8.23）は式（8.10）で示した変数分離型となるので、

$$\frac{dx}{x} = -p(t)dt \tag{8.24}$$

と変形して両辺を積分すると

$$\log(x) = -\int p(t)dt + C \tag{8.25}$$

となります。ただし、C は積分定数です。つまり、式（8.23）の一般解は式（8.25）から

$$x(t) = C\,e^{-\int p(t)dt} \tag{8.26}$$

と表すことができます。

次に、この解を用いて**定数変化法**と呼ばれる手法を用い、式（8.22）にて $q(t) \neq 0$ の場合の解を導出します。定数変化法とは、$q(t) = 0$ とした方程式の解の積分定数を t の変数と見なして元の方程式の解を導く手法です。具体的には、式（8.26）において積分定数 C を t の関数と見なして

$$x(t) = C(t)\,e^{-\int p(t)dt} \tag{8.27}$$

と表現し、元の方程式（8.22）の解を導出するということです。式（8.27）を式（8.22）へ代入して $C(t)$ が決定することができれば、式（8.22）の解になるという流れです。式（8.27）を式（8.22）へ代入して $C(t)$ について解くと

$$\left[\frac{dC(t)}{dt} - p(t)C(t)\right]e^{-\int p(t)dt} + p(t)C(t)\,e^{-\int p(t)dt} = q(t) \tag{8.28}$$

となります。式（8.28）から直ちに $C(t)$ の一般解は

$$C(t) = \int q(t)\,e^{\int p(t)dt}dt + C \tag{8.29}$$

と表現することができます。ただし、右辺の C は積分定数です。式（8.29）を式（8.27）へ代入することで、

$$x(t) = \left[\int q(t)\,e^{\int p(t)dt}dt + C\right]e^{-\int p(t)dt} \tag{8.30}$$

と式（8.22）の一般解を表現することができました。なお、式（8.23）のように x に関する 0 次の項が存在しない方程式は**同次方程式**と呼ばれ、式（8.22）のように 0 次の項が存在する方程式は**非同次方程式**と呼ばれます。非同次方程式の解を同次方程式の解に対する定数変化法で求めるのは、非常に強力な手法として知られています。

非線形常微分方程式

非線形常微分方程式は x の高次の項が含まれる常微分方程式です。一般的には

$$\frac{dx(t)}{dt} + \sum_{n=-\infty}^{\infty} p_n(t) x^n = 0 \tag{8.31}$$

と表されます。変数分離型や同次型、完全微分型でない場合、特別な場合を除いて解くことは非常に困難です。本書ではこれ以上立ち入ることはしません。

8.2.3 2階の常微分方程式：定数係数線形型（同次方程式）

続いて、変数で2回微分した項を含む2階の常微分方程式についてです。本項では x の1次ないし0次の項のみしか存在しない線形常微分方程式に限ります。この場合、方程式の一般形は

$$\frac{d^2 x(t)}{dt^2} + p(t) \frac{dx(t)}{dt} + q(t) x = r(t) \tag{8.32}$$

と表されます。p、q、r に条件を課すことで簡単な順番に解説を行います。

定数係数線形常微分方程式

x 並びに x の微分の係数 p、q が定数の場合、

$$\frac{d^2 x(t)}{dt^2} + p \frac{dx(t)}{dt} + qx = r(t) \tag{8.33}$$

は定数係数線形常微分方程式と呼ばれます。さらに $r(t) = 0$ である同次方程式

$$\frac{d^2 x(t)}{dt^2} + p \frac{dx(t)}{dt} + qx = 0 \tag{8.34}$$

は比較的簡単に解析解を得ることができます。その後、その解を用いて非同次方程式である式（8.33）の解について考えることにします。式（8.34）の方程式が任意の t で成り立つためには、$x(t)$ は微分の回数に依らず同じ関数形となる指数関数の形となると考えられます。そのため、$x(t) = e^{\lambda t}$ と仮定して式（8.34）へ代入することで λ の条件

$$\lambda^2 + p\lambda + q = 0 \tag{8.35}$$

を導出することができます。λ に関する2次方程式なので、解の公式から λ の2つの解は

$$\lambda_1 = \frac{-p + \sqrt{p^2 - 4q}}{2}, \ \lambda_2 = \frac{-p - \sqrt{p^2 - 4q}}{2} \tag{8.36}$$

と求まります。つまり、$x(t) = e^{\lambda_1 t}$ と $x(t) = e^{\lambda_2 t}$ はともに式（8.34）を満たす独立した解となるため、式（8.34）の一般解は 2 つの積分定数 C_1 と C_2 を用いて

$$x(t) = C_1 e^{\lambda_1 t} + C_2 e^{\lambda_2 t} \tag{8.37}$$

と表されます。なお、2 つの積分定数は初期条件を課すことで決定することができます。

定数係数線形常微分方程式の同次方程式の一般解として得られた式（8.37）は、一般解の表式としては問題ありませんが、p と q の関係によって全く異なる振る舞いを行います。具体的には 2 次方程式の解として与えられる λ は

$$D \equiv p^2 4q \tag{8.38}$$

で定義される判別式の符号によって、(i) 2 つの実数解、(ii) 2 つの虚数解、(iii) 重解の 3 パターン存在するため、式（8.37）の指数関数の指数部が実数と虚数の両方をとることに対応します。

(i) 2 つの実数解の場合（D>0）

判別式 D が正の場合、式（8.36）の 2 つの解は実数となります。この場合、式（8.37）で示した解析解は 2 つの単調減少（$p > 0$）あるいは単調増加（$p < 0$）の指数関数の和で表されます。一般解の概形を調べるために $C_1 = 1$、$C_2 = 1$ として、$p > 0$ と $p < 0$ の場合に分けてグラフを示します。まず、$p > 0$ の例として、

$$p = 3, \ q = \frac{5}{4} \ \rightarrow \ \lambda_1 = -\frac{1}{2}, \lambda_2 = -\frac{5}{2} \tag{8.39}$$

と与えたときの $x(t)$ の 2 次元グラフが図 8.8 です。$x(t)$ に加え、λ_1 と λ_2 の 2 つの指数関数の項もそれぞれプロットしています。2 つの指数関数はともに t の増加に対して単調減少しますが、減少の度合いが異なります。$t = 0$ の場合には 2 つの指数関数は同じ値ですが、λ_2 の項は λ_1 の項よりも早く 0 となるため、$x(t)$ は t が大きくなるにつれ λ_2 の項が支配的となることがわかります。

図8.8●D>0かつp>0の場合（GraphViewer_1.html）

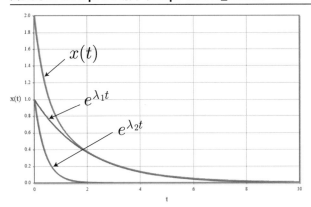

今度は p<0 の例として

$$p = -3,\ q = \frac{5}{4}\ \rightarrow\ \lambda_1 = \frac{5}{2},\ \lambda_2 = \frac{1}{2} \tag{8.40}$$

と与えたときの $x(t)$ の 2 次元グラフが図 8.8 です。$x(t)$ に加え、λ_1 と λ_2 の 2 つの指数関数の項もそれぞれプロットしています。2 つの指数関数はともに t の増加に対して単調増加しますが、増加の度合いが異なります。$t = 0$ の場合には 2 つの指数関数は同じ値ですが、λ_1 の項は λ_2 の項よりも早く増加するため、$x(t)$ は t が大きくなるにつれ λ_1 の項が支配的となることがわかります。図 8.8 と図 8.9 は $t \geqq 0$ のみをプロットしているのでわかりづらいですが、$p > 0$ と $p < 0$ の両者は原点に対して対称です。なお、$p = 0$ は $D > 0$ を満たすことはありえないため、先の 2 パターンのどちらかとなります。

図8.9●D>0かつp<0の場合（GraphViewer_2.html）

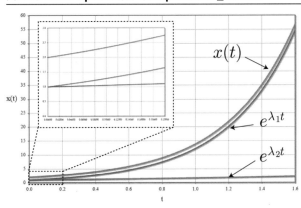

(ii) 2つの虚数解の場合（D<0）

判別式 D が負の場合、式（8.36）の 2 つの解は虚数となります。そのため、2 つの実数 α と β を用いて

$$\lambda_1 = -\alpha + i\beta \;,\; \lambda_2 = -\alpha - i\beta \tag{8.41}$$

と表すことができます。ただし、$\alpha = p/2, \beta = \sqrt{4q - p^2}$ です。解析解は式（8.41）を用いると

$$x(t) = \left(C_1 e^{i\beta t} + C_2 e^{-i\beta t}\right) e^{-\alpha t} \tag{8.42}$$

と表され、振動因子と単調減少因子あるいは単調増加因子との積になります。もし $x(t)$ が実数と限定できる場合には

$$x(t) = [C_1 \cos(\beta t) + C_2 \sin(\beta t)] e^{-\alpha t} \tag{8.43}$$

と変形し、C_1 と C_2 を実数と考えることができます。$D > 0$ の時と同様に、一般解の概形を調べるために $C_1 = 1$、$C_2 = 0$ として、$\alpha > 0$（$p > 0$）と $\alpha < 0$（$p < 0$）の場合に分けてグラフを示します。まず、$p > 0$ の例として、

$$p = 1 \,,\, q = \frac{5}{2} \;\rightarrow\; \alpha = \frac{1}{2}, \beta = 3 \tag{8.44}$$

と与えたときの $x(t)$ の 2 次元グラフが図 8.10 です。$x(t)$ は振動関数と指数関数との積で与えられるため、t が大きくなるにつれ振動の振幅が小さくなることが確認できます。なお、図 8.10 では振幅を確認するために $e^{-\alpha t}$ と $-e^{-\alpha t}$ も合わせて描画しています。

図8.10● D<0かつp>0の場合（GraphViewer_3.html）

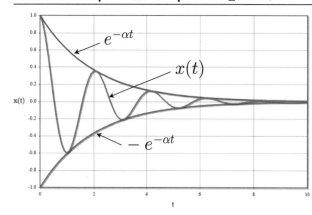

今度は $p < 0$ の例として

$$p = -1, q = \frac{5}{2} \quad \to \quad \alpha = -\frac{1}{2}, \beta = 3 \tag{8.45}$$

と与えたときの $x(t)$ の2次元グラフが図8.11です。$p > 0$ の時とは反対に、t が増加するほど振幅が増大していることが確認できます。

図8.11●D<0かつp<0の場合（GraphViewer_4.html）

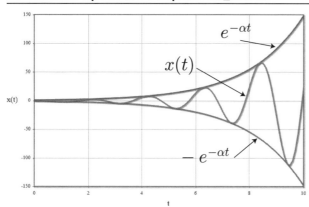

(iii) 2つの実数解の場合（D=0）

判別式 $D = 0$ となる条件「$p^2 = 4q$」を満たす場合、式（8.35）の解は重解となるため式（8.37）の一般解は

$$x(t) = C e^{-\frac{p}{2}t} \tag{8.46}$$

となりそうですが、これでは2階の常微分方程式は必ず2つの独立した関数の和で表されるという原則に反してしまいます。そこで式（8.46）と独立したもう一つの解の導出を行う必要があります。そこで、$D > 0$ かつ $D \ll 1$ の場合を考えて、最後に $D \to 0$ の極限を考えることにします。式（8.35）の2つの解を

$$\lambda_1 = -\frac{p}{2} + \Delta, \ \lambda_2 = -\frac{p}{2} - \Delta \tag{8.47}$$

と表した場合（$\Delta = \sqrt{D}/2$）、式（8.47）の一般解は

$$x(t) = \lim_{\Delta \to 0} \left[C_1 e^{\Delta t} + C_2 e^{-\Delta t} \right] e^{-\frac{p}{2}t} \tag{8.48}$$

と表されます。ここでΔを含む指数関数をテーラー展開して整理すると

$$x(t) = \lim_{\Delta \to 0} \left[(C_1 + C_2) + (C_1 - C_2)\Delta t + \cdots \right] e^{-\frac{p}{2}t} \tag{8.49}$$

となるわけですが、$(C_1 - C_2)\Delta \equiv C_3$が一定値となるように$\Delta \to 0$の極限をとるように小細工を行います。つまり、$C_1 - C_2$を無限大に飛ばしながらも$C_3$と$C_1 + C_2 \equiv C_4$が有限値となるように$\Delta \to 0$の極限をとるという操作をおこないます（$C_1$と$C_2$は反対符号で同程度の絶対値）。$\Delta$の高次の項は、この極限操作で消えてしまうので、結果として式（8.49）は

$$x(t) = \left[C_4 + C_3 t \right] e^{-\frac{p}{2}t} \tag{8.50}$$

となります。つまり、式（8.46）と独立した関数として

$$x(t) = t e^{-\frac{p}{2}t} \tag{8.51}$$

が得られたことになります。実際に、式（8.51）を$D = 0$の条件のもと元の方程式（8.34）に代入すると、方程式を満たしていることを確認することができます。もともとC_1とC_2は積分定数なので、任意の値を与えることが可能であるため上記のような数学的操作が可能であり、任意の値をとることが可能なC_3とC_4を改めて積分定数として考えることで、式（8.50）は式（8.34）の一般解となるわけです。

図8.12●D<0かつp>0の場合（GraphViewer_5.html）

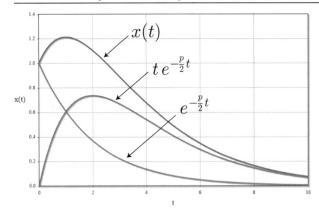

式（8.50）で示した一般解の概形を$C_3 = C_4 = 1$として、これまでと同様$p > 0$と$p < 0$それ

ぞれの場合で示します。図 8.12 は、$p>0$ の例として $p=1$ ($q=1/4$) とした結果です。$x(t)$ に加え、式（8.50）の第 1 項目と第 2 項目もそれぞれプロットしています。t が大きくなるほど 0 に収束しますが、$te^{-\frac{p}{2}t}$ は極大値を持つため、和で表される $x(t)$ も極大値をもつ関数となっていることが確認できます。

図8.13●D=0 かつ p<0 の場合（GraphViewer_6.html）

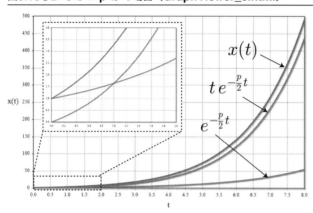

図 8.13 は、$p<0$ の例として $p=-1$ ($q=-1/4$) とした結果です。$te^{-\frac{p}{2}t}$ の各因子は t の増加に対してそれぞれ単調増加なので、その積も単調増加となります。そのため $p>0$ の場合とは異なり、$x(t)$ は極値を持たない単調増加であることが確認できます。

式（8.50）の別の導出法

式（8.49）の極限における取り扱いが恣意的過ぎてしっくりこない方のために、式（8.50）導出のもう一つの方法を考えます。$D=0$ を考慮すると、式（8.34）右辺の微分は次式のとおり「因数分解」することができます。

$$\left(\frac{d}{dt}+\frac{p}{2}\right)\left(\frac{d}{dt}+\frac{p}{2}\right)x(t)=0 \tag{8.52}$$

この方程式は

$$X(t) \equiv \left(\frac{d}{dt}+\frac{p}{2}\right)x(t) \tag{8.53}$$

と置くことで何の変哲も無い同次型の 1 次線形常微分方程式

$$\left(\frac{d}{dt} + \frac{p}{2}\right)X(t) = 0 \tag{8.54}$$

となるため、一般解は

$$X(t) = Ce^{-\frac{p}{2}t} \tag{8.55}$$

となります。この結果を式（8.53）へ代入すると、$x(t)$ に関する非同次型の 1 次常微分方程式

$$\frac{dx(t)}{dt} + \frac{p}{2}x(t) = Ce^{-\frac{p}{2}t} \tag{8.56}$$

が導かれます。式（8.56）の一般解は同次方程式の解に対して定数変化法を用いて導出することができます。式（8.56）の右辺が 0 の場合の解（同次方程式の解）は

$$x(t) = A(t)e^{-\frac{p}{2}t} \tag{8.57}$$

となるので、この結果を式（8.56）に代入することで $A(t)$ の条件式

$$\frac{dA(t)}{dt} = C \tag{8.58}$$

が得られます。この式（8.58）は直ちに解くことができて

$$A(t) = C_1 + C_2 t \tag{8.59}$$

と得られます。ただし、C_1 と C_2 は積分定数です。式（8.59）の結果を式（8.57）に代入することで一般解は

$$x(t) = (C_1 + C_2 t)e^{-\frac{p}{2}t} \tag{8.60}$$

となります。式（8.50）と一致することを示すことができました。

8.2.4 2 階の常微分方程式：定数係数線形型（非同次方程式）

式（8.33）で示した非同次方程式

$$\frac{d^2 x(t)}{dt^2} + p\frac{dx(t)}{dt} + qx = r(t) \tag{8.61}$$

の一般解は、1 階の常微分方程式のときと同様、定数変化法を用いて導出することができます。つ

まり、同次方程式の一般解の積分定数を t の関数と見なし、

$$x(t) = C_1(t)e^{\lambda_1 t} + C_2(t)e^{\lambda_2 t} \tag{8.62}$$

と表しておいて、式（8.61）へ代入して $C_1(t)$ と $C_2(t)$ を決定します。ただし、$C_1(t)$ と $C_2(t)$ の2つの未知の関数形に対して1つの条件しか与えられていないので、一意に決定することができません。しかしながら、$C_1(t)$ と $C_2(t)$ はもともと積分定数として導入された任意性の高い係数なので、都合の良い条件を1つ課すことで $C_1(t)$ と $C_2(t)$ を決定することができます。

式（8.62）を式（8.61）へ代入するためにまず $x(t)$ の第1次導関数を計算すると

$$\frac{dx(t)}{dt} = \lambda_1 C_1(t)e^{\lambda_1 t} + \lambda_2 C_2(t)e^{\lambda_2 t} + \left(\frac{dC_1(t)}{dt}e^{\lambda_1 t} + \frac{dC_2(t)}{dt}e^{\lambda_2 t}\right) \tag{8.63}$$

となります。ここで都合の良い条件式として上式の第3項と第4項の和が0となる条件式

$$\frac{dC_1(t)}{dt}e^{\lambda_1 t} + \frac{dC_2(t)}{dt}e^{\lambda_2 t} = 0 \tag{8.64}$$

を課すことにします。これにより、式（8.63）は

$$\frac{dx(t)}{dt} = \lambda_1 C_1(t)e^{\lambda_1 t} + \lambda_2 C_2(t)e^{\lambda_2 t} \tag{8.65}$$

となり、さらに式（8.65）の両辺を t で微分した第2次導関数は

$$\frac{d^2 x(t)}{dt^2} = \lambda_1 \left[\lambda_1 C_1(t) + \frac{dC_1(t)}{dt}\right]e^{\lambda_1 t} + \lambda_2 \left[\lambda_2 C_2(t) + \frac{dC_2(t)}{dt}\right]e^{\lambda_2 t} \tag{8.66}$$

となります。式（8.62）、式（8.65）と式（8.66）を式（8.61）へ代入して整理すると

$$\lambda_1 \frac{dC_1(t)}{dt}e^{\lambda_1 t} + \lambda_2 \frac{dC_2(t)}{dt}e^{\lambda_2 t} = r(t) \tag{8.67}$$

が得られます。式（8.64）と式（8.67）は、$C_1(t)$ と $C_2(t)$ の第1次導関数に関する連立方程式となっているため解くことができ、

$$\frac{dC_1(t)}{dt} = \frac{r(t)e^{-\lambda_1 t}}{\lambda_1 - \lambda_2}, \quad \frac{dC_2(t)}{dt} = \frac{r(t)e^{-\lambda_2 t}}{\lambda_2 - \lambda_1} \tag{8.68}$$

となり、$C_1(t)$ と $C_2(t)$ は積分することで

$$C_1(t) = \frac{1}{\lambda_1 - \lambda_2} \int r(t) e^{-\lambda_1 t} dt \tag{8.69}$$

$$C_2(t) = \frac{1}{\lambda_2 - \lambda_1} \int r(t) e^{-\lambda_2 t} dt \tag{8.70}$$

と得られます。これが定数変化法により得られた係数で、式（8.62）に代入された $x(t)$ が式（8.61）で与えられた非同次方程式の一般解となります。式（8.69）と（8.70）の積分で注意が必要なのは、この積分は不定積分なので積分定数が必ず現れることを忘れてはいけません。そのため、非同次方程式の一般解は 2 つの積分定数 D_1 と D_2 を用いて

$$x(t) = D_1 e^{\lambda_1 t} + D_2 e^{\lambda_2 t} + \Delta x(t) \tag{8.71}$$

と表されます。第 1 項目と第 2 項目は同次方程式の一般解なので、<u>非同次方程式の一般解は必ず同次方程式の一般解と非同次項から導出される項の和で表される</u>ことを意味しています。

8.2.5　2 階の常微分方程式：一般の場合

　ここまでは p と q が定数の場合に限って議論を進めてきました。もちろん p も q も t の関数であることも考えられます。しかしながら、定数の場合と比べて圧倒的に取り扱いが難しくなります。本書では、最も基本的な**べき級数解**と呼ばれる一般解を得るための基本的なアプローチを示します。式（8.32）

$$\frac{d^2 x(t)}{dt^2} + p(t) \frac{dx(t)}{dt} + q(t) x = r(t) \tag{8.72}$$

の一般解をべき級数

$$x(t) = \sum_{n=0}^{\infty} a_n t^2 \tag{8.73}$$

の形で与えられると仮定し、式（8.72）へ代入することで a_0、a_1、a_2、……の各係数を決定するという考え方です。その際に、係数 p、q、r もべき級数展開

$$p(t) = \sum_{n=0}^{\infty} p_n t^n, \ q(t) = \sum_{n=0}^{\infty} q_n t^n, \ r(t) = \sum_{n=0}^{\infty} r_n t^n \tag{8.74}$$

を行い、元の方程式に代入して a_n を p_n、q_n、r_n で与えることができれば、式（8.73）が一般解となります。このようにして解が得られる方程式の代表例が**ルジャンドル微分方程式**や**ベッセル微**

分方程式で、物理学でも度々登場します。これらの方程式から得られるべき級数解は**特殊関数**と呼ばれ、各々の性質は詳しく調べられています。本シリーズでも必要に応じて解説を行っていきたいと考えています。

8.3 単振動運動シミュレーション

単振動運動とは物理現象を理解する最も基本的な運動の一つです。『HTML5 による物理シミュレーション』(ISBN:978-4-87783-303-9) 4.4.6 項では復元力による単振動運動として取り扱っているので、本節では本実験室における実装を主において解説を行います。

8.3.1 単振動運動の理論

図 8.14 で示したような、固定された支柱に質量 m [kg] の球体がばね定数 k [N/m] の線形ばね（変位に比例した復元力が生じるばね）に繋がれている系を考えます。系を単純にするために床面と球体との摩擦と、ばねの質量は無視できると考えます。この系における解析解と力学的エネルギーは『HTML5 による物理シミュレーション』の 4.4.6 項と 4.4.2 項でそれぞれ示しているので、本書では簡単にまとめておきます。

図8.14●ばねによる単振動運動のモデル

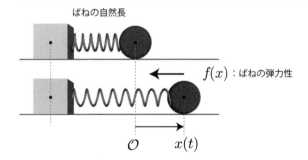

単振動運動の解析解

ばねの自然長のときの球体の位置を原点に取り、原点からの変位を $x(t)$ と表すと球体には

$$F(x) = -kx(t) \tag{8.75}$$

の復元力が加わります。この力をニュートンの運動方程式に代入すると

$$\frac{d^2 x(t)}{dt^2} = -\omega^2 x(t) \tag{8.76}$$

となります。これが線形ばねに繋がれた球体の単振動運動を記述する方程式です。ただし、ω は

$$\omega = \sqrt{\frac{k}{m}} \tag{8.77}$$

で定義される**角振動数**で、単位は［rad/s］です。単振動運動を表す式（8.76）は 2 階線形微分方程式なので、2 つの解の線形結合で表すことができ、

$$x(t) = A\cos\omega t + B\sin\omega t \tag{8.78}$$

となります。この式（8.78）が 2 階線形微分方程式（8.76）の一般解です。式（8.78）がニュートンの運動方程式を満たしていることは、式（8.2）に代入することで確認することができます。さらに、上式の A と B は通常初期条件 $x(0) = x_0$、$v(0) = v_0$ を課すことで得られ、

$$x(t) = x_0 \cos\omega t + \frac{v_0}{\omega}\sin\omega t \tag{8.79}$$

と求まります。これが線形ばねにおける単振動運動の位置に関する解析解です。速度に関する解析解は式（8.79）を微分することで

$$v(t) = \frac{dx(t)}{dt} = v_0 \cos\omega t - x_0 \omega \sin\omega t \tag{8.80}$$

と得られます。

単振動運動の力学的エネルギー保存則

　力学的エネルギー保存則は、ニュートンの運動方程式を空間積分することで運動エネルギーとポテンシャルエネルギーの和で表すことができることを『HTML5 による物理シミュレーション』の 4.4.2 項で示しました。運動エネルギーは加わる力に関わらず質点の速度あるいは剛体の重心速度 v に対して

$$T = \frac{1}{2} m v^2 \tag{8.81}$$

で与えられる一方、ポテンシャルエネルギーは加わる力の空間積分

$$U = -\int F(x)\, dx \tag{8.82}$$

で与えられます。式（8.82）に式（8.75）を代入して計算すると

$$U = \int_0^x kx\, dx = \left[\frac{1}{2} k x^2\right]_0^x = \frac{1}{2} k x^2 \tag{8.83}$$

となります。力学的エネルギーは式（8.81）と式（8.83）から

$$E = T + U = \frac{1}{2} m v^2 + \frac{1}{2} k x^2 \tag{8.84}$$

と得られます。力学的エネルギーが保存することは、式（8.84）に式（8.79）と式（8.80）を代入して整理することで示すことができます。つまり、力学的エネルギーは時間に依存しないことから初期条件として与えられた x_0 と v_0 から得られる

$$E = \frac{1}{2} m v_0^2 + \frac{1}{2} k x_0^2 \tag{8.85}$$

の一定値をとり続けることになります。

8.3.2 単振動運動の計算アルゴリズム

続いて、仮想物理実験室で単振動運動の物理シミュレーションを実装するための計算アルゴリズムを示します。図8.15は物理シミュレーションに必要な物理量です。これらの量の関係性と球体に加わる弾性力を考えます。

図8.15●単振動運動のシミュレーションに必要な物理量

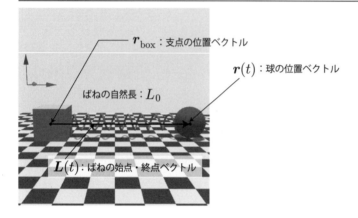

時刻 t のばねの始点・終点ベクトルは

$$\boldsymbol{L}(t) = \boldsymbol{r}(t) - \boldsymbol{r}_{\text{box}} \tag{8.86}$$

なので、ばねの長さは $|\boldsymbol{L}(t)|$ を計算すればよく、ばねの伸びは

$$\Delta L = |\boldsymbol{L}(t)| - L_0 \tag{8.87}$$

となります。ばねの弾性力の向きは、式(8.86)のベクトルの方向と同じなので $\boldsymbol{L}(t)$ の規格化 ($\hat{\boldsymbol{L}}(t)$) を計算することで得られます。以上より、ばねの弾性力は式(8.75)から、

$$\boldsymbol{F}(t) = -k\Delta L \hat{\boldsymbol{L}}(t) \tag{8.88}$$

が得られました。これを用いることでばね弾性力を考慮した物理シミュレーションが可能となります。

続いて力学的エネルギーについてです。力学的エネルギーは物理シミュレーションにおける時間発展には必要ありませんが、力学的エネルギーの保存状態を調べることで計算結果が正しいことを確認する上で有用です。運動エネルギーは剛体球の並進運動エネルギー(3.1.5項)で示したとおり

$$T = \frac{1}{2}m\boldsymbol{v}^2 \tag{8.89}$$

で与えられます。また、ばね弾性力によるポテンシャルエネルギーは、球体をばねの自然長の位置に置いたときの位置ベクトルを $\boldsymbol{r}_0$ と記述した時に

$$U = -\int_{\boldsymbol{r}_0}^{\boldsymbol{r}} \boldsymbol{F} \cdot d\boldsymbol{r} = k\int_{\boldsymbol{r}_0}^{\boldsymbol{r}} \boldsymbol{L} \cdot d\boldsymbol{r} \tag{8.90}$$

を変数変換して計算すると

$$U = k\int_{0}^{\boldsymbol{r}-\boldsymbol{r}_0} \boldsymbol{r} \cdot d\boldsymbol{r} = k\left[\frac{1}{2}\boldsymbol{r}^2\right]_{0}^{\boldsymbol{r}-\boldsymbol{r}_0} = \frac{1}{2}k(\boldsymbol{r}-\boldsymbol{r}_0)^2 \tag{8.91}$$

となります。$\boldsymbol{r}_0$ は $\boldsymbol{r}_{\text{box}}$ から $\boldsymbol{r}$ を結ぶ直線上に存在することを踏まえると

$$(\boldsymbol{r}-\boldsymbol{r}_0)^2 = |\boldsymbol{r}-\boldsymbol{r}_0|^2 = (|\boldsymbol{L}|-L_0)^2 = \Delta L^2 \tag{8.92}$$

の関係があるため、

$$U = \frac{1}{2}k\,\Delta L^2 \tag{8.93}$$

と表すことができます。以上の結果、力学的エネルギーは式（8.89）の運動エネルギーと式（8.93）のポテンシャルエネルギーの和

$$E = T + U = \frac{1}{2}m\boldsymbol{v}^2 + \frac{1}{2}k\,\Delta L^2 \tag{8.94}$$

で表され、単振動運動ではこの量が普遍となることが期待されます。

8.3.3 単振動運動シミュレータの作成

本項では、第 2 章で開発した一体問題シミュレータを改造して、単振動運動シミュレータ（実行画面：図 8.16）を作成します。本シミュレータはこれまでと同様、3 次元グラフィックス、球オブジェクトの位置ベクトル、速度ベクトル、力学的エネルギーの時系列プロットを表示することができ、ウェブブラウザのインターフェースにて重力の代わりにばね定数を指定することができます。

図8.16● 単振動シミュレータの実行画面（OneBodyLab_r8__simpleHarmonicOscillation1.html）

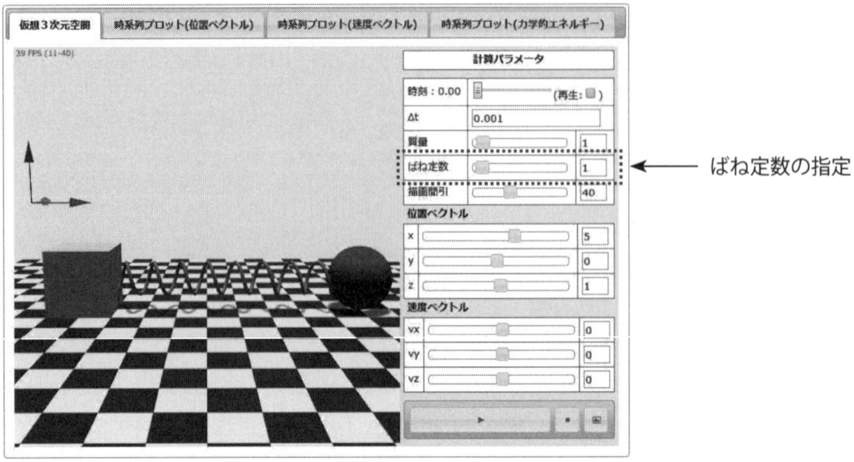

3次元オブジェクトの定義

これまでと同様、本シミュレータに必要な3次元オブジェクトを仮想物理実験室に追加するだけでなく、球体に加わる力を計算する getForce メソッドや力学的エネルギーを計算する getEnergy メソッドを追加する必要があります。なお、球オブジェクト、支柱を表す立方体オブジェクト、ばねオブジェクトは、弾性力や力学的エネルギーの計算のために参照する必要があるので、それぞれ実験室オブジェクト（physLab）のプロパティ（ball プロパティ、box プロパティ、spring プロパティ）を用意し、そのプロパティにオブジェクトを与えます。

プログラムソース 8.9 ●球オブジェクトの定義（OneBodyLab_r8__simpleHarmonicOscillation1.html）

```
// 球オブジェクトの生成
PHYSICS.physLab.ball = new PHYSICS.Sphere({ （省略） });
// 力の定義
PHYSICS.physLab.ball.getForce = function(){                          ----------- (※1)
  var L = new THREE.Vector3().subVectors(                            ----------式 (8.86)
    PHYSICS.physLab.ball.r,
    PHYSICS.physLab.box.r
  );
  var deltaL = L.length() - PHYSICS.physLab.spring.natuarlLength;    ---------式 (8.87)
  var hatL = L.normalize();
  var  f = hatL.multiplyScalar( - deltaL * PHYSICS.physLab.spring.k );  --------式 (8.88)
  return f;
}
// 力学的エネルギーの計算
```

8.3 単振動運動シミュレーション

```
PHYSICS.physLab.ball.getEnergy = function () {                              (※2)
  // 速度の大きさの2乗の計算
  var v2 = this.v.lengthSq();
  // 運動エネルギーの計算
  var kinetic = 1 / 2 * this.mass * v2;                                    式(8.89)
  var L = new THREE.Vector3().subVectors(                                  式(8.86)
    ( this.step === 0 )? PHYSICS.physLab.ball.r : PHYSICS.physLab.ball.r_1 ,  (※3)
    PHYSICS.physLab.box.r
  );
  var deltaL = L.length() - PHYSICS.physLab.spring.natuarlLength;          式(8.87)
  // ポテンシャルエネルギーの計算
  var potential = 1 /2 * PHYSICS.physLab.spring.k * deltaL * deltaL;       式(8.93)
  // 力学的エネルギーをオブジェクトで返す
  return { kinetic: kinetic, potential: potential };
}
// 球オブジェクトを仮想物理実験室へ登録
PHYSICS.physLab.objects.push( PHYSICS.physLab.ball );
```

(※1) 1.3.14項で定義したgetForceメソッドでは、3次元オブジェクトに加わる力として重力が定義されていました。ライブラリ本体の定義を変更するのではなく、HTML文書にて球オブジェクトに同名のメソッドを用意します。この方法は、PhysObjectクラスではなく生成した球オブジェクトに同名のメソッドを追加することで、球オブジェクトだけに新しい定義のメソッドが適用されます。

(※2) 1.3.16項で定義したgetEnergyメソッドでは、重力が作用する3次元オブジェクトに対してのポテンシャルエネルギーの計算が定義されていました。本シミュレータでは、前項で定義したばね弾性力によるポテンシャルエネルギーを計算します。メソッドの定義の方法は（※1）と同じです。

(※3) ベルレ法では速度ベクトル（vプロパティ）と時刻が一致する位置ベクトルはr_1プロパティです（step=0の場合を除く）。詳細は1.6.4項を参照してください。

プログラムソース8.10 ●立方体オブジェクトの定義（OneBodyLab_r8__simpleHarmonicOscillation1.html）

```
// 立方体オブジェクトの生成
PHYSICS.physLab.box = new PHYSICS.Cube({  (省略)  })
// 立方体オブジェクトを仮想物理実験室へ登録
PHYSICS.physLab.objects.push( PHYSICS.physLab.box );
```

プログラムソース8.11 ●ばねオブジェクトの定義（OneBodyLab_r8__simpleHarmonicOscillation1.html）

```
// ばねオブジェクトの生成
PHYSICS.physLab.spring = new PHYSICS.Spring({
  draggable: false,      // マウスドラックの有無
```

8 振動運動のシミュレーション

```
    allowDrag: false,        // マウスドラックの可否
    r: {x: 0, y: 0, z: 0},   // 位置ベクトル
    collision: false,        // 衝突判定の有無
    axis: {x:0, y:0, z:1},   // 姿勢軸ベクトル
    radius: 0.5,             // バネの半径
    tube: 0.06,              // 管の半径
    length: 6,               // バネの長さ
    winding: 10,             // 巻き数
    radialSegments: 10,      // 外周の分割数
    tubularSegments: 10,     // 管の分割数
    (省略：材質オブジェクト関連パラメータ)
});
// ばねの描画
PHYSICS.physLab.spring.beforeUpdate = function() {    ------------------------ (※1)
    // ばねの形状と姿勢の指定
    this.setSpringBottomToTop(    ---------------------------------------------- (※2)
        PHYSICS.physLab.box.r,
        PHYSICS.physLab.ball.r
    );
}
// 物理量の定義
PHYSICS.physLab.spring.k = 1;              // ばね定数   ---------------------- (※3-1)
PHYSICS.physLab.spring.natuarlLength = 6;  // ばねの自然長 -------------------- (※3-2)
// ばねオブジェクトを仮想物理実験室へ登録
PHYSICS.physLab.objects.push( PHYSICS.physLab.spring );
```

(※1) 8.1.8 項で解説したのと同様に、毎描画ステップごとにばねの形状と姿勢を再計算します。

(※2) 本シミュレータにおけるばねオブジェクトは、支柱となる立方体オブジェクトと球オブジェクトをつなぐことなので、これらの位置ベクトルを setSpringBottomToTop メソッド（8.1.8 項）の引数に与えます。

(※3) ばね弾性力を計算するためのばね定数（k）とばねの自然長（natuarlLength）をばねオブジェクトのプロパティに用意します。これらの物理量の定義は任意のオブジェクトから参照可能な場所であれば、どこで定義しても問題ありません。

イベントの定義

本シミュレータでは、ウェブブラウザのインターフェースでばね定数 k を操作します。この実装は仮想物理実験室のイベントを定義する PhysLab クラスの initEvent メソッド（1.2.5 項）の通信メソッドである afterInitEvent メソッドで定義します。

プログラムソース 8.12 ●イベントの定義（OneBodyLab_r8__simpleHarmonicOscillation1.html）

```
PHYSICS.PhysLab.prototype.afterInitEvent = function( ) {
  var scope = this;
  (省略)
  // ばね定数「k」の指定
  document.getElementById("input_k").value = scope.spring.k;    ------------------------------ (※1)
  $('#slider_k').slider({    ------------------------------------------------------------------- (※2)
    min: 0.1,     // 最小値の指定
    max: 10,      // 最大値の指定
    step: 0.1,    // 刻み幅の指定
    value: scope.spring.k,    // 現在の値を指定
    slide: function (event, ui) {  // スライドした時のイベントを登録
      // スライダーの指定した値を取得する
      var value = ui.value;
      // スライダーで指定した値を座標表示用input要素に表示する
      document.getElementById("input_k").value = value;
    }
  });
  (省略)
}
```

(※1) あらかじめ定義されたばね定数の値を input 要素に与えます。なお、id 名「input_k」の input 要素をあらかじめ用意しておく必要があります。

(※2) jQueryUI のスライダーインターフェースによるばね定数の操作を実装します。スライダーインターフェースの実装方法については『HTML5 による物理シミュレーション』の 3.1.3 項を参照してください。

8.3.4 単振動運動シミュレーション結果と解析解との比較

単振動運動シミュレータによる数値計算結果を示します。図 8.17、図 8.17、図 8.19 はばね定数 1 [N/m] のばねに接続した質量 1 [kg] の球体に初期条件に速度 $v=0$、位置 $x=3$ を課した際の位置、速度、エネルギーの時系列データをプロットした結果です。ただし、ばねの自然長を 6 [m] として支柱の位置を $x=-6$ とします。

図8.17●単振動運動の位置の時系列データ（OneBodyLab_r8__simpleHarmonicOscillation1.html）

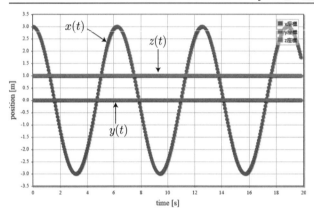

図8.18●単振動運動の速度の時系列データ（OneBodyLab_r8__simpleHarmonicOscillation1.html）

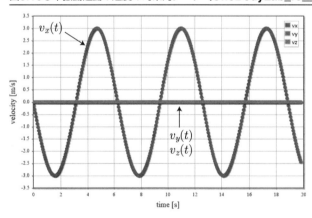

図 8.17 と図 8.18 を見ると、式（8.79）と式（8.80）で示した解析解に初期条件（$x_0 = 3$、$v_0 = 0$）を課した

$$x(t) = 3\cos\omega t \tag{8.95}$$
$$v(t) = -3\sin\omega t \tag{8.96}$$

を満たしていることが確認できます。ただし、ω は式（8.77）から 1 [rad/s] なので、周期は

$$T = 2\pi/\omega \tag{8.97}$$

から $2\pi[s] \sim 6.28[s]$ で与えられます。なお、図 8.17 にて $z(t)$ が 0 ではなく 1 なのは、球体の半径を 1 としているためです。

図8.19●単振動運動のエネルギー各種の時系列データ（OneBodyLab_r8__simpleHarmonicOscillation1.html）

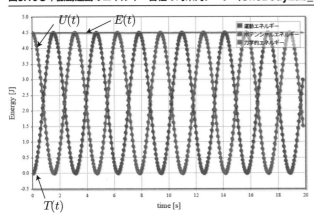

　図 8.19 で示した力学的エネルギーの時系列プロットも式（8.85）で示した解析解（$E = 4.5$ [J]）と一致することがわかります。物理シミュレーションにおける数値計算の妥当性は、保存量である力学的エネルギーの保存の様子を調べることで確認することができます。図 8.20 は図 8.19 のグラフの y 軸を拡大した図です。図 8.19 のスケールでは一定値に見えますが、拡大すると $E = 4.50$ [J] を上限に周期的に振動いることが確認できます。この力学的エネルギーの振動は、単振動運動を時間発展の計算アルゴリズムであるベルレ法の特徴です。時間経過とともに計算誤差が溜まってくるのに従って力学的エネルギーの振動の上限が上昇していくことになります。

図8.20●エネルギー保存の様子（OneBodyLab_r8__simpleHarmonicOscillation1.html）

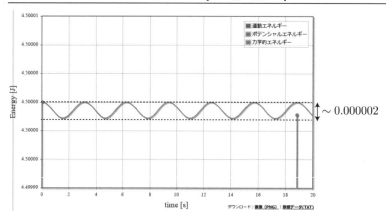

　また、1計算ステップあたりの計算間隔 Δt の値を小さくするほど振動の振幅が小さくなります。図8.20は時間間隔 $\Delta t = 0.001$ で計算した結果で、力学的エネルギー振動の全幅（振動の幅）はおよそ $0.000002/4.5 \sim 4.4 \times 10^{-7}$ であることが確認できます。それに対して、図8.21は10倍の時間間隔 $\Delta t = 0.01$ で計算した結果です。振動全幅はおよそ50倍の $0.00011/4.5 \sim 2.4 \times 10^{-5}$ であることが確認できます。ベルレ法は3次精度であるため、Δt を10倍にすれば局所的な計算誤差は最大で1000倍になりますが、力学的エネルギーの振動は50倍にしかなっていないことはちょっと不思議です。今後の検証課題であると考えられます。

図8.21●時間間隔1/10（$\Delta t = 0.01$）の場合（OneBodyLab_r8__simpleHarmonicOscillation1.html）

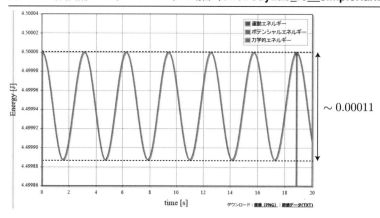

8.3.5 解析解が得られない場合

ばね弾性力が 1 次元直線上で働く場合、球体の運動は式（8.79）と式（8.80）で解析解が得られたとおりの単振動運動を行います。一方、ばね弾性力が 1 次元直線上に働かない場合、想像よりも複雑な運動を行います。これはばね弾性力が働く 1 軸からずらした方向に初速度を与えた場合に起こります。図 8.22 は、本シミュレータにおいて初速度として $v_0 = (-4, 2, 0)$ を与えた様子です。そして、図 8.23 は位置ベクトル、速度ベクトル、各種エネルギーの時系列プロットです。

図8.22●初速度の与え方（OneBodyLab_r8__simpleHarmonicOscillation1.html）

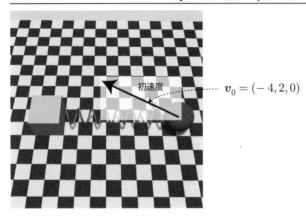

図 8.23 を見ると、力学的エネルギーは想定通り保存していますが、位置ベクトルと速度ベクトルの時間変化が周期的ではなく複雑です（運動エネルギーとポテンシャルエネルギーが周期的なのはちょっと意外です）。一般的にこのような系での解析解は得られません。次にこの理由について考察します。

8 振動運動のシミュレーション

図8.23●球体に初速度を与えた場合の物理量各種の時系列プロット

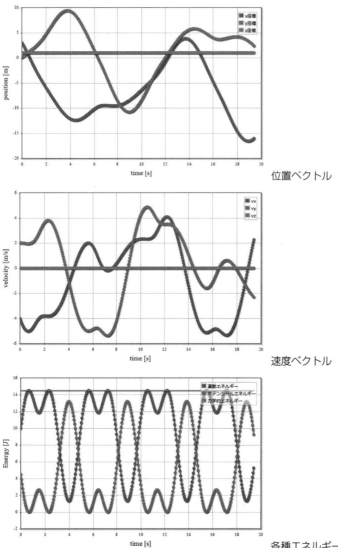

位置ベクトル

速度ベクトル

各種エネルギー

式（8.88）で与えられたばね弾性力の3次元表記を $r(t)$ を用いて改めて表すと

$$\boldsymbol{F}(t) = -k\left(\frac{|\boldsymbol{L}(t)| - L_0}{|\boldsymbol{L}(t)|}\right)\boldsymbol{L}(t) = -k\left(\frac{|\boldsymbol{r}(t) - \boldsymbol{r}_{\text{box}}| - L_0}{|\boldsymbol{r}(t) - \boldsymbol{r}_{\text{box}}|}\right)(\boldsymbol{r}(t) - \boldsymbol{r}_{\text{box}}) \tag{8.98}$$

となるため、ニュートンの運動方程式は

$$m\frac{d^2\boldsymbol{r}(t)}{dt^2} = -k\left(\frac{|\boldsymbol{r}(t) - \boldsymbol{r}_{\text{box}}| - L_0}{|\boldsymbol{r}(t) - \boldsymbol{r}_{\text{box}}|}\right)(\boldsymbol{r}(t) - \boldsymbol{r}_{\text{box}}) \tag{8.99}$$

となります。1次元の場合には単純な2階の微分方程式ですが、式(8.99)はこのベクトル量に関する微分方程式なので、成分ごとの3つの方程式における連立方程式となります。この連立方程式が難しいのは、$|\boldsymbol{r}(t) - \boldsymbol{r}_{\text{box}}|$ という非線形項を含んでいるためです。この項のせいで一般的には解析解が得られません。そのため、図8.23で示したような複雑な運動を行うと考えられます。ただし、ばねの自然長 $L_0 = 0$ の場合には非線形項 $|\boldsymbol{r}(t) - \boldsymbol{r}_{\text{box}}|$ が消えて、成分ごとに独立した単振動運動の方程式となるため、解析解は式(8.79)と式(8.80)と完全に一致します（振動の中心は $\boldsymbol{r}_{\text{box}}$）。つまり、初速度に依らず単振動運動を行うことになります。

8.3.6 ばね弾性力と重力を加えた場合

本節の最後に、球体にばね弾性力に加え、重力が加わっている系について考えます。この系も前項と同様、一般的には解析解を得ることができませんが、運動が1次元上に限られる場合には解析解を得ることができます。重力の方向を $-z$ 軸方向にとり、ばねの自然長からの位置を $z(t)$ とすると、ばね弾性力と重力の合力は

$$F(z) = -kz(t) - mg \tag{8.100}$$

と表すことができることから、ニュートンの運動方程式は

$$m\frac{d^2z(t)}{dt^2} = -kz(t) - mg \tag{8.101}$$

となります。この方程式は $z(t)$ を

$$\bar{z}(t) \equiv z(t) + \frac{mg}{k} \tag{8.102}$$

と平行移動することで、

$$m\frac{d^2\bar{z}(t)}{dt^2} = -k\bar{z}(t) \tag{8.103}$$

と変形することができ、式(8.76)と全く同じ形になります（式(8.102)を $z(t)$ について解いて、式(8.101)へ代入します）。つまり、単振動運動の振動の中心が $-mg/k$ [m] 移動するだけの結果です。

一般の3次元の場合、球体に加わる力ベクトルは式(8.88)で与えたばね弾性力に重力を加えた

$$\boldsymbol{F}(t) = -k\Delta L \hat{\boldsymbol{L}}(t) - mg\hat{\boldsymbol{z}} \tag{8.104}$$

と表現されるので、本シミュレータに式 (8.104) の力ベクトルを与えることで物理シミュレーションを行うことができます。また、ポテンシャルエネルギーに重力からの寄与を加えることで力学的エネルギーの保存則も成り立ちます。次のプログラムソースは、ばね弾性力と重力を加えた球体の運動の物理シミュレーションを行うために、getForce メソッドと getEnergy メソッドに重力に関する項を加えたものです。

プログラムソース 8.13 ● 重力に関する項を加えた getForce メソッドと getEnergy メソッド（OneBodyLab_r8__simpleHarmonicOscillation2.html）

```
// 力の計算
PHYSICS.physLab.ball.getForce = function(){
  (省略)
  // 重力を加える
  f.add ( new THREE.Vector3( 0, 0, - this.mass * this.physLab.g ) );   ------------------- 重力
  return f;
}
// エネルギーの計算
PHYSICS.physLab.ball.getEnergy = function () {
  (省略)
  var z = ( this.step === 0 )? this.r.z : this.r_1.z;
  // 重力によるポテンシャルエネルギーを加える
  potential += this.mass * this.physLab.g * z;   ------------------- 重力のポテンシャルエネルギー
  return { kinetic: kinetic, potential: potential };
}
```

図8.24 ● ばね弾性力と重力を加えた球体の様子（OneBodyLab_r8__simpleHarmonicOscillation2.html）

図 8.24 は、ばね弾性力と重力を加えた球体に初期状態として r={x:4, y:0, z:2}、v={x:0, y:0, z:-3} を与えた様子です。ばね弾性力の働く方向と重力の方向、初速度の方向が 1 軸上に乗っていないため、解析解で示す運動は行いません。図 8.25 はばね弾性力と重力を加えた球体の時系列プロットです。前項と同様、複雑な動きを示していることが確認できます。$x(t)$ に着目すると、振幅は変化していますが周期は一定の様にも見えます。これは解析的に示すことができるかもしれません。

図8.25●ばね弾性力と重力を加えた系の時系列プロット（OneBodyLab_r8__simpleHarmonicOscillation2.html）

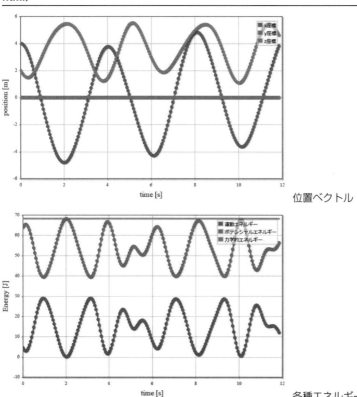

位置ベクトル

各種エネルギー

8.4 減衰振動運動シミュレーション

現実世界において、ばねとおもりを用意して単振動運動の実験を行うと、徐々に振動の振幅が小さくなって最終的には停止してしまいます。これは、おもりの力学的エネルギーが減衰していることを表しています。この原因として考えられるのは、ばねの復元力の非線形性とおもりの空気抵抗です。それぞれについて考察します。

ばね弾性力は式（8.75）で示したとおり、釣り合いの位置からの変位に比例した復元力を想定していましたが、実際には変位がある程度大きくなると比例関係（線形的）ではなくなってしまうのが一般です。復元力が変位の比例よりも小さくなってしまうと、おもりに加わる復元力も弱くなるので加速度も小さくなり、最終的には振動の振幅も小さくなってしまいます。このように復元力が変位に比例しないばねは**非線形ばね**と呼ばれ、ばね振動運動のより現実的なモデルとして考えられます。

空気中でおもりを運動させると、おもりは空気と衝突すること運動の向きと反対方向の力を受けます。その結果、おもりは減速するために運動エネルギーが減少していしまいます。これは**空気抵抗**と呼ばれ、空気抵抗の力の大きさはおもりの速度や形状によって決まります。空気抵抗については今後改めて取り上げますが、空気抵抗は速度に比例する**粘性抵抗**と速度の 2 乗に比例する**慣性抵抗**がよく知られています。

本節では、速度に比例する空気抵抗力による減衰振動運動のシミュレーションを行います。

8.4.1 減衰振動運動の理論

前節と同様、1 次元の場合の解析解を導出します。図 8.14 で示したとおりばねの自然長からの変位を $x(t)$ とし、おもりの速度を $v(t)$ に比例する空気抵抗力を $-\gamma v(t)$ と表した場合、おもりに加わる力は

$$F(x,v) = -kx(t) - \gamma v(t) \tag{8.105}$$

と表されます。ただし、γ は速度に対する粘性抵抗力の大きさを表す係数（単位は [Ns/m]）で、空気の粘性の大きさだけでなく、おもりの形状にも依存します。式（8.105）からおもりのニュートンの運動方程式は

$$\frac{d^2 x(t)}{dt^2} = -\omega^2 x(t) - \frac{\gamma}{m} \frac{dx(t)}{dt} \tag{8.106}$$

で与えられるので、整理すると

$$\frac{d^2x(t)}{dt^2} + \frac{\gamma}{m}\frac{dx(t)}{dt} + \omega^2 x(t) = 0 \tag{8.107}$$

と 2.2.3 項で解説した定数係数線形型 2 階の常微分方程式となります。この方程式の一般解は式（8.37）で示したとおり

$$x(t) = C_1 e^{\lambda_1 t} + C_2 e^{\lambda_2 t} \tag{8.108}$$

となります。ただし、λ_1 と λ_2 は式（8.36）から

$$\lambda_1 = \frac{-\frac{\gamma}{m} + \sqrt{\left(\frac{\gamma}{m}\right)^2 - 4\omega^2}}{2}, \quad \lambda_2 = \frac{-\frac{\gamma}{m} - \sqrt{\left(\frac{\gamma}{m}\right)^2 - 4\omega^2}}{2} \tag{8.109}$$

で与えられます。一般解式（8.108）は式（8.38）で示した判別式

$$D = \left(\frac{\gamma}{m}\right)^2 - 4\omega^2 = 4\omega^2\left(\frac{\gamma^2}{4mk} - 1\right) \tag{8.110}$$

の正負によって解の性質は異なり、それぞれに合わせた表式がすでに与えられています。D<0 の場合、一般解は式（8.42）で示したとおり

$$x(t) = \left[C_1 \cos\bar{\omega} t + C_2 \sin\bar{\omega} t\right] e^{-\frac{\gamma}{2m}t} \tag{8.111}$$

と表されます。ただし、$\bar{\omega}$ は減衰振動に対する角振動数

$$\bar{\omega} = \frac{1}{2}\sqrt{4\omega^2 - \left(\frac{\gamma}{m}\right)^2} = \omega\sqrt{1 - \frac{\gamma^2}{4mk}} \tag{8.112}$$

で、平方根の 2 項目が補正項となります。また、$D = 0$ の場合、一般解は式（8.50）から

$$x(t) = \left[C_1 + C_2 t\right] e^{-\frac{\gamma}{2m}t} \tag{8.113}$$

と表されます。

次項以降、減衰振動運動を詳細に調べるために、D の符号に応じた一般解の表式に対して $x(0) = x_0$、$v(0) = v_0$ の初期条件を課すことで解析解の導出を行います。

8.4.2 解析解1:過減衰(D>0)

$D > 0$ の場合、つまり $\gamma > \sqrt{4mk}$ の条件を満たす減衰振動運動の解析解の導出を行います。式 (8.108) で示した一般解に初期条件 $(x(0) = x_0、v(0) = v_0)$ を課すことで解析解が得られます。速度は位置を時間微分することで

$$v(t) = \frac{dx(t)}{dt} = C_1 \lambda_1 e^{\lambda_1 t} + C_2 \lambda_2 e^{\lambda_2 t} \tag{8.114}$$

となるので、C_1 と C_2 を決定する連立方程式は

$$x(0) = C_1 + C_2 = x_0 \tag{8.115}$$
$$v(0) = C_1 \lambda_1 + C_2 \lambda_2 = v_0 \tag{8.116}$$

で与えられます。この2式から直ちに

$$C_1 = \frac{v_0 - \lambda_2 x_0}{\lambda_1 - \lambda_2},\ C_2 = \frac{\lambda_1 x_0 - v_0}{\lambda_1 - \lambda_2} \tag{8.117}$$

と求まるので、解析解は

$$x(t) = \frac{v_0 - \lambda_2 x_0}{\lambda_1 - \lambda_2} e^{\lambda_1 t} + \frac{\lambda_1 x_0 - v_0}{\lambda_1 - \lambda_2} e^{\lambda_2 t} \tag{8.118}$$

と得られました。$\lambda_1、\lambda_2 < 0、|\lambda_1| < |\lambda_2|$ であることに留意すると、第1項目の遅い減衰と第2項目の速い減衰の和で表されます。式 (8.118) の解析解の概形を調べるために $x_0 \neq 0、v_0 = 0$ と $x_0 = 0、v_0 \neq 0$ に条件を絞ってグラフ描画を行います。なお、2次元グラフ描画時のパラメータとして、$m = 1$ [kg]、$k = 1$ [N/m] を与えることにします。この場合、$D > 0$ の条件を満たすのは $\gamma > 2$ となります。

$x_0 \neq 0、v_0 = 0$ の解析解のグラフ

図 8.26 は、$\gamma = 3$ [Ns/m] の空気抵抗力に対して $x_0 = 3、v_0 = 0$ と初期条件を与えたときの結果です。$x_0 > 0、v_0 = 0$ の場合、式 (8.117) からわかるとおり必ず $C_1 > 0、C_2 < 0$ となります。先述のとおり、第2項目の減衰が速いので、およそ1秒後には第1項目のみが寄与している様子がわかります。つまり、おもりは初期位置からばねの釣り合いの位置まで、振動すること無く単調減少します。このような、ばねの復元力に対して空気抵抗力が大きい場合の運動は**過減衰**と呼ばれます。

図8.26● $x_0 = 3$、$v_0 = 0$ の場合（GraphViewer_dampedOscillation1.html）

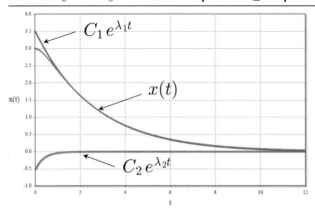

続いて図 8.27 は、初期条件を $x_0 = 3$、$v_0 = 0$ と固定して空気抵抗力の係数 γ を 3 から 10 まで増加させたときの結果です。空気抵抗力が大きくなるにつれ、おもりの変位の減衰はゆっくりとなることが確認できます。図 8.26 で示したとおり、1 秒後には第 1 項目のみが寄与するわけですが、この減衰の様子は時定数 T_1 [s] を用いて

$$x(t) \propto e^{\lambda_1 t} = e^{-\frac{t}{T_1}} \tag{8.119}$$

と表すことができます。ただし、$T_1 = -1/\lambda_1$ です。γ がある程度大きい場合の T_1 の大きさは式 (8.109) から見積もることができます。$2k/\gamma \ll 1$ の場合、平方根を $2k/\gamma$ で展開することで

$$\lambda_1 = \frac{-\frac{\gamma}{m} + \sqrt{\left(\frac{\gamma}{m}\right)^2 - 4\omega^2}}{2} = \frac{\gamma}{m} \frac{-1 + \sqrt{1 - \left(\frac{2k}{\gamma}\right)^2}}{2} \sim -\frac{k^2}{m\gamma} \tag{8.120}$$

となります。ここから時定数は

$$T_1 = -1/\lambda_1 = \frac{m\gamma}{k^2} \tag{8.121}$$

となります。

図8.27●空気抵抗力の係数（gamma）の違い（GraphViewer_dampedOscillation2.html）

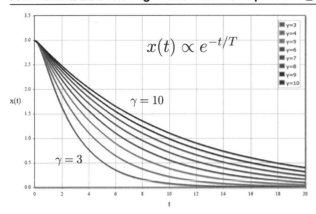

$x_0 = 0$、$v_0 \neq 0$ の解析解のグラフ

　図8.28は、$\gamma = 3\,[\text{Ns/m}]$ の空気抵抗力に対して $x_0 = 0$、$v_0 = 3$ と初期条件を与えたときの結果です。$x_0 = 0$、$v_0 > 0$ の場合、式（8.117）からわかるとおり必ず $C_1 > 0$、$C_2 < 0$ となります。おもりに与えられた初速度に対して変位は大きくなりますが、その後振動すること無く釣り合いの位置まで減衰していく様子が確認できます。

図8.28● $x_0 = 0$、$v_0 = 3$ の場合（GraphViewer_dampedOscillation3.html）

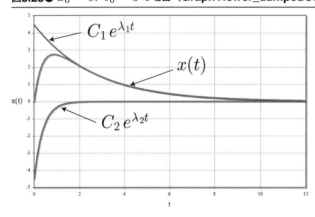

　続いて図8.29は、初期条件を $x_0 = 0$、$v_0 = 10$ と固定して空気抵抗力の係数 γ を3から10まで増加させたときの結果です。空気抵抗力が大きくなるにつれ、初速度に対するおもりの変位が小さくはなりますが、減衰が遅くなるために結果として釣り合いの位置に戻るまでの時間がかかる様

子が確認できます。

図8.29● 空気抵抗力の係数（gamma）の違い（GraphViewer_dampedOscillation4.html）

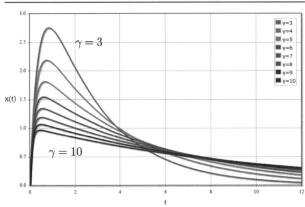

最も急速な過減衰の条件

本項の最後に、特別な初期条件について考察します。式（8.118）は、遅い減衰を示す第1項目と速い減衰を示す第2項目の和で与えられ、時間経過とともに第1項目のみが残ることはすでに述べました。もし、第1項目の係数が0となる初期条件を与えた場合、おもりの変位は第2項目に従って急速に減衰すると考えられます。その条件は $C_1 = 0$ から

$$v_0 = \lambda_2 x_0 \tag{8.122}$$

と得られます。この条件は、$\lambda_2 < 0$ なので x_0 と v_0 は異符号となります。$m=1$、$k=1$、$\gamma=3$ の場合、$x_0 = 3$ の初期位置の場合には $v_0 = -7.854$ となります。図8.30はその模式図です。本書ではこの運動を**最速過減衰**と呼ぶことにします。

図8.30● 最速過減衰の初期条件（OneBodyLab_r8__dampedOscillation1.html）

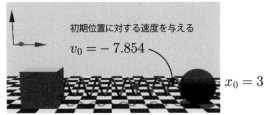

最速過減衰における変位の解析解は、式（8.122）を式（8.118）へ代入することで

$$x(t) = \frac{\lambda_1 x_0 - v_0}{\lambda_1 - \lambda_2} e^{\lambda_2 t} = x_0 e^{\lambda_2 t} = x_0 e^{-t/T_2} \tag{8.123}$$

と得られます。ただし、$T_2 = -1/\lambda_2$ です。この解析解を調べるために、これまでと同様、$m = 1$ [kg]、$k = 1$ [N/m]、$x_0 = 3$ [m] を固定して、γ を 3 から 10 まで増加させます。γ を変化させると λ_2 も変化するため、式（8.122）で与えられる初速度も変化する点に留意してください。

図8.31●最速過減衰の時間依存性（GraphViewer_dampedOscillation5.html）

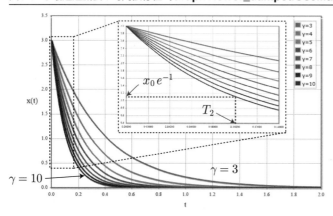

図 8.31 と図 8.32 はその結果です。前者は線形グラフ、後者は対数グラフです。γ が大きくなるにつれ、減衰の速度も大きくなることが確認できます。式（8.120）と同様に $2k/\gamma \ll 1$ の場合、時定数 T_2 は

$$\lambda_2 = \frac{-\frac{\gamma}{m} - \sqrt{\left(\frac{\gamma}{m}\right)^2 - 4\omega^2}}{2} = \frac{\gamma}{m} \frac{-1 - \sqrt{1 - \left(\frac{2k}{\gamma}\right)^2}}{2} \sim -\frac{\gamma}{m} \tag{8.124}$$

から

$$T_2 = -\frac{1}{\lambda_2} = \frac{m}{\gamma} \tag{8.125}$$

となります。このことは、$\gamma = 10$ の時に変位が e^{-1} までに減衰する時間が概ね 0.1 秒であることが図 8.31 から確認することができます。

図8.32 ●最速過減衰の時間依存性の対数表示（GraphViewer_dampedOscillation6.html）

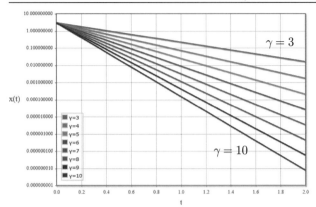

8.4.3　解析解2：減衰振動（D<0）

$D<0$ の場合、つまり $\gamma < \sqrt{2mk}$ の条件を満たすときの減衰振動運動の解析解の導出を行います。式（8.114）の一般解に初期条件を課すことで解析解が得られます。速度は位置を時間微分することで

$$v(t) = \frac{dx(t)}{dt} = -\frac{\gamma}{2m}\,x(t) + \bar{\omega}\left[-C_1 \sin(\bar{\omega}t) + C_2 \cos(\bar{\omega}t)\right] e^{-\frac{\gamma}{2m}t} \tag{8.126}$$

となるので、C_1 と C_2 は

$$x(0) = C_1 = x_0 \tag{8.127}$$

$$v(0) = -\frac{\gamma}{2m}\,x_0 + \bar{\omega}C_2 = v_0 \tag{8.128}$$

の条件式から直ちに

$$C_1 = x_0 \ ,\ C_2 = \frac{v_0}{\bar{\omega}} + \frac{\gamma}{2m\bar{\omega}}\,x_0 \tag{8.129}$$

と求まるので、解析解は

$$x(t) = \left[x_0 \cos(\bar{\omega}t) + \left(\frac{v_0}{\bar{\omega}} + \frac{\gamma}{2m\bar{\omega}}\,x_0\right)\sin(\bar{\omega}t)\right] e^{-\frac{\gamma}{2m}t} \tag{8.130}$$

と得られます。上式は三角関数の合成を用いると

$$x(t) = \sqrt{x_0^2 + \left(\frac{v_0}{\bar{\omega}} + \frac{\gamma}{2m\bar{\omega}}x_0\right)^2} \cos(\bar{\omega}t + \phi)e^{-\frac{\gamma}{2m}t} \tag{8.131}$$

と変形することができます。ただし、位相 ϕ は

$$\cos\phi = \frac{x_0}{\sqrt{x_0^2 + \left(\frac{v_0}{\bar{\omega}} + \frac{\gamma}{2m\bar{\omega}}x_0\right)^2}} \ , \ \sin\phi = -\frac{\frac{v_0}{\bar{\omega}} + \frac{\gamma}{2m\bar{\omega}}x_0}{\sqrt{x_0^2 + \left(\frac{v_0}{\bar{\omega}} + \frac{\gamma}{2m\bar{\omega}}x_0\right)^2}} \tag{8.132}$$

を満たします。式（8.132）の各三角関数の分子が正の場合、ϕ は図 8.33 で示した単位円の第 4 象限を指す角度となります。ここで留意すべきは、式（8.131）は $t = 0$ の位相は 0 ではなく ϕ であるということです。

図8.33● ϕ を表す単位円

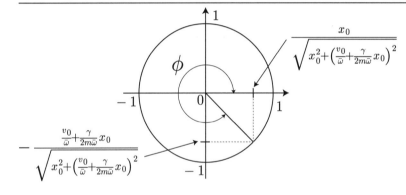

式（8.131）の解析解の概形を調べるために、前項と同様、$x_0 \neq 0$、$v_0 = 0$ と $x_0 = 0$、$v_0 \neq 0$ に条件を絞ってグラフ描画を行います。なお、2 次元グラフ描画時のパラメータとして、$m = 1$ [kg]、$k = 1$ [N/m] を与えることにします。この場合、$D < 0$ の条件を満たすのは $\gamma < 2$ となります。

$x_0 \neq 0$、$v_0 = 0$ の解析解のグラフ

$x_0 \neq 0$、$v_0 = 0$ の解析解は式（8.131）に $v_0 = 0$ を代入して次のとおりに得られます。

$$x(t) = x_0\sqrt{1 + \left(\frac{\gamma}{2m\bar{\omega}}\right)^2} \cos(\bar{\omega}t + \phi)e^{-\frac{\gamma}{2m}t} \tag{8.133}$$

この結果に対して、空気抵抗力を $\gamma = 0.2\,[\text{Ns/m}]$ とし、$x_0 = 3$、$v_0 = 0$ と初期条件を与えたときのグラフが図 8.34 です。変位 $x(t)$ は 2 つの包絡線の間を cos 関数的に振動しながら減衰していく様子が確認できます。

図8.34● $x_0 = 3$、$v_0 = 0$ の場合（**GraphViewer_dampedOscillation7.html**）

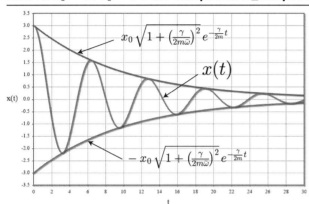

ちなみに、変位が 0 となる n 回目の時刻を t_n と表したとき、t_n は cos 関数の引数が $\pi/2$、$3\pi/2$、$5\pi/2$、……となる条件から

$$t_n = \frac{1}{\bar{\omega}}\left[\pi(n-\frac{1}{2}) - \phi\right] \qquad (8.134)$$

と得られます。ただし、ϕ は式（8.132）にて $v_0 = 0$ を与えたときの逆関数として与えられることに注意してください。

続いて図 8.35 は、初期条件を $x_0 = 3$、$v_0 = 0$ と固定して空気抵抗力の係数 γ を 0.1 から 0.5 まで増加させたときの結果です。空気抵抗力が大きくなるにつれ、減衰の速度は大きくなるだけでなく、式（8.112）で示したとおり、補正された角振動数 $\bar{\omega}$ が小さくなるため、振動のピーク位置がずれていくことも確認できます。

図8.35●空気抵抗力の係数（gamma）の違い（GraphViewer_dampedOscillation9.html）

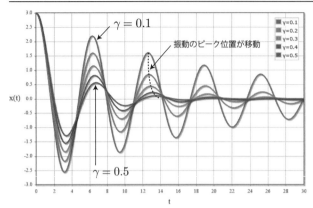

$x_0 = 0$、$v_0 \neq 0$ の解析解のグラフ

$x_0 = 0$、$v_0 \neq 0$ の解析解は式（8.131）に $x_0 = 0$ を代入して次のとおりに得られます。

$$x(t) = \frac{v_0}{\bar{\omega}} \sin(\bar{\omega}t) \, e^{-\frac{\gamma}{2m}t} \tag{8.135}$$

式（8.133）と比較して、cos関数とsin関数の違いから ϕ は $-\pi/2$ と理解することもできます。$\gamma = 0.2$ [Ns/m] の空気抵抗力に対して $x_0 = 0$、$v_0 = 3$ と初期条件を与えたときのグラフが図 8.36 です。図 8.34 と比較して、減衰の様子は位相の違いだけで概ね同じであることが確認できます。

図8.36● $x_0 = 0$、$v_0 = 3$ の場合（GraphViewer_dampedOscillation8.html）

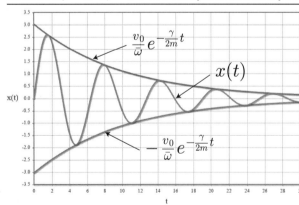

8.4.4 解析解3：臨界減衰（D=0）

$D = 0$ の場合、つまり $\gamma = \sqrt{4mk}$ の条件を満たすときの減衰振動運動の解析解の導出を行います。この条件のようにちょうど境界の状態における振る舞いは、物理学では**臨界状態**と呼ばれます。今回は減衰振動運動に対する臨界状態は**臨界減衰**と呼ばれます。臨界減衰の解析解は、式 (8.116) の一般解に初期条件を課すことで得られます。速度は位置を時間微分することで

$$v(t) = \frac{dx(t)}{dt} = \left[C_2 - \frac{\gamma}{2m} (C_1 + tC_2) \right] e^{-\frac{\gamma}{2m} t} \tag{8.136}$$

となるので、C_1 と C_2 を決定する連立方程式は

$$x(0) = C_1 = x_0 \tag{8.137}$$

$$v(0) = C_2 - \frac{\gamma}{2m} C_1 = v_0 \tag{8.138}$$

で与えられ、この2式から直ちに

$$C_1 = x_0 \,,\; C_2 = v_0 + \frac{\gamma}{2m} x_0 \tag{8.139}$$

と求まります。臨界減衰の解析解は

$$x(t) = \left[x_0 + (v_0 + \frac{\gamma}{2m} x_0) t \right] e^{-\frac{\gamma}{2m} t} \tag{8.140}$$

と得られました。これまでと同様、解析解の概形を調べるために $x_0 \neq 0$、$v_0 = 0$ と $x_0 = 0$、$v_0 \neq 0$ を与えます。また、式 (8.140) の t の係数を0にすることができれば、臨界減衰における最速減衰を実現することができます。それは、最速減衰条件は初期条件として

$$v_0 = -\frac{\gamma}{2m} x_0 \tag{8.141}$$

を与えたときに実現できます。上記の3つのパターンについての解析解を示します。

(1) $x_0 \neq 0$、$v_0 = 0$

$$x(t) = x_0 \left[1 + \frac{\gamma}{2m} t \right] e^{-\frac{\gamma}{2m} t} \tag{8.142}$$

(2) $x_0 = 0$、$v_0 \neq 0$

$$x(t) = v_0 \, t \, e^{-\frac{\gamma}{2m}t} \tag{8.143}$$

(3) $x_0 \neq 0$、$v_0 = -\gamma x_0/2m$

$$x(t) = x_0 \, e^{-\frac{\gamma}{2m}t} \tag{8.144}$$

臨界減衰の解析解のグラフ

臨界減衰の条件 $\gamma = 2$ [Ns/m] の空気抵抗力に対して、初期条件をそれぞれ（1）$x_0 = 3$、$v_0 = 0$、（2）$x_0 = 0$、$v_0 = 3$、（3）$x_0 = 3$、$v_0 = -\gamma x_0/2m$ を与えたときのグラフが図 8.37 です。（1）、（2）、（3）のいずれの場合も変位は振動せずに減衰していく様子が確認できます。（1）と（2）は概ね $te^{-t/T}$ の減衰を示すのに対して（3）は $e^{-t/T}$ の減衰を示すため、より速い減衰となります。これが臨界減衰における最速減衰となります。減衰を表す時定数 T は

$$T = \frac{2m}{\gamma} \tag{8.145}$$

となるため、式（8.125）で示した過減衰の最速減衰の時定数と比較して 2 倍となります。つまり、2 倍減衰が遅いということです。図 8.37 でも $\gamma = 1$、$m = 1$ から $T = 1$ となることから、$t = 1$ で $x_0 e^{-1} \sim 1.10$ 程度に減衰していることが確認できます。

図8.37●臨界減衰の解析解のグラフ（GraphViewer_dampedOscillation10.html）

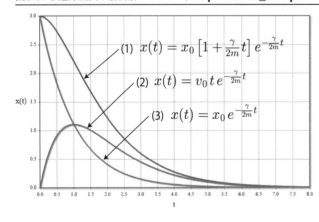

8.4.5 減衰振動運動の計算アルゴリズム

減衰振動運動の計算アルゴリズムの導出に必要な球オブジェクトに加わる力は、式（8.88）で与えた復元力に空気抵抗力を加えた

$$\boldsymbol{F}(t) = -k\Delta L \hat{\boldsymbol{L}}(t) - \gamma \boldsymbol{v}(t) \tag{8.146}$$

で与えられます。また、重力場中の場合には式（8.104）と同様に重力項を加えた

$$\boldsymbol{F}(t) = -k\Delta L \hat{\boldsymbol{L}}(t) - \gamma \boldsymbol{v}(t) - mg\hat{\boldsymbol{z}} \tag{8.147}$$

となります。この力を3次元オブジェクトに与えるには、PhysObject クラスの getForce メソッドを式（8.147）の表式に従って力の計算を行います。次のプログラムソースでは、球オブジェクトへ与える力を定義しています。

プログラムソース 8.14 ●球オブジェクトへ与える力（OneBodyLab_r8__dampedOscillatio2.html）

```
PHYSICS.physLab.ball.getForce = function(){
  var L = new THREE.Vector3().subVectors(
    PHYSICS.physLab.ball.r,
    PHYSICS.physLab.box.r
  );
  var deltaL = L.length() - PHYSICS.physLab.spring.natuarlLength;
  var hatL = L.normalize();
  // ばねの復元力
  var f = hatL.multiplyScalar( - deltaL * PHYSICS.physLab.spring.k  ) ;
                                                    // ------------------ 式（8.147）の第1項目
  // 速度の取得
  var v = this.v.clone();
  // 空気抵抗力を加える
  f.add ( v.multiplyScalar( - PHYSICS.physLab.ball.gamma ) );    // --------- 式（8.147）の第2項目
  // 重力を加える
  f.add ( new THREE.Vector3( 0, 0, - this.mass * this.physLab.g ) );
                                                    // ------------------ 式（8.147）の第3項目
  return f;
}
```

なお、空気抵抗力はポテンシャルエネルギーからの力として定義することができないため、力学的エネルギーの表式は単振動運動のときと同じ表式（8.94）になります。空気抵抗力によって物体の運動は阻害されるため、運動エネルギーは減衰してしまうことから、力学的エネルギーも減衰します。

8.4.6 減衰振動運動のシミュレーション結果

8.3.3 項で開発した単振動運動シミュレータにて、球オブジェクトに与える力を前項で定義した getForce メソッドに差し替えるだけで減衰振動運動シミュレータとなります。本項では、2つの初期条件に対する減衰振動運動のシミュレーション結果を示します。1つ目は重力ゼロの空間において、伸ばしたばねに繋がれた球オブジェクトを初速度ゼロで運動を開始させます。この場合、8.4.3 項の解析解との比較も可能です。2つ目は、重力場中において、初速度を与えて運動させます。

図8.38●2つの減衰振動運動シミュレーション

 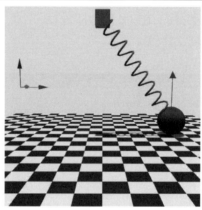

　　　重力なし　　　　　　　　　　　重力あり

図 8.39 は、8.4.3 項の解析解と合わせるために、ばね定数 1 [N/m]、空気抵抗力係数 0.2 [Ns/m]、箱の位置を −6 [m]、ばねの自然長 6 [m]、球オブジェクトの初期位置 3 [m] として計算した結果（位置ベクトル、速度ベクトル、各種エネルギーの時系列プロット）です。位置ベクトルの時系列プロットは図 8.39 で示した解析解と一致していることが確認できます。単振動運動との大きな違いは、速度に依存する力というのはポテンシャルエネルギーで定義することができないため、力学的エネルギーが減少していくという点です。速度が大きい時ほど空気抵抗力が大きくなるため、エネルギーの減少は均一ではありません。このエネルギーの時間発展の解析解は、式（8.131）で示した位置とこの時間微分から得られる速度を用いて式（8.84）へ代入することで計算することができます。

図8.39●減衰振動運動のシミュレーション結果（OneBodyLab_r8__dampedOscillation1.html）

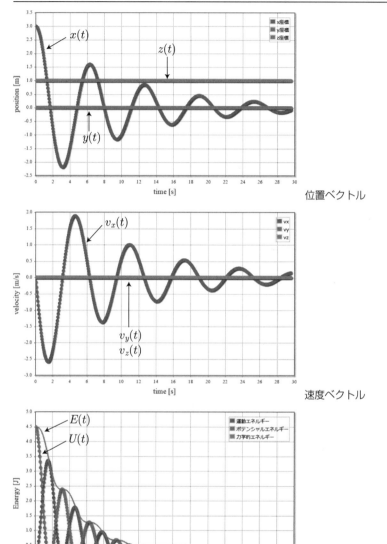

位置ベクトル

速度ベクトル

各種エネルギー

　続いて図8.40は重力場中の運動における各種エネルギーの時系列プロットです（ばね係数5［N/m］）。空気抵抗の結果、時間とともに運動エネルギーは0に収束し、ポテンシャルエネルギーはばねの弾性力と重力から算出される値へ収束していくことが確認できます。このポテンシャルエネルギーの収束値を計算するために必要な条件は、$\bm{v}(\infty) = 0$ と $\bm{F}(\infty) = 0$ です。式（8.147）に対してこの条件を課すと

$$\boldsymbol{F}(\infty) = -k\Delta L(\infty)\hat{\boldsymbol{L}}(\infty) - mg\hat{\boldsymbol{z}} = 0 \tag{8.148}$$

となり、ばねの伸びは

$$\Delta L\hat{\boldsymbol{L}}(\infty) = -\frac{mg}{k}\hat{\boldsymbol{z}} \tag{8.149}$$

で与えられます。さらに、重力が 0 の場合のばねの自然長のときの位置ベクトルを $\boldsymbol{r}_0$ と表すと、位置ベクトルは式 (8.149) から

$$\boldsymbol{r}(\infty) = \boldsymbol{r}_0 - \frac{mg}{k}\hat{\boldsymbol{z}} \tag{8.150}$$

となります。重力に対するポテンシャルエネルギーは z 成分のみが寄与するので z 成分を記述すると

$$z(\infty) = z_0 - \frac{mg}{k} \tag{8.151}$$

となることから、式 (8.150) と式 (8.151) からポテンシャルエネルギーは

$$U(\infty) = \frac{1}{2}k\,\Delta L(\infty)^2 + mgz(\infty) = mg\left(z_0 - \frac{mg}{2k}\right) \tag{8.152}$$

となります。

図8.40●重力場中の球オブジェクトのエネルギー（OneBodyLab_r8__dampedOscillation2.html）

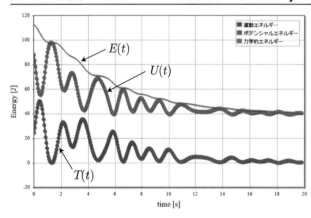

8.5 強制振動運動シミュレーション

8.5.1 強制振動運動の理論

　強制振動運動とは、単振動運動や減衰振動運動している物体に対して、外部より力が加えられることによって強制的に振動が引き起こされる運動です。強制振動運動の身近な例として、図8.41で示したように、支柱を外部から周期的に上下に振動させたときの球体の運動を取り上げます。支柱の上下振動によってばねの弾性力を通して球体に力が加わり、球体はそれに応じた運動を始めますが、支柱の上下振動の周期と一致した振動を行うとは限りません。日常生活における経験から、支柱が特定の周期で振動した時のみ球体の振動が増幅され、それ以外の周期の場合には不規則な運動を行うことが知られています。本節では、この現象についての物理シミュレーションを行います。

図8.41●強制振動運動の例

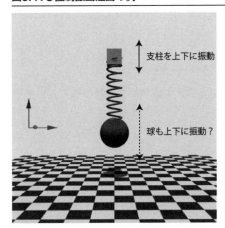

　図8.41で示したとおり、球体はz軸の1軸上を運動するとします。支柱は時刻とともに上下振動すると考え、ある時刻tにおけるばねの弾性力と重力が釣り合う位置を$z_0(t)$と表すとします（重力が存在しない場合は、支柱の位置からばねの自然長を引いた値が$z_0(t)$です。8.3.6項で示したとおり、重力が存在する場合でも振動の中心位置が変化するだけで本質的な違いはありません。）。この場合、球体に加わる力は空気抵抗力も含めて

$$F(t) = -k[z(t) - z_0(t)] - \gamma \frac{dz(t)}{dt} \tag{8.153}$$

と表されます。第 1 項目がばね弾性力、第 2 項目が空気抵抗力です。$z_0(t)$ が変化するとばね弾性力の項の値が変化することがわかります。この球体に加わる力をからニュートンの運動方程式は

$$m \frac{d^2 z(t)}{dt^2} = -k[z(t) - z_0(t)] - \gamma \frac{dz(t)}{dt} \tag{8.154}$$

で与えられます。上式を整理すると定数係数線形型の 2 階の常微分方程式

$$\frac{d^2 z(t)}{dt^2} + \frac{\gamma}{m} \frac{dz(t)}{dt} + \omega^2 z(t) = \omega^2 z_0(t) \tag{8.155}$$

となります。ただし、ω は式（8.77）で定義される角振動数です。上式は右辺に t に依存する項が存在するため非同次方程式となっています。この一般解の表式は 8.2.4 項ですでに与えており、式（8.62）に式（8.69）と式（8.70）を代入した形となります（$\lambda_1 \neq \lambda_2$）。そのため、$z_0(t)$ の関数形を与えて、式（8.69）と式（8.70）の積分を実行するだけです。次項で解析解の導出時の参考のために、変数の対応を以下に示しておきます。

$$\lambda_1 = \frac{-\frac{\gamma}{m} + \sqrt{\left(\frac{\gamma}{m}\right)^2 - 4\omega^2}}{2} ,\ \lambda_2 = \frac{-\frac{\gamma}{m} - \sqrt{\left(\frac{\gamma}{m}\right)^2 - 4\omega^2}}{2} ,\ r(t) = \omega^2 z_0(t) \tag{8.156}$$

なお、8.4 節で示したとおり、λ_1 と λ_2 は物理系によって実数にも虚数にもなり得ることに留意が必要となります。

8.5.2　$z_0(t) = L \sin \omega_0 t$ の解析解

$z_0(t)$ の時間依存性は任意ですが最も基本的な例として、支柱の振動の振幅を L として角振動数 ω_0 で振動する

$$z_0(t) = L \sin \omega_0 t \tag{8.157}$$

の場合を考えます。式（8.69）と式（8.70）で与えられた係数の積分

$$C_1(t) = \frac{\omega^2 L}{\lambda_1 - \lambda_2} \int \sin \omega_0 t \, e^{-\lambda_1 t} dt \tag{8.158}$$

$$C_2(t) = \frac{\omega^2 L}{\lambda_2 - \lambda_1} \int \sin \omega_0 t \, e^{-\lambda_2 t} dt \tag{8.159}$$

を実行し、初期条件を課すことで解析解を得ます。この解析解の導出は主に高校レベルの積分や虚数の取り扱いができれば計算することができますが、計算量が比較的多いので注意が必要です。復習ついでにできるだけ端折らずに記述することにします。早速、式 (8.158) の積分についてです。これは sin 関数をオイラーの公式

$$e^{i\theta} = \cos\theta + i\sin\theta \tag{8.160}$$

を用いて、

$$\sin\omega_0 t = \frac{1}{2i}\left[e^{i\omega_0 t} - e^{-i\omega_0 t}\right] \tag{8.161}$$

と指数関数に変換することで、式 (8.158) は単純な指数関数の積分になります。指数部を整理して積分を実行すると、

$$\begin{aligned}
C_1(t) &= \frac{\omega^2 L}{2i(\lambda_1 - \lambda_2)} \int \left[e^{(i\omega_0 - \lambda_1)t} - e^{-(i\omega_0 + \lambda_1)t}\right] dt \\
&= \frac{\omega^2 L}{2i(\lambda_1 - \lambda_2)} \left[\frac{1}{i\omega_0 - \lambda_1} e^{(i\omega_0 - \lambda_1)t} + \frac{1}{i\omega_0 + \lambda_1} e^{-(i\omega_0 + \lambda_1)t}\right] + D_1
\end{aligned} \tag{8.162}$$

となります。ただし、D_1 は不定積分から生じる積分定数です。最終的に求めたい解析解は式 (8.62) で示したとおり $C_1(t)$ と $e^{\lambda_1 t}$ の積で表されるので、式 (8.162) に $e^{\lambda_1 t}$ を積算すると

$$C_1(t)e^{\lambda_1 t} = \frac{\omega^2 L}{2i(\lambda_1 - \lambda_2)} \left[\frac{1}{i\omega_0 - \lambda_1} e^{i\omega_0 t} + \frac{1}{i\omega_0 + \lambda_1} e^{-i\omega_0 t}\right] + D_1 e^{\lambda_1 t} \tag{8.163}$$

と、指数関数の指数部の λ_1 が打ち消し合うため少し簡単になります。さらに、$e^{i\omega_0 t}$ と $e^{-i\omega_0 t}$ をオイラーの公式を用いて三角関数に変換し通分して整理すると、

$$C_1(t)e^{\lambda_1 t} = \frac{\omega^2 L}{\lambda_1 - \lambda_2} \left[\frac{-\omega_0 \cos\omega_0 t - \lambda_1 \sin\omega_0 t}{\omega_0^2 + \lambda_1^2}\right] + D_1 e^{\lambda_1 t} \tag{8.164}$$

とだいぶ簡単になりました。$C_2(t)$ についても全く同様に計算することができて（λ_1 と λ_2 を入れ替えて）

$$C_2(t)e^{\lambda_2 t} = \frac{\omega^2 L}{\lambda_1 - \lambda_2} \left[\frac{\omega_0 \cos\omega_0 t + \lambda_1 \sin\omega_0 t}{\omega_0^2 + \lambda_2^2}\right] + D_2 e^{\lambda_2 t} \tag{8.165}$$

となります。式 (8.163) と式 (8.164) の結果を式 (8.62) に代入し、通分して三角関数ごとにま

とめて約分すると、式 (8.157) で与えた $z_0(t)$ に対する一般解は

$$z(t) = D_1 e^{\lambda_1 t} + D_2 e^{\lambda_2 t}$$
$$+ \omega^2 L \left[\frac{\omega_0(\lambda_1 + \lambda_2)\cos\omega_0 t + (\lambda_1\lambda_2 - \omega_0^2)\sin\omega_0 t}{(\omega_0^2 + \lambda_1^2)(\omega_0^2 + \lambda_2^2)} \right] \tag{8.166}$$

と得られました。さらにこの表式に対して、初期条件 $z(0) = z_0$ と $v(0) = v_0$ を課すことで解析解を導きます。そのために速度 $v(t)$ を $x(t)$ の時間微分で導出すると

$$v(t) = \frac{dz(t)}{dt}$$
$$= \lambda_1 D_1 e^{\lambda_1 t} + \lambda_2 D_2 e^{\lambda_2 t}$$
$$+ \omega^2 \omega_0 L \left[\frac{-\omega_0(\lambda_1 + \lambda_2)\sin\omega_0 t + (\lambda_1\lambda_2 - \omega_0^2)\cos\omega_0 t}{(\omega_0^2 + \lambda_1^2)(\omega_0^2 + \lambda_2^2)} \right] \tag{8.167}$$

となります。式 (8.166) と式 (8.167) に初期条件を課すことで、D_1、D_2 に対する線形連立方程式が

$$z(0) = D_1 + D_2 + \omega^2 L \left[\frac{\omega_0(\lambda_1 + \lambda_2)}{(\omega_0^2 + \lambda_1^2)(\omega_0^2 + \lambda_2^2)} \right] = z_0 \tag{8.168}$$

$$v(0) = \lambda_1 D_1 + \lambda_2 D_2 + \omega^2 L \left[\frac{\omega_0(\lambda_1\lambda_2 - \omega_0^2)}{(\omega_0^2 + \lambda_1^2)\omega_0^2 + \lambda_2^2)} \right] = v_0 \tag{8.169}$$

と得られます。直ちに

$$D_1 = \frac{\lambda_2 x_0 - v_0}{\lambda_2 - \lambda_1} - \frac{\omega_0 \omega^2 L}{(\lambda_2 - \lambda_1)(\omega_0^2 + \lambda_1^2)} \tag{8.170}$$

$$D_2 = \frac{\lambda_1 x_0 - v_0}{\lambda_1 - \lambda_2} - \frac{\omega_0 \omega^2 L}{(\lambda_1 - \lambda_2)(\omega_0^2 + \lambda_2^2)} \tag{8.171}$$

と解くことができて、解析解は式 (8.166) に代入することで

$$z(t) = \left[\frac{\lambda_2 z_0 - v_0}{\lambda_2 - \lambda_1} - \frac{\omega_0 \omega^2 L}{(\lambda_2 - \lambda_1)(\omega_0^2 + \lambda_1^2)} \right] e^{\lambda_1 t}$$
$$+ \left[\frac{\lambda_1 z_0 - v_0}{\lambda_1 - \lambda_2} - \frac{\omega_0 \omega^2 L}{(\lambda_1 - \lambda_2)(\omega_0^2 + \lambda_2^2)} \right] e^{\lambda_2 t}$$
$$+ \omega^2 \omega_0 L \left[\frac{-\omega_0(\lambda_1 + \lambda_2)\sin\omega_0 t + (\lambda_1\lambda_2 - \omega_0^2)\cos\omega_0 t}{(\omega_0^2 + \lambda_1^2)(\omega_0^2 + \lambda_2^2)} \right] \tag{8.172}$$

と得られました。この表式は $\lambda_1 \neq \lambda_2$（式（8.110）で定義された $D \neq 0$）を満たすパラメータ（γ、k、m）であれば、必ず成り立ちます。もちろん式（8.172）で与えられる $x(t)$ は、λ_1 と λ_2 が実数や虚数の場合でも、必ず実数となります。しかしながら、この表式だけを眺めていても強制振動運動を理解することが難しいので、特別な場合として 8.3 節で取り扱った単振動運動と 8.4 節で取り扱った減衰振動運動に対して、強制振動を加えた系の運動を考えます。

8.5.3　単振動運動に対する解析解の振る舞い

単振動運動に対する強制振動運動の方程式は、式（8.155）において $\gamma = 0$ に対応します。これは λ_1 と λ_2 が純虚数

$$\lambda_1 = i\omega, \lambda_2 = -i\omega \tag{8.173}$$

であることに対応し、式（8.172）の一般解は

$$z(t) = z_0 \cos\omega t + \frac{v_0}{\omega}\sin\omega t + \frac{\omega L}{\omega_0^2 - \omega^2}\left[\omega_0 \sin\omega t - \omega \sin\omega_0 t\right] \tag{8.174}$$

と得られました。上式の第 1 項と第 2 項は式（8.79）で与えられた単振動運動の解析解と一致し、第 3 項が支柱の強制的上下振動により生じる変調を表す項となります。初期条件として $z_0 = 0$、$v_0 = 0$ を与えた場合、第 1 項と第 2 項は消えるので、支柱の上下振動から生じる変調のみを調べることができます。式（8.174）から $\omega_0 = \omega$ の場合に変調項の分母が 0 になってしまうので、問題がありそうに見えます。式（8.174）の概形を調べるために、次の 3 つのケースに分けて考えることにします。

(1) $\omega_0 \neq \omega$
(2) $\omega_0 \simeq \omega$
(3) $\omega_0 = \omega$

(1) $\omega_0 \neq \omega$ の場合

支柱の上下運動の角振動数 ω_0 に、ばね定数と球体の質量で決まる ω の 1/10 倍の値と 2 倍の値の値を与えて 2 次元グラフ描画した結果が図 8.42 です。ただし、計算パラメータとして、$k = 1$、$m = 1$（→$\omega = 1$）、初期条件として $z_0 = 0$、$v = 0$ としています。

図8.42●2つの ω_0 に対する解析解の概形（GraphViewer_forcedOscillation1.html）

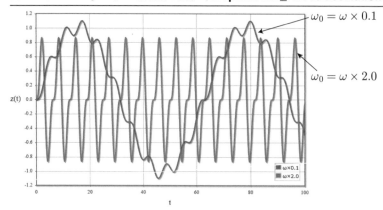

ばねに繋がれた球体は静止状態から支柱の上下振動の影響を受けて、周期的な運動を行っていることが確認できます。式（8.79）の第3項の中身の項を見ると、振動は ω_0 と ω の大きいほうの項が寄与するため、$\omega_0 > \omega$ の場合には $\sin\omega t$、$\omega_0 < \omega$ の場合には $\sin\omega_0 t$ の寄与が大きくなります。そのため、振動のおおまかな周期は $\omega_0 > \omega$ の場合には $T = 2\pi/\omega$、$\omega_0 < \omega$ の場合には $T = 2\pi/\omega_0$ となります。図8.42が概ねその通りの結果であることが確認できます。なお、正確な周期は $\sin\omega t$ と $\sin\omega_0 t$ の位相が揃うという条件から決めることができます。それぞれの周期 $T = 2\pi/\omega$ と $T_0 = 2\pi/\omega_0$ を定義すると、振動の周期は T と T_0 の最小公倍数で与えられます。

図8.43●初期条件 $x_0 = 3$、$v_0 = 0$ の場合（GraphViewer_forcedOscillation1.html）

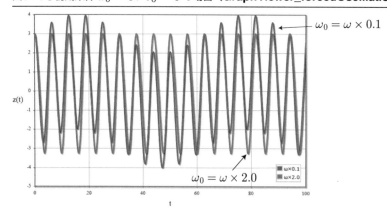

なお、運動開始時の球体の位置をばねの釣り合いの位置からずらした場合、式（8.174）の第1項目による単振動運動に変調項が加わった運動を行います。図8.43は初期条件として $x_0 = 3$、

$v_0 = 0$ を与えたときの結果です。$\omega_0 = \omega \times 0.1$ の結果は想定どおりですが、$\omega_0 = \omega \times 2.0$ の結果は変調の影響が少ないように見えます。これは支柱の上下振動が単振動運動のちょうど2倍の振動数であるため、変調の周期が単振動運動の周期と完全に一致していることに由来します。

(2) $\omega_0 \simeq \omega$ の場合

続いて、ω_0 の値が ω に近づいたときに、式（8.174）で与えられた解析解がどのような振る舞いをするのかを調べます。まず概形を調べるために初期条件を $z_0 = 0$、$v_0 = 0$、$\omega_0 = \omega \times 1.1$ として、2次元グラフ描画を行います。図8.44はその結果です。解析解である $z(t)$ は小さな角振動数と小さな角振動数の三角関数の積の形となっているように見えます。この2つの三角関数は振幅を無視して

$$\text{包絡関数}: \sin\left(\frac{\omega_0 - \omega}{2}t\right) \quad \text{細かな振動}: \cos\left(\frac{\omega_0 + \omega}{2}t\right) \tag{8.175}$$

となっているようです。

図8.44● $\omega_0 = \omega \times 1.1$ の場合（GraphViewer_forcedOscillation2.html）

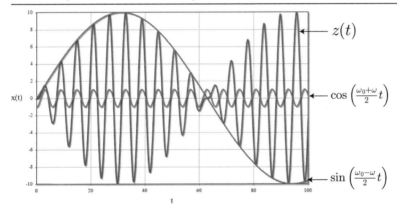

$z(t)$ が式（8.175）で示した2つの三角関数で表現できる理由について考えます。2つの三角関数の引数に登場する $(\omega_0 - \omega)/2$ と $(\omega_0 + \omega)/2$ という形には見覚えがあります。三角関数の和と積の公式

$$\sin(\alpha + \beta) - \sin(\alpha - \beta) = 2\cos\alpha\sin\beta \tag{8.176}$$

にて、$\alpha = (x+y)/2$、$\beta = (x-y)/2$ を代入すると

$$\sin x - \sin y = 2\cos\left(\frac{x-y}{2}\right)\sin\left(\frac{x+y}{2}\right) \tag{8.177}$$

という変換ができます。つまり、式（8.176）に $\alpha = (\omega_0 + \omega)t/2$、$\beta = (\omega_0 - \omega)t/2$ を代入すると

$$\sin \omega_0 t - \sin \omega t = 2\cos\left(\frac{\omega_0 - \omega}{2}t\right)\sin\left(\frac{\omega_0 + \omega}{2}t\right) \tag{8.178}$$

という形になるわけですが、これは式（8.174）の第 3 項の支柱の上下振動による変調項の sin の係数が等しい場合に式（8.178）の変換が可能となります。つまり、今回の条件である $\omega_0 \simeq \omega$ の場合には、変調項は式（8.178）の変換がおおむね適用することができます。

$$\underbrace{\Delta z(t)}_{\text{変調項}} \simeq \underbrace{\boxed{\frac{\omega(\omega_0 + \omega)L}{\omega_0^2 - \omega^2}\sin\left(\frac{\omega_0 + \omega}{2}t\right)}}_{\text{包絡関数}} \underbrace{\cos\left(\frac{\omega_0 - \omega}{2}t\right)}_{\text{細かな振動}} \tag{8.179}$$

ただし、ω_0 と ω は若干異なることから、式（8.178）の変調項の sin の係数（ω と ω）をくくる時に、平均値（$(\omega_0 + \omega)/2$）として包絡関数の係数としています。

以上の議論から ω_0 と ω が近い場合には、変調項は 2 つの和と差の 1/2 となる角振動数をもつ三角関数の積で表されることが説明できました。これは、周波数が少し異なる 2 つの音を重ねあわせることで生じる**うなり**と同じ原理となります。

(3) $\omega_0 = \omega$ の場合

最後に、$\omega_0 = \omega$ のときの解析解の振る舞いを調べます。式（8.174）で示した解析解の変調項の分母には $\omega_0 - \omega$ の因子が存在するため、このままで $\omega_0 = \omega$ を代入すると分母が 0 となり発散してしまうことから、式（8.174）には欠陥があるように考えられます。しかしながら、$\omega_0 = \omega$ の場合には分子も 0 となるため、0/0 となってしまいます。このような場合の物理学における常套手段は $\omega_0 = \omega + \delta$ としておいて、最後に $\delta \to 0$ の極限をとるという手順で $\omega_0 = \omega$ の振る舞いを調べるという方法です。変調項を

$$\Delta z(t) = \lim_{\delta \to 0}\left[\frac{\omega L}{(\omega + \delta)^2 - \omega^2}\left[(\omega + \delta)\sin \omega t - \omega \sin(\omega + \delta)t\right]\right] \tag{8.180}$$

と表しておいて、δ のベキに展開することを考えます。δ のベキに展開することで、分母と分子の δ の 1 次の項を約分することにより、$\delta \to 0$ の極限での値が正確に得るという流れです。

$$\sin(\omega + \delta)t = \sin \omega t + (t\cos \omega t)\delta + \mathcal{O}(\delta^2) \tag{8.181}$$

を考慮すると

$$\begin{aligned}
\Delta z(t) &= \lim_{\delta \to 0} \left[\frac{\omega L}{2\omega\delta + \mathcal{O}(\delta^2)} \left[\delta \sin\omega t - \omega\delta(t\cos\omega t) + \mathcal{O}(\delta^2) \right] \right] \\
&= \lim_{\delta \to 0} \left[\frac{\omega L}{2\omega + \mathcal{O}(\delta)} \left[\sin\omega t - \omega t\cos\omega t + \mathcal{O}(\delta) \right] \right] \\
&= \frac{L}{2} \left[\sin\omega t - \omega t\cos\omega t \right] \\
&= \frac{L\sqrt{1+\omega^2 t^2}}{2} \sin(\omega t - \phi)
\end{aligned} \qquad (8.182)$$

と計算を進めることができます。ただし、ϕ は

$$\cos\phi = \frac{1}{\sqrt{1+\omega^2 t^2}} \ , \ \sin\phi = \frac{\omega t}{\sqrt{1+\omega^2 t^2}} \qquad (8.183)$$

を満たす位相です。式（8.182）の興味深い点は、t が十分に大きい場合、

$$\Delta z(t) \simeq \frac{L\omega t}{2} \sin\omega t \qquad (8.184)$$

と表されることから、変調項の振幅が時刻に比例して大きくなることを意味しています。つまり、支柱の上下振動の振幅 L がゼロでない限り、どんなに小さくても時刻とともに球体の振動が無限に大きくなることを意味しています。

図8.45● $\omega_0 = \omega = 1$ の場合の変調項（GraphViewer_forcedOscillation3.html）

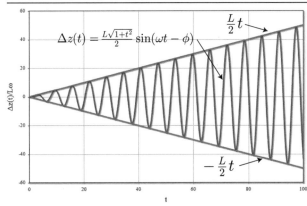

図 8.45 は、$\omega_0 = \omega = 1$ を与えたときの変調項の概形を調べるために、式（8.182）を $L=1$ と

して計算した結果です。想定通り、$z(t)$ の振幅が時刻に比例して大きくなっていく様子が確認できます（比例定数 $L/2$）。振幅が大きくなるということは、球体がもつ力学的エネルギーもそれに応じて増大することを意味します。このように振動子に特定の角振動数で力を加えることでエネルギーが蓄えられる現象は**共鳴**と呼ばれ、またその時の角振動数 ω_0 は**共鳴角振動数**と呼ばれます。物理学の様々な分野で登場する非常に重要な概念となります。

8.5.4 減衰振動運動に対する解析解の振る舞い

減衰振動運動に対する強制振動運動の方程式は、式（8.155）において $\gamma \neq 0$、$(\gamma/m)^2 - 4\omega^2 < 0$ に対応します。これは λ_1 と λ_2 が虚数

$$\lambda_1 = -\frac{\gamma}{2m} + i\bar{\omega}, \lambda_2 = -\frac{\gamma}{2m} - i\bar{\omega} \tag{8.185}$$

であることに対応します。ただし、$\bar{\omega}$ は式（8.112）で定義された量です。式（8.185）を式（8.172）に代入することで、減衰振動運動に対する強制振動運動の解析解を導出することができます。

$$\lambda_1 + \lambda_2 = -\frac{\gamma}{m} \ , \ \lambda_1 - \lambda_2 = 2i\bar{\omega} \ , \ \lambda_1\lambda_2 = \omega^2 \ , \ \lambda_1^2 + \lambda_2^2 = \left(\frac{\gamma}{m}\right)^2 - 2\omega^2 \tag{8.186}$$

を参考に式（8.172）を整理すると次のようになります。

$$\begin{aligned}z(t) = &\left[x_0 \cos\bar{\omega}t + \left(\frac{v_0}{\bar{\omega}} + \frac{\gamma}{2m\bar{\omega}}x_0\right)\sin\bar{\omega}t\right]e^{-\frac{\gamma}{2m}t} \\ &+ \frac{\omega^2 L}{(\omega_0^2-\omega^2)^2 + \left(\frac{\gamma}{m}\right)^2\omega_0^2}\left[\frac{\gamma}{m}\omega_0\cos\bar{\omega}t + \frac{\omega_0}{2\bar{\omega}}\left(2\omega_0^2 - 2\omega^2 + \left(\frac{\gamma}{m}\right)^2\right)\sin\bar{\omega}t\right]e^{-\frac{\gamma}{2m}t} \\ &- \frac{\omega^2 L}{(\omega_0^2-\omega^2)^2 + \left(\frac{\gamma}{m}\right)^2\omega_0^2}\left[\frac{\gamma}{m}\omega_0\cos\omega_0 t + (\omega_0^2 - \omega^2)\sin\omega_0 t\right]\end{aligned} \tag{8.187}$$

上式の 1 段目は減衰振動運動の解析解、2 段目と 3 段目が強制振動における変調項となります。式（8.187）の興味深い点は、γ は必ず正なので 1 段目と 2 段目は時間とともに指数関数的に減衰してしまうため、結果的に 3 段目のみが残るわけですが、3 段目には初期条件 x_0 と v_0 を一切含まないことです。つまり、どんな初期状態からスタートしても、ある程度時刻が経つと全く同じ運動になるということです。これは、強制的に揺さぶられるうちに、空気抵抗力による減衰効果が存在することによって運動の初期情報が摩滅していくことを意味します。つまり、運動開始のごく初期

を知りたい場合を除いて、3段目のみを考慮すれば良いことになります。

式（8.187）の3段目をもう少し深く理解するため、三角関数の合成を利用すると

$$z(t) \simeq -\frac{\omega^2 L}{\sqrt{(\omega_0^2 - \omega^2)^2 + \left(\frac{\gamma}{m}\right)^2 \omega_0^2}} \cos(\omega_0 t + \phi) \tag{8.188}$$

と変形することができます。ただし、ϕ は

$$\cos\phi = \frac{(\omega_0^2 - \omega^2)^2}{\sqrt{(\omega_0^2 - \omega^2)^2 + \left(\frac{\gamma}{m}\right)^2 \omega_0^2}} \ , \ \sin\phi = \frac{\left(\frac{\gamma}{m}\right)^2 \omega_0^2}{\sqrt{(\omega_0^2 - \omega^2)^2 + \left(\frac{\gamma}{m}\right)^2 \omega_0^2}}$$

で定義される位相です。式（8.188）は、強制振動される球体が単一の角振動数 ω_0 で振動することを意味します。ただし、振動の振幅は ω_0 に依存します。

図8.46●振動の ω_0 依存性（GraphViewer_forcedOscillation4.html）

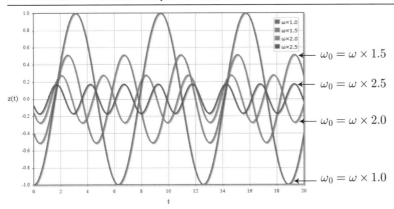

図8.46は式（8.188）にて、$\gamma = 1$ に対して異なる ω_0 に対する振動の様子を描画した結果です。強制振動の角振動数 ω_0 がばね定数と球体の質量で決まる単振動の角振動数 ω と一致する場合におおむね最大となります。興味深いのは、この振幅の最大値は γ に大きく依存することです。式（8.188）の振幅を

$$A(\omega_0) = \frac{\omega^2 L}{\sqrt{(\omega_0^2 - \omega^2)^2 + \left(\frac{\gamma}{m}\right)^2 \omega_0^2}} \tag{8.189}$$

と定義し、γ 依存性について詳しく調べます。図8.47は、γ/m に 0.01、0.02、0.04、0.10 を与え

たときの $A(\omega_0)$ の 2 次元グラフです。$A(\omega_0)$ は ω_0 が ω 近傍で最大値をとり、γ が小さいほど最大値（ピーク）が高く、幅も狭くなっていくことが確認できます。$\gamma/m = 0.01$ の場合、$A/\omega L$ が 100 程度となることから、支柱の上下振動で球体の振動が 100 倍まで増幅されることを意味します。前項と同様、振幅が増強されるこの現象も共鳴現象の一種で、共鳴のピークとなる角振動数は共鳴角振動数と呼ばれ、ω_r と表します。なお、式（8.189）の分母から $\gamma \to 0$ の極限でピークは無限大で発散することもわかります。これは、$\gamma = 0$ の場合が 8.5.3 項で示した振幅無限大の場合に対応することで理解することができます。なお、式（8.189）で与えられる振幅 A は ωL で規格化することで、A の関数形は ω の値に依らず図 8.47 で示したグラフと一致します。

図8.47●振幅の γ 依存性（GraphViewer_forcedOscillation5.html）

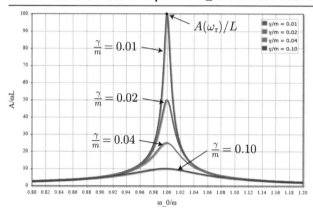

図 8.47 で示した振幅の γ 依存性の概形を理解するために、ピーク位置、ピークの高さ、ピークの幅を詳しく調べます。まずピーク位置となる ω_0 となる共鳴振動数 ω_r は、式（8.189）の分母が最小値をとるという条件で得られます。分母の平方根の中身を

$$B(x) \equiv (x - \omega^2)^2 + \left(\frac{\gamma}{m}\right)^2 x \tag{8.190}$$

と定義して、x での微係数が 0 $(dB(x)/dx = 0)$ という条件から を得ることができます。具体的には

$$\frac{dB(x)}{dx} = 2(x - \omega^2) + \left(\frac{\gamma}{m}\right)^2 = 0 \longrightarrow x = \omega^2 - \frac{1}{2}\left(\frac{\gamma}{m}\right)^2 \tag{8.191}$$

という計算から、ω_r は

$$\omega_{\mathrm{r}} = \sqrt{\omega^2 - \frac{1}{2}\left(\frac{\gamma}{m}\right)^2} = \omega\sqrt{1 - \frac{1}{2}\left(\frac{\gamma^2}{mk}\right)} \tag{8.192}$$

となります。共鳴角振動数 ω_{r} は、ばね定数 γ と球体の質量 m で決まる ω よりも必ず小さな値をとりますが、$\gamma \to 0$ の極限では ω と一致します。以上より、式（8.189）に式（8.192）を代入することで、ピークの高さは

$$A(\omega_{\mathrm{r}}) = \frac{\omega^2 L}{\sqrt{\left(\frac{\gamma}{m}\right)^2 \omega^2 - \frac{1}{4}\left(\frac{\gamma}{m}\right)^4}} = \frac{\omega^2 L}{\frac{\gamma}{m}\sqrt{\omega^2 - \frac{1}{4}\left(\frac{\gamma}{m}\right)^2}} = \frac{\omega^2 L}{\frac{\gamma}{m}\bar{\omega}} \tag{8.193}$$

と得られました。

図8.48●半値全幅の様子（GraphViewer_forcedOscillation5.html）

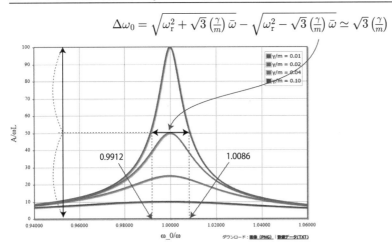

$$\Delta\omega_0 = \sqrt{\omega_{\mathrm{r}}^2 + \sqrt{3}\left(\frac{\gamma}{m}\right)\bar{\omega}} - \sqrt{\omega_{\mathrm{r}}^2 - \sqrt{3}\left(\frac{\gamma}{m}\right)\bar{\omega}} \simeq \sqrt{3}\left(\frac{\gamma}{m}\right)$$

ピークの幅は**半値全幅**という量を物理学ではよく利用します。半値全幅とはピークの半分の高さの幅という意味です。図 8.48 は図 8.47 のピーク周辺の拡大図です。$\gamma/m = 0.01$ の場合、ピーク高さがおよそ 100 なので高さが 50 程度の所の ω_0 の幅が半値全幅となります。この半値全幅は、

$$\frac{A(\omega_0)}{A(\omega_{\mathrm{r}})} = \frac{1}{2} \tag{8.194}$$

の方程式で表される 2 つの ω_0 の解の差（幅）として得られます。式（8.194）は ω_0 の 4 次の方程式ですが、ω_0^4 と ω_0^2 の ω_0^0 の項のみなので、ω_0^2 は解の公式から

$$\omega_0^2 = \omega^2 - \frac{1}{2}\left(\frac{\gamma}{m}\right)^2 \pm \sqrt{3}\left(\frac{\gamma}{m}\right)\sqrt{\omega^2 - \frac{1}{4}\left(\frac{\gamma}{m}\right)^2}$$
$$= \omega_r^2 \pm \sqrt{3}\left(\frac{\gamma}{m}\right)\bar{\omega} \tag{8.195}$$

となります。ω_0 は正を想定しているので、ピークの半値となる 2 つの ω_0 は

$$\omega_0 = \sqrt{\omega_r^2 + \sqrt{3}\left(\frac{\gamma}{m}\right)\bar{\omega}}\ ,\ \sqrt{\omega_r^2 - \sqrt{3}\left(\frac{\gamma}{m}\right)\bar{\omega}} \tag{8.196}$$

となります。半値全幅 $\Delta\omega_0$ はこの 2 つの解の差となるので

$$\Delta\omega_0 = \sqrt{\omega_r^2 + \sqrt{3}\left(\frac{\gamma}{m}\right)\bar{\omega}} - \sqrt{\omega_r^2 - \sqrt{3}\left(\frac{\gamma}{m}\right)\bar{\omega}} \tag{8.197}$$

と求めることができました。γ/m が十分に小さい場合（$\gamma/m \ll \omega$）、式（8.195）において γ/m の 1 次まで展開すると

$$\omega_0^2 \simeq \omega^2 \pm \sqrt{3}\omega\left(\frac{\gamma}{m}\right) \tag{8.198}$$

となるので、ピークの半値となる 2 つの ω_0 は

$$\omega_0 \simeq \omega\sqrt{1 \pm \frac{\sqrt{3}}{\omega}\left(\frac{\gamma}{m}\right)} \simeq \omega\left[1 \pm \frac{\sqrt{3}}{2\omega}\left(\frac{\gamma}{m}\right)\right] \tag{8.199}$$

となります。よって、半値全幅は

$$\Delta\omega_0 \simeq \sqrt{3}\left(\frac{\gamma}{m}\right) \tag{8.200}$$

と得られます。図 8.48 の $\gamma/m = 0.01$ の半値全幅は、グラフを拡大するとわかりますが 0.0174 程度となり、式（8.200）を満たしていることが確認できます。

8.5.5 強制振動運動のシミュレーション結果

本項では、支柱となる箱を強制振動させることで生じるばねに繋がれた球体の強制振動運動のシミュレータを開発します。計算アルゴリズム自体は 8.4.5 項の減衰振動運動のものと全く同じなので、実装自体は簡単です。まず、強制振動運動を体感してもらうために、支柱となる立方体オブジェクトをマウスドラックで上下に移動させることで振動させ、それに応じた球体の運動のシミュ

レーションを行います。図 8.49 は、質量 $m = 1$、ばね定数 $k = 1$、空気抵抗力の係数 $\gamma = 0.2$ の系にて、支柱をマウスドラックで振動させたときの 3 次元グラフィックスと速度の時系列プロットです。やってみるとわかりますが、例えばブランコやヨーヨーのように外部からの強制振動で運動をおこなう遊具などを昔から使っていた経験から、球体の振動が大きくなるための支柱の上下振動を行うことは簡単です。この上下振動の角振動数が共鳴角振動数というわけです。

図8.49●マウスドラックによる強制振動運動（OneBodyLab_r8__forcedOscillation1.html）

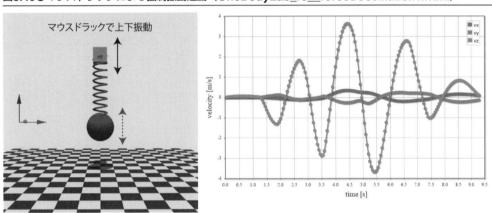

図 8.49 で示したマウスドラックによる強制振動運動の実装は、減衰振動運動シミュレータ「OneBodyLab_r8__dampedOscillation2.html」のプログラムソースの内、立方体オブジェクトのマウスドラック関連フラグを立てるだけで実装することができます。

プログラムソース 8.15 ●立方体オブジェクトのマウスドラック（OneBodyLab_r8__forcedOscillation1.html）

```
PHYSICS.physLab.box = new PHYSICS.Cube({
    draggable : true,            // マウスドラックの有無
    allowDrag : true,            // マウスドラックの可否
    (省略)
})
```

単振動運動（$\gamma = 0$）に対する強制振動運動

8.5.3 項で示した $\gamma = 0$ の系に対する強制振動運動のシミュレーションを行います。最も興味深いのは、球体の振幅が図 8.45 で示したように時間に比例して増幅していくのかということです。この状況をシミュレーションしてみましょう。支柱となる立方体オブジェクトの上下振動は、3 次元オブジェクトの dynamicFunction メソッドを利用することで実装することができます。

プログラムソース 8.16 ● 支柱の立方体オブジェクトの上下振動（OneBodyLab_r8__forcedOscillation2.html）

```
// 物理量
PHYSICS.physLab.spring.k = 4;               // ばね定数
PHYSICS.physLab.spring.natuarlLength = 0;   // ばねの自然長
PHYSICS.physLab.ball.gamma = 0;             // 空気抵抗係数（1次）
var k = PHYSICS.physLab.spring.k;
var m = PHYSICS.physLab.ball.mass;
var gamma = PHYSICS.physLab.ball.gamma;
var omega = Math.sqrt( k / m );                                      ------ 式 (8.77)
var omega_r = Math.sqrt( omega * omega - (gamma / m ) * (gamma / m ) / 2.0 );
                                                                     ------ 式 (8.192)
// 時間発展前に支柱を振動させる
PHYSICS.physLab.box.dynamicFunction = function () {
  var L = 0.1;
  var time = this.step * this.physLab.dt;
  this.r.z = this.physLab.g/k + L * Math.sin(omega_r * time);        ------ (※)
}
```

（※） 重力とばね弾性力が釣り合う位置を原点とするように支柱の中心座標を式（8.102）に従って決定します。

図8.50● $\gamma = 0$ に対する共鳴状態の時間発展（OneBodyLab_r8__forcedOscillation2.html）

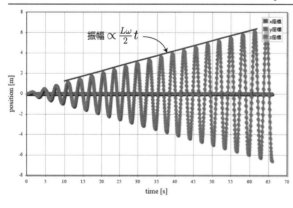

位置ベクトル

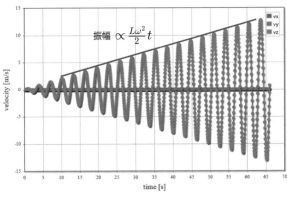

速度ベクトル

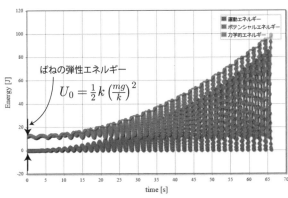

各種エネルギー

　図 8.50 は先のプログラムソースに対する実行結果（共鳴状態の時間発展）です。球オブジェクトの位置ベクトルの時系列プロットと見ると、図 8.45 のとおり振幅が時刻に比例して増幅していることが確認できます。$t = 20$［s］から 40［s］の増分をみると比例定数は概ね 0.1 ですが、これは式（8.184）で示した比例定数の解析解 $\omega L/2 = 0.1$ と一致することが確認できます。また、速度ベクトルの振幅増幅の比例定数の解析解は式（8.184）を時間微分することで $\omega^2 L/2 = 0.2$ で与えられますが、これもその通りの結果となっていることが確認できます。各種エネルギーの時系列プロットを見るとポテンシャルエネルギーの初期値が 0 ではありません。これは重力とばね弾性力が釣り合う位置を初期状態としているため、ばね弾性エネルギーがはじめから存在するためです。

図8.51●ばねの自然長が有限の場合（OneBodyLab_r8__forcedOscillation3.html）

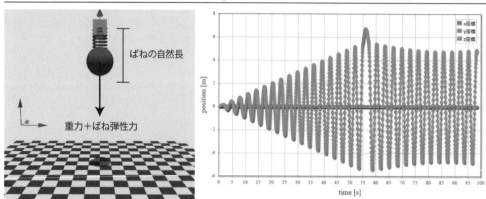

　図8.50のシミュレーションは、8.5.3項の解析解との比較を行うために、ばねの自然長を0としていました。一方、ばねの長さが有限の場合、球体がばねの自然長よりも支柱に近づくと、重力に加えばね弾性力も加わるため、それ以上の振幅の増幅が起こりません。図8.51は自然長を3とした時の計算結果です。振幅が小さな場合は図8.50と同様に時刻に比例した振幅の増幅が確認できますが、ある時刻からそれ以上の増幅はありません。55秒あたりに振幅に不自然な挙動が見られますが、これは支柱と球体との位置が逆転し、その後元に戻るという動作があります。今回のシミュレーションでは、ばねの自然長は導入しましたが、支柱と球体との衝突を考慮していないためこのようなことが起こりえます。

減衰振動運動（$\gamma \neq 0.1$）に対する強制振動運動

　本節の最後に、8.5.4項で示した $\gamma \neq 0$ に対する強制振動運動のシミュレーション結果を示します。$\gamma = 0.1$、その他の計算パラメータは先のプログラムソースと同一とします。図8.52は共鳴状態の位置ベクトルの時間発展です。時刻とともに振幅が増幅され、2へ収束していることが確認できます。この収束値は式（8.193）で示した共鳴状態の振幅と一致します。また、収束の速さは式（8.187）の第1項目、第2項目の項の0への収束の速さと一致するので、$e^{-\gamma t/2m}$ から収束の速さを表す時定数 T は

$$T = \frac{2m}{\gamma} \tag{8.201}$$

で与えられ、$m = 1$、$\gamma = 0.1$ の場合には $T = 20$ [s] となります。これは、$t = 20$ [s] で $e^{-\gamma t/2m}$ を含む項が $1/e \simeq 0.368$ 倍に減衰していることを意味するので、$t = 20$ [s] の振幅が $(1 - 1/e) * 2 = 1.264$ となります。図8.52を見るとおおよそそのとおりの減衰を示していること

が確認できます。

図8.52● $\gamma = 0.1$ に対する共鳴状態の時間発展（**OneBodyLab_r8__forcedOscillation4.html**）

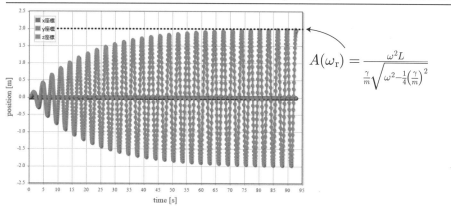

$$A(\omega_\mathrm{r}) = \frac{\omega^2 L}{\frac{\gamma}{m}\sqrt{\omega^2 - \frac{1}{4}\left(\frac{\gamma}{m}\right)^2}}$$

以上の議論より、強制振動運動に対する解析解とシミュレーション結果とが一致することを示すことができ、計算アルゴリズムの妥当性を確認することができました。

8.6 振り子の運動シミュレーション

8.6.1 2次元極座標系におけるニュートンの運動方程式の導出

物理学では、3次元空間をx、y、zの3軸で表す直交座標系の他に、運動の特徴に応じた座標系の導入を行うことで、定式化や運動の理解が容易になる場合が多々あります。本項では、振り子運動を解析的に取り扱う際に必要不可欠な極座標系単位ベクトルの導入から、極座標系における位置ベクトル、速度ベクトル、加速度ベクトルの表式、そして、<u>極座標系におけるニュートンの運動方程式</u>の導出を行います。

直交座標系と極座標系の関係（2次元平面）

極座標系の説明に入る前に、直交座標系における単位ベクトルを用いた位置ベクトル、速度ベクトル、加速度ベクトルの表式について復習します。直交座標系の場合、2次元空間を張る直交座標系の2つ単位ベクトル $\hat{\boldsymbol{x}} = (1, 0)$ と $\hat{\boldsymbol{y}} = (0, 1)$ を用いて

$$r(x,y) = x\hat{x} + y\hat{y} \tag{8.202}$$

と表すことができます。この2つの単位ベクトルを時間に依存しない絶対空間における単位ベクトルと考えると、式（8.202）の時間微分で与えられる速度ベクトルと加速度ベクトルは

$$\frac{dr(x,y)}{dt} = \frac{dx}{dt}\hat{x} + \frac{dy}{dt}\hat{y}, \frac{d^2r(x,y)}{dt^2} = \frac{d^2x}{dt^2}\hat{x} + \frac{d^2y}{dt^2}\hat{y} \tag{8.203}$$

と表されます。

図8.53● 2次元極座標系の単位ベクトル

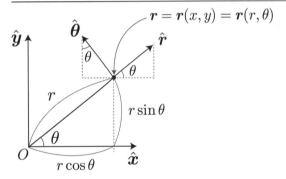

一方、図8.53のように、2次元平面上の位置ベクトルを原点からの距離 r と基準とする軸からの偏角 θ を用いて表す極座標系を導入した場合、(x,y) と (r,θ) の関係は

$$x = r\cos\theta \, , \, y = r\sin\theta \tag{8.204}$$

なので、式（8.202）に代入することで

$$r(r,\theta) = r\cos\theta\,\hat{x} + r\sin\theta\,\hat{y} \tag{8.205}$$

と表すことができます。これは、2次元空間を張る2つ単位ベクトルとして直交座標系を採用し、係数のみに極座標系を導入するといった形式になります。そして、式（8.205）を時間微分することで速度ベクトル、加速度ベクトルも導出することができます。このような直交座標系と極座標系の折衷形式でも解析的な取り扱いが容易となる物理系もあります。本項ではさらに踏み込んで、極座標系における2つの単位ベクトル $\hat{r}$、$\hat{\theta}$ を用いて位置ベクトル、速度ベクトル、加速度ベクトルの導出を考えます。

図8.53は、2次元平面上の任意の点における直交座標系と極座標系の単位ベクトルと表しています。$\hat{r}$ は原点から任意の位置ベクトル $r(x,y)$ に向かう方向の単位ベクトル、$\hat{\theta}$ は θ を増加させ

たときに位置ベクトルが移動する方向の単位ベクトルで定義します。この極座標系式の2つの単位ベクトルと元の直交座標系の単位ベクトルの間には

$$\hat{x} = \cos\theta\,\hat{r} - \sin\theta\,\hat{\theta} \tag{8.206}$$
$$\hat{y} = \sin\theta\,\hat{r} + \cos\theta\,\hat{\theta} \tag{8.207}$$

あるいは

$$\hat{r} = \cos\theta\,\hat{x} + \sin\theta\,\hat{y} \tag{8.208}$$
$$\hat{\theta} = -\sin\theta\,\hat{x} + \cos\theta\,\hat{y} \tag{8.209}$$

の関係があることがわかります。式（8.206）、(8.207) と式（8.208）、(8.209) は同値です。また、自明ですが元の直交座標系の単位ベクトルが

$$\hat{x}\cdot\hat{y} = 0\ ,\ |\hat{x}| = 1\ ,\ |\hat{y}| = 1 \tag{8.210}$$

の条件（正規直交条件）を満たすと、式（8.208）、(8.209) から直接

$$\hat{r}\cdot\hat{\theta} = 0\ ,\ |\hat{r}| = 1\ ,\ |\hat{\theta}| = 1 \tag{8.211}$$

を示すこともできます。極座標系の単位ベクトルの特徴は、直交座標系を基準とした時に2次元平面上の位置ベクトル点 $r(z,x)$ が移動すると単位ベクトルの方向が変化するという点です。これは、位置ベクトルが移動すると式（8.208）、(8.209) の θ が変化することに対応します。以上より、極座標系の単位ベクトルを利用した位置ベクトルは

$$\boldsymbol{r}(r,\theta) = r\,\hat{\boldsymbol{r}}(\theta) \tag{8.212}$$

と表されます。

極座標系の単位ベクトルを利用した速度ベクトル

次に、極座標系の単位ベクトルを利用した速度ベクトルと加速度ベクトルの導出を考えます。図8.54 は、時刻 t に $r(t)$ にあった座標点が Δt 秒後に $r(t+\Delta t)$ に移動したとする模式図です。その時の r と θ の変化分をそれぞれ Δr と $\Delta\theta$ と表しています。

図8.54●位置ベクトルの微小変化

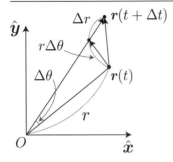

Δt が十分小さい場合、座標点の移動量は時刻 t のときの極座標系の単位ベクトルを用いて

$$r(t + \Delta t) - r(t) = r\Delta\theta\,\hat{\boldsymbol{\theta}} + \Delta r\,\hat{\boldsymbol{r}} \tag{8.213}$$

と表すことができます。この表式は Δt が小さいほど成り立つため、両辺を Δt で割った後に $\Delta t \to 0$ の極限を考えます。この極限は微分の定義そのものなので、式（8.213）の両辺は次のとおり表されます。

$$（左辺） = \lim_{\Delta t \to 0} \frac{r(t + \Delta t) - r(t)}{\Delta t} = \frac{dr(t)}{dt} \tag{8.214}$$

$$（右辺） = \lim_{\Delta t \to 0} \left[r\frac{\Delta\theta}{\Delta t}\hat{\boldsymbol{\theta}} + \frac{\Delta r}{\Delta t}\hat{\boldsymbol{r}} \right] = r\frac{d\theta}{dt}\hat{\boldsymbol{\theta}} + \frac{dr}{dt}\hat{\boldsymbol{r}} \tag{8.215}$$

以上より、位置座標の時間微分で与えられる速度ベクトルは

$$\boldsymbol{v}(t) = \frac{d\boldsymbol{r}(t)}{dt} = r\frac{d\theta}{dt}\hat{\boldsymbol{\theta}} + \frac{dr}{dt}\hat{\boldsymbol{r}} \tag{8.216}$$

となることが示されました。さらに、式（8.216）の速度ベクトルを時間微分すると加速度ベクトルが得られるわけですが、式（8.208）、（8.209）で示したとおり $\hat{\boldsymbol{r}}$ と $\hat{\boldsymbol{\theta}}$ は θ に依存するため、θ をとおして時間に依存します。そのため、あらかじめ $\hat{\boldsymbol{r}}$ と $\hat{\boldsymbol{\theta}}$ の時間依存性を調べるために、式（8.208）、（8.209）の両辺を時間で微分すると次の関係式を得られます。

$$\frac{d\hat{\boldsymbol{r}}}{dt} = -\sin\theta\,\frac{d\theta}{dt}\hat{\boldsymbol{x}} + \cos\theta\,\frac{d\theta}{dt}\hat{\boldsymbol{z}} = \frac{d\theta}{dt}\hat{\boldsymbol{\theta}} \tag{8.217}$$

$$\frac{d\hat{\boldsymbol{\theta}}}{dt} = -\cos\theta\,\frac{d\theta}{dt}\hat{\boldsymbol{x}} - \sin\theta\,\frac{d\theta}{dt}\hat{\boldsymbol{z}} = -\frac{d\theta}{dt}\hat{\boldsymbol{r}} \tag{8.218}$$

この関係式を用いることで、式（8.216）で与えられた速度ベクトルの時間微分で得られる加速

度ベクトルは

$$\frac{d^2\boldsymbol{r}(t)}{dt^2} = \frac{dr}{dt}\frac{d\theta}{dt}\hat{\boldsymbol{\theta}} + r\frac{d^2\theta}{dt^2}\hat{\boldsymbol{\theta}} + r\frac{d\theta}{dt}\frac{d\hat{\boldsymbol{\theta}}}{dt} + \frac{d^2r}{dt^2}\hat{\boldsymbol{r}} + \frac{dr}{dt}\frac{d\hat{\boldsymbol{r}}}{dt}$$
$$= \left(\frac{d^2r}{dt^2} - r\left(\frac{d\theta}{dt}\right)^2\right)\hat{\boldsymbol{r}} + \left(r\frac{d^2\theta}{dt^2} + 2\frac{dr}{dt}\frac{d\theta}{dt}\right)\hat{\boldsymbol{\theta}} \tag{8.219}$$

と得られました。よって、物体の重心に加わる力が

$$\boldsymbol{F}(r,\theta) = F_r\hat{\boldsymbol{r}} + F_\theta\hat{\boldsymbol{\theta}} \tag{8.220}$$

と与えられている場合、ニュートンの運動方程式 $\boldsymbol{F}(r,\theta) = m\boldsymbol{a}(t)$ の $\hat{\boldsymbol{r}}$ 方向と $\hat{\boldsymbol{\theta}}$ 方向がそれぞれ独立に成り立つという条件から、

$$(r\,方向)\quad \frac{d^2r}{dt^2} - r\left(\frac{d\theta}{dt}\right)^2 = \frac{F_r}{m} \tag{8.221}$$

$$(\theta\,方向)\quad r\frac{d^2\theta}{dt^2} + 2\frac{dr}{dt}\frac{d\theta}{dt} = \frac{F_\theta}{m} \tag{8.222}$$

が導出されます。これが極座標系におけるニュートンの運動方程式となります。なお、式（8.216）、式（8.219）の導出は式（8.212）を直接時間微分を行うことでも導出することができます。

8.6.2　3 次元極座標系におけるニュートンの運動方程式の導出

　本節では振り子運動の解析解の取り扱いには 2 次元極座標系しか利用しませんが、今後のことも考えて 3 次元極座標系におけるニュートンの運動方程式の導出も行っておきます。基本的な導出方法は 2 次元と同じとなります。

図8.55●3次元極座標系の単位ベクトル

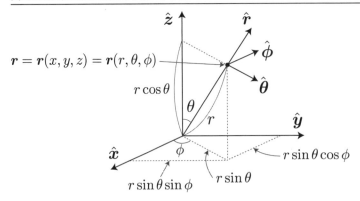

図 8.55 は、3 次元直交座標系と極座標系の単位ベクトルの関係を図示したものです。原点からの距離を r、z 軸からの偏角を θ、x 軸からの偏角を ϕ と表した場合、任意の位置ベクトル $\boldsymbol{r}(x,y,z)$ の各成分は

$$\begin{cases} x = r\sin\theta\cos\phi \\ y = r\sin\theta\sin\phi \\ z = r\cos\theta \end{cases} \tag{8.223}$$

と表すことができます。次に位置ベクトル $\boldsymbol{r}(x,y,z)$ に対して、原点からの距離を増加させたときの位置ベクトルの移動方向の単位ベクトルを $\hat{\boldsymbol{r}}$、θ を増加させたときの位置ベクトルの移動方向の単位ベクトルを $\hat{\boldsymbol{\theta}}$、$\phi$ を増加させたときの位置ベクトルの移動方向の単位ベクトルを $\hat{\boldsymbol{\phi}}$ と表した場合、元の直交座標系を構成する正規直交条件を満たす基本ベクトル $\hat{\boldsymbol{x}}$、$\hat{\boldsymbol{y}}$、$\hat{\boldsymbol{z}}$ との関係は

$$\begin{cases} \hat{\boldsymbol{r}} = \sin\theta\cos\phi\,\hat{\boldsymbol{x}} + \sin\theta\sin\phi\,\hat{\boldsymbol{y}} + \cos\theta\,\hat{\boldsymbol{z}} \\ \hat{\boldsymbol{\theta}} = \cos\theta\cos\phi\,\hat{\boldsymbol{x}} + \cos\theta\sin\phi\,\hat{\boldsymbol{y}} - \sin\theta\,\hat{\boldsymbol{z}} \\ \hat{\boldsymbol{\phi}} = -\sin\phi\,\hat{\boldsymbol{x}} + \cos\phi\,\hat{\boldsymbol{y}} \end{cases} \tag{8.224}$$

となります。式（8.224）から直接

$$|\hat{\boldsymbol{r}}| = 1 \,,\ |\hat{\boldsymbol{\theta}}| = 1 \,,\ |\hat{\boldsymbol{\phi}}| = 1 \tag{8.225}$$

$$\hat{\boldsymbol{r}} \cdot \hat{\boldsymbol{\theta}} = 0 \,,\ \hat{\boldsymbol{\theta}} \cdot \hat{\boldsymbol{\phi}} = 0 \,,\ \hat{\boldsymbol{\phi}} \cdot \hat{\boldsymbol{r}} = 0 \tag{8.226}$$

$$\hat{\boldsymbol{r}} \times \hat{\boldsymbol{\theta}} = \hat{\boldsymbol{\phi}} \,,\ \hat{\boldsymbol{\theta}} \times \hat{\boldsymbol{\phi}} = \hat{\boldsymbol{r}} \,,\ \hat{\boldsymbol{\phi}} \times \hat{\boldsymbol{r}} = \hat{\boldsymbol{\theta}} \tag{8.227}$$

の関係を満たすことから、極座標系の基本ベクトル $\hat{\boldsymbol{r}}$、$\hat{\boldsymbol{\theta}}$、$\hat{\boldsymbol{\phi}}$ も正規直交系をなすことが確認できます。ただし、2次元極座標系のときと同様、位置ベクトルの値によって基本ベクトルの向きが変化します。そのため、位置ベクトルが時刻に依存する場合、3次元極座標系の基本ベクトルも時間依存することになり、式（8.224）から直ちに次式の関係が得られます。

$$\begin{cases} \dfrac{d\hat{\boldsymbol{r}}}{dt} = \dfrac{d\theta}{dt}\hat{\boldsymbol{\theta}} + \dfrac{d\phi}{dt}\sin\theta\,\hat{\boldsymbol{\phi}} \\ \dfrac{d\hat{\boldsymbol{\theta}}}{dt} = \dfrac{d\phi}{dt}\cos\theta\,\hat{\boldsymbol{\phi}} - \dfrac{d\theta}{dt}\hat{\boldsymbol{r}} \\ \dfrac{d\hat{\boldsymbol{\phi}}}{dt} = -\dfrac{d\phi}{dt}\sin\theta\,\hat{\boldsymbol{r}} - \dfrac{d\phi}{dt}\cos\theta\,\hat{\boldsymbol{\theta}} \end{cases} \qquad (8.228)$$

以上の関係式から、3次元極座標系における速度ベクトル、加速度ベクトルの導出を行います。ある時刻の位置ベクトルを

$$\boldsymbol{r}(t) = \boldsymbol{r}(r, \theta, \phi) = r\,\hat{\boldsymbol{r}}(\theta, \phi) \qquad (8.229)$$

と表した場合、上式を時間微分することで速度ベクトルは

$$\boldsymbol{v}(t) = \frac{d\boldsymbol{r}(t)}{dt} = \frac{dr}{dt}\hat{\boldsymbol{r}} + r\frac{d\theta}{dt}\hat{\boldsymbol{\theta}} + r\frac{d\phi}{dt}\sin\theta\,\hat{\boldsymbol{\phi}} \qquad (8.230)$$

となり、さらに上式を時間微分することで加速度ベクトルは

$$\begin{aligned} \boldsymbol{a}(t) = \frac{d^2\boldsymbol{r}(t)}{dt^2} &= \left[\frac{d^2r}{dt^2} - r\left(\frac{d\theta}{dt}\right)^2 - r\sin^2\theta\left(\frac{d\phi}{dt}\right)^2\right]\hat{\boldsymbol{r}} \\ &+ \left[2\frac{dr}{dt}\frac{d\theta}{dt} + r\frac{d^2\theta}{dt^2} - r\left(\frac{d\phi}{dt}\right)^2\sin\theta\cos\theta\right]\hat{\boldsymbol{\theta}} \\ &+ \left[2\frac{dr}{dt}\frac{d\phi}{dt}\sin\theta + 2r\cos\theta\frac{d\theta}{dt}\frac{d\phi}{dt} + r\sin\theta\frac{d^2\phi}{dt^2}\right]\hat{\boldsymbol{\phi}} \end{aligned} \qquad (8.231)$$

となります。最後に物体に加わる力を3次元極座標系で

$$\boldsymbol{F}(r, \theta, \phi) = F_r\hat{\boldsymbol{r}} + F_\theta\hat{\boldsymbol{\theta}} + F_\phi\hat{\boldsymbol{\phi}} \qquad (8.232)$$

と表すと、ニュートンの運動方程式は次のとおりに得られました。

$$(r\,方向)\quad \frac{d^2r}{dt^2} - r\left(\frac{d\theta}{dt}\right)^2 - r\sin^2\theta\left(\frac{d\phi}{dt}\right)^2 = \frac{F_r}{m} \qquad (8.233)$$

(θ方向)　　$2\dfrac{dr}{dt}\dfrac{d\theta}{dt} + r\dfrac{d^2\theta}{dt^2} - r\left(\dfrac{d\phi}{dt}\right)^2 \sin\theta\cos\theta = \dfrac{F_\theta}{m}$ 　　　(8.234)

(ϕ方向)　　$2\dfrac{dr}{dt}\dfrac{d\phi}{dt}\sin\theta + 2r\cos\theta\dfrac{d\theta}{dt}\dfrac{d\phi}{dt} + r\sin\theta\dfrac{d^2\phi}{dt^2} = \dfrac{F_\phi}{m}$ 　　　(8.235)

なお、上式にて $\phi = 0$ とすることで、式 (8.221)、(8.222) で示した 2 次元極座標系式の運動方程式に一致することも確認できます。

8.6.3 振り子運動は理論

振り子の運動も我々の生活に身近な物理現象のひとつです。振り子運動は見た目には単純な運動であるにも関わらず、解析的な取り扱いは意外にも容易ではありません。本節では、図 8.56 で示したような重さのない伸び縮みのしない棒に繋がれた球体の重力場中での運動の理論について解説します。

図8.56●振り子運動に関連する物理量の模式図

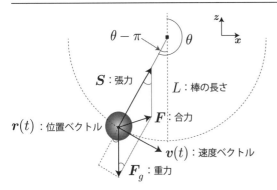

本項では、振り子を模した球体が 3 次元極座標系にて $\phi = 0$ とした x-z 平面上のみを運動するとします。z 軸からのなす角を θ、振り子の支点からの距離を L とします。球体を円周上にとどめておく力は**張力**と呼ばれ、重力場中では張力と重力の 2 つの力が球体に加わります。重力を $\boldsymbol{F}_g$、張力を $\boldsymbol{S}(t)$ と表した場合、球体に加わる力の合力は

$$\boldsymbol{F} = \boldsymbol{F}_g + \boldsymbol{S} \tag{8.236}$$

と表されます。球体の速度ベクトルは必ず接線方向を向くので、上記の合力は必ず円周の接線よりも中心側に向くことになります。次にこの力を極座標系で表すことを考えます。重力の極座標系の基本ベクトルで表すには、各基本ベクトルとの内積をとることで

$$\boldsymbol{F}_g = (\boldsymbol{F}_g \cdot \hat{\boldsymbol{r}})\hat{\boldsymbol{r}} + (\boldsymbol{F}_g \cdot \hat{\boldsymbol{\theta}})\hat{\boldsymbol{\theta}} \tag{8.237}$$

と表すことができます。重力加速度ベクトルを $\boldsymbol{g} = -g\hat{\boldsymbol{z}}$ と考え、式（8.224）を考慮すると

$$\boldsymbol{F}_g \cdot \hat{\boldsymbol{r}} = m\boldsymbol{g} \cdot \hat{\boldsymbol{r}} = -mg\hat{\boldsymbol{z}} \cdot \hat{\boldsymbol{r}} = -mg\cos\theta \tag{8.238}$$

$$\boldsymbol{F}_g \cdot \hat{\boldsymbol{\theta}} = m\boldsymbol{g} \cdot \hat{\boldsymbol{\theta}} = -mg\hat{\boldsymbol{z}} \cdot \hat{\boldsymbol{\theta}} = -mg\sin\theta \tag{8.239}$$

の関係が得られることから、重力ベクトルは

$$\boldsymbol{F}_g = -mg\cos\theta\,\hat{\boldsymbol{r}} + mg\sin\theta\,\hat{\boldsymbol{\theta}} \tag{8.240}$$

となります。一方、張力は球体が棒から引っ張られる力なので、張力の成分は球体から支点へ向かう方向のみで表されます。つまり、

$$\boldsymbol{S} = -S\hat{\boldsymbol{r}} \tag{8.241}$$

となります。よって、球体に加わる力ベクトルは

$$\boldsymbol{F} = -\left[S + mg\cos\theta\right]\hat{\boldsymbol{r}} + mg\sin\theta\,\hat{\boldsymbol{\theta}} \tag{8.242}$$

で与えられます。球体の運動は円周上に固定されているので $\hat{\boldsymbol{r}}$ 方向の増減は無く、$\hat{\boldsymbol{\theta}}$ 方向の変化だけで表現することができるので、球体の加速度は式（8.233）と式（8.234）において $dr/dt = 0$ を代入することでニュートンの運動方程式は、次の通りになります。

$$(r\,\text{方向}) \quad -L\left(\frac{d\theta}{dt}\right)^2 = -\frac{1}{m}\left[S + mg\cos\theta\right] \tag{8.243}$$

$$(\theta\,\text{方向}) \quad L\frac{d^2\theta}{dt^2} = g\sin\theta \tag{8.244}$$

ただし、r は棒の長さ L としています。まず r 方向の運動方程式（8.243）から得られる張力の表式

$$S = mL\left(\frac{d\theta}{dt}\right)^2 + mg\cos\theta \tag{8.245}$$

は、第 1 項目と第 2 項目は円運動する物体に加わる見かけの力である遠心力と重力をそれぞれ打ち消すための項となっていることが確認できます。張力は θ とその微分が計算できれば得られることが示されています。次に θ 方向の運動方程式（8.244）は一見単純なので簡単に解けそうですがそうはいきません。なぜならば、θ が三角関数の引数に存在するため、8.2 節で示した線形常微

分方程式ではなく、非線形常微分方程式の形となっているためです。本項では、振幅が小さいという特別な条件の場合と一般の振幅の場合における振り子運動の解析解の導出をそれぞれ行います。

微小振動の振り子運動の解析解

　式（8.243）、（8.244）で与えられる振り子運動のうち、$\theta = \pi$ 近傍における振動微小の場合には解析解を簡単に得ることができます。$\varphi = \theta - \pi$ と変数変形を

$$\frac{d^2\varphi}{dt^2} = -\frac{g}{L}\sin\varphi \tag{8.246}$$

と行い、φ を微小として上式の右辺を展開（$\sin\varphi = \varphi + \mathcal{O}(\varphi^3)$）すると

$$\frac{d^2\varphi}{dt^2} = -\frac{g}{L}\varphi \tag{8.247}$$

となります。この φ に関する方程式は 8.3.1 項で示した単振動運動の運動方程式と一致するので、解析解は

$$\varphi(t) = \varphi_0 \cos\omega t + \frac{\omega_0}{\omega}\sin\omega t \tag{8.248}$$

となります。ただし、初期条件として

$$\varphi(0) = \varphi_0 \,,\, \left|\frac{d\varphi(t)}{dt}\right|_{t=0} = \omega_0 \tag{8.249}$$

を課し、ω を

$$\omega = \sqrt{\frac{g}{L}} \tag{8.250}$$

と表しています。また、式（8.245）で示した張力の計算に必要な式（8.248）の時間微分は

$$\frac{d\varphi(t)}{dt} = \omega\left[-\varphi_0 \sin\omega t + \frac{\omega_0}{\omega}\cos\omega t\right] \tag{8.251}$$

と得られるので、式（8.245）の結果から、張力の時間依存性は

$$S(t) = mL\omega^2\left[-\varphi_0 \sin\omega t + \frac{\omega_0}{\omega}\cos\omega t\right]^2 + mg\cos\left[\varphi_0 \cos\omega t + \frac{\omega_0}{\omega}\sin\omega t\right] \tag{8.252}$$

となることがわかります。ただし、式（8.252）は張力の大きさを表し、方向は式（8.241）で示し

たとおり、球体の位置から支点に向かう方向となります。また、球体の位置 $x(t)$ は式（8.248）を用いて

$$x(t) = L\sin\theta = -L\sin\varphi = -L\varphi(t) + \mathcal{O}(\varphi^3) \tag{8.253}$$

と表すことができます。

図8.57●微小振動における角度、角速度、張力の時間依存性（GraphViewer_simplePendulum1.html）

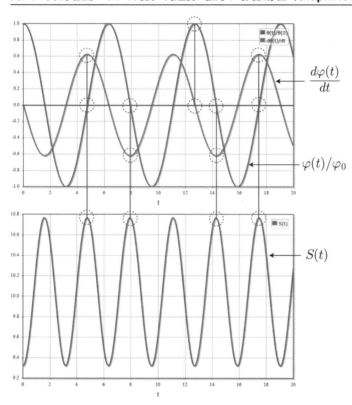

図 8.57 は、振り子運動の微小振動における解析解です。初期条件として $\varphi_0 = \pi/10$、$\omega_0 = 0$、棒の長さ $L = 10$ を与えたときの式（8.248）で示した角度 $\varphi(t)$、式（8.251）で示した角速度 $d\varphi(t)/dt$、式（8.252）で示した張力の結果です。おもりを指定の角度からそっと手を離したという状況です。角振動数（式（8.250））は概ね 0.99 [rad/s] なので、おおよそ 6.30 秒周期で振動することになります。この角振動数は棒の長さに依存する一方で、おもりの質量には依存しません。棒の長さと周期が既知の場合、式（8.250）から重力加速度を計算することもできます。これは地球の重力加速度を実験的に求める簡単な手法といえます。

おもりが最下点（$\omega t = \pi/2 + \pi n$）の時におもりの速度は最大値 $\omega\varphi_0$ をとり、張力も最大値

$$S_{\max} = mg(1 + \varphi_0^2) = 10.766 \cdots \tag{8.254}$$

をとります。一方、おもりが最上点（$\omega t = \pi n$）の時におもりの速度は 0 となり、張力も最小値

$$S_{\max} = mg(1 + \varphi_0^2) = 10.766 \cdots \tag{8.255}$$

をとります。上記の結果は図 8.57 の結果と一致します。

8.6.4 一般の振幅に対する振り子運動の解析

振幅が微小となる振動場合、ニュートンの運動方程式は振幅についてテーラー展開を実行することで単振動と方程式に帰着されることを示しました。振幅が微小ではない場合、式（8.243）、式（8.244）の非線形方程式に向き合う必要があります。本項では、次に挙げる表式や物理量の導出を行います。

(1) おもりの角速度の角度依存性 → 張力の角度依存性
(2) おもりの振れの最大角 → 振り子が回転する条件
(3) 振り子の周期を与える表式

(1) おもりの角速度の角度依存性

式（8.244）の常微分方程式は、両辺に $d\theta/dt$ を掛けて t で積分するという手段（ニュートンの運動方程式からの力学的エネルギー保存則の導出でも利用しました）を用いることで、2 階の常微分方程式を 1 階の常微分方程式へ変形することができます。具体的に計算すると

$$L \frac{d\theta}{dt} \frac{d^2\theta}{dt^2} = g \frac{d\theta}{dt} \sin\theta \tag{8.256}$$

から不定積分を行うことで

$$\frac{1}{2} L \left(\frac{d\theta}{dt}\right)^2 = -g\cos\theta + C \tag{8.257}$$

が導き出されます。C は積分定数なので、初期条件

$$\left.\frac{d\theta(t)}{dt}\right|_{t=0} = \omega_0 \tag{8.258}$$

を課すことで

$$C = \frac{1}{2}L\omega_0^2 + g\cos\theta_0 \tag{8.259}$$

と得られます。以上の結果から、おもりの角速度の角度依存性を与える表式は次のとおりになります。

$$\left(\frac{d\theta}{dt}\right)^2 = \omega_0^2 + 2\omega^2(\cos\theta_0 - \cos\theta) \tag{8.260}$$

また、張力は式（8.246）に式（8.260）を代入することで

$$S(\theta) = mL\left[\omega_0^2 + 2\omega^2(\cos\theta_0 - \cos\theta)\right] + mg\cos\theta \tag{8.261}$$

と得られます。なお、おもりの速度は角速度に半径を掛けたものになるので

$$v = L\frac{d\theta}{dt} = L\omega_0\sqrt{1 - 2\frac{\omega^2}{\omega_0^2}(\cos\theta_0 - \cos\theta)} \tag{8.262}$$

となります。

(2) おもりの振れの最大角

式（8.260）の θ は、図 8.56 で示したとおり z 軸からの偏角なので、おもりの振れ角を微小振動の解析の時と同様、$\varphi \equiv \theta - \pi$ で定義します。この φ を用いると式（8.260）は

$$\left(\frac{d\varphi}{dt}\right)^2 = \omega_0^2 - 2\omega^2(\cos\varphi_0 - \cos\varphi) \tag{8.263}$$

となります。この表式からおもりの振れの最大角 φ_{max} を導出する条件を考えるとします。振り子の運動において、おもりの振れが最大のときおもりは静止します。つまり、角速度が 0 ということなので、式（8.263）の左辺が 0 となるときの φ が φ_{max} となるはずです。この条件から

$$\cos\varphi_{max} = \cos\varphi_0 - \frac{1}{2}\frac{\omega_0^2}{\omega^2} \tag{8.264}$$

となるので、おもりの最大振れ角 φ_{max} は、逆三角関数を用いて

$$\varphi_{\max} = \arccos\left[\cos\varphi_0 - \frac{1}{2}\frac{\omega_0^2}{\omega^2}\right] \tag{8.265}$$

となることがわかります。自明ですが、初角速度 $\omega_0 = 0$ の場合にはおもりの最大振れ角は初期角度 $\varphi_{\max} = \pm\varphi_0$ となることも確認できます（触れ角のマイナスの方はおもりが反対側に振れたときの角度に対応します）。さらに、式 (8.265) から、振り子が回転するための条件式も得られます。式 (8.265) において、左辺の $\varphi_{\max}$ が実数となるための条件は、右辺の逆三角関数の引数の絶対値が 1 以下の場合です。しかしながら、初角速度 ω_0 は任意の値を与えることができることから、絶対値が 1 よりも大きくすることは可能です。このとき、おもりは勢い良く回ると考えられるので、

$$\left|\cos\varphi_0 - \frac{1}{2}\frac{\omega_0^2}{\omega^2}\right| > 1 \tag{8.266}$$

の条件が、おもりが回転するための条件となります。なお、この場合の $\varphi_{\max}$ は虚数です。続いて回転するための ω_0 を求めます。式 (8.266) の絶対値を外すと

$$\cos\varphi_0 - \frac{1}{2}\frac{\omega_0^2}{\omega^2} > 1 \ , \ \cos\varphi_0 - \frac{1}{2}\frac{\omega_0^2}{\omega^2} < -1 \tag{8.267}$$

と 2 つの不等式が現れ、ω_0 について解くと

$$\omega_0^2 < 2\omega^2(\cos\varphi_0 - 1) \ , \ \omega_0^2 > 2\omega^2(\cos\varphi_0 + 1) \tag{8.268}$$

となります。しかしながら、$\cos\varphi_0 - 1 < 0$ が必ず成り立つので、式 (8.268) の左の不等式を満たす ω_0 は存在しません。そのため、式 (8.268) の右のみを考えることで事足ります。$\cos\varphi_0 + 1 > 0$ を必ず満たすので、振り子が回転する ω_0 は

$$\omega_0 > \omega\sqrt{2(\cos\varphi_0 + 1)} \ , \ \omega_0 < -\omega\sqrt{2(\cos\varphi_0 + 1)} \tag{8.269}$$

を満たす場合であることを示すことができました。なお、8.5.7 項で実際にシミュレーションで確かめることにします。

(3) 振り子の周期を与える表式

最後に、任意の振幅に対する振り子運動の周期を与える表式を導出します。φ の時間依存性がわかれば周期を得られるので、式 (8.263) において時間積分を考えます。式 (8.263) をよく見ると、右辺は t が露わに存在せず φ のみに依存するので、8.2.1 項で解説した変数分離の形に変形することができます。式 (8.263) の平方根をとって整理すると

8.6 振り子の運動シミュレーション

$$\frac{d\varphi}{\omega_0\sqrt{1 - 2\frac{\omega^2}{\omega_0^2}(\cos\varphi_0 - \cos\varphi)}} = dt \tag{8.270}$$

となります。片々をそれぞれの変数で定積分を実行するわけですが、左辺の分母の平方根内部の形を変形して、第一種楕円積分と呼ばれるよく知られた形式への変形を考えます。具体的には、積分定数(φ_0 と ω_0)を決定する初期条件を $t = 0$ から $t = t_0$ へ変更します。この t_0 は $\varphi(t_0) = 0$ を満たす最小の時刻と定義します。その結果、式(8.270)は

$$\frac{d\varphi}{\bar{\omega}_0\sqrt{1 - 2\frac{\omega^2}{\bar{\omega}_0^2}(1 - \cos\varphi)}} = dt \tag{8.271}$$

と変形することができます。ただし、$\bar{\omega}_0$ は $t = t_0$ における角速度を表し、式(8.263)から

$$\bar{\omega}_0 \equiv \left.\frac{d\varphi}{dt}\right|_{\varphi(t_0)=0} = \sqrt{\omega_0^2 + 2\omega^2(1 - \cos\varphi_0)} \tag{8.272}$$

と与えられる量です。式(8.271)のように両辺の変数が異なる定積分を実行するには、両辺の変数 φ と t の対応を考慮する必要があるわけですが、$\varphi(t_0) = 0$ は先に定義したとおりで、もう一つ式(8.265)で与えた振れ角の最大値 $\varphi_{\max}$ をとる時刻を t_1 と定義します。つまり、$\varphi(t_1) = \varphi_{\max}$ とします。このように定義することで、式(8.271)の定積分は

$$\frac{1}{\bar{\omega}_0}\int_0^{\varphi_{\max}} d\varphi \frac{1}{\sqrt{1 - 2\frac{\omega^2}{\bar{\omega}_0^2}(1 - \cos\varphi)}} = \int_{t_0}^{t_1} dt \tag{8.273}$$

となります。図8.58では式(8.273)の定積分の積分区間の概念図を表しています。この積分範囲は振り子運動の1/4周期分に相当するので、周期を T とすると式(8.273)の右辺が $T/4$ となります。

図8.58●定積分の積分区間の概念図

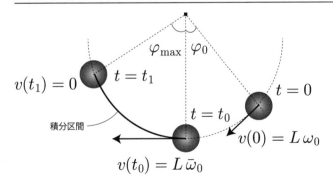

次に、式（8.273）の左辺について考えます。三角関数の公式 $1 - \cos\varphi = 2\sin^2\varphi/2$ を用いて、$\varphi/2 = \phi$ と変数変換を行うと式（8.273）の左辺は

$$（左辺）= \frac{2}{\bar{\omega}_0}\int_0^{\frac{\varphi_{\max}}{2}} \frac{1}{\sqrt{1-k^2\sin^2\phi}}d\phi = \frac{2}{\bar{\omega}_0}F\left(\frac{\varphi_{\max}}{2}, k\right) \tag{8.274}$$

と変形することができます。ただし、$k = 2\omega/\bar{\omega}_0$、F は第一種楕円積分と呼ばれる積分で、第 1 引数が積分区間の上端、第 2 引数が被積分関数の k の値となります。式（8.273）と（8.274）より周期 T を与える表式は

$$T = \frac{8}{\bar{\omega}_0}F\left(\frac{\varphi_{\max}}{2}, k\right) \tag{8.275}$$

で与えられることが導かれました。この右辺の楕円積分は 2 つの引数によって振る舞いが大きく異なることが知られています。k は振り子の棒の長さ L と重力加速度 g、式（8.272）で定義した初期角速度 $\bar{\omega}_0$ で与えられ、$\varphi_{\max}$ は式（8.265）で与えられます。この積分は解析的に扱うことは難しく、数値計算に頼る必要がありますが、本書ではこれ以上の解析は行いません。

最後に最も単純な場合の大まかな値を調べておきます。支点と水平状態（$\varphi_{\max} = \varphi_0 = \pi/2$）から初速度 0（$\omega_0 = 0$）でスタートした場合、式（8.272）から $\bar{\omega}_0 = \sqrt{2}\omega$ で、$k = \sqrt{2}$ となるので、周期は式（8.275）から

$$T = 4\sqrt{\frac{2r}{g}}F\left(\frac{\pi}{4}, \sqrt{2}\right) \tag{8.276}$$

で与えられます。なお、楕円積分は数値的におよそ

$$F\left(\frac{\pi}{4}, \sqrt{2}\right) = 1.3110287771\cdots \tag{8.277}$$

なので[1]、

$$T \simeq 7.4163\sqrt{\frac{r}{g}} \tag{8.278}$$

となります。r は振り子のひもの長さなので、もし、$r = 9.8$ [m] の場合、周期が 7.4 秒ということになります。

---

[1] CASIO 様が運営する高精度計算ウェブサイト「keisan」を利用して数値計算した結果を利用させて頂きました。http://keisan.casio.jp/exec/system/1169199404

8.6.5 振り子運動の計算アルゴリズム

　前項では極座標系のニュートンの運動方程式を用いて解析解の導出を行いました。もちろんこの運動方程式に対する数値計算を行うことも可能ですが、一般的に非線形常微分方程式を解く必要があるため、難しくなってしまいます。やはり様々な物理系に対する汎用性を高く保つには直交座標系が適しています。静止した支柱に対する振り子運動の直交座標系における計算アルゴリズムは、『HTML5 による物理シミュレーション』4.4.8 項で示したとおりですが、本節ではさらに拡張して支柱が移動する場合の計算アルゴリズムの導出を行います。

図8.59●支柱が移動する振り子運動に関係するベクトル量の模式図

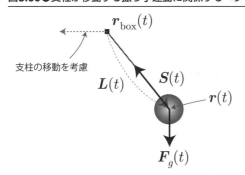

　図 8.59 は支柱が移動する振り子運動に関係するベクトル量を表した模式図です。振り子のおもりと支柱の位置ベクトルをそれぞれ $r(t)$ と $r_{\mathrm{box}}(t)$ と表し、おもりだけでなく支柱の位置も時間変化すると考えます。$L(t)$ は支柱の位置からおもりの位置までのベクトルで

$$L(t) = r(t) - r_{\mathrm{box}}(t) \tag{8.279}$$

と定義し、$S(t)$ は張力、$F_g(t)$ は重力を表します。$F_g(t)$ は一応重力を想定していますが、任意の時刻でベクトル量として得られる力であれば他の力でも構いません。これらのベクトル量の内、$r_{\mathrm{box}}(t)$ と $F_g(t)$ を既知として $r(t)$ を計算するためのアルゴリズムの導出を行います。

　基本的な導出方法は『HTML5 による物理シミュレーション』4.4.8 項とほどんど同じですが、復習ついでに解説します。支柱とおもりの距離がどんな時でも一定値であるという条件（**拘束条件**）をニュートンの運動方程式と課すことで張力を導出します。この拘束条件を式で表すと

$$|L(t)|^2 = |r(t) - r_{\mathrm{box}}(t)|^2 = L \tag{8.280}$$

となります。この条件は単に 2 点の距離が時間に対して一定という明示的な意味だけではなく、時間微分することで得られる速度に関する拘束条件も含んでいます。式（8.280）の右辺は時間微

分すると 0 であるので、式 (8.280) の真ん中の辺の時間微分も 0 となるはずです。式 (8.280) の真ん中の項は

$$\frac{d}{dt} |\bm{r}(t) - \bm{r}_{\text{box}}(t)|^2 = \frac{d}{dt} \left[(\bm{r}(t) - \bm{r}_{\text{box}}(t)) \cdot (\bm{r}(t) - \bm{r}_{\text{box}}(t)) \right]$$
$$= 2 \left[(\bm{v}(t) - \bm{v}_{\text{box}}(t)) \cdot (\bm{r}(t) - \bm{r}_{\text{box}}(t)) \right] \quad (8.281)$$

となるので、直ちに

$$(\bm{v}(t) - \bm{v}_{\text{box}}(t)) \cdot (\bm{r}(t) - \bm{r}_{\text{box}}(t)) = 0 \quad (8.282)$$

が得られます。ただし、$\bm{v}(t)$ と $\bm{v}_{\text{box}}(t)$ は

$$\bm{v}(t) \equiv \frac{d\bm{r}(t)}{dt} \ , \ \bm{v}_{\text{box}}(t) \equiv \frac{d\bm{r}_{\text{box}}(t)}{dt} \quad (8.283)$$

とします。式 (8.282) は相対位置ベクトルと相対速度ベクトルが直交することを表しているので、おもりと支柱の位置が与えられたときの速度ベクトルの方向に制限が加えられていることを意味します（内積が 0 なので大きさについては不問）。つまり、式 (8.282) が速度ベクトルについての拘束条件となっていることが確認できました。さらに、式 (8.282) の両辺を時間で微分することで、加速度に対する拘束条件

$$(\bm{a}(t) - \bm{a}_{\text{box}}(t)) \cdot (\bm{r}(t) - \bm{r}_{\text{box}}(t)) + (\bm{v}(t) - \bm{v}_{\text{box}}(t))^2 = 0 \quad (8.284)$$

も導出することができます。ただし、$\bm{a}(t)$ と $\bm{a}_{\text{box}}(t)$ は

$$\bm{a}(t) \equiv \frac{d\bm{v}(t)}{dt} \ , \ \bm{a}_{\text{box}}(t) \equiv \frac{d\bm{v}_{\text{box}}(t)}{dt} \quad (8.285)$$

とします。式 (8.284) は相対加速度ベクトルの相対位置ベクトル成分が相対速度ベクトルの大きさと関係があることを表しているので、速度に関する拘束条件と比べると複雑ですが加速度に関する拘束条件となっています。式 (8.284) に式 (8.279) の表記を適用し、$\bm{a}(t)$ の項について解くと

$$\bm{a}(t) \cdot \bm{L}(t) = \bm{a}_{\text{box}}(t) \cdot \bm{L}(t) - |\bm{v}(t) - \bm{v}_{\text{box}}(t)|^2 \quad (8.286)$$

となります。$\bm{a}(t)$ の項について解いたのは、2 つの力 $\bm{S}(t)$ と $\bm{F}_g(t)$ が加わったおもりに対するニュートンの運動方程式

$$\bm{a}(t) = \frac{1}{m} \left[\bm{S}(t) + \bm{F}_g(t) \right] \quad (8.287)$$

と比較することで張力 $S(t)$ を決定するためです。式（8.241）を示したときにも言及しましたが、張力は支柱とおもりをつなぐ直線上にしか働かないので

$$S(t) = -\alpha L(t) \tag{8.288}$$

と表すとすると、式（8.287）の両辺に $L(t)$ との内積をとると

$$\begin{aligned} a(t) \cdot L(t) &= \frac{1}{m} \left[S(t) \cdot L(t) + F_g(t) \cdot L(t) \right] \\ &= \frac{1}{m} \left[-\alpha L^2 + F_g(t) \cdot L(t) \right] \end{aligned} \tag{8.289}$$

と変形できることから、式（8.286）と式（8.289）を比較して

$$\alpha = \frac{m}{L^2} \left[|v(t) - v_{\text{box}}(t)|^2 - a_{\text{box}}(t) \cdot L(t) + \frac{1}{m} F_g(t) \cdot L(t) \right] \tag{8.290}$$

と求まります。式（8.290）は、支柱の位置ベクトル、速度ベクトル、加速度ベクトルが既知で、おもりの位置ベクトルと速度ベクトルが既知で、さらに外部からの力ベクトル $F_g(t)$ も既知であれば、α を計算することができることを示しています。先述のとおり、$F_g(t)$ が既知であればどんな力でも問題なく計算することができます。本節では重力

$$F_g = mg \tag{8.291}$$

を想定しているので、式（8.288）から張力は

$$S(t) = -\frac{m}{L^2} \left[|v(t) - v_{\text{box}}(t)|^2 - a_{\text{box}}(t) \cdot L(t) + g \cdot L(t) \right] L(t) \tag{8.292}$$

となることが示されました。なお、支柱が固定となる条件である $v_{\text{box}}(t) = 0$ と $a_{\text{box}}(t) = 0$ を課すと

$$S(t) = -\frac{m[g \cdot L(t) + v(t)^2]}{|L(t)|^2} L(t) \tag{8.293}$$

となり、これは『HTML5による物理シミュレーション』4.4.8項で示したものと一致します。本節では、張力の表式として式（8.292）を使用し、おもりに加わる力は重力と張力の合力である

$$F(t) = F_g + S(t) = mg - \frac{m[g \cdot L(t) + v(t)^2]}{|L(t)|^2} L(t) \tag{8.294}$$

の表式を用いて毎時間ステップの計算を実装します。この計算アルゴリズムの実装を行うには、こ

8 振動運動のシミュレーション

れまでと同様 HTML 文書内で PhysObject クラスの getForce メソッドをオーバーライドします。実装するプログラムソースは次のとおりです。

プログラムソース 8.17 ●getForce メソッド（OneBodyLab_r8__pendulum1.html）

```
PHYSICS.physLab.ball.getForce = function(){
  var L = new THREE.Vector3().subVectors(                      ────── 式 (8.279)
    this.r,              // おもりの位置ベクトル
    this.physLab.box.r   // 支柱の位置ベクトル                  ────── (※1-1)
  );
  // 重力加速度ベクトル
  var g = new THREE.Vector3 ( 0, 0, - this.physLab.g );        ────── (※2)
  // 相対速度ベクトル
  var v = new THREE.Vector3().subVectors(
    this.v ,             // おもりの速度ベクトル
    this.physLab.box.v   // 支柱の速度ベクトル                  ────── (※1-2)
  );
  // 相対速度ベクトルの大きさの2乗
  var v2 = v.lengthSq();
  // Lと支柱の加速度ベクトルとの内積
  var L_dot_a_box = L.dot( this.physLab.box.a );               ────── (※1-3)
  // Lとgの内積
  var L_dot_g = L.dot( g ); // 支点からの距離の計算
  var L2 = L.lengthSq();
  // 各時刻における張力の計算
  var alpha = this.mass / L2 * ( v2 - L_dot_a_box + L_dot_g ); ────── 式 (8.290)
  var S = L.multiplyScalar( - alpha ) ;                        ────── 式 (8.288)
  // 重力の計算
  var Fg = g.multiplyScalar( this.mass );                      ────── 式 (8.291)
  // 合力の計算
  var f = new THREE.Vector3().addVectors( Fg, S );             ────── 式 (8.294)
  return f;
}
```

(※1) 支柱を模した立方体オブジェクトは実験室オブジェクトの box プロパティに格納されているとして、位置ベクトル、速度ベクトル、加速度ベクトルを表す r プロパティ、v プロパティ、a プロパティがあらかじめ与えられていることを想定しています。

(※2) 導出した計算アルゴリズムに合わせるために、重力加速度もベクトル量として取り扱うことにします。

なお、上記の計算アルゴリズムは速度ベクトルが拘束条件（振り子運動の場合おもりの速度ベクトルは、支柱とおもりをつなぐ棒の向きに対して必ず垂直方向をとります）を満たしているという条件が暗黙に課されています。そのため、初期条件として拘束条件を無視した速度ベクトルを与え

た場合、非物理的な運動を行ってしまうことに注意が必要です。この挙動に対する改善は今後の検討課題とします。

図8.60●支柱が固定された振り子運動の様子（OneBodyLab_r8__pendulum1.html, OneBodyLab_r8__pendulum2.html）

図8.60は、支柱が固定された振り子に対して、おもりを模した球オブジェクトが運動する様子です。運動の様子をわかりやすく可視化するために6.1節で実装したストロボ撮影機能を利用しています。図8.60（左）は支点と同じ高さのおもりを初速度0で開始した運動の様子、（右）は先と同じ位置から初速度にy成分を与えたときの運動の様子となります。あと、図8.60の仮想物理実験室の3次元グラフィックスの生成に必要なのは支柱とおもりをつなぐ棒を模した3次元オブジェクトの追加です。本実験室では、4.4節で開発した円柱オブジェクトを代用することにします。そして、支柱を模した立方体オブジェクトとおもりを模した球オブジェクトの位置から、この円柱オブジェクトの位置と姿勢の計算を毎描画ステップごとに計算します。

プログラムソース8.18 ●棒オブジェクトの生成（OneBodyLab_r8__pendulum1.html）

```
    PHYSICS.physLab.stick = new PHYSICS.Cylinder({         ----------------------------------- (※1)
      draggable: false,        // マウスドラックの有無
      allowDrag: false,        // マウスドラックの可否
      collision: false,        // 衝突判定の有無
      r: {x:0, y:0, z: 0},     ----------------------------------------------------------------- (※2-1)
      axis: {x: 0, y:0, z:1},  // 回転軸ベクトル ------------------------------------------- (※2-2)
      angle: 0,                // 回転角度 --------------------------------------------------- (※2-3)
      height: 6,               // 円柱の長さ ------------------------------------------------- (※3-1)
      rotationXYZ: true,       // 上向きの変更 ---------------------------------------------- (※3-2)
      radiusTop: 0.05,         // 円柱の上円の半径 ------------------------------------------ (※4-1)
      radiusBottom: 0.05,      // 円柱の下円の半径 ------------------------------------------ (※4-2)
```

8 振動運動のシミュレーション

```
        openEnded: false,       // 上下の円を開ける
        material : {
            type : "Basic",                                         ………………………………… (※4-3)
            color: 0x00a0e9,    // 反射色                            ………………………………… (※4-4)
            castShadow: true,   // 影の描画                          ………………………………… (※4-5)
            receiveShadow: true,// 影の映り込み描画                   ………………………………… (※4-6)
        },
    });
    PHYSICS.physLab.stick.beforeUpdate = function() {               ………………………………… (※5)
        // 位置と姿勢の指定
        var L = new THREE.Vector3().subVectors( PHYSICS.physLab.ball.r,
                                                PHYSICS.physLab.box.r );  ……………… (※6-1)
        // 棒オブジェクトの姿勢を指定
        this.resetAttitude(                                          ………………………………… (※6-2)
            L.normalize(),  // 姿勢軸ベクトル
            0               // 回転角度
        );
        var R = new THREE.Vector3().addVectors(                      ………………………………… (※7-1)
                            PHYSICS.physLab.box.r,
                            PHYSICS.physLab.ball.r
                        ).divideScalar(2);
        this.r.copy( R );                                            ………………………………… (※7-2)
    }
    // 棒オブジェクトの追加
    PHYSICS.physLab.objects.push( PHYSICS.physLab.stick );
```

(※1) 棒オブジェクトを格納する stick プロパティを実験室オブジェクトに追加します。

(※2) 本オブジェクトの位置や姿勢は毎時間ステップごとに計算して与えるため、初期値を与えることは無意味です。

(※3) 棒オブジェクトの長さはオブジェクト生成時の初期値で固定となります。そのため、本オブジェクトの生成前に支柱とおもりの長さを決めておく必要があります。また、7.8.8 項で導入した rotationXYZ プロパティを true にすることで、姿勢ベクトルと向きと棒の長さ方向を一致させます。

(※4) 本実験室では、棒オブジェクトはあくまでグラフィックスのための存在なので、太さや材質などのパラメータは見た目の好みで決めて問題ありません。

(※5) PhysLab クラスの通信メソッドである beforeUpdate メソッドを利用して、毎描画ステップごとに棒オブジェクトの位置と姿勢を与えます。

(※6) 式 (8.279) で得たベクトルを姿勢ベクトルとして、7.8.7 項で導入した resetAttitude メソッドを用いて本オブジェクトの姿勢を設定します。なお、円柱は姿勢軸に対して回転対称性があるので、resetAttitude メソッドの第 2 引数の回転角は 0 のままで問題ありません。

(※7) 棒オブジェクトの位置ベクトルは支柱とおもりの中点で与えられます。

8.6.6 振り子の等時性の破れシミュレーション

振り子の等時性とは、振幅が小さな振り子の場合に、振幅の大きさに関わらず周期が同じであるという法則を指します。天井から吊り下がったランプの振れを見たガリレオ・ガリレイにより発見されたと言われています。この法則は、式（8.247）の導出時に言及したとおり、おもりの振れ角度 φ が十分小さいとして、テーラー展開の1次で近似できる場合に、近似的に成り立ちます。一般の振幅の場合には 8.6.4 項で示したとおり、周期の解析解は初等代数的には得ることができませんが、物理シミュレーションを行うことで数値的に得ることは比較的簡単です。

図8.61 ● 異なる初期角度の運動の比較（OneBodyLab_r8__pendulum3.html）

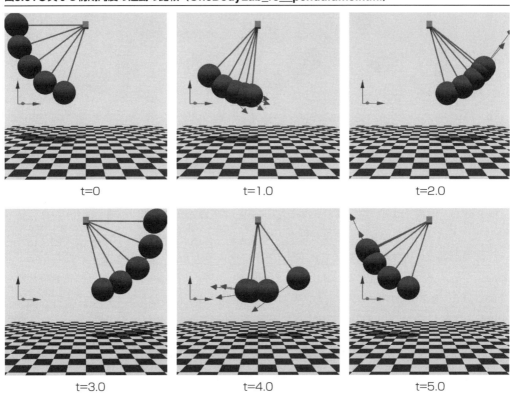

t=0　　　　　　　　t=1.0　　　　　　　　t=2.0

t=3.0　　　　　　　　t=4.0　　　　　　　　t=5.0

8 振動運動のシミュレーション

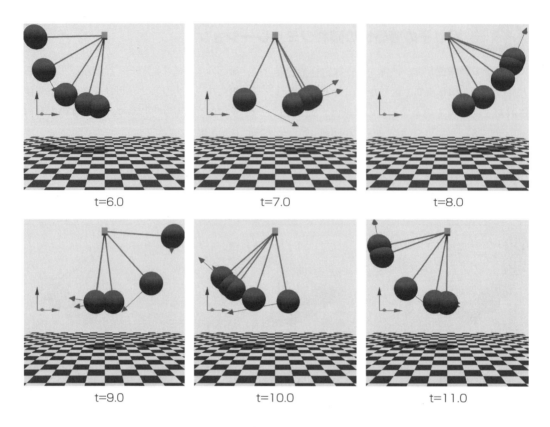

図 8.61 は、前項で導出した計算アルゴリズムを用いて異なる初期角度（垂直方向から 18°、36°、54°、72°、90°）、初速度 0 のおもりの運動のシミュレーションを実行したときの $t = 0$、1、2、…、11 における仮想物理実験室の 3 次元グラフィックスのスナップショットです。質量 $m = 1$、棒の長さ $L = 6$、重力加速度 $g = 9.8$ として計算しています。図中の矢印は速度ベクトルを表しているので、各スナップショットにおけるおもりの運動の様子がわかりやすいと思います。$t = 0$ で運動を開始して、$t = 3$ までは同じような周期で運動してるように見えますが、$t = 4$ では初期角度の大きなおもりの遅れが目立ってくることが確認できます。$t = 7$ でその遅れは大きくなり、$t = 11.0$ では速度ベクトルの向きも反対になるまで遅れていることがわかります。この物理シミュレーションの結果から、初期角度が大きいほど振り子運動の周期が大きいことがわかりました。なお、図 8.61 のように複数の振り子運動を同時に計算するための実装を次に示します。

プログラムソース 8.19 ●球オブジェクトと立方体オブジェクトの生成（OneBodyLab_r8__pendulum3.html）

```
/////////////////////////////////////////////
// 球オブジェクトの準備
/////////////////////////////////////////////
var L = 6;
PHYSICS.physLab.balls = [];
for(var i = 0; i < 5; i++ ){                                          ------ (※1-1)
  // 初期角度
  var varphi = Math.PI*0.1*( i + 1 );
  // 初期位置座標
  var x = - L * Math.sin( varphi );
  var z = 10 - L * Math.cos( varphi );
  PHYSICS.physLab.balls[ i ] = new PHYSICS.Sphere({
    (省略)
  });
  PHYSICS.physLab.balls[ i ].varphi = varphi;                         ------ (※2)
  // 球オブジェクトの生成
  PHYSICS.physLab.objects.push( PHYSICS.physLab.balls[ i ] );
  // 力の定義
  PHYSICS.physLab.balls[ i ].getForce = function(){                   ------ (※3)
    (省略)
  }
}
/////////////////////////////////////////////
// 棒オブジェクトの生成
/////////////////////////////////////////////
PHYSICS.physLab.sticks = [];
for(var i = 0; i < 5; i++ ){                                          ------ (※1-2)
  PHYSICS.physLab.sticks[ i ] = new PHYSICS.Cylinder({
    (省略)
  });
  PHYSICS.physLab.sticks[ i ].i = i;                                  ------ (※4-1)
  PHYSICS.physLab.sticks[ i ].beforeUpdate = function() {             ------ (※3-2)
    // 姿勢の指定
    var L = new THREE.Vector3().subVectors( this.physLab.box.r,
                                 this.physLab.balls[ this.i ].r );    (※4-2)
    var R = new THREE.Vector3().addVectors( this.physLab.box.r,
                                 this.physLab.balls[ this.i ].r )     (※4-3)
                               .divideScalar(2);
    (省略)
  }
  // 棒オブジェクトの追加
  PHYSICS.physLab.objects.push( PHYSICS.physLab.sticks[ i ] );
}
```

(※1) for 文による繰り返しを用いて、おもりを表す球オブジェクトと棒を表す円柱オブジェクトを所望の数だけ生成します。なお、3次元オブジェクトを実験室オブジェクトに格納する際のプロパティも配列として用意しておきます（ball → balls、stick → sticks）。

(※2) 各おもりの初期角度を varphi プロパティに格納します。この値は後述するグラフ描画の際に利用します。

(※3) 各おもりに加わる力を計算する getForce メソッドもそれぞれ用意する必要があります。もし、大量のオブジェクトに同一のメソッドを追加する必要がある場合には、やはり改めてクラスを定義してメソッドを定義し、そのクラスのオブジェクトとして生成するほうがメモリ消費や保守管理の観点で望ましいと考えられます。

(※4) 支柱とおもりをつなぐ棒は、どのおもりと支柱をつなぐかを指定する必要があります。そのため、円柱オブジェクトを生成する際に、自身の背番号として i プロパティに生成番号を保持しておきます。この値を利用して、自分の背番号と同じ番号のおもりと支柱の中点と L ベクトルを計算します。

2 次元グラフによる理解

図 8.61 で示したような 3 次元グラフィックスによる時間経過のスナップショットでは、おもりの運動を視覚的にしか把握できません。やはり適切な理解のためには、おもりの時系列データを 2 次元グラフで比較する必要があります。図 8.62 は、式（8.248）と式（8.253）で与えられる振幅が小さいときの解析解

$$x(t) \simeq L\varphi(t) = L\varphi_0 \left[\cos\omega t + \frac{\omega_0}{\varphi_0 \omega}\sin\omega t\right] \tag{8.295}$$

と、前項で実装した振り子運動シミュレーションの結果を 2 次元グラフで描画した図です。初期角速度が 0 の場合（$\omega_0 = 0$）、解析解は振幅が $L\varphi_0$ の cos 関数で表されるので、解析解とシミュレーション結果を $L\varphi_0$ で割ることで比較しやすくしています。このような操作は、物理学では無次元化と呼ばれます。

図8.62●微小振動の解析解とシミュレーション結果との比較（OneBodyLab_r8__pendulum3.html）

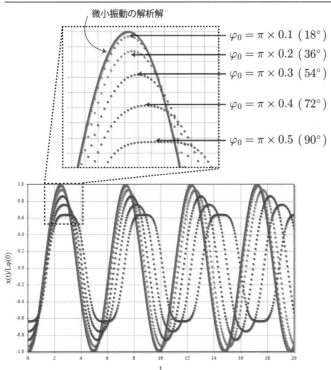

　図8.62にて、もし振り子の等時性が成り立っている場合には、実線で描画した解析解に全て重なります。1つ目のピークを拡大した図を見ると、初期角度18°の場合でも解析解から若干外れていることがわかります。初期角度が大きいほどズレが大きくなり、周期も長くなっていることが確認できます。この周期も式（8.275）で示した第一種楕円積分を計算することで数値的に得ることができ、シミュレーション結果と比較することもできますが、本書ではこれ以上踏み込みません。最後に、振り子運動シミュレータのタブインターフェースをクリックしたときに、シミュレーション結果から2次元グラフ描画用のデータ成形を行うためのプログラムソースを示します。

プログラムソース8.20●解析解とシミュレーション結果のデータ成形（OneBodyLab_r8__pendulum3.html）

```
// 2つ目のタブに切り替え時
document.getElementById("tabList").getElementsByTagName("a").item(1)
        .addEventListener("click", function () {
    // 「pushData」メソッドによるデータ列の初期化
    scope.plot2D_position.clearData();
    // 解析解の数値データの生成 //////////////////////////////////////////
```

```
    var omega = Math.sqrt( scope.g / L );                              ──────── 式 (8.250)
    var varphi0 = Math.PI/10;  // 初期角度
    var omega0 = 0;            // 初期角速度
    // 解析解のデータを格納する配列
    var analyticalData = [];
    for( var j = 0; j < scope.balls[ 0 ].data.x.length; j++ ){
      var t = scope.balls[ 0 ].data.x[ j ][ 0 ];                       ──────── (※1)
      var x = L * (varphi0 * Math.cos( omega * t )
              + omega0 / (varphi0 * omega) * Math.sin( omega * t ) );  ──── 式 (8.295)
      x = x / ( L * varphi0 );  // 無次元化
      analyticalData.push([t , x]);  // グラフ描画用データの生成
    }
    // 「pushData」メソッドによるデータの追加
    scope.plot2D_position.pushData( analyticalData ); // 解析解のデータを格納
    // データ格納用配列
    var datas_x = [];
    // 数値解のデータ生成 /////////////////////////////////////////////
    for( var i = 0; i < 5; i++ ){
      datas_x[ i ] = [];
      for( var j = 0; j < scope.balls[ i ].data.x.length; j++ ){
        var t = scope.balls[ i ].data.x[ j ][ 0 ];
        var x = scope.balls[ i ].data.x[ j ][ 1 ]/( L *scope.balls[ i ].varphi);
                                              // 無次元化           ──────── (※2)
        datas_x[ i ].push( [ t ,x ] );
      }
      // 「pushData」メソッドによるデータの追加
      scope.plot2D_position.pushData( datas_x[ i ] );  // x座標
    }
    // メソッドによる再描画
    scope.plot2D_position.linerPlot();
    (省略)
  }
```

(※1) 解析解を計算するための時刻として、1つ目のおもりの運動データの時刻を使用します。

(※2) 無次元化を行う際に割る量は、初期角度の違いによって異なります。そのため、球オブジェクトを生成する際にvarphiプロパティに格納しておいた初期角度を用います。

棒の長さによる周期の違い

　同じ初期角度からスタートした振り子でも、式（8.275）で示されたとおり棒の長さが異なる場合には周期が異なります。図8.63は、同じ初期角度から始めた長さの異なる振り子運動のシミュレーションの結果です（$L=3$と$L=6$）。図左が仮想物理実験室の3次元グラフィックス、図右が無次元化したx座標の時系列プロットです。棒の長さが長いほうが、運動の周期が長くなって

いることがわかります。グラフを見て気がつくこととして、周期の違いは振り子が振り切れているときの滞在時間の違いが棒の長さによって大きく異なるということです。この滞在時間と棒の長さの関係は調べてみると面白いかもしれません。

図8.63●長さの異なる振り子運動のシミュレーション結果（OneBodyLab_r8__pendulum4.html）

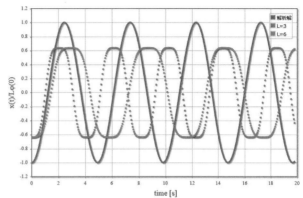

重さの違いによる周期の違い

　8.3節で解説した線形ばねによる単振動運動の場合、運動の周期はおもりの質量に依存しました。振り子運動の場合はどうなるでしょう。結論から言うと、振り子運動は重さによる周期の違いはありません。これは、式（8.295）の微小振動における解析解に質量 m が現れないことや（ω は式（8.250）で定義）、式（8.282）で示した重力場中の振り子のおもりに加わる力が質量に比例することから理解することができます。念の為に物理シミュレーションした結果が図8.64です。図左が仮想物理実験室の3次元グラフィックス、図右が無次元化したx座標の時系列プロットです。質量 $m = 1 \sim 5$ まで5個の振り子を同じ初期角度で実行していますが、完全に同じ運動を行っているため重なっています。

図8.64 ● 重さの異なる振り子運動のシミュレーション結果（OneBodyLab_r8__pendulum5.html）

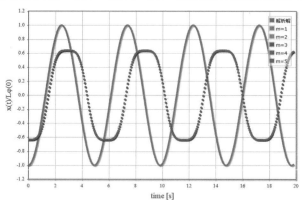

　振り子は重くても軽くても同じであるならば、軽い方が実用的には適していると考えられます。しかしながら、現実世界ではそうはいきません。と言うのも、今回の物理シミュレーションでは、空気抵抗を無視、棒の質量を無視という我々の生活する世界では実現することが非常に難しい理想的な状況を仮定しているからです。おもりは重いほど、空気抵抗力も棒の質量も相対的に小さくなり、上記のシミュレーション結果と一致するようになります。空気抵抗力の存在する振り子運動のシミュレーションは簡単に実装することができるので、ぜひ試してみてください。

8.6.7　振り子回転運動の条件の検証

　続いて、式（8.269）で示した振り子運動が回転するための条件を確認するためのシミュレーションを行います。簡単のために、おもりの初期位置を振り子の最下点とし、そこからx軸方向に初速度を与えることを考えます。この場合、振り子が回転する初期角速度 ω_0 の条件は式（8.269）から

$$|\omega_0| > 2\omega = 2\sqrt{\frac{g}{L}} \tag{8.296}$$

で与えられます。ただし、ω は式（8.250）で定義されています。8.6.5項で導出した計算アルゴリズムは直交座標系を用いているので、式（8.296）の初期角速度から x 軸方向の速度は、$\omega_0 > 0$ の場合、

$$v_x(0) = L \left. \frac{d\varphi(t)}{dt} \right|_{t=0} = L\omega_0 > 2\sqrt{gL} \tag{8.297}$$

と決まります。ただし、上記の式変形は式（8.258）を考慮しています。式（8.297）は振り子が回転するための条件となりますが、

$$v_x(0) = 2\sqrt{gL} \tag{8.298}$$

ならば、おもりは最上点でちょうど停止するということを意味します。では、この初速度を与えたときのシミュレーションを実行してみましょう。

図8.65●最下点から初速度与えた結果（OneBodyLab_r8__pendulum6.html）

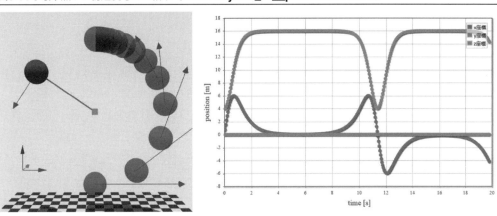

図8.65は、初期条件としておもりを最下点において、速度を式（8.298）と与えたときの振り子運動の結果です。図右が仮想物理実験室の3次元グラフィックス、図左が位置ベクトルの時系列プロットです。計算時には $L = 6$, $m = 1$, $g = 9.8$ とパラメータを与えています。式（8.298）の初速度を与えた場合、理論的には最上点で静止するはずですが、数値計算を行うコンピュータ・シミュレーションでは計算誤差のために完全に静止しません。本計算アルゴリズムでは、来た方向へ戻っていきます。いずれにしても、振り子の回転条件が式（8.298）で問題さそうなことがこのシミュレーション結果からも言えます。

ちなみに、初速度として

$$v_x(0) = 2\sqrt{gL} \times 1.0000038582$$

を与えたときの位置ベクトルの時系列プロットが図8.66です。およそ15秒程度最上点に留まった後に反対側へ落ちていく様子がわかります（反対側かどうかはx座標の値が負となっていることからわかります）。の値を調整することで何十秒も最上点に静止する条件を探すことはできますが、この「1.0000038582」という値に物理的な意味は全くありません。しいて言えば、計算誤差の程

度を表す量といったところです。

図8.66●最下点から初速度与えた結果2（OneBodyLab_r8__pendulum6.html）

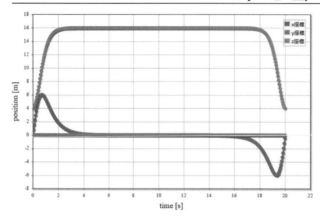

式（8.298）と式（8.269）からわかること

式（8.298）で示した、おもりが振り子の最上点で停止するための初速度の条件のもつ意味について考えます。まず、この系のポテンシャルエネルギーはおもりの位置エネルギーだけなので、振り子の最下点を位置エネルギーの原点と考えるとポテンシャルエネルギーは0です。そのため、時刻 $t = 0$ の力学的エネルギーは運動エネルギーのみなので、式（8.298）から

$$E(0) = T(0) = \frac{1}{2} m|\boldsymbol{v}(0)|^2 = 2mgL \tag{8.299}$$

と与えられます。一方、おもりが振り子の最上点で停止しているときの力学的エネルギーを考えると、運動エネルギーが0なので、ポテンシャルエネルギー（位置エネルギー）のみなので、

$$E(t_1) = U(t_1) = mg \int_{-L}^{L} dz = 2mgL \tag{8.300}$$

となります。これは、重力加速度 g の重力場中で質量 m の物体を $2L$ の高さへ持ち上げる位置エネルギーに相当します。式（8.299）と式（8.300）は一致するわけですが、これは初速度で与えられた運動エネルギーが位置エネルギーに全て変換されたことを意味します。つまり、この条件から振り子が回転する初速度の条件を導出することもできるということです。

同様に式（8.269）で示した、任意の初期角度 φ_0 に対して振り子が回転する初期角速度の条件についても考えます。式（8.269）から得られるおもりが最上点で停止する初速度は

$$v(0) = L\omega_0 = \sqrt{2gL(\cos\varphi_0 + 1)} \tag{8.301}$$

なので、時刻 $t=0$ の運動エネルギーは

$$T(0) = \frac{1}{2}m|\boldsymbol{v}(0)|^2 = mgL(\cos\varphi_0 + 1) \tag{8.302}$$

で与えられ、位置エネルギーは

$$U(0) = mgL(1 - \cos\varphi_0) \tag{8.303}$$

となります。式（8.302）と式（8.303）の和で与えられる力学的エネルギーは

$$E(0) = T(0) + U(0) = 2mgL \tag{8.304}$$

となり、式（8.300）と一致します。つまり、式（8.304）も任意の初期角度 φ_0 に対して、式（8.301）で与えた初速度を与えた場合、初期運動エネルギーが振り子の最上点ですべて位置エネルギーに変換されて停止することを意味します。

8.6.8 振り子の強制振動運動

　8.6.6 項、8.6.7 項のシミュレーションでは、固定された支柱に対して様々な条件を課した振り子運動の様子を調べました。8.6.5 項で導出した計算アルゴリズムは、もともと支柱が移動する場合にも対応しているので、本項では支柱を左右に振ったときの振り子運動についてシミュレーションを行います。これは 8.5 節で解説した線形ばねに繋がれたおもりの強制振動と同様、特定の振動数で支柱を振動させたときに振り子のおもりの運動の振幅が大きくなる共鳴現象が起こります。振り子の強制振動運動は線形ばねの振動子のそれと比較して、解析的な取り扱いは非常に難しく、書籍等で見かけたことはありません。しかしながら、ここまでで開発した仮想物理実験室では、シミュレーションによる数値解を得ることは簡単です。

　8.6.5 項で示したプログラムソース「getForce メソッド」には、すでに支柱が移動する場合も想定されています。おもりに加わる張力を計算するには支柱の 3 つの情報（位置ベクトル box.r、速度ベクトル box.v、加速度ベクトル box.a）が必要となります。つまり、box.r に加え box.v と box.a を適切に与えることで、支柱が移動する場合の計算が可能となります。本節では、支柱を x 軸方向に

$$x_{\text{box}} = L_{\text{box}} \sin(\omega_{\text{box}} t) \tag{8.305}$$

で定義する振動を与えることにします。この場合、x 軸方向の速度と加速度は式（8.305）を時刻

8 振動運動のシミュレーション

で微分することで、

$$v_{\text{box}} = L_{\text{box}} \omega_{\text{box}} \cos(\omega_{\text{box}} t) \tag{8.306}$$

$$a_{\text{box}} = -L_{\text{box}} \omega_{\text{box}}^2 \sin(\omega_{\text{box}} t) \tag{8.307}$$

と与えられるので、この関係式を box.r と box.v と box.a に与えます。

　次のプログラムソースでは、支柱を表す立方体オブジェクトを外部より動的に運動を制御する dynamicFunction メソッド（5.3 節参照）にて、上記の位置ベクトル、速度ベクトル、加速度ベクトルを与えています。本メソッドの内の this は支柱を表す立方体オブジェクトを指し、この r プロパティ、v プロパティ、a プロパティに与えたベクトルが、8.6.5 項のプログラムソース「getForce メソッド」内の box.r、box.v、box.a で参照されます。

プログラムソース 8.21 ●支柱の動きの指定方法（OneBodyLab_r8__pendulum7.html）

```
PHYSICS.physLab.box = new PHYSICS.Cube({
  (省略)
  dynamicFunction : function(){
    var time = this.physLab.dt * this.physLab.step;
    var omega_box = this.physLab.omega_box;      ------------------------------------- (※)
    var L_box = this.physLab.L_box;              ------------------------------------- (※)
    this.r.x = L_box * Math.sin( omega_box * time );        ------------- 式 (8.305)
    this.v.x = L_box * omega_box * Math.cos( omega_box * time );  ------- 式 (8.306)
    this.a.x = - L_box * omega_box * omega_box * Math.sin( omega_box * time );
                                                            ------------- 式 (8.307)
  }
})
// 立方体オブジェクトの追加
PHYSICS.physLab.objects.push( PHYSICS.physLab.box );
```

（※）　本実験室では支柱の角振動数と振幅を HTML の input 要素で指定できるように設計しています。そのため、ω_{box} と L_{box} の値は実験室オブジェクトの omega_box プロパティと L_box プロパティに格納することにします。なお、上記 2 つのプロパティの初期値は、HTML 文書内の適当な箇所で

```
var L = 6;
var omega = Math.sqrt( PHYSICS.physLab.g/L );
PHYSICS.physLab.omega_box = omega;
PHYSICS.physLab.L_box = 1;
```

と定義しています。

$\omega_{\mathrm{box}} = \omega$ の場合

8.5.3 項では、線形ばねに繋がれた減衰の無い振動子に対して、単振動運動の角振動数 ω と同じ角振動数の強制振動を加えたときに振動子の振幅が増幅する共鳴が起こることを確認しました。これは、振動子の振動の周期と強制振動の周期が一致することで、外部からエネルギーが振動子に蓄えられることを意味し、理論的には無限に振幅が大きくなることを示しました。振り子運動の場合も同様のことが期待できそうですがそうはいきません。それは、振り子運動の場合、振幅の大きさによって振動数が異なるためです。式（8.250）で定義した角振動数は振幅が小さい場合のみで成り立つため、たとえ式（8.250）で定義した角振動数で強制振動を行っても、ある程度振幅が増幅された段階で、実際に共鳴する角振動数とのズレが出てくると考えられます。

図8.67●強制振動角振動数 $\omega_{\mathrm{box}} = \omega$ の場合（OneBodyLab_r8__pendulum7.html）

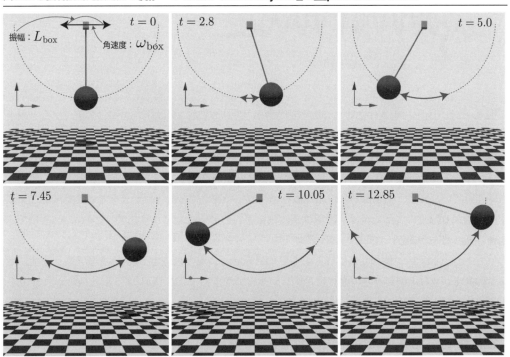

図 8.67 は、強制振動の振幅 L_{box}、強制振動角振動数 ω_{box} として式（8.250）で定義した ω を与えた場合の振り子運動の様子です。初期条件としておもりを振り子の最下点に停止状態で置いています。時間発展を開始し、振幅が概ね極大値をとるときのスナップショット（$t = 0$、2.8、5.0、7.45、10.05、12.85）を示しています。振幅は 0 の状態から順調に増幅されている様子がわかりま

す。振幅が増幅されていくに従って、極大値から次の極大値へ移動するまでの時間間隔が広がっていくことも確認できます（スナップショットの時間間隔が $t = 2.8$ から順番に $2.2 \to 2.45 \to 2.6 \to 2.8$ となっています）。

図8.68●力学的エネルギーの時系列プロット（OneBodyLab_r8__pendulum7.html）

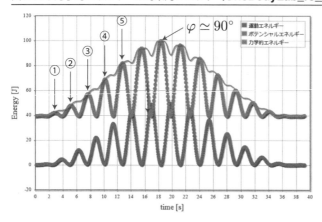

　図 8.68 は、上記初期条件に対する力学的エネルギーの時系列プロットです。スナップショットで示した時刻 2.8、5.0、7.45、10.05、12.85 がおおよそポテンシャルエネルギーの極大値と対応していることが確認できます。振幅はその後、おおよそ支柱と同じ高さ（$\varphi \simeq 90°$）まで拡大した後に、今度は減少の一途をたどります。これは、もともと振り子の共鳴角振動数と強制振動の角振動数がずれていた結果、強制振動の位相と振り子の位相が逆位相となってしまうことを意味しています。振幅が 0 付近に戻った後は、振幅はまた増幅されていくことになります。これは 8.5.3 項で示した「$\omega_0 \simeq \omega$ の場合」と同様の状況と考えることができます。なお、計算パラメータとして支柱の高さ box.r.z=10、棒の長さ L=6、おもりの質量 m=1、重力加速度 g=9.8 を与えています。おもりの高さが支柱と同じ高さのときにポテンシャルエネルギーは 1 [kg] × 9.8 [m/s^2] × 10 [m] = 98 [J]、振り子の最上点で 1 [kg] × 9.8 [m/s^2] × 16 [m] = 156.8 [J] となります。

強制振動で振り子を回転させることはできるか？

　図 8.62 で示したとおり、振り子運動は振幅が大きくなるほど周期が長くなるので、共鳴角振動数は小さくなります。つまり、強制振動の角振動数を小さくすることで、振り子の振幅をより大きく増幅させることができると考えられます。実際に試してみると、$\omega_{\text{box}} = \omega$ から徐々に小さくしていくと、最大振幅は大きくなっていくことが確認できます。しかしながら、ある角振動数よりも小さくすると、反対に最大振幅が小さくなってしまいます。

図8.69●様々な条件における力学的エネルギーの時系列プロット（OneBodyLab_r8__pendulum7.html）

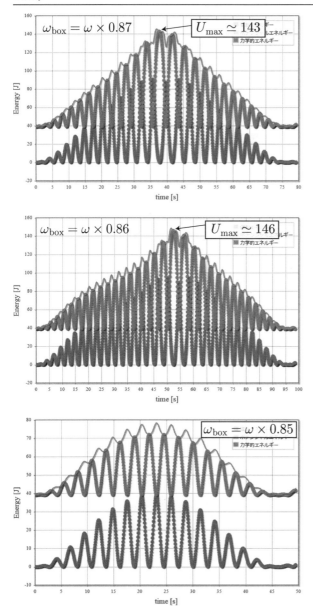

図 8.69 は強制振動の角振動数を $\omega_{\mathrm{box}} = \omega \times 0.87$、$\omega \times 0.86$、$\omega \times 0.85$ を与えたときの力学的エネルギーの時系列プロットです。$\omega \times 0.87$ で最大ポテンシャルエネルギー $U_{\max} \simeq 143$、

$\omega \times 0.86$ で $U_{\max} \simeq 146$ と増加していますが、$\omega \times 0.85$ ではガタ落ちしていることが確認できます。以上のシミュレーションの結果から、$\omega \times 0.86$ の近傍に振り子の最大振幅となる強制振動の角振動数が存在することがわかります。振り子の最上点の位置エネルギーは 156.8 [J] なのでいい線まできていますが、特定の角振動数で回転する条件は存在するのでしょうか。このまま手作業で調べることも可能ですが大変です。今後、物理シミュレーションの得意分野であるパラメータ探索と呼ばれる手法を実装し、この問題の回答を得たいと考えています。

8.6.9 計算アルゴリズムの経験的改善方法

一般的に、拘束力の伴う運動の物理シミュレーションは計算アルゴリズムの導出が煩雑で、また累積計算誤差がたまりやすいという難しさを伴います。本項では、振り子の張力を計算する際に利用する速度ベクトルを操作することで、計算精度を向上させることを考えます。具体的な方法論は次のとおりです。本書で利用している2階の常微分方程式であるニュートンの運動方程式を解くための計算アルゴリズムであるベルレ法は、7.8.9 項で示したとおり速度ベクトルを位置ベクトルから間接的に求めるのですが、この速度ベクトルの計算方法を変えた2つの速度ベクトルを、<u>その系のもつ保存量がより保存する様にブレンドする</u>という考えです。

まず、図 8.70 をご覧ください。これは、図 8.60（左）と同様に支柱と同じ高さのおもりを初速度 0 で運動を開始させたときの力学的エネルギーの時系列プロットと、力学的エネルギーの E=98.0 [J] 近傍の拡大図です。振り子運動のような保存系の場合、運動エネルギーとポテンシャルエネルギーの和で得られる力学的エネルギーは時間に対して保存します。図 8.70（上）のスケールでは、実線で示された力学的エネルギーは一定値を保っているように見えます。しかしながら、図 8.70（下）の拡大図を見ると、時間発展とともに力学的エネルギーが減少して行っていることが確認できます。力学的エネルギーの減少幅は、20 秒後には元の 98.000 [J] から概ね 97.978 [J] と 0.022 [J] 減少していることが確認できます。相対誤差は 0.022 [%] ですが、この値が相対的に大きいか小さいかは置いておいて、この誤差を減少させることを考えます。

図8.70●式（7.13）で計算した速度ベクトルによる振り子運動のエネルギー（OneBodyLab_r8__pendulum8.html）

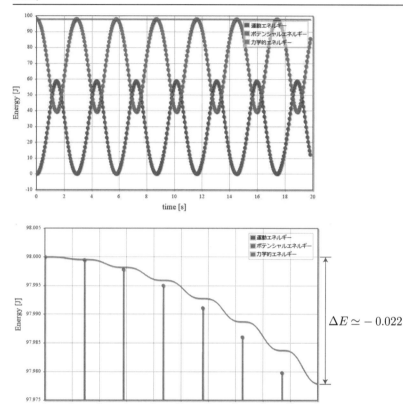

　1.6.4項で示したベルレ法は、ある時刻 t_{n+1} の位置ベクトル x_{n+1} を計算するのに、時刻 t_n と t_{n-1} の位置ベクトル x_n と x_{n-1} を用います。速度ベクトルは位置ベクトルを計算するためには必要なく、むしろ得られた2つの時刻 t_{n+1} と t_{n-1} の位置ベクトル x_{n+1} と x_{n-1} からその間の時刻 t_n の速度ベクトル v_n を式（7.12）に従って間接的に計算します。つまり、ベルレ法では速度ベクトルは主の存在ではなく従の存在であるため、速度ベクトルを作為的に操作しても元の位置ベクトルを計算するアルゴリズムには影響を与えません。具体的には、張力を計算するために必要な速度ベクトルを作為的に操作して、式（7.13）で計算した速度ベクトルと、それと力学的エネルギーが時間とともに増大する速度ベクトルとのブレンドを考え、力学的エネルギーの増減をキャンセルするという方法を考えます。

　7.8.9項では、最新の時刻の速度ベクトルをベルレ法に基づいて式（7.13）のとおりに計算していましたが、ここでは敢えて精度が1次悪い前進オイラー法

$$v_{n+1} = v_n + a_n \Delta t + \mathcal{O}(\Delta t^2) \tag{8.308}$$

を用いて、最新時刻の速度ベクトルを計算します。そして、この速度ベクトルを用いて張力を計算します。図 8.71 は、この方法で計算した力学的エネルギーの時系列プロットの E=98.0 [J] 近傍の拡大図です。図 8.70 のベルレ法とは反対に、時刻とともに力学的エネルギーが増加し、その増加幅は 20 秒後には元の 98.000 [J] から概ね 98.066 [J] と 0.066 [J] であることが確認できます。

図8.71●式（8.308）で計算した速度ベクトルによる振り子運動のエネルギー（OneBodyLab_r8__pendulum8.html）

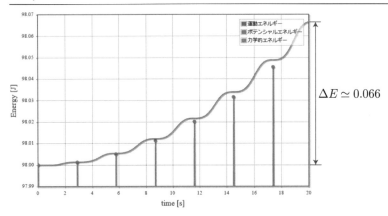

以上の結果を踏まえると、速度ベクトルを計算するためにベルレ法を用いた方の力学的エネルギーは -0.022 [J] に対して、前進オイラーを用いた方は +0.066 [J] なので、この 2 つの速度ベクトルを 3 対 1 の割合でブレンドすれば、力学的エネルギーのズレは相殺するのではないかと考えられます。つまり、

$$v = \frac{3v_{\text{Verlet}} + v_{\text{Euler}}}{4} \tag{8.309}$$

と定義する新しい速度ベクトルを用いて張力を計算します。実際にこの方法で計算した力学的エネルギーの時系列プロットの E=98.0 [J] 近傍の拡大図が図 8.71 です。力学的エネルギーは時間とともに振動しながら僅かに増加していくことが確認できます。力学的エネルギーの増加量は 0.000012 [J] となり、誤差は 1/2000 まで低減することに成功し、予想通りベルレ法とオイラー法を用いたときの 2 つの力学的エネルギーの増減がうまく相殺させることができたことを意味します。力学的エネルギーの振動幅も 0.00005 [J] 程度で、元の誤差と比較しても 1/400 程度なので問題はありません。わずか式（8.309）の速度ベクトルの操作で 2000 倍も精度が向上するのは大変あ

りがたいことです。ただし、式（8.309）の関係式に理論的裏付けはありません。あくまで図8.70と図8.71で示した計算結果から都合よく作為的に速度ベクトルを与えた結果です。そのため、全ての系でこのブレンド割合であるかは分からないので、本書では**経験的計算アルゴリズムの改善**と呼ぶことにします。しかしながら、物理シミュレーションにおいて保存すべき物理量の保存性というのが計算結果の妥当性を表す重要な指標であることは疑いようがないので、有用な考え方と言えます。

図8.72●式（8.309）で計算した速度ベクトルによる振り子運動のエネルギー（OneBodyLab_r8__pendulum8.html）

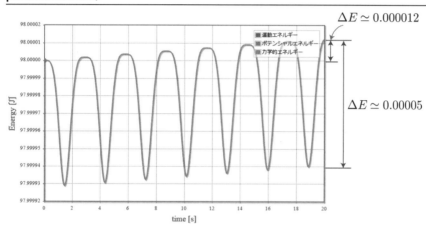

式（8.309）を用いた張力の計算アルゴリズムについて解説します。張力の計算は8.6.5項で解説したとおり、HTML文書内でオーバーライドしたPhysObjectクラスのgetForceメソッドで定義されます。このメソッド内で速度ベクトルのブレンドを行います。

プログラムソース8.22●getForceメソッドへの追記（OneBodyLab_r8__pendulum8.html）

```
PHYSICS.physLab.ball.getForce = function(){
  (省略)
  //////////////////////////////////////////////////    ─────────────────── 追記
  // 時間間隔の取得
  var dt = this.physLab.dt;
  var vx_Euler = this.v_1.x + this.a.x * dt;   ───────── 式 (8.308)  (※1-1)
  var vy_Euler = this.v_1.y + this.a.y * dt;   ───────── 式 (8.308)  (※1-2)
  var vz_Euler = this.v_1.z + this.a.z * dt;   ───────── 式 (8.308)  (※1-3)
  this.v.x = ( 3 * this.v.x + vx_Euler ) / 4;  ───────── 式 (8.309)  (※2-1)
  this.v.y = ( 3 * this.v.y + vy_Euler ) / 4;  ───────── 式 (8.309)  (※2-2)
  this.v.z = ( 3 * this.v.z + vz_Euler ) / 4;  ───────── 式 (8.309)  (※2-3)
```

```
/////////////////////////////////////////////////
    (省略)
}
```

- (※1) この時点での this.v と this.v_1 は 7.8.9 項で示した computeTimeEvolution メソッドが実行された後なので、this.v はベルレ法による最新の速度ベクトル v_{n+1} （式（8.309）の v_{Verlet} に相当）なので、式（8.309）の v_{Euler} を計算するにはひとつ前の時刻の速度ベクトル this.v_1 を利用する必要があります。
- (※2) ブレンド後の速度ベクトルを新しいオブジェクトとして生成しても良いですが、ここではブレンド後の速度ベクトルを this.v に上書きしています。このように実装することで、追記したプログラムをコメントアウトすることで、このブレンドの有無を簡単に切り替えることが可能となります。

計算精度改善の比較

計算誤差を減少させる最も簡単な方法は、時間間隔 Δt を小さくすることです。ベルレ法の場合、位置の局所離散誤差は 4 次ですが、張力を計算するのに必要な速度ベクトルが式（7.12）で示したとおり局所離散誤差が 2 次なのでこちらの誤差が支配的となり、時間間隔を 1/10 にすると局所離散誤差が 1/100 に低減します。図 8.70 と比較するために、時間間隔を 1/10 の $\Delta t = 0.0001$ として運動エネルギーを計算した結果が図 8.73 です。20 秒後の累積誤差が、想定通り 1/100 に減少していることが確認できます。

図8.73●時間間隔1/10倍に対する振り子運動のエネルギー（OneBodyLab_r8__pendulum8.html）

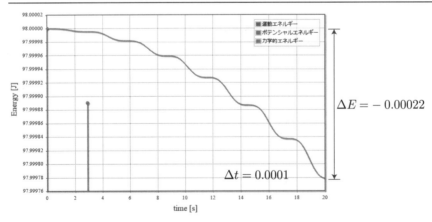

以上の結果から、図 8.72 で示した経験的計算アルゴリズムは、時間間隔を 1/10 としたときと比較して 20 倍の精度改善効果があることがわかります。同等の精度を時間間隔だけで達成するには

$\Delta t = 0.0001/\sqrt{20} = 0.000022$ 程度とする必要があるので、同じ精度を実現するのに 50 倍近く計算速度が上がることを意味します。精度の高い計算を行いたければ、無論、もともとベルレ法よりも計算精度の高い計算アルゴリズムを利用するという選択肢が最善です。本項で紹介した方法は何らかの理由で高精度の計算アルゴリズムの導入ができない場合など、今与えられている計算アルゴリズムを少しでも改善したい場合に有効な手段となります。

8.6.10 数理モデルの改善による安定性向上の方法論

振り子運動をベルレ法を用いて数値計算した結果、時間とともに力学的エネルギーが減少するということを前項で示しました。これは、無限精度である解析解に対して、有限桁しか利用できない現代のコンピュータを利用した数値解の限界でもあります。特に計算時間が長くなるに従って蓄積される計算誤差は確実に増大し、結果的には信頼に足る結果を得られなくなってしまう恐れがでてきます。図 8.74 は図 8.70 と同じ計算を $t = 200$ まで行った力学的エネルギーの結果です。200 秒で 2 [%] 程度の誤差が生じていることが確認できます。

図8.74●振り子運動のエネルギー（t=200まで計算）（OneBodyLab_r8__pendulum9.html）

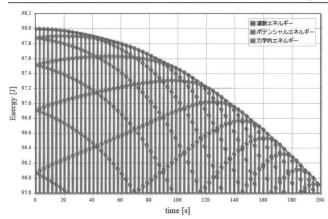

この力学的エネルギー減少（あるいは増大）の最大の要因は、本来一定値であるはずの振り子の棒の長さが長く（あるいは短く）なることが原因のひとつと考えられます。そこで、棒の長さを一定の値に保存するために線形ばねを用いて復元することを考えます。図 8.75 は元の棒の長さ L_0 からのおもりのズレ ΔL ($= |\boldsymbol{L}(t)| - L_0$) と拘束状態に復元するための力 $\boldsymbol{F}_{\text{binding}}$ の模式図です。本項では、$\boldsymbol{F}_{\text{binding}}$ を 8.4 節で解説した減衰振動運動のモデルを導入します。

図8.75●ばね弾性力の模式図

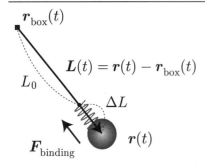

ばね定数を k_{binding}、L 方向の速度減衰を表す減衰係数を γ_{binding} と表すと、拘束状態への復元力は

$$F_{\text{binding}}(t) = -k_{\text{binding}}\Delta L(t)\hat{L}(t) - \gamma_{\text{binding}}\bigl(v(t)\cdot\hat{L}(t)\bigr)\hat{L}(t) \tag{8.310}$$

と表すことができます。ただし、$\hat{L}(t)$ は $L(t)$ 方向の単位ベクトルです。解析的には速度ベクトルの $\hat{L}(t)$ 方向の成分は 0 ですが、数値計算では復元させるために $\hat{L}(t)$ 方向の速度成分を持ちます。式（8.310）の第 2 項目はその速度成分を減衰させる効果をもたせます。ここで持ち上がる問題は、2 つのパラメータ k_{binding} と γ_{binding} をどのように決めるかです。もともと、式（8.310）の復元力は数値計算に伴う累積計算誤差を低減させることを目的としているため、解析的には決めることができません。図 8.74 で示した力学的エネルギーができる限り保存するように 2 つパラメータを決定します。

図8.76● $k_{\text{binding}} = mg$, $\gamma_{\text{binding}} = 0$（OneBodyLab_r8__pendulum9.html）

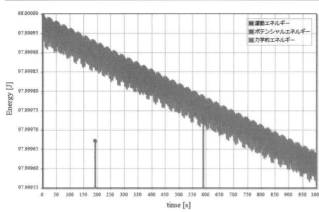

まず、図 8.76 は $k_{\text{binding}} = mg, \gamma_{\text{binding}} = 0$ として、力学的エネルギーを $t = 1000$ まで計算した結果です。時間とともに細かく振動しますが、$t = 1000$ 時点の誤差が $\Delta E \sim 0.0004$ 程度となることから、復元力を加えたことで力学的エネルギー保存性は図 8.74 と比較して圧倒的に改善していることが確認できます。力学的エネルギーは時間に比例して 1000 秒で 0.0004 程度減衰していくので、おおよそ 2.5×10^5 [s] 後に力学的エネルギーが 0.1 程度減衰することが予想されます。なお、図 8.76 右の「棒の長さ」は時刻 $t = 1000$ 時点での $|\boldsymbol{L}(1000)|$ を表示しています。

図8.77● $k_{\text{binding}} = mg, \gamma_{\text{binding}} = \gamma_{\text{critical}}$ (**OneBodyLab_r8__pendulum9.html**)

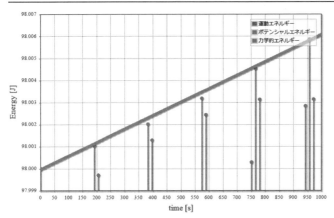

次に、γ_{binding} を k_{binding} に対して臨界減衰となる

$$\gamma_{\text{critical}} \equiv \sqrt{4mk_{\text{binding}}} \tag{8.311}$$

を与えた結果が図 8.77 です。図 8.76 とは反対に、力学的エネルギーの増加が確認できます。そこで、図 8.76 と図 8.77 の結果を重ね合わせることで、力学的エネルギーが一定値をとるような 2 つのパラメータを決定することにします。具体的には、k_{binding} を固定し、γ_{binding} を小さくしていきます。小一時間ほどパラメータ探索を行い、$\gamma_{\text{binding}} = 0.00689 \times \gamma_{\text{critical}}$ とした結果が図 8.78 です。力学的エネルギーの振動の幅は 0.00005 程度ありますが、1000 秒後でも誤差はほとんど増加していないことが確認できます。つまり、非常に長い時間安定的に計算することができることを示しています。なお、先述のとおりこの 2 つのパラメータの値に物理的な意味はありません。しかしながら、様々な拘束力の伴う系の物理シミュレーションにおいて、数値解を安定化させる方法として適用することができます。

図8.78● $k_{\text{binding}} = mg$, $\gamma_{\text{binding}} = 0.00689 \times \gamma_{\text{critical}}$

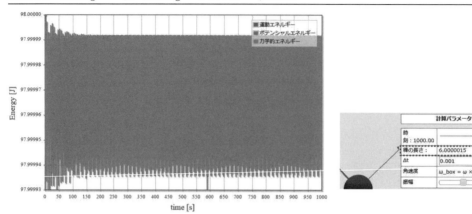

最後に本復元力の実装方法を次のプログラムソースで示します。8.6.5 項でおもりに加わる張力＋重力に加え、式（8.310）で定義される復元力を加えるだけです。

プログラムソース 8.23 ●復元力を加えた力の計算（OneBodyLab_r8__pendulum9.html）

```
var L = 6; // 棒の長さ
var m = 1; // おもりの質量
PHYSICS.physLab.k_b = ( m * PHYSICS.physLab.g ) * 1;
PHYSICS.physLab.gamma_b = Math.sqrt( 4 * m * PHYSICS.physLab.k_b ) * 0.00689;
PHYSICS.physLab.ball.getForce = function(){
  (省略)
  /////////////////////////////////////////////////
  // 復元ばね弾性力
  var Delta_L = this.physLab.L - this.physLab.L0 ;
  f.add( L.clone().multiplyScalar( - Delta_L * this.physLab.k_b
                         / this.physLab.L) ); ------------------式（8.310）の第1項目
  // 復元速度抵抗力
  var v_dot_L = L.dot(v) / this.physLab.L;
  f.add( L.clone().multiplyScalar( -v_dot_L * this.physLab.gamma_b
                         / this.physLab.L ) ); ------------------式（8.310）の第1項目
  /////////////////////////////////////////////////
  (省略)
}
```

第9章

拘束力のある運動のシミュレーション

9 拘束力のある運動のシミュレーション

　8.6節で解説した棒の長さが一定の振り子のおもりの運動は、おもりの位置があらかじめ決められた条件に制限される物理系の代表例です。条件を満たすために物体に加わる力は拘束力と呼ばれます。本章では、様々な拘束力に対する物体の運動を実現するための計算アルゴリズムの導出を行います。

9.1 線オブジェクト

　本節では経路を表現する際に必要となる線オブジェクトを生成するLineクラスの定義を行います。

9.1.1 Lineクラス（PhysObjectクラスの派生クラス）

　線オブジェクトを生成するためのクラスです。指定した頂点座標をつなぐ単純な直線だけでなく、スプライン補間を利用した曲線も実装することができます。さらに、媒介変数表示の関数を利用して、任意の関数で生成する曲線を生成することもできます。また、生成した線オブジェクトと球オブジェクトとの衝突の実装も行います。

図9.1●線オブジェクトの例（PHYSLAB_r9__Line.html）

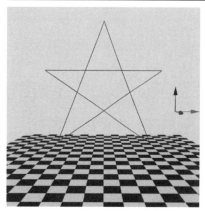
スプライン補間なし

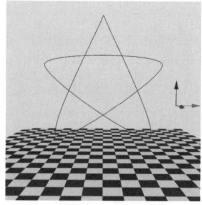
スプライン補間あり

　図9.1は、次に示すコンストラクタで生成した線オブジェクトです。コンストラクタの引数に渡

すオブジェクトのverticesプロパティに頂点座標を与えます。線オブジェクトは、デフォルトでは指定した頂点座標を直線でつなぎますが（図9.1左）、splineプロパティを設定することで指定した頂点をつなぐ曲線とすることもできます（図9.1右）。

プログラムソース 9.1 ●コンストラクタの例（PHYSLAB_r9__Line.html）

```
var line = new PHYSICS.Line({
    draggable: true,         // マウスドラックの有無 ------------------------------- (※1-1)
    allowDrag: true,         // マウスドラックの可否 ------------------------------- (※1-2)
    r: {x: 0, y: 0, z: 1},   // 位置ベクトル
    collision: true,         // 衝突判定の有無 ----------------------------------- (※1-3)
    axis: {x:0, y:0, z:1},   // 姿勢軸ベクトル
    vertices : [             // 頂点座標配列 ------------------------------------- (※2)
        {x:0, y: 0,  z:10 }, // 頂点1
        {x:0, y: 4,  z:0  }, // 頂点2
        {x:0, y: -5, z:6  }, // 頂点3
        {x:0, y: 5,  z:6  }, // 頂点4
        {x:0, y: -4, z:0  }, // 頂点5
        {x:0, y: 0,  z:10 }  // 頂点6
    ],
    spline : {               // ---------------------------------------------- (※3)
        enabled: false,      // スプライン補間の有無
        pointNum: 100        // スプライン補間時の補間点数
    },
    resetVertices: true,     // 頂点座標の再計算 ---------------------------------- (※4)
    // 材質オブジェクト関連パラメータ
    material : {
        type: "LineBasic",   // 発光材質 ("LineBasic" || "LineDashedMaterial") ----- (※5-1)
        color: 0xFF0000,     // 発光色 ----------------------------------------- (※5-2)
    }
    (省略)
});
```

(※1) LineクラスはPhysLabクラスを継承しているので、マウスドラックによる線オブジェクトの平行移動にも対応しています。また、球オブジェクトとの衝突も計算することができます。図9.2左は線オブジェクトのマウスオーバー時に描画されるバウンディングボックス、右は球オブジェクトとの衝突の様子です。

図9.2●マウスドラック用のバウンディングボックスと衝突の様子（OneBodyLab_r9__Line.html）

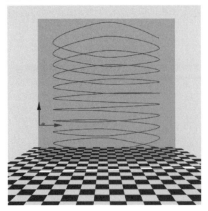 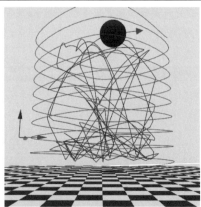

（※2） 線オブジェクトのローカル座標系における頂点座標を配列として格納するプロパティです。指定した頂点の順番どおりに線でつなぎます。

（※3） 指定した頂点を通過する曲線を生成するスプライン補間に関するプロパティです。enabledプロパティがtrueのときに、pointNumプロパティで指定した補間点数で補間を行います。補間点数は0で元の頂点を直線でつないだ線と一致し、大きいほど滑らかな曲線となります。頂点の配置にもよりますが、頂点数の10倍から20倍程度の点数で滑らかな曲線が得られます。

（※4） ポリゴンオブジェクトのときと同様、trueとすることで線オブジェクトを構成する頂点座標の中心をローカル座標系の原点として、頂点座標の再計算を行います。

（※5） three.jsにて線オブジェクトを描画するための材質オブジェクトは2種類です。1つ目は指定した色で発光する実線表示する`LineBasicMaterial`クラスと破線表示するための`LineDashedMaterial`クラスのオブジェクトです。本Lineクラスでは`material`プロパティの`type`プロパティに`"LineBasic"`あるいは`"LineDashedMaterial"`を指定することできます。デフォルトは実線表示（`"LineBasic"`）です。詳細は後述します。

図9.3●線オブジェクトの破線表示（PHYSLAB_r9__Line_dashed.html）

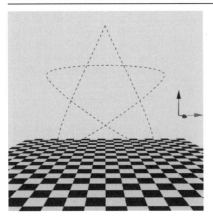

プロパティ

プロパティ	データ型	デフォルト	説明

vertices	[<object>]	[
		  { x: 0, y: 0, z: 0 },
		  { x: 0, y: -3, z: 5 },
		  { x: 0, y: 3, z: 5 },
		  { x: 0, y: 0, z: 0 }
		]
			線オブジェクトの頂点座標を配列リテラルで格納するプロパティ。

colors	[<object>]	[]	線オブジェクトの頂点色を配列リテラルで格納するプロパティ。配列に格納するオブジェクトには以下に示す RGB 形式、HSL 形式、HEX 形式を指定する。1つの線オブジェクト内で複数の形式の混在も可能。→9.1.2 項 ・RGB 形式：{ type:"RGB", r:○, g:○, b:○ } ・HSL 形式：{ type:"HSL", h:○, s:○, l:○ } ・HEX 形式：{ type:"HEX", hex:○ }

spline	<object>	{
		  enabled : false,
		  pointNum : 100
		}
			vertices プロパティで指定した頂点座標を3次関数の曲線でつなぐスプライン補間に関するプロパティ。
			・enabled：スプライン補間の有無
			・pointNum：スプライン補間時の補間点数

プロパティ	データ型	デフォルト	説明
resetVertices	<bool>	false	線オブジェクトの位置ベクトルの基準点（ローカル座標系の原点）と線オブジェクトの形状中心と一致させるかの有無を指定するブール値。true とすると、内部プロパティ _vertices の値を平行移動する。

parametricFunction	<object>	{
		  enabled: false,
		  pointNum: 100,
		  theta: { min: 0,
		          max:1 },
		  position:
		    function(_this,
		           theta){
		      return {x:0,
		           y:0,
		           z:0}
		  },
		  color:
		    function(_this,
		           theta){
		      return {type:"RGB",
		           r:0,
		           g:0,
		           b:0}
		  }
		}
			頂点座標や頂点色を媒介変数関数で設定するために必要な関数やパラメータが格納されたプロパティ。媒介変数関数利用時はスプライン補間は無効。→ 9.1.3 項
			・enabled：媒介変数関数の利用の有無。
			・pointNum：媒介変数の刻み数
			・theta：媒介変数の最小値（min）と最大値（max）
			・position：位置座標を指定する関数
			・color：頂点色を指定する関数
			関数 position と color の引数 _this は parametricFunction オブジェクトを指すように実装。詳細は 9.1.5 項を参照。

material.type	<string>	"LineBasic"	線オブジェクトを生成する材質オブジェクトを指定する文字列。実線（"LineBasic"）か破線（"LineDashedMaterial"）のどちらかを指定。
material.dashSize	<float>	0.2	破線の実線部分の長さ。
material.gapSize	<float>	0.2	破線の空白部分の長さ。

内部プロパティ

プロパティ	データ型	デフォルト	説明
geometry.type	<string>	"Line"	3次元グラフィックスで利用する形状オブジェクトの種類。

メソッド

メソッド名	引数	戻値	説明
computeVerticesFromSpline(　_vertices, 　_colors)	[<object>] [<object>]	なし	引数で指定した頂点座標配列 _vertices と頂点色配列 _colors からスプライン補間を利用して曲線を計算するメソッド。実行後、頂点座標と頂点色は親クラスの _vertices プロパティ、colors プロパティに格納される。→ 9.1.6 項
computeVerticesFrom 　ParametricFunction ()	なし	なし	コンストラクタの引数で指定した媒介変数関数を用いて頂点座標と頂点色を計算するメソッド。実行後、頂点座標と頂点色は親クラスの _vertices プロパティ、colors プロパティに格納される。→ 9.1.5 項

9.1.2 頂点色を利用した描画色の補間

　図 9.1 の線オブジェクトは、material.color プロパティで指定した発光色の単色で描画されました。Line クラスでは、頂点ごとに描画色を指定することもできます。なお、頂点間の描画色は線形補間されます。図 9.4 は各頂点に異なる色を指定した線オブジェクトの例です。頂点色を利用するには、コンストラクタの引数に渡すオブジェクトの colors プロパティに頂点色を与え、material.vertexColors を "Vertex" とします。

図9.4●頂点色を指定した線オブジェクトの例（PHYSLAB_r9__Line_colors.html）

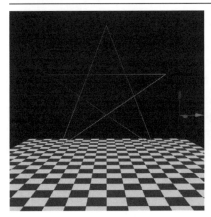 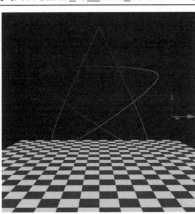

スプライン補間なし　　　　　　　スプライン補間あり

9 拘束力のある運動のシミュレーション

プログラムソース 9.2 ●コンストラクタの例（PHYSLAB_r9__Line_colors.html）

```
    var line = new PHYSICS.Line({
      (省略)
      colors : [     // 頂点色 ────────────────────────────────── (※1)
        {type: "RGB", r:1, g:0, b:0},   // 頂点1 ─────────────────── (※2-1)
        {type: "RGB", r:0, g:1, b:0},   // 頂点2 ─────────────────── (※2-2)
        {type: "RGB", r:0, g:0, b:1},   // 頂点3 ─────────────────── (※2-3)
        {type: "RGB", r:1, g:1, b:0},   // 頂点4 ─────────────────── (※2-4)
        {type: "RGB", r:0, g:1, b:1},   // 頂点5 ─────────────────── (※2-5)
        {type: "HEX", hex: 0xFF00FF}    // 頂点6 ─────────────────── (※2-6)
      ],
      spline : {
        enabled: false,      // スプライン補間の有無 ──────────────── (※3)
        pointNum: 100        // スプライン補間時の補間点数
      },
      // 材質オブジェクト関連パラメータ
      material : {
        type: "LineBasic",       // 発光材質 ("LineBasic" || "LineDashedMaterial") ,
        vertexColors: "Vertex"   // 頂点色の利用 ( "No" || "Vertex" || "Face") ──── (※4)
        color: 0xFFFFFF,         // 発光色, ───────────────────────── (※5)
      }
      (省略)
    });
```

（※1） vertices プロパティに与えた頂点座標の順番に対応した頂点色を配列として用意します。

（※2） type プロパティは指定する色の形式です。"RGB"、"HSL"、"HEX" 形式に対応します。頂点ごとに形式が異なっても問題ありません。

（※3） 図 9.4 右のとおり、頂点色はスプライン補間時にも適用することができます。

（※4） 頂点色の利用の有無は、three.js に準拠して材質オブジェクトの vertexColors プロパティのブール値で指定します。colors プロパティが適切に与えられていても、このプロパティが "No"（デフォルト値）の場合には頂点色は適用されません。

（※5） 頂点色の利用時の color プロパティは、材質の素地の色となります。実際の描画色は color プロパティの色と頂点色との色積算の結果となります。

　リビジョン 9 では上記の頂点色をポリゴンオブジェクトでも適用できるように拡張します。ポリゴンオブジェクトの頂点色は、発光材質だけでなく反射材質に対しても有効となります。図 9.5 は図 7.1 で示した立方体オブジェクトの各頂点に色を指定したときの実行結果です。

図9.5●頂点色を指定したポリゴンオブジェクト（PHYSLAB_r9__Polygon.html）

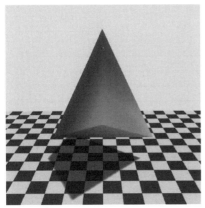

材質オブジェクト：発光材質　　　　材質オブジェクト：ランバート反射材質

9.1.3 媒介変数関数を利用した頂点座標の指定

頂点座標と頂点色は vertices プロパティと colors プロパティに配列リテラルで指定していました。Line クラスでは、さらに媒介変数関数やパラメータを指定する parametricFunction プロパティを用意しています。parametricFunction.position プロパティに頂点座標を指定する媒介変数関数、parametricFunction.color プロパティに頂点色を指定する媒介変数関数を関数リテラルとして与えます。図 9.6 は媒介変数関数で頂点座標のみを指定した例、図 9.7 は頂点座標に加え、頂点色も媒介変数関数で指定した実行例となります。

図9.6●媒介変数関数で頂点座標を指定した例（PHYSLAB_r9__Line_parametric.html）

9 拘束力のある運動のシミュレーション

プログラムソース 9.3 ●頂点座標指定の例（PHYSLAB_r9__Line_colors.html）

```
var line = new PHYSICS.Line({
  (省略)
  parametricFunction : {  // 媒介変数関数
    enabled: true,                                                   (※1)
    theta: { min: 0, max: 2*Math.PI*10 },                            (※2)
    pointNum: 2000,                                                  (※3)
    divide: 10, // 任意のプロパティ                                    (※4-1)
    position: function ( _this, theta ){
      var x = 0;
      var y = theta/_this.divide * Math.sin(theta);                  (※4-2)
      var z = theta/_this.divide * Math.cos(theta);                  (※4-3)
      return {x:x, y:y, z:z};                                        (※5)
    }
  },
  (省略)
});
```

（※1） enabledをtrueとすることで媒介変数関数を有効にします。媒介変数関数の有効時はスプライン補間は適用することができません。

（※2） 媒介変数はthetaです。thetaの範囲（最小値：min、最大値：max）を指定します。

（※3） 頂点座標の座標点数です。媒介変数の最小値から最大値まで区間を均等に分割します。

（※4） position関数で利用する任意のプロパティの宣言することができます。position関数の第1引数はparametricFunctionオブジェクトを指す様に実装するので（9.1.5項を参照）、任意のプロパティを「○○」と命名することで、position関数の中で「_this.○○」という形式でプロパティにアクセスすることができます。

（※5） 戻り値はx、y、zプロパティをもつオブジェクトリテラルです。

図9.7●頂点座標と頂点色を指定した例（PHYSLAB_r9__Line_parametric_colors.html）

プログラムソース 9.4 ●頂点座標と頂点色の指定（PHYSLAB_r9__Line_parametric_colors.html）

```
var line = new PHYSICS.Line({
  (省略)
  parametricFunction : { // 媒介変数関数
    enabled: true,
    pointNum: 2000,
    theta: { min: -Math.PI*10, max: Math.PI*10 },
    position: function ( theta ){ // 頂点座標
      var R = Math.exp( Math.cos(theta) ) - 2 * Math.cos( 4 * theta )
                              - Math.pow( Math.sin( theta/12 ), 5 ) ;
      var x = theta/20;                                               ------(※1-1)
      var y = R * Math.sin(theta);                                    ------(※1-2)
      var z = R * Math.cos(theta);                                    ------(※1-3)
      return {x:x, y:y, z:z};
    },
    color : function ( theta ) { // 頂点色
      var h = Math.abs( Math.cos( theta ) );
      var s = 1.0;
      var l = 0.5;
      return { type:"HSL", h:h, s:s, l:l };                           ------(※2-1)
    }
  },
  // 材質オブジェクト関連パラメータ
  material : {
    color: 0xFFFFFF,         // 反射色
    vertexColors: "Vertex"   // 頂点色の利用 ( "No" || "Vertex" || "Face")  ------(※2-2)
  },
  (省略)
});
```

(※1) ここで指定した媒介変数関数で生成される図形（図 9.7）はバタフライカーブと呼ばれる非常に有名な図形です。本来は 2 次元平面上で定義されますが、本項では媒介変数の大きさに比例した奥行きを加えています。

(※2) 頂点色の指定は RGB 形式の他に HSL 形式、HEX 形式で指定することができます。頂点色を有効にするには、material.vertexColors プロパティに "Vertex" を指定する必要があります。

9.1.4　コンストラクタの実装

　Line クラスのコンストラクタの実装を解説します。コンストラクタ内では、引数で指定された頂点座標（vertices）や頂点色（colors）に対して線オブジェクトの生成を行います。なお、3次元オブジェクトの基本プロパティをそのまま利用するため、基底クラスである PhysObject ク

ラスを継承します。

プログラムソース 9.5 ●Line クラスのコンストラクタ（physObject_r9.js）

```
PHYSICS.Line = function( parameter ){
  // 基底クラスを継承
  PHYSICS.PhysObject.call(this, parameter);
  parameter = parameter || {};
  parameter.geometry = parameter.geometry || {}
  parameter.material = parameter.material || {}
  parameter.vertices = parameter.vertices || [
    { x: 0, y:  0, z: 0 },
    { x: 0, y: -3, z: 5 },
    { x: 0, y:  3, z: 5 },
    { x: 0, y:  0, z: 0 }
  ];
  parameter.colors = parameter.colors || [];
  parameter.spline = parameter.spline || {};
  parameter.parametricFunction = parameter.parametricFunction || {};
  // スプライン補間のプロパティ
  this.spline = {
    enabled: parameter.spline.enabled || false,  // 利用の有無
    pointNum: parameter.spline.pointNum || 0,    // 補間点数
  };
  // 媒介変数関数のプロパティ
  this.parametricFunction = this.parametricFunction || {};
  // 媒介変数関数の必須プロパティの指定
  PHYSICS.overwriteProperty ( this.parametricFunction, {  ------------------------------------- (※1)
    enabled: parameter.parametricFunction.enabled || false,       // 利用の有無
    pointNum: parameter.parametricFunction.pointNum || 100,       // 頂点数
    theta: parameter.parametricFunction.theta || { min : 0, max : 1 }, // 媒介変数の区間
    position: parameter.parametricFunction.position ||
          function(_this, theta){ return {x:0, y:0, z:0} },
                                          // 頂点座標を指定する媒介変数関数
    color: parameter.parametricFunction.color ||
          function(_this, theta){ return { type:"RGB", r:0, g:0, b:0} },
---------------------                                        // 頂点色を指定する媒介変数関数
  });
  // 媒介変数関数利用の有無を検証
  if( this.parametricFunction.enabled ){  -------------------------------------------------- (※2-1)
    // 媒介変数関数を用いて頂点座標・頂点色を計算
    this.computeVerticesFromParametricFunction();  ----------------------------------------- (※3)
  } else {  ------------------------------------------------------------------------------- (※2-2)
    // スプライン補間の有無を検証
    if( this.spline.enabled ){
      // スプライン補間を用いて頂点座標・頂点色を計算
```

```
        this.computeVerticesFromSpline( parameter.vertices, parameter.colors );    ----(※4)
      } else {
        // 頂点座標の指定
        this.setVertices( parameter.vertices );
        // 頂点色の指定
        if( this.material.vertexColors ){
          this.setColors( parameter.colors );
        }
      }
    }
    // 3次元オブジェクトの形状中心と基準点とを一致させるための頂点座標の再計算実行の有無
    this.resetVertices = parameter.resetVertices || false;
    // 形状中心座標を計算
    this.computeCenterOfGeometry();    -------------------------------------------------(※5)
    // 形状オブジェクト
    this.geometry.type = "Line";    ----------------------------------------------------(※6)
    // 3次元グラフィックスパラメータ
    this.material.type =  parameter.material.type || "LineBasic";
                                      // ("LineBasic" || "LineDashedMaterial")
    ---------------------------------------------------------------------------------- (※7)
    this.material.dashSize = parameter.material.dashSize || 0.2; // 破線の実線部分の長さ
    this.material.gapSize = parameter.material.gapSize || 0.2;   // 破線の空白部分の長さ
    // 各種ベクトルの初期化
    this.initVectors();
}
PHYSICS.Line.prototype = Object.create( PHYSICS.PhysObject.prototype );
PHYSICS.Line.prototype.constructor = PHYSICS.Line;
```

(※1) parametricFunction プロパティには、媒介変数関数の計算に必要な任意のプロパティが格納される可能性があります。そのため、parametricFunction プロパティの初期値としてオブジェクトリテラルの代入を行ってしてしまうと、設定した任意のプロパティが存在しなくなってしまいます。そこで、1.2.2 項で定義した overwriteProperty 関数を利用して、parametricFunction プロパティへ格納するプロパティを追加します。

(※2) 媒介変数関数の利用時は、引数で指定した頂点座標 vertices や頂点色 colors、スプライン補間は反映されません。

(※3) parametricFunction プロパティに格納された媒介変数関数や関連プロパティに従って頂点座標と頂点色を計算します。computeVerticesFromParametricFunction メソッドについては 9.1.5 項を参照してください。

(※4) 引数で指定された頂点座標と頂点色をスプライン補間を利用して補間します。

(※5) 線オブジェクトに登録されている頂点座標の中心座標を計算します。computeCenterOfGeometry メソッドの拡張については 9.1.7 項を参照してください。

(※6) three.js で利用する形状オブジェクトの種類を指定する文字列として "Line" を指定します。

形状オブジェクト生成の実装は 9.1.9 項の getGeometry メソッドを参照してください。

(※7) three.js で利用する材質オブジェクトの種類を指定する文字列として "LineBasic" か "LineDashedMaterial" を指定します。材質オブジェクト生成の実装は 9.1.9 項の getMaterial メソッドを参照してください。

9.1.5 computeVerticesFromParametricFunction メソッド（Line クラス）

Line クラスの parametricFunction プロパティに格納された媒介変数関数関連のプロパティを用いて、頂点座標と頂点色を実際に計算するメソッドです。

プログラムソース 9.6 ●computeVerticesFromParametricFunction メソッド（physObject_r9.js）

```
PHYSICS.Line.prototype.computeVerticesFromParametricFunction = function(){
  var N   = this.parametricFunction.pointNum;
  var min = this.parametricFunction.theta.min;
  var max = this.parametricFunction.theta.max;
  var vertices = [];
  for (var i = 0; i <= N; i++) {
    var theta = min + ( max - min ) * i/N;          ――――――――――――――――――― (※1-1)
    vertices.push( this.parametricFunction.position(this.parametricFunction, theta) );
                                                    ―――――――― (※1-2)
  }
  // 頂点座標の設定
  this.setVertices( vertices );                     ――――――――――――――――――――― (※2)
  // 頂点色の利用時
  if( this.material.vertexColors ){
    var colors = []
    for (var i = 0; i <= N; i++) {
      var theta = min + ( max - min ) * i/N;        ――――――――――――――――――― (※1-3)
      colors.push( this.parametricFunction.color(this.parametricFunction, theta) );
                                                    ―――――――― (※1-4)
    }
    // 頂点色の設定
    this.setColors( colors );                       ――――――――――――――――――――― (※3)
  }
}
```

(※1) 媒介変数の区間 min から max を均等分割し、その媒介変数に対する頂点座標と頂点色を計算します。媒介変数関数の第 1 引数には媒介変数関数内で任意のプロパティを利用するための parametricFunction プロパティを渡しています。

(※2) setVertices メソッドは引数で指定した頂点座標配列を、3 次元オブジェクトの頂点座標の

初期値を格納する _vertices プロパティへの代入を行います。本メソッドについては 7.2.2 項を参照してください。

（※3） setColors メソッドは引数で指定した頂点色配列を、3 次元オブジェクトの頂点色が格納される colors プロパティへの代入を行います。本メソッドは他のクラスでも利用するので、改めて基底クラスである PhysObject クラスのメソッドとして定義します。本メソッドについては 9.1.7 項を参照してください。

9.1.6　computeVerticesFromSpline メソッド（Line クラス）

コンストラクタの引数で指定した頂点座標配列 _vertices と頂点色配列 _colors から、three.js に用意されている Spline クラスを利用してスプライン補間を行って、頂点座標を結ぶ滑らかな曲線となる頂点座標を生成するメソッドです。なお、線オブジェクトを直線から曲線に変更する際に、曲線を構成する頂点座標に対する頂点色を指定する必要があるわけですが、本メソッドではこの頂点色の補間にもスプライン補間を利用することにします。

プログラムソース 9.7 ●computeVerticesFromSpline メソッド（physObject_r9.js）

```
PHYSICS.Line.prototype.computeVerticesFromSpline = function( _vertices, _colors ){
  // スプラインオブジェクトの生成
  this.spline.object = new THREE.Spline( _vertices );         ------------------------------------ (※1-1)
  var vertices = [];
  var N = this.spline.pointNum + _vertices.length;            -------------------------------------- (※2)
  for (var i = 0; i < N; i++) {
    // 規格化距離
    var l = i / (N-1);                                        -------------------------------------- (※1-2)
    // 補完点の取得
    var position = this.spline.object.getPoint(l);            ---------------------------------- (※1-3)
    // 補完点を頂点座標データとして追加
    vertices.push( { x : position.x, y : position.y, z : position.z } );
  }
  // 頂点座標の指定
  this.setVertices( vertices );
  // 頂点色の指定
  if( this.material.vertexColors ){
    var color2vertex = [];
    for(var i = 0; i < _colors.length; i++){
      if( _colors[i].type === "RGB"){
        var c = new THREE.Color().setRGB( _colors[i].r, _colors[i].g, _colors[i].b );
                                                              ---------------- (※3-1)
      } else if( _colors[i].type === "HSL" ){
        var c = new THREE.Color().setHSL( _colors[i].h, _colors[i].s, _colors[i].l );
                                                              ---------------- (※3-2)
```

```
      } else if( _colors[i].type === "HEX" ){
        var c = new THREE.Color().setHex( _colors[i].hex );          ------------------------ (※3-3)
      }
      color2vertex.push( { x: c.r, y: c.g, z:c.b } );                ------------------------ (※3-4)
    }
    // スプラインオブジェクトの生成
    var colorSpline = new THREE.Spline( color2vertex );              ------------------------ (※4-1)
    var colors = [];
    for (var i = 0; i < N; i++) {
      // 規格化距離
      var l = i / (N-1);
      // 補完点の取得
      var color = colorSpline.getPoint( l );                         ------------------------ (※4-2)
      colors.push( { type:"RGB", r: color.x, g: color.y, b: color.z } );  -------- (※4-3)
    }
    this.setColors( colors );
  }
}
```

(※1) three.js の Spline クラスの使い方について説明します。まず、Spline クラスのコンストラクタに補間前の頂点座標配列を渡してスプラインオブジェクトを生成します。本クラスはこの引数に渡した頂点座標を1次元のひもとして扱い、頂点間の頂点座標を計算して出力してくれるメソッド getPoint メソッドが用意されています。次に、このメソッドの引数に規格化したひもの距離（0が最初の頂点座標、1が最後の頂点座標）を渡すことで、そのひもの距離に対応する頂点座標が計算されて出力します。最後に、繰り返し文（for文）を利用して必要な描画点数分だけ規格化距離を等分配して与えます。

(※2) 線オブジェクトの spline.pointNum プロパティは補間点数を意味するので、実際の描画点数はこの量に頂点座標の数を足したものになります。

(※3) 頂点色配列に格納されている色の形式に対応した three.js の Color クラスのオブジェクトを生成します。three.js の Spline クラスはもともと頂点座標の補間用なので、R値G値B値をx、y、z値と読み替えます。

(※4) 頂点座標と同様に、Spline クラスの getPoint メソッドを利用して補間後のx、y、zを取得し、RGBに変換することで頂点色の補間とします。この方法の場合、元の頂点で指定した頂点色の間を距離に応じた単純な線形補間ではない点に注意が必要です。

9.1.7　computeCenterOfGeometry メソッド（PhysObject クラス）

ポリゴンオブジェクトの中心座標を計算する同名メソッドが、基底クラスである PhysObject クラスに定義されています（7.2.4項を参照）。ポリゴンオブジェクトの場合にはポリゴン面の面積を考慮して中心座標を計算しましたが、線オブジェクトの場合には頂点座標の単純加算平均で中

心座標を算出します。そのため、face プロパティの有無で本メソッドの動作を分岐することにします。

プログラムソース 9.8 ●computeCenterOfGeometry メソッド（physObject_r9.js）

```javascript
PHYSICS.PhysObject.prototype.computeCenterOfGeometry = function( ){
  // 形状中心座標の初期化
  this.centerOfGeometry = new THREE.Vector3();
  if( this.faces.length > 0 ){
    （省略：ポリゴンオブジェクトの場合 (7.2.4項)）
  } else {
    for( var i = 0; i < this._vertices.length; i++ ){
      this.centerOfGeometry.add( this._vertices[i] );            ----------------------(※1-1)
    }
    this.centerOfGeometry.divideScalar( this._vertices.length ); ----------------------(※1-2)
  }
}
```

（※1） 頂点座標を全て足しあわせて頂点座標数で割ることで、中心座標を算出します。

9.1.8 setColors メソッド（PhysObject クラス）

7.2.2 項で導入した setVertices メソッドと同様に、引数に与えた頂点色配列を 3 次元オブジェクトの頂点色が格納される colors プロパティに与えるメソッドです。本メソッドは Line クラスだけでなく Polygon クラスでも利用するので、基底クラスの PhysObject クラスのメソッドとして定義します。

プログラムソース 9.9 ●setColors メソッド（physObject_r9.js）

```javascript
PHYSICS.PhysObject.prototype.setColors = function( colors ){
  // 初期頂点色の初期化
  this.colors = [];
  if( colors.length > 0 ){
    for( var i = 0; i < colors.length; i++ ){
      if( colors[i].type === "RGB" ){                            ----------------------(※1-1)
        this.colors.push(
          new THREE.Color().setRGB( colors[i].r, colors[i].g, colors[i].b )
        );
      } else if( colors[i].type === "HSL" ){                     ----------------------(※1-2)
        this.colors.push(
          new THREE.Color().setHSL( colors[i].h, colors[i].s, colors[i].l )
        );
```

9 拘束力のある運動のシミュレーション

```
      } else if( colors[i].type === "HEX" ){                 ------------------------------------- (※1-3)
        this.colors.push(
          new THREE.Color().setHex( colors[i].hex )
        );
      }
    }
  }
}
```

（※1） 引数で渡された頂点色の色形式に対応するColorクラスのメソッドを利用します。

9.1.9 PhysObjectクラスのメソッドの拡張

　線オブジェクトの形状オブジェクトと材質オブジェクトを生成するgetGeometryメソッド（1.3.5項参照）とgetMaterial（1.3.6項参照）、3次元グラフィックスを生成するためのcreate3DCGメソッド（1.3.4項参照）の拡張を行います。

形状オブジェクトの生成（getGeometryメソッド）

　線オブジェクトの3次元グラフィックスを生成するための形状オブジェクトは、ポリゴンオブジェクトと同様three.jsのGeometryクラスの必要プロパティに値を与えることで生成することができます。そのため、ポリゴンオブジェクトと同一実行内容は共通化をすることを検討します。また、ポリゴンオブジェクトにも頂点色を指定できるように拡張も行います。

プログラムソース 9.10 ●getGeometryメソッド（physObject_r9.js）

```
PHYSICS.PhysObject.prototype.getGeometry = function( type, parameter ) {
  // 材質の種類
  type = type || this.geometry.type;
  parameter = parameter || {};
  if( type === "Polygon" || type === "Line" ){                 -------------------------------------- (※1)
    // 頂点の再設定
    if( this.resetVertices ){
      for(var i = 0; i < this._vertices.length; i++){
        this._vertices[i].sub( this.centerOfGeometry );
      }
    }
    // 形状オブジェクトの宣言と生成
    var _geometry = new THREE.Geometry();
    // 形状オブジェクトに頂点座標の設定
    for(var i = 0; i < this._vertices.length; i++){
      _geometry.vertices.push( this._vertices[i] );
```

```
      }
      if( type === "Polygon" ){                                                   (※2-1)
        // 全てのポリゴン面を指定する
        for(var i = 0; i < this.faces.length; i++){
          if( this.material.vertexColors === "Vertex" ){
            var colors = [                                                        (※3-1)
              this.colors[this.faces[i][0]],
              this.colors[this.faces[i][1]],
              this.colors[this.faces[i][2]]
            ]
          } else {
            var colors = null;                                                    (※3-2)
          }
          _geometry.faces.push(
            new THREE.Face3( this.faces[i][0], this.faces[i][1], this.faces[i][2],
                                          null , colors)                          (※3-3)
          );
        }
        // 面の法線ベクトルを計算
        _geometry.computeFaceNormals();
        // 面の法線ベクトルから頂点法線ベクトルの計算
        _geometry.computeVertexNormals();
      } else {                                                                    (※2-2)
        for(var i = 0; i < this.colors.length; i++){
          _geometry.colors.push( this.colors[i] );                                (※4)
        }
        // 頂点間距離の累積距離を計算
        _geometry.computeLineDistances();                                         (※5)
      }
    } else if( type === "Sphere" ) {
    (以下省略)
  }
```

(※1) LineクラスとPolygonクラスは形状オブジェクトにthree.jsのGeometryクラスを利用するため、処理を共通化することができます。

(※2) ここからPolygonクラスとLineクラスの処理が異なります。Lineクラスでは頂点座標を与えるだけで頂点間を直線でつないでくれますが、Polygonクラスでは与えた頂点座標のどの頂点を利用してポリゴンとするかを指定する面指定配列を設定する必要があります。

(※3) three.jsのポリゴンに頂点色を適用する方法は、面を指定するFace3クラスのコンストラクタの第5引数に設定する頂点色を配列として与えます。通常の発光材質や反射材質の場合にはnull値を与えます。

(※4) 線オブジェクトの3次元グラフィックスを生成する形状オブジェクトに頂点色を与えるのは、Geometryクラスのcolorsプロパティに描画色を与えます。

(※5) 破線を描画するのに各頂点座標の累積距離をあらかじめ計算しておく必要があります。
Geometry クラスの computeLineDistances メソッドでそれを実行します。

材質オブジェクトの生成（getMaterial メソッド）

線オブジェクトの3次元グラフィックスを生成するには、実線を描画する three.js の LineBasicMaterial クラスか LineDashedMaterial クラスのコンストラクタで生成した材質オブジェクトが必要です。そのため、3次元オブジェクトの材質オブジェクトを生成する getMaterial メソッドを拡張します。また、頂点色の利用も本メソッド内で実装します。

プログラムソース 9.11 ●getMaterial メソッド（physObject_r9.js）

```javascript
PHYSICS.PhysObject.prototype.getMaterial = function( type, parameter ) {
    // 材質の種類
    type = type || this.material.type;
    parameter = parameter || {};
    // 材質パラメータ
    var _parameter = {
        color:         ( parameter.color !== undefined )?
                        parameter.color : this.material.color,
        (省略)
        vertexColors: ( parameter.vertexColors !== undefined )?
                        parameter.vertexColors : this.material.vertexColors,   --------(※1)
    };
    (省略)
    // 頂点色の指定
    if( _parameter.vertexColors === "No" ){                         ------------------------------------(※2-1)
        _parameter.vertexColors = THREE.NoColors;                   ------------------------------------(※2-2)
    } else if( _parameter.vertexColors === "Vertex" ) {             ------------------------------------(※2-3)
        _parameter.vertexColors = THREE.VertexColors;               ------------------------------------(※2-4)
    } else if( _parameter.vertexColors === "Face" ) {               ------------------------------------(※2-5)
        _parameter.vertexColors = THREE.FaceColors;                 ------------------------------------(※2-6)
    }

    // 材質オブジェクトの宣言と生成
    if( type === "Lambert" ) {
        (省略)
    } else if( type === "LineBasic" ){
        // 実線発光材質
        var _material = new THREE.LineBasicMaterial( _parameter );  ------------------------(※3-1)
    } else if( type === "LineDashed" ){
        // 破線発光材質専用のパラメータ
        _parameter.dashSize = ( parameter.dashSize !== undefined )?
                        parameter.dashSize : this.material.dashSize,  ------(※4-1)
```

```
            _parameter.gapSize = ( parameter.gapSize !== undefined )?
                              parameter.gapSize : this.material.gapSize      ------------- (※4-2)
        // 破線発光材質
        var _material = new THREE.LineDashedMaterial( _parameter );      ---------------------- (※3-2)
    } else {
      alert( "材質オブジェクト指定ミス" );
    }
  }
```

(※1) 材質オブジェクトを生成する材質系クラスのコンストラクタに渡すパラメータを格納したオブジェクトリテラルに、頂点色の利用の有無を指定する vertexColors プロパティを追加します。

(※2) 頂点色の利用は vertexColors プロパティには3種類の three.js のステート定数「NoColors」、「VertexColors」、「FaceColors」のどれかを指定します。デフォルトでは頂点色の利用をしない「NoColors」が与えられ、線オブジェクトとポリゴンオブジェクトで頂点色を利用する場合には「VertexColors」を与えます。「FaceColors」は本実験室ではまだ利用しません。3次元グラフィックスのモーフィングと呼ばれる少し特殊な場合などで利用されます。PhysObject クラスでは vertexColors プロパティに "No"、"Vertex"、"Face" を文字列として与えていますが、ここで three.js のステート定数と入れ替えを行います。

(※3) type プロパティに指定した材質の種類を表す文字列に対応する three.js の材質オブジェクトを生成します。

(※4) 破線の実線部分の長さと空白部分の長さを指定する three.js の LineDashedMaterial クラス専用の dashSize プロパティと gapSize プロパティを設定します。LineBasicMaterial クラスで生成した材質オブジェクトにこれらのプロパティを与えると、three.js にて warning がコンソールに出力されてしまいます。

3次元グラフィックス用オブジェクトの生成（create3DCG メソッド）

上記2つのメソッドで生成した形状オブジェクトと材質オブジェクトから3次元グラフィックスを生成する際、一般的なポリゴンの場合には three.js の Mesh クラスを利用しますが、線オブジェクトの場合には three.js の Line クラスを利用する必要があります。3次元グラフィックス用オブジェクトを生成する create3DCG メソッドを拡張します。

プログラムソース 9.12 ●create3DCG メソッド（physObject_r9.js）

```
PHYSICS.PhysObject.prototype.create3DCG = function(){
    // 形状オブジェクト
    var geometry = this.getGeometry();
    // 材質オブジェクトの取得
```

9 拘束力のある運動のシミュレーション

```
    var material = this.getMaterial();
    // 3次元グラフィックス用オブジェクトの生成
    if( this instanceof PHYSICS.Line ){
      // 線オブジェクト
      this.CG = new THREE.Line(geometry, material);
    } else {
      // その他のオブジェクト
      this.CG = new THREE.Mesh( geometry, material );
    }
    (省略)
}
```

9.1.10 線オブジェクトと球オブジェクトとの衝突計算アルゴリズム

　本節の最後に、線オブジェクトと球オブジェクトとの衝突計算の実装を行います。線オブジェクトはスプライン補間や媒介変数関数などを用いることで簡単に曲線を生成することができますが、曲線と球体との衝突は別途考える必要があります。本実験室では、図 9.8 で示したように曲線も短い線分の集合と考えて衝突計算を行うことにします。

図9.8●線オブジェクトと球オブジェクトとの衝突の模式図

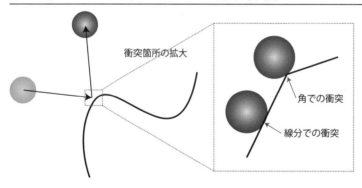

　図 9.8 は線オブジェクトと球オブジェクトとの衝突の模式図です。衝突の可能性は球体と線分との衝突、球体と線分の接続点での衝突の 2 パターンのみしか存在しません。これは、平面オブジェクトの辺と角との衝突計算と全く同じなので、この計算を利用することにします。衝突関連は実験室オブジェクトを生成する PhyLab クラスで実装されているので、必要箇所の拡張を行います。

3次元オブジェクト同士の衝突計算する checkCollision メソッドの拡張

仮想物理実験室オブジェクトに登録されている3次元オブジェクト同士の衝突判定ならびに衝突計算は checkCollision メソッドで行っています。ここに線オブジェクトと球オブジェクトとの衝突判定・衝突計算を行う checkCollisionSphereVsLine メソッドを追記します。

プログラムソース 9.13 ●checkCollision メソッド（physLab_r9.js）

```
PHYSICS.PhysLab.prototype.checkCollision = function( contact ){
  (省略)
  if( object instanceof PHYSICS.Sphere )
    // 球オブジェクト vs 球オブジェクト
    this.checkCollisionSphereVsSphere( sphere, object );
  (省略)
  else if( object instanceof PHYSICS.Line )          ------------------------------------追記
    // 球オブジェクト vs 線オブジェクト
    this.checkCollisionSphereVsLine( sphere, object );  ------------------------------追記
  (省略)
}
```

線オブジェクトと球オブジェクトとの衝突計算を行う checkCollisionSphereVsLine メソッドの定義

線オブジェクトと球オブジェクトとの衝突判定・衝突計算を行う checkCollisionSphereVsLine メソッドの定義を行います。先述のとおり、線分や角での衝突計算は平面オブジェクトの辺と角での衝突計算を行う getCollisionSide メソッドと getCollisionEdge メソッドを利用します。ただし、両メソッドとももともと平面用なので拡張が必要となります。

プログラムソース 9.14 ●checkCollisionSphereVsLine メソッド（physLab_r9.js）

```
PHYSICS.PhysLab.prototype.checkCollisionSphereVsLine = function( sphere , object ){
  // 線分と角との衝突を検証
  var dirR = this.getCollisionSide ( sphere, object )   // 線分の衝突 (9.1.10項)
          || this.getCollisionEdge ( sphere, object );  // 線の角での衝突 (9.1.10項)
  if( dirR ) {
    sphere.collisionObjects.push( { object:object, dirR:dirR } );   ---------------------(※)
    return true;
  }
  return false;
}
```

（※）　これまでの衝突計算と同様、衝突が検知された場合には衝突力の方向ベクトル（dirR）が出

力されるので、そのベクトルを球オブジェクトのcollisionObjectsプロパティに格納します。

getCollisionSide メソッドの拡張

3.9.2項で実装したgetCollisionSideメソッドは平面領域の辺と球オブジェクトとの衝突計算を想定して設計されました。本項では、このメソッドを線オブジェクトと球オブジェクトとの衝突計算を行えるように拡張します。

プログラムソース 9.15 ●getCollisionSide メソッド（physLab_r9.js）

```
PHYSICS.PhysLab.prototype.getCollisionSide = function( sphere, object, i ){
    // 2つの頂点の線分と球オブジェクトとの衝突計算
    function getCollisionForceDirectionVector (sphere, V1, V2) {   ------------------------------- (※1)
        (省略)
        return R.normalize();
    }
    // 平面領域の線分との衝突
    if( object.faces.length ){                                     ------------------------------- (※2-1)
        // i番目の面を構成する全ての辺について評価する
        for( var j = 0; j < object.faces[i].length; j++ ){
            var k = ( j < object.faces[i].length - 1 )? j + 1 : 0;
            // i番目の面を構成するj番目の頂点の頂点番号
            var n1 = object.faces[ i ][ j ];
            // i番目の面を構成するk番目の頂点の頂点番号
            var n2 = object.faces[ i ][ k ];
            // n1番目の頂点座標
            var V1 = object.vertices[ n1 ];                        ------------------------------- (※3-1)
            var V2 = object.vertices[ n2 ];                        ------------------------------- (※3-2)
            var dirR = getCollisionForceDirectionVector (sphere, V1, V2);
            if( dirR ) return dirR;
        }
    } else {                                                       ------------------------------- (※2-2)
        // Lineクラスの線分領域での衝突を想定
        // 頂点数
        var vN = object.vertices.length;
        // 線オブジェクトの線分での衝突計算
        for( var n = 0; n < vN-1 ; n++ ){
            // 2点の頂点座標
            var V1 = object.vertices[ n ];                         ------------------------------- (※3-3)
            var V2 = object.vertices[ n + 1 ];                     ------------------------------- (※3-4)
            var dirR = getCollisionForceDirectionVector (sphere, V1, V2);
            if( dirR ) return dirR;
        }
    }
}
```

```
        return false;
    };
```

(※1)　線分と球体との衝突計算を行う部分は完全に共通化することができるので、本メソッド内で関数を定義して使いまわします。本関数の実装は3.9.2項の該当部分と同じなので省略します。

(※2)　計算対象3次元オブジェクトに平面領域が存在する場合、ポリゴン面を指定する配列 faces プロパティが必ず存在します。つまり、計算対象3次元オブジェクトの faces プロパティを持たない場合、線オブジェクトとの衝突計算と判断することにします。

(※3)　平面の辺と球体との衝突計算は、平面を構成する頂点の中から隣り合う2つ頂点をつなぐ線分との衝突計算を行います。一方の線オブジェクトの場合、隣り合う頂点（頂点番号が連番）をつなぐ線分との衝突計算を行います。

getCollisionEdge メソッドの拡張

　3.9.4項で実装した getCollisionEdge メソッドは平面領域の角と球オブジェクトとの衝突計算を想定して設計されました。本項では、このメソッドを線オブジェクトと球オブジェクトとの衝突計算を行えるように拡張します。なお、拡張の基本的な考え方は先の getCollisionSide メソッドと同じです。

プログラムソース 9.16 ●getCollisionEdge メソッド（physLab_r9.js）

```
PHYSICS.PhysLab.prototype.getCollisionEdge = function( sphere, object, i ){
    // 頂点と球オブジェクトとの衝突計算
    function getCollisionForceDirectionVector (sphere, V) {      ------------------------------(※1)
        (省略)
        return R.normalize();
    }
    // 平面領域の角との衝突
    if( object.faces.length ){                                   ------------------------------(※2-1)
        // i番目の面を構成する全ての角ついて評価する
        for( var j=0; j < object.faces[i].length; j++ ){
            var dirR = getCollisionForceDirectionVector (
                sphere,                             // 球オブジェクト
                object.vertices[ object.faces[i][j] ] // 頂点座標   ------------------------------(※3-1)
            )
            if( dirR ) return dirR;
        }
    } else {                                                      ------------------------------(※2-2)
        // Lineクラスの線分の角領域での衝突を想定
        // 頂点数
        var vN = object.vertices.length;
        // 頂点との衝突計算
```

```
    for( var n = 0; n < vN ; n++ ){
      var dirR = getCollisionForceDirectionVector (
        sphere,                 // 球オブジェクト
        object.vertices[ n ] // 角の座標  ------------------------------------------------- (※3-2)
      )
      if( dirR ) return dirR;
    }
  }
  return false;
}
```

(※1) 線分と球体との衝突計算を行う部分は完全に共通化することができるので、本メソッド内で関数を定義して使いまわします。本関数の実装は 3.9.4 項の該当部分と同じなので省略します。

(※2) 計算対象 3 次元オブジェクトに平面領域が存在する場合、ポリゴン面を指定する配列 faces プロパティが必ず存在します。つまり、計算対象 3 次元オブジェクトの faces プロパティを持たない場合、線オブジェクトとの衝突計算と判断することにします。

(※3) 平面の角と球体との衝突計算は、平面を構成する全ての頂点との衝突計算を行います。線オブジェクトの場合には、登録されている全ての頂点座標の衝突計算を行います。

9.2 経路の解析的取り扱い

9.3 節ではあらかじめ指定した任意の経路に運動が制限される物体の物理シミュレーションを行います。その際に必要となる 3 次元空間中の経路を解析的に扱う方法について、本節で解説します。

9.2.1 経路ベクトル、接線ベクトル、曲率ベクトルの定義

経路は 1 次元状なので、ひとつのパラメータだけで表現することができます。本項では、始点からの経路の長さ l をそのパラメータとします。図 9.9 左は $l = 0$ がひもの始点、$l = L$ が終点を表す長さ L の 1 本のひも（経路）で繋がれた 2 点の模式図です。$0 < l < L$ の l に対する経路の位置ベクトルを $r_{\text{path}}(l)$ と表し、経路ベクトルと呼ぶことにします。本項では、このような 3 次元空間中の経路を取り扱うために必要な各種ベクトル量の定義を行います。

図9.9● 経路ベクトルと接線ベクトルの関係

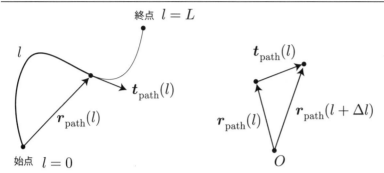

経路ベクトルが与えられたとき、経路の接線ベクトル（図9.9右）は位置ベクトルと接線ベクトルの関係を表してあり、接線ベクトルを

$$\boldsymbol{t}_{\mathrm{path}}(l) = \lim_{\Delta l \to 0} \frac{\boldsymbol{r}_{\mathrm{path}}(l + \Delta l) - \boldsymbol{r}_{\mathrm{path}}(l)}{\Delta l} = \frac{d\boldsymbol{r}_{\mathrm{path}}(l)}{dl} \qquad (9.1)$$

と定義することができます。この関係は物体の運動における位置ベクトルと速度ベクトルとの関係と似ていることがわかります。違いは、l も Δl も同じ長さの次元を持っている無次元量で、

$$|\boldsymbol{t}_{\mathrm{path}}(l)| = 1 \qquad (9.2)$$

を満たします。また、式（9.1）の両辺を l で積分することで、任意の l における経路ベクトルと接線ベクトルの関係が

$$\boldsymbol{r}_{\mathrm{path}}(l) = \int_0^l \boldsymbol{t}_{\mathrm{path}}(l) dl \qquad (9.3)$$

と得られます。ただし、位置ベクトルの原点を経路の始点としています。以上の2つのベクトル量で、経路の任意の地点の位置とその接線方向を取得することができます。

図9.10● 接線ベクトルと曲率ベクトルの関係

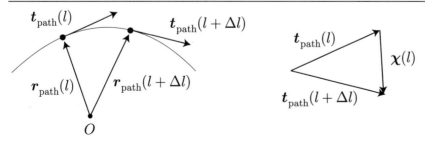

9 拘束力のある運動のシミュレーション

経路の特徴を把握するのに重要なもう一つのベクトル量は、経路の曲がり方を表す**曲率ベクトル**と呼ばれる量です。図 9.10 左は地点 l と $l + \Delta l$ における接線ベクトル $\boldsymbol{t}_{\text{path}}(l)$、$\boldsymbol{t}_{\text{path}}(l + \Delta l)$ を図示しています。接線ベクトルの変化量を図 9.10 右のように表し、$\Delta l \to 0$ の極限を曲率ベクトル

$$\boldsymbol{\chi}(l) \equiv \lim_{\Delta l \to 0} \frac{\boldsymbol{t}_{\text{path}}(l) - \boldsymbol{t}_{\text{path}}(l - \Delta l)}{\Delta l} = \frac{d\boldsymbol{t}_{\text{path}}(l)}{dl} \tag{9.4}$$

と定義します。この接線ベクトルと曲率ベクトルとの関係は、物体運動の速度ベクトルと加速度ベクトルとの関係とに似ています。違いは、接線ベクトルの長さは 1 で固定されていることから、図 9.10 右の図にて $\Delta l \to 0$ の極限を考えると

$$\boldsymbol{\chi}(l) \cdot \boldsymbol{t}_{\text{path}}(l) = 0 \tag{9.5}$$

であることがわかります。つまり、曲率ベクトルは経路の法線方向を向いていて、法線ベクトルを $\boldsymbol{n}_{\text{path}}(l)$ とすると

$$\boldsymbol{\chi}(l) = \chi(l)\,\boldsymbol{n}_{\text{path}}(l) \tag{9.6}$$

と表すことができます。ただし、1 次元状のひも（曲線）に対して、そもそも法線という概念は存在しないかもしれませんが、式 (9.4) のベクトル量を計算することができれば、その規格化した量が曲線に対する法線ベクトルと定義することができます。いずれにせよ、経路の特徴はここまでで定義した位置ベクトル、接線ベクトル、曲率ベクトルで把握することができます。$\chi(l)$ は曲線の曲がり方を表す**曲率**と呼ばれる量で、次元は L^{-1} です。

媒介変数表示による経路の指定

ここまでは経路を表すパラメータとして始点からの距離 l を利用しましたが、3 次元空間中の経路は媒介変数表示で表す方が簡単です。媒介変数表示とは、ひとつの媒介変数 θ を用いて x、y、z の値を指定するという方法です。今後のために、先の始点からの距離 l と媒介変数 θ との関係について示しておきます。

$$\boldsymbol{r}_{\text{path}}(l) = \boldsymbol{r}_{\text{path}}(\theta) = (x(\theta), y(\theta), z(\theta)) \tag{9.7}$$

図9.11 ● x、yとlの関係の模式図

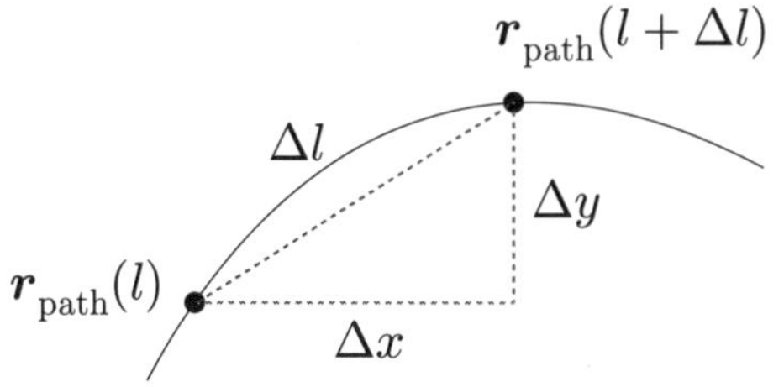

図9.11 は経路の地点 l から $l + \Delta l$ までの x、y の変化分を Δx、Δy と表しています。Δl が小さくなるほど実際の経路と直角三角形の斜辺の長さが近づいていくことになります。Δl が非常に小さい場合、Δl と Δx、Δy は三平方の定理で結びつけることができるので、近似的に次の関係式が成り立ちます。

$$\Delta l = \sqrt{\Delta x^2 + \Delta y^2 + \Delta z^2} \tag{9.8}$$

3次元でも全く同じ考えが成り立つので、上式では Δz を加えています。Δl と Δx、Δy、Δz はそれぞれ媒介変数 θ の関数と考えることができるので、式（9.8）の両辺を $\Delta \theta$ で割った

$$\frac{\Delta l}{\Delta \theta} = \sqrt{\left(\frac{\Delta x}{\Delta \theta}\right)^2 + \left(\frac{\Delta y}{\Delta \theta}\right)^2 + \left(\frac{\Delta z}{\Delta \theta}\right)^2} \tag{9.9}$$

に対して、$\Delta \theta \to 0$ の極限を考えると

$$\frac{dl}{d\theta} = \sqrt{\left(\frac{dx}{d\theta}\right)^2 + \left(\frac{dy}{d\theta}\right)^2 + \left(\frac{dz}{d\theta}\right)^2} \tag{9.10}$$

の関係式が得られます。これは、式（9.7）で定義されている経路に対して θ の変化に対する l の変化を表す関係式となっています。つまり、式（9.10）の両辺を θ で積分することで

$$l = \int_0^\theta d\theta \sqrt{\left(\frac{dx}{d\theta}\right)^2 + \left(\frac{dy}{d\theta}\right)^2 + \left(\frac{dz}{d\theta}\right)^2} \tag{9.11}$$

となります。ただし、$\theta = 0$ を経路の始点としています。

続いて、接線ベクトルと曲率ベクトルを媒介変数 θ を用いて表すことを考えます。接線ベクトルは式（9.1）で定義したとおり、位置ベクトルの l 微分なので、変数変換を利用することで

$$\boldsymbol{t}_{\text{path}}(l) = \frac{d\boldsymbol{r}_{\text{path}}(l)}{dl} = \frac{d\theta}{dl}\frac{d\boldsymbol{r}_{\text{path}}(\theta)}{d\theta} \tag{9.12}$$

と表すことができます。係数の $d\theta/dl$ は式（9.10）の逆数と同じなので、

$$\frac{d\theta}{dl} = \frac{1}{\sqrt{\left(\frac{dx}{d\theta}\right)^2 + \left(\frac{dy}{d\theta}\right)^2 + \left(\frac{dz}{d\theta}\right)^2}} \tag{9.13}$$

と与えられることから、経路が式（9.7）で与えられる場合には接線ベクトルは式（9.12）で計算することができます。曲率ベクトルも同様に変数変換を行うことで

$$\boldsymbol{\chi}(l) = \frac{d\boldsymbol{t}_{\text{path}}(l)}{dl} = \frac{d^2\theta}{dl^2}\frac{d\boldsymbol{r}_{\text{path}}(\theta)}{d\theta} + \left(\frac{d\theta}{dl}\right)^2 \frac{d^2\boldsymbol{r}_{\text{path}}(\theta)}{d\theta^2} \tag{9.14}$$

と得られます。係数の $d^2\theta/dl^2$ は式（9.13）をさらに l で微分することで

$$\begin{aligned}
\frac{d^2\theta}{dl^2} &= -\frac{\left(\frac{d\theta}{dl}\right)\left[\left(\frac{dx}{d\theta}\right)\left(\frac{d^2x}{d\theta^2}\right) + \left(\frac{dy}{d\theta}\right)\left(\frac{d^2y}{d\theta^2}\right) + \left(\frac{dz}{d\theta}\right)\left(\frac{d^2z}{d\theta^2}\right)\right]}{\left[\left(\frac{dx}{d\theta}\right)^2 + \left(\frac{dy}{d\theta}\right)^2 + \left(\frac{dz}{d\theta}\right)^2\right]^{3/2}} \\
&= -\frac{\left[\left(\frac{dx}{d\theta}\right)\left(\frac{d^2x}{d\theta^2}\right) + \left(\frac{dy}{d\theta}\right)\left(\frac{d^2y}{d\theta^2}\right) + \left(\frac{dz}{d\theta}\right)\left(\frac{d^2z}{d\theta^2}\right)\right]}{\left[\left(\frac{dx}{d\theta}\right)^2 + \left(\frac{dy}{d\theta}\right)^2 + \left(\frac{dz}{d\theta}\right)^2\right]^2} \\
&= \frac{\left(\frac{d\boldsymbol{r}_{\text{path}}(\theta)}{d\theta}\right) \cdot \left(\frac{d^2\boldsymbol{r}_{\text{path}}(\theta)}{d\theta^2}\right)}{\left|\frac{d\boldsymbol{r}_{\text{path}}(\theta)}{d\theta}\right|^4}
\end{aligned} \tag{9.15}$$

となります。以上で、経路ベクトルが式（9.7）のとおり媒介変数表示で与えられたときの接線ベクトル、曲率ベクトルを得ることができました。媒介変数表示で与えた経路ベクトルに対する接線ベクトルと曲率ベクトルの具体的な例として、(1) 円、(2) 楕円、(3) 放物線、(4) サイクロイド曲線を次項以降に取り上げます。

9.2.2　曲線の解析的取り扱いの例1：円

円とは2次元平面上において、ある点からの距離が等距離となる点の集合で定義される図形です。中心座標 (x_0, y_0)、半径 r の円を表す式は次式で与えられます。

$$(x-x_0)^2 + (y-y_0)^2 = r^2 \tag{9.16}$$

図9.12●円の媒介変数表示の模式図

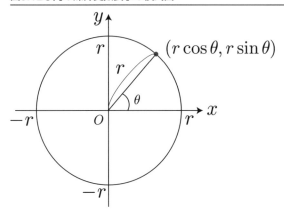

原点を中心とした円周上の任意の点は、媒介変数 θ を用いて

$$\begin{cases} x(\theta) = r\cos\theta \\ y(\theta) = r\sin\theta \end{cases} \tag{9.17}$$

と表されます。これは2次元の極座標形式と同じです。この媒介変数表示において、$\theta = 0$ を始点、$\theta = 2\pi$ を終点とした経路を経路ベクトル $\boldsymbol{r}_{\text{path}}(\theta)$ と定義します。前項で示した方法を適用して接線ベクトルと曲率ベクトルの導出を行います。まず、これらのベクトル量の計算に必要な θ の l の微分は式（9.10）、（9.13）、（9.15）から

$$\frac{dl}{d\theta} = r \;\to\; \frac{d\theta}{dl} = \frac{1}{r},\; \frac{d^2\theta}{dl^2} = 0 \tag{9.18}$$

と得られます。接線ベクトルは式（9.12）から

$$\boldsymbol{t}_{\text{path}}(\theta) = \frac{1}{r}(-r\sin\theta, r\cos\theta) = (-\sin\theta, \cos\theta) \tag{9.19}$$

と得られ、曲率ベクトルも式（9.14）から

$$\boldsymbol{\chi}(\theta) = \frac{1}{r^2}(-r\cos\theta, -r\sin\theta) = -\frac{1}{r}(\cos\theta, \sin\theta) \tag{9.20}$$

と得られます。式 (9.20) は式 (9.17) の媒介変数表示の経路ベクトル $r_{\mathrm{path}}(\theta)$ を用いると

$$\chi(\theta) = -\frac{1}{r^2} r_{\mathrm{path}}(\theta) \tag{9.21}$$

と表されることから、円の曲率ベクトルは経路の代表点から円の中心に向かう方向であることがわかります。以上の結果から、$|t_{\mathrm{path}}(\theta)| = 1$、$t_{\mathrm{path}}(\theta) \cdot \chi(\theta) = 0$ も確認することができます。また、曲率は

$$\chi(\theta) = |\chi(\theta)| = \frac{1}{r} \tag{9.22}$$

となることから、θ に依存せず一定値をとることがわかります。

図 9.13 は、経路上の代表点の位置ベクトル、接線ベクトル、曲率ベクトルを three.js を用いて表示した結果です。HTML 文書「PrametricPlot_Circle.html」では、input 要素の type 属性で range を指定することで実装できるスライダーを利用して媒介変数 θ の値を指定することができ、$\theta = 0$、$3\pi/5$、$6\pi/5$、$9\pi/5$ の値に対する各種ベクトル量を表示しています。$r = 1$ として計算しています。

図9.13●円の媒介変数表示と各種ベクトル量（PrametricPlot_Circle.html）

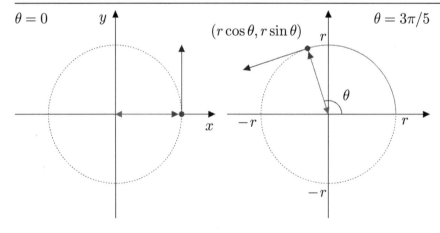

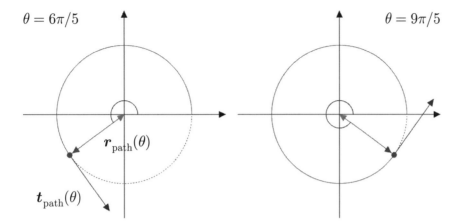

円の円周と面積

　義務教育でもよく知られている円の円周と面積ですが、今後様々な曲線に対する線分の長さや囲まれた領域の面積を計算する手順の確認として、本項で導入した微分量から導くことにします。円の円周は式（9.18）の両辺に $d\theta$ を掛けて、両辺を積分することで即座に

$$\int_0^l dl = \int_0^{2\pi} r\,d\theta \;\to\; l = 2\pi r \tag{9.23}$$

と得られます。また、円の面積は y を x の関数と考えて、$x=0$ から半径 r まで積分することで円の第 1 象限の面積を計算することができるので、円全体の面積は

$$S = 4\int_0^r y(x)\,dx \tag{9.24}$$

となります。中心が原点の円の方程式（9.16）より

$$y(x) = \pm\sqrt{r^2 - x^2} \tag{9.25}$$

となりますが、積分範囲は第 1 象限のみを考えているので正符号のみを採用して、式（9.24）は

$$S = 4\int_0^r \sqrt{r^2 - x^2}\,dx \tag{9.26}$$

となります。このような平方根を含んだ被積分関数は三角関数を用いて積分変数の変数変換を行う

ことで、積分の実行に見通しが立つことが多いです。今回は

$$x = r \sin \phi \tag{9.27}$$

と変換することで、被積分関数の平方根がとれそうです。また、式（9.27）の両辺を x で微分して、両辺に dx を掛けると

$$dx = r \cos \phi \, d\phi \tag{9.28}$$

が得られるので、式（9.26）に式（9.27）と式（9.28）を代入して x から ϕ への変数変換を完了させます。ただし、式（9.27）の変数変換を行うことで ϕ の積分区間が 0 から $\pi/2$ と変化することに留意してください。式（9.26）の面積は次のとおり計算されます。

$$\begin{aligned} S &= 4r^2 \int_0^{\frac{\pi}{2}} \cos^2 \phi \, d\phi = 4r^2 \int_0^{\frac{\pi}{2}} \frac{1 + \cos 2\phi}{2} d\phi \\ &= 2r^2 \left[\theta + \frac{1}{4} \sin 2\phi \right]_0^{\frac{\pi}{2}} = \pi r^2 \end{aligned} \tag{9.29}$$

なお、$\sin^2$ や $\cos^2$ の積分はそのままでは実行できないため、倍角の公式で指数を落とすことで計算することができます。

9.2.3 曲線の解析的取り扱いの例 2：楕円

　楕円とは 2 次元平面上において、ある 2 点からの距離の和が等距離となる点の集合で定義される図形です。この 2 点は焦点と呼ばれます。まず、楕円の表式を導出します。2 点をつなぐ直線を x 軸、その直線の垂直方向を y 軸と定義し、2 点の中点を原点とします。焦点間距離を R、2 点からの距離の和を L（$= L_1 + L_2$）としたとき、上記の条件を満たす点 (x, y) の集合を表す図形を考えます。

図9.14●楕円の表式を導き出すのに必要な量

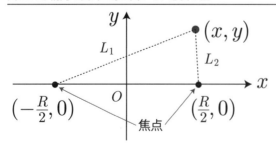

上記の条件を満たす点 (x, y) は、三平方の定理から

$$L = \sqrt{(x - \frac{R}{2})^2 + y^2} + \sqrt{(x + \frac{R}{2})^2 + y^2} \tag{9.30}$$

を満たします。平方根を無くすために、式 (9.30) を 2 乗した後に移項してもう一度 2 乗することで、

$$\frac{4}{L^2} x^2 + \frac{4}{L^2 - R^2} y^2 = 1 \tag{9.31}$$

と簡略化することができます。R と L は楕円を決定する任意のパラメータなので、この 2 つの量から改めて 2 つのパラメータ a、b を

$$a^2 = \frac{L^2}{4} , \ b^2 = \frac{L^2 - R^2}{4} \tag{9.32}$$

と定義します。このように変形することで式 (9.31) は

$$\frac{x^2}{a^2} + \frac{y^2}{b^2} = 1 \tag{9.33}$$

と表すことができます。これが原点を中心とした楕円を表す表式となります。焦点間距離 R と焦点からの距離の和 L は

$$L = 2a , \ R = 2\sqrt{a^2 - b^2} \tag{9.34}$$

と得られ、2 つの焦点の座標も $(\sqrt{a^2 - b^2}, 0)$ と $(-\sqrt{a^2 - b^2}, 0)$ であることがわかります。式 (9.32) と (9.34) からわかるとおり、2 つの焦点を x 軸上にとった場合には $a > b$ を満たすことになります。この a と b はそれぞれ楕円の長辺と短辺と呼ばれます。

2 つの焦点を y 軸上にとった場合、2 つの焦点座標は $(0, \sqrt{b^2 - a^2})$ と $(0, -\sqrt{b^2 - a^2})$ となり、L と R も a と b を反転させた

$$L = 2b , \ R = 2\sqrt{b^2 - a^2} \tag{9.35}$$

となります。なお、楕円の中心が原点ではない場合、中心座標 (x_0, y_0) の楕円を表す式は次式で与えられます。

$$\frac{(x - x_0)^2}{a^2} + \frac{(y - y_0)^2}{b^2} = 1 \tag{9.36}$$

図9.15●楕円の媒介変数表示の模式図

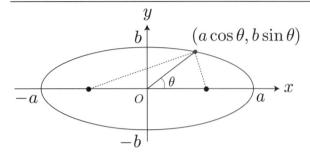

式（9.33）で示した原点を中心とした楕円の任意の点 (x, y) は、媒介変数 θ を用いて

$$\begin{cases} x(\theta) = a\cos\theta \\ y(\theta) = b\sin\theta \end{cases} \tag{9.37}$$

と表すことができます。円のときと同様に、$\theta = 0$ を始点、$\theta = 2\pi$ を終点とした経路を経路ベクトル $\boldsymbol{r}_{\mathrm{path}}(\theta)$ と定義し、接線ベクトルと曲率ベクトルの導出を行います。これらのベクトル量の計算に必要な θ の l の 1 回微分は式（9.10）と式（9.13）から

$$\frac{dl}{d\theta} = \sqrt{a^2 \sin^2\theta + b^2 \cos^2\theta} \;\to\; \frac{d\theta}{dl} = \frac{1}{\sqrt{a^2 \sin^2\theta + b^2 \cos^2\theta}} \tag{9.38}$$

2 回微分は

$$\frac{d^2\theta}{dl^2} = \frac{d\theta}{dl}\frac{d}{d\theta}\left(\frac{1}{\sqrt{a^2 \sin^2\theta + b^2 \cos^2\theta}}\right) = \frac{(b^2 - a^2)\sin\theta\cos\theta}{\left(a^2 \sin^2\theta + b^2 \cos^2\theta\right)^2} \tag{9.39}$$

と与えられることから、接線ベクトルは式（9.12）から

$$\boldsymbol{t}_{\mathrm{path}}(\theta) = \frac{1}{\sqrt{a^2 \sin^2\theta + b^2 \cos^2\theta}}(-a\sin\theta, b\cos\theta) \tag{9.40}$$

と得られ、曲率ベクトルも式（9.14）から

$$\boldsymbol{\chi}(\theta) = \frac{-ab}{\left(a^2 \sin^2\theta + b^2 \cos^2\theta\right)^2}(b\cos\theta, a\sin\theta) \tag{9.41}$$

と得られます。以上の結果から、$|\boldsymbol{t}_{\mathrm{path}}(\theta)| = 1$、$\boldsymbol{t}_{\mathrm{path}}(\theta) \cdot \boldsymbol{\chi}(\theta) = 0$ も確認することができます。

また、曲率は

$$\chi(\theta) = |\boldsymbol{\chi}(\theta)| = \frac{ab}{\left(a^2 \sin^2\theta + b^2 \cos^2\theta\right)^{3/2}} \tag{9.42}$$

となることから、円とは異なり θ に依存します。$a > b$ の場合、曲率の最小値と最大値はそれぞれ $\chi(\pi/2) = b/a$ と $\chi(\pi/2) = a/b$ です。図 9.16 は、経路上の代表点の位置ベクトル、接線ベクトル、曲率ベクトルを three.js を用いて表示した結果です。円のときと同様、HTML 文書「PrametricPlot_Ellipse.html」でもスライダーを利用して媒介変数 θ の値を指定することができます。なお、$a = 1.4$、$r = 0.7$ で計算しています。

図9.16●楕円の媒介変数表示と各種ベクトル量（PrametricPlot_Ellipse.html）

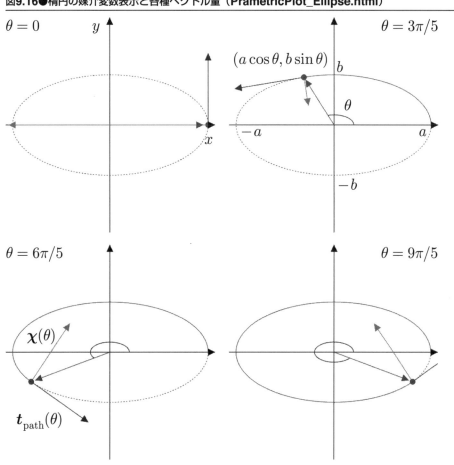

楕円の円周の長さと面積

円のときと同様に楕円の円周の長さと面積を導出します。まず面積についてです。y を x の関数とみなした場合、式（9.33）から

$$y(x) = \pm b\sqrt{1 - \frac{x^2}{a^2}} \tag{9.43}$$

と表せるので、円と同様、楕円の面積の第 1 象限のみを考えて正符号を採用することで、

$$S = 4\int_0^a y(x)dx = 4b\int_0^a \sqrt{1 - \frac{x^2}{a^2}}\, dx \tag{9.44}$$

と表すことができます。この積分も円と同様に三角関数を用いて変数変換を行うことで、計算ができそうです。

$$x = a\sin\phi \quad \rightarrow \quad dx = a\cos\phi\, d\phi \tag{9.45}$$

を式（9.44）に代入して整理した後、円と同様の積分を計算することで楕円の面積が得られます。

$$S = 4ab\int_0^{\frac{\pi}{2}} \cos^2\phi\, d\phi = 4ab\int_0^{\frac{\pi}{2}} \cos^2\phi\, d\phi = ab\pi \tag{9.46}$$

続いて楕円の円周の長さです。円周の長さは式（9.38）左の両辺を積分した

$$l = \int_0^{2\pi} \sqrt{a^2\sin^2\theta + b^2\cos^2\theta}\, d\theta \tag{9.47}$$

で表されます。この積分は三角関数を用いた変数変換をどのように行っても実行することができないことが知られています。しかしながら、この積分の形は第二種完全楕円積分と呼ばれる積分で表すことができるので、そこまでの導出を行います。まず第二種完全楕円積分の定義は次のとおりです。

$$E(k) \equiv E\left(\frac{\pi}{2}, k\right) = \int_0^{\frac{\pi}{2}} \sqrt{1 - k^2\sin^2\theta}\, d\theta \tag{9.48}$$

積分区間の上端が $\pi/2$ ではない $E(\phi, k)$ は第二種楕円積分と呼ばれます。式（9.47）と式（9.48）を見比べるとかなり近いことがわかります。式（9.47）の被積分関数の $\sin^2$ を $\cos^2$ に変換して、積分区間を $-\pi/2$ ずらすことで

$$l = a \int_0^{2\pi} \sqrt{1 - \frac{a^2 - b^2}{a^2} \cos^2 \theta} \, d\theta = a \int_{-\frac{\pi}{2}}^{\frac{3}{2}\pi} \sqrt{1 - \frac{a^2 - b^2}{a^2} \sin^2 \theta} \, d\theta \tag{9.49}$$

と変形することができます。$\sin^2$ の関数形を考慮すると、4つの積分区間 $[-\pi/2, 0]$、$[0, \pi/2]$、$[\pi/2, \pi]$、$[\pi, 3\pi/2]$ において積分値は一致するので、代表的な積分区間 $[0, \pi/2]$ の4倍と考えることができます。つまり、式（9.48）は

$$l = 4a \int_0^{\frac{\pi}{2}} \sqrt{1 - \frac{a^2 - b^2}{a^2} \sin^2 \theta} \, d\theta = 4aE\left(\sqrt{\frac{a^2 - b^2}{a^2}}\right) \tag{9.50}$$

と変形することができ、式（9.48）の第二種完全楕円積分と表すことができました。上記の導出は楕円の長辺を $a\ (>b)$ としているためこのような周りくどい変形をおこなう必要がありましたが、$b > a$ の場合には式（9.47）の $\cos^2$ を $\sin^2$ に変形することで直ちに第二種完全楕円積分の形にもってくることができます。この場合の楕円の円周は

$$l = 4bE\left(\sqrt{\frac{b^2 - a^2}{b^2}}\right) \tag{9.51}$$

となります。

9.2.4 曲線の解析的取り扱いの例3：放物線

放物線とは、重力場中の物体を斜方投射させたときの運動の軌跡を表す曲線です。斜方投射の水平方向を x 軸、垂直方向を y 軸と定義した場合、y の一般解は

$$y = a(x - x_0)^2 + b \tag{9.52}$$

と x の2次関数となります。本項では、図 9.17 のような2次関数の頂点が原点となる場合の曲線を経路とするときの、接線ベクトル、曲率ベクトルの導出を行います。

図9.17●放物線の媒介変数表示の模式図

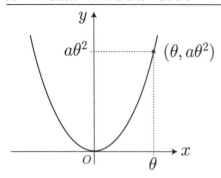

放物線を表す媒介変数表示は次のとおりです。

$$\begin{cases} x(\theta) = \theta \\ y(\theta) = a\theta^2 \end{cases} \tag{9.53}$$

媒介変数 θ は $-\infty < \theta < \infty$ で定義されます。接線ベクトルと曲率ベクトルに必要な θ の l の微分は

$$\frac{dl}{d\theta} = \sqrt{1 + 4a^2\theta^2} \rightarrow \frac{d\theta}{dl} = \frac{1}{\sqrt{1 + 4a^2\theta^2}} \tag{9.54}$$

2回微分は

$$\frac{d^2\theta}{dl^2} = \frac{d\theta}{dl}\frac{d}{d\theta}\left(\frac{1}{\sqrt{1 + 4a^2\theta^2}}\right) = \frac{-4a^2\theta}{(1 + 4a^2\theta^2)^2} \tag{9.55}$$

と与えられることから、接線ベクトルは式 (9.12) から

$$\boldsymbol{t}_{\text{path}}(\theta) = \frac{1}{\sqrt{1 + 4a^2\theta^2}}(1, 2a\theta) \tag{9.56}$$

と得られ、曲率ベクトルも式 (9.14) から

$$\boldsymbol{\chi}(\theta) = \frac{-2a}{(1 + 4a^2\theta^2)^2}(2a\theta, -1) \tag{9.57}$$

と得られます。以上の結果から、$|\boldsymbol{t}_{\text{path}}(\theta)| = 1$、$\boldsymbol{t}_{\text{path}}(\theta) \cdot \boldsymbol{\chi}(\theta) = 0$ も確認することができます。また、曲率は

$$\chi(\theta) = |\boldsymbol{\chi}(\theta)| = \frac{2|a|}{(1+4a^2\theta^2)^{3/2}} \tag{9.58}$$

となることから、楕円と同様 θ に依存します。曲率は $\theta = 0$ のときに最大値 $2|a|$ をとり、後は θ が大きくなるほど θ の 2 乗に反比例して小さくなります。図 9.18 は、経路上の代表点の位置ベクトル、接線ベクトル、曲率ベクトルを three.js を用いて表示した結果です。

図9.18●放物線の媒介変数表示と各種ベクトル量（PrametricPlot_Parabola.html）

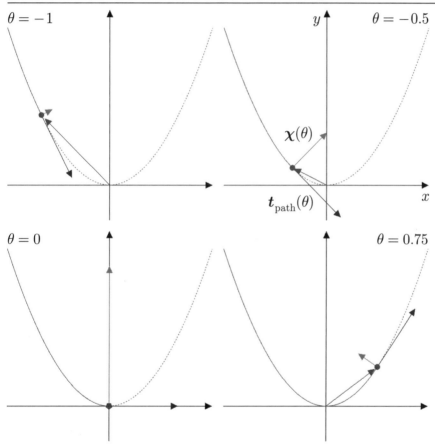

放物線の曲線の長さ

図 9.17 の放物線の場合、囲まれた領域は存在しないので、$x = 0$ から x_1 までの放物線の曲線の長さについて考えます。中学校でも学習する二次方程式ですが、曲線の長さの計算は地味に大変で

高等学校の数学を総動員することになります。まず、曲線の長さは式（9.54）左の両辺を積分することで

$$l = \int_0^{x_1} \sqrt{1 + 4a^2\theta^2}\, d\theta \tag{9.59}$$

と表すことができます。被積分関数の平方根の中が円や楕円のときとは異なり、2つの項が和となります。この場合、$1 + \tan^2 = 1/\cos^2$の三角関数の変形を考慮して、次のとおり積分変数の変数変換を行います。

$$2a\theta = \tan\phi \;\to\; 2a\,d\theta = \frac{1}{\cos^2\phi}\, d\phi \tag{9.60}$$

ただし、この変数変換により積分区間は0から$\arctan(2ax_1)$となります。式（9.59）に式（9.60）を代入して整理すると曲線の長さの表式は

$$l = \frac{1}{2a}\int_0^{\phi_1} \frac{1}{\cos^3\phi}\, d\phi \tag{9.61}$$

となります。ただし、$\phi_1 = \arctan(2ax_1)$です（図9.19を参照）。これで式（9.59）の被積分関数の平方根を無くすことができたので、今度は積分の実行が可能となるべきへと変換することを考えます。具体的には

$$\sin\phi = t \;\to\; \cos\phi\, d\phi = dt \tag{9.62}$$

と変換します。この変数変換により積分区間は0から$2ax_1/\sqrt{1 + 4a^2x_1^2}$となります。

図9.19● ϕ_1の定義

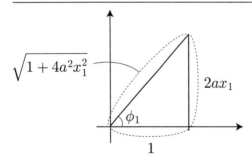

式（9.61）を（9.62）に代入して整理すると、曲線の長さの表式は

$$l = \frac{1}{2a} \int_0^{t_1} \frac{1}{(1-t^2)^2} \, dt \tag{9.63}$$

と被積分関数がべきに変換することができます。ただし、$t_1 = 2ax_1/\sqrt{1+4a^2x_1^2}$ です。なお、式（9.61）から式（9.63）への変換における三角関数からベキへの変数変換は他にもいろいろ考えられますが、式（9.62）以外の場合には被積分関数にまた平方根が現れてしまうためうまく行きません。

最後に式（9.63）の被積分関数を部分分数分解

$$\frac{1}{(1-t^2)^2} = \frac{1}{4}\left(\frac{1}{1-t} + \frac{1}{1+t}\right)^2 = \frac{1}{4}\left(\frac{1}{(1-t)^2} + \frac{1}{(1+t)^2} + \frac{1}{1-t} + \frac{1}{1+t}\right) \tag{9.64}$$

することで、式（9.63）の積分を実行するだけです。

$$\begin{aligned}
l &= \frac{1}{8a} \int_0^{t_1} \left(\frac{1}{(1-t)^2} + \frac{1}{(1+t)^2} + \frac{1}{1-t} + \frac{1}{1+t}\right) dt \\
&= \frac{1}{8a} \left[\frac{1}{1-t} - \frac{1}{1+t} - \log(1-t) + \log(1+t)\right]_0^{t_1} \\
&= \frac{1}{8a} \left[\frac{2t_1}{(1-t_1)(1+t_1)} + \log\left(\frac{1+t_1}{1-t_1}\right)\right]
\end{aligned} \tag{9.65}$$

以上で 0 から x_1 までの放物線の曲線の長さを計算することができました。簡単な検算を行います。$x_0 = 0$ の場合、$t_1 = 0$ なので $l = 0$ となり正しいです。また、x_1 が十分小さい場合（$x_1 \ll 1$）には $t_1 \simeq 2ax_1$ となり、式（9.65）をテーラー展開することで $l \simeq x_1$ となります。この結果は、x_1 が 0 付近では曲線の長さは x_1 の変化分に近づいて a の値に依らず x_1 に一致するという直感に合っています。また、x_1 は大きいほど t_1 は 1 に近づいていきます。x_1 が十分に大きい場合（$x_1 \gg 1$）、$t_1 \simeq 1 - 1/(4a^2x_1^2)$ となるので、log 発散よりもべき発散の方が速いことを考慮すると $l \simeq ax_1^2$ となります。この結果は、x_1 が非常に大きいところでは、曲線の長さが y 軸方向の長さと一致するという直感に合っています。以上の検算から、式（9.65）は妥当であることある程度確認できました。

9.2.5 曲線の解析的取り扱いの例 4：サイクロイド曲線

図 9.20 で示したように、原点の直上に円を置いて x 軸上を転がすことを考えます。はじめ原点に置かれた円周上に固定された点は、円の回転とともに xy 平面上を移動するわけですが、その時の点の軌跡がサイクロイド曲線と呼ばれます。半径 r の円を原点からの角度 θ 回転させたとき、

9 拘束力のある運動のシミュレーション

円の中心座標は $(r\theta, r)$ となり、円周上の固定点の座標はこの円の中心座標から x 方向に $-\sin\theta$、y 方向に $-r\cos\theta$ 移動させたところにあるので、サイクロイド曲線を表す媒介変数表示は次のとおりになります。

$$\begin{cases} x(\theta) = r(\theta - \sin\theta) \\ y(\theta) = r(1 - \cos\theta) \end{cases} \quad (9.66)$$

図 9.20 は $\pi/2 < \theta < \pi$ の様子を表しているので、$\sin\theta > 0$、$\cos\theta < 0$ であることに注意してください。

図9.20●サイクロイド曲線の描き方

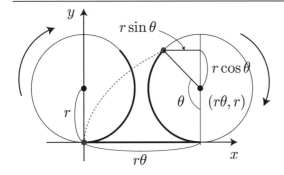

図9.21●サイクロイド曲線

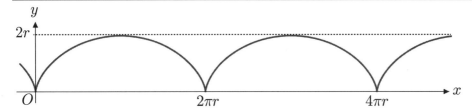

式（9.66）を用いてサイクロイド曲線を描画した結果が図 9.21 です。θ は $-\infty < \theta < \infty$ で定義されます。これまでと同様、接線ベクトルと曲率ベクトルに必要な θ の l の微分は

$$\frac{dl}{d\theta} = \sqrt{2}r\sqrt{1 - \cos\theta} \rightarrow \frac{d\theta}{dl} = \frac{1}{\sqrt{2}r\sqrt{1 - \cos\theta}} \quad (9.67)$$

2 回微分は

$$\frac{d^2\theta}{dl^2} = \frac{d\theta}{dl}\frac{d}{d\theta}\left(\frac{1}{\sqrt{2}r\sqrt{1-\cos\theta}}\right) = \frac{-\sin\theta}{4r^2(1-\cos\theta)^2} \tag{9.68}$$

と与えられることから、接線ベクトルは式 (9.12) から

$$\begin{aligned}\boldsymbol{t}_{\text{path}}(\theta) &= \frac{1}{\sqrt{2}\sqrt{1-\cos\theta}}\left(1-\cos\theta, \sin\theta\right) \\ &= \frac{1}{\sqrt{2}}\left(\sqrt{1-\cos\theta}, \pm\sqrt{1+\cos\theta}\right)\end{aligned} \tag{9.69}$$

と得られ、曲率ベクトルも式 (9.14) から

$$\boldsymbol{\chi}(\theta) = \frac{-1}{4r(1-\cos\theta)}\left(-\sin\theta, 1-\cos\theta\right) \tag{9.70}$$

と得られます。しかしながら、式 (9.69) と式 (9.70) は $\theta=0$ や π で分母が 0 になってしまい、このままでは発散してしまいます。三角関数の関係式 $\sin\theta = \pm\sqrt{1-\cos^2\theta} = \pm\sqrt{(1+\cos\theta)(1-\cos\theta)}$ を考慮して式 (9.69) と式 (9.70) をそれぞれ変形すると、

$$\boldsymbol{t}_{\text{path}}(\theta) = \frac{1}{\sqrt{2}}\left(\sqrt{1-\cos\theta}, \pm\sqrt{1+\cos\theta}\right) \tag{9.71}$$

$$\boldsymbol{\chi}(\theta) = \frac{-1}{4r}\left(\mp\sqrt{\frac{1+\cos\theta}{1-\cos\theta}}, 1\right) \tag{9.72}$$

となり、接線ベクトルの発散は無くなりますが依然として曲率ベクトルは x 成分が発散してしまうことになります。これはサイクロイド曲線のもつ特異性で、$\theta=0$ と 2π が特異点であることを意味しています。ただし、式 (9.71) と (9.72) の±は $\sin(\theta)$ の符号に対応します。いずれにしても、$|\boldsymbol{t}_{\text{path}}(\theta)|=1$、$\boldsymbol{t}_{\text{path}}(\theta)\cdot\boldsymbol{\chi}(\theta)=0$ も確認することができます。また、曲率は

$$\chi(\theta) = |\boldsymbol{\chi}(\theta)| = \frac{1}{2r\sqrt{2-2\cos\theta}} \tag{9.73}$$

となることから、楕円と同様 θ に依存します。曲率は $\theta=0$ のときに最大値 $2|a|$ をとり、後は θ が大きくなるほど θ の 2 乗に反比例して小さくなります。図 9.22 は、始点 $\theta=0$ から終点 $\theta=2\pi$ の経路に対する経路ベクトル、接線ベクトル、曲率ベクトルを three.js を用いて表示した結果です。

図9.22 ● 放物線の媒介変数表示と各種ベクトル量（PrametricPlot_Parabola.html）

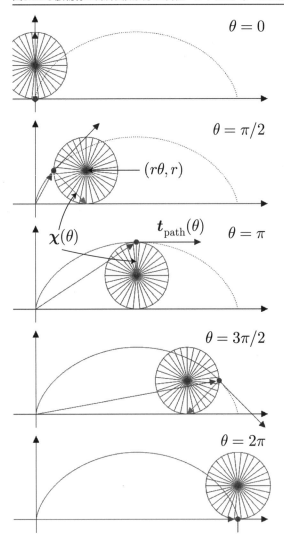

サイクロイド曲線の長さと面積

式（9.66）で定義されるサイクロイド曲線において、$\theta = 0$ から 2π まで曲線の長さと x 軸とで囲まれる領域の面積を調べます。まず、曲線の長さについてです。これまでと同様、曲線の長さの表式は式（9.67）を積分した

$$l = \sqrt{2}r \int_0^{2\pi} \sqrt{1 - \cos\theta}\, d\theta \tag{9.74}$$

で与えられます。この被積分関数の平方根は三角関数の倍角の公式を利用することで平方根を無くすことができ、即座に積分を実行することができます。

$$\begin{aligned} l &= 2r \int_0^{2\pi} \sqrt{\sin^2\frac{\theta}{2}}\, d\theta = 2r \int_0^{2\pi} |\sin\frac{\theta}{2}|\, d\theta \\ &= 2r \int_0^{\pi} \sin\theta\, d\theta = 2r\left[\cos\theta\right]_0^{\pi} = 4r \end{aligned} \tag{9.75}$$

曲線の長さはちょうど半径の4倍ということがわかりました。次に面積についてです。面積を与える表式もこれまでと同様、yをxの関数と見なして、xの可動範囲（0から$2\pi r$）で積分した

$$S = \int_0^{2\pi r} y(x)\, dx \tag{9.76}$$

で与えられます。しかしながら、まだサイクロイド曲線におけるxやyの関係式が得られていないので、サイクロイド曲線の方程式の導出から行います。式（9.66）で与えられた媒介変数表示からθを消去できれば良いのですが、この2式だけでは消去しきれません。そこで式（9.66）をいじくりまわす必要があります。そこで、xとyのθ微分をそれぞれ考えて割り算すると

$$\frac{dy}{dx} = \frac{dy}{d\theta}\frac{d\theta}{dx} = \frac{dy}{d\theta}\bigg/\frac{dx}{d\theta} = \frac{\sin\theta}{1-\cos\theta} = \sqrt{\frac{1+\cos\theta}{1-\cos\theta}} \tag{9.77}$$

という関係式が得られます。式（9.77）の最左辺と最右辺をつなげて、式（9.66）の$y(\theta)$を用いてθを消去するとxとyの関係式を導出できることがわかります。円や楕円、方程式とは異なりますが、この微分方程式がサイクロイド曲線におけるxとyの関係式となります。一般には両辺を2乗した

$$\left(\frac{dy}{dx}\right)^2 = \frac{2r}{y} - 1 \tag{9.78}$$

がよく知られる形となります。式（9.78）を変形すると

$$dx = \frac{dy}{\sqrt{\frac{2r}{y} - 1}} \tag{9.79}$$

という関係式が導き出されますが、式（9.76）の被積分関数はもともとyであることを考慮する

9 拘束力のある運動のシミュレーション

と、これはちょうど積分変数を x から y に変換するための関係式となっています。つまり、式 (9.76) は

$$S = 2\int_0^{2r} \frac{y}{\sqrt{\frac{2r}{y}-1}}\,dy = 2\int_0^{2r} \frac{y^{3/2}}{\sqrt{2r-y}}\,dy \tag{9.80}$$

と y の積分に変換することができます。ただし、サイクロイド曲線は y の値に対する x の値は 2 つ存在（2 価関数）するので積分区間には注意が必要となります。x と y が 1 対 1 の関係にあるのは、x の範囲が 0 から πr まで（もとの積分区間の半分）なので、そこまでの積分に対して変数変換が可能となります。なお、式 (9.80) の係数「2」は、x の積分範囲 $[0:\pi r]$ における積分値は元の区間の半分なので、2 倍する必要があるためです。以上からサイクロイド曲線の面積は式 (9.80) で与えられることがわかります。この積分を計算するには被積分関数の平方根を無くすために

$$y = 2r\cos^2\phi \tag{9.81}$$

の変数変換を考えます。ϕ の積分区間は $\pi/2$ から 0 となります。式 (9.81) の両辺を ϕ で微分して分母を払うと

$$dy = -4r\cos\phi\sin\phi\,d\phi \tag{9.82}$$

となるので、式 (9.80) に式 (9.81) と式 (9.82) を代入して整理して積分区間を反転させると

$$S = 16r^2\int_0^{\frac{\pi}{2}} \cos^4\phi\,d\phi = 16r^2\left(\frac{3\pi}{16}\right) = 3\pi r^2 \tag{9.83}$$

というようにサイクロイド曲線の面積が導出できました。なお、被積分関数 $\cos^4$ の積分は

$$\begin{aligned}\cos^4\phi &= \left[\frac{1+\cos 2\phi}{2}\right]^2 = \frac{1}{4}(1+2\cos 2\phi + \cos^2 2\phi) \\ &= \frac{1}{4}\left(1+2\cos 2\phi + \frac{1+\cos 4\phi}{2}\right) = \frac{3}{8}+\frac{1}{2}\cos 2\phi + \frac{1}{8}\cos 4\phi\end{aligned} \tag{9.84}$$

の変形を考慮すると

$$\int_0^{\frac{\pi}{2}} \cos^4\phi\,d\phi = \frac{3\pi}{16} \tag{9.85}$$

で与えられます。

9.3 任意の経路に拘束された運動の計算アルゴリズム

9.3.1 任意の経路に拘束された物体の運動論

　前節で解説した経路の解析的取り扱いを踏まえて、媒介変数表示で与えた経路に運動が固定された物体の運動について考えます。図 9.23 は与えたれた経路に球体が拘束されている様子を表しています。時刻 t における球体の位置ベクトルを $r(t)$、速度ベクトルを $v(t)$、球体が経路に拘束されるための力である拘束力を $S(t)$ とします（単振り子運動では張力と呼んでいました）。経路と球体の速度に対するこの拘束力 $S(t)$ の表式が得られることができれば、直ちにシミュレーションを行うことができます。なお、本項では経路そのものも時刻とともに移動ことも想定するために、時刻 t の経路の始点の位置ベクトルと速度ベクトル、加速度ベクトルをそれぞれ $r_0(t)$、$v_0(t)$、$a_0(t)$ とします。

図9.23●経路に拘束された球体の運動

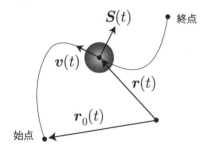

　このように経路に拘束された球体の位置ベクトル、速度ベクトル、拘束力は必ず次の条件を満たします。

（1）球体の位置ベクトルは経路上に存在する
（2）拘束力は必ず経路の垂直方向を向く

（1）の条件は自明ですが、すべてはここから始まります。任意の時刻 t における球体の位置ベクトルは前節で定義した経路ベクトル、接線ベクトルを用いて、

$$r(t) = r_{\mathrm{path}}(l) \tag{9.86}$$

と表されます。（2）の条件は

$$S(t) \cdot t_{\text{path}}(l) = 0 \tag{9.87}$$

と表すことができます。この条件は拘束力を導出する切り札となるので、最後までとっておきます。

当面の目標は経路に拘束された球体に対するニュートンの運動方程式の導出です。まず、式（9.86）の位置ベクトルの表式を時間で微分することで、速度ベクトルと加速度ベクトルの表式を導出します。速度ベクトルは微分の変数変換を適用すると

$$\begin{aligned} v(t) &= \frac{dr(t)}{dt} = \frac{dr_0(t)}{dt} + \frac{dl}{dt} \frac{dr_{\text{path}}(l)}{dl} \\ &= v_0(t) + \frac{dl}{dt} t_{\text{path}}(l) \end{aligned} \tag{9.88}$$

となります。上式にて、これまで全く未知の因子は dl/dt です。もし、ある時刻 t のときの球体の経路上の位置 l がわかっている場合、接線ベクトル $t_{\text{path}}(l)$ も既知となります。さらに、球体と経路の速度ベクトル $v(t)$ と $v_0(t)$ も得られているならば、式（9.88）の両辺に $t_{\text{path}}(l)$ との内積をとることで

$$\frac{dl}{dt} = (v(t) - v_0(t)) \cdot t_{\text{path}}(l) \tag{9.89}$$

と得られます。ただし、接線ベクトルの式（9.2）の関係を利用しています。

続いて球体の加速度ベクトルは式（9.88）の両辺を時間微分することで

$$\begin{aligned} a(t) &= \frac{dv(t)}{dt} = \frac{dv_0(t)}{dt} + \frac{d^2 l}{dt^2} t_{\text{path}}(l) + \left(\frac{dl}{dt}\right)^2 \frac{dt_{\text{path}}(l)}{dl} \\ &= a_0(t) + \frac{d^2 l}{dt^2} t_{\text{path}}(l) + \left(\frac{dl}{dt}\right)^2 \chi(l) \end{aligned} \tag{9.90}$$

となります。ただし、最後の項は曲率ベクトルの関係式（9.4）を用いています。もし、接線ベクトルが与えられていれば、式（9.4）のとおり曲率ベクトル $\chi(l)$ も得られるので、初顔の因子は $d^2 l/dt^2$ のみです。この因子も速度ベクトルと同様、式（9.90）の両辺に $t_{\text{path}}(l)$ との内積を計算することで得られそうですが、左辺の球体の加速度ベクトルはニュートンの運動方程式から与えられる未知の量です。まだ未知の量が存在しますが経路に拘束された球体の速度ベクトルと加速度ベクトルの表式はとりあえず得られました。

続いてニュートンの運動方程式についてです。加速度は式（9.90）で与えられているので、ニュートンの運動方程式は

$$\boldsymbol{F}(t) = m\left[\boldsymbol{a}_0(t) + \frac{d^2l}{dt^2}\boldsymbol{t}_{\mathrm{path}}(l) + \left(\frac{dl}{dt}\right)^2\boldsymbol{\chi}(l)\right] \tag{9.91}$$

と表すことができます。一方、球体に加わる力は、ポテンシャルから生じる力と拘束力の和で表されると考えると

$$\boldsymbol{a}(t) = \boldsymbol{F}_g(t) + \boldsymbol{S}(t) \tag{9.92}$$

と表すことができるので、式（9.91）と式（9.92）から

$$\boldsymbol{F}_g(t) + \boldsymbol{S}(t) = m\left[\boldsymbol{a}_0(t) + \frac{d^2l}{dt^2}\boldsymbol{t}_{\mathrm{path}}(l) + \left(\frac{dl}{dt}\right)^2\boldsymbol{\chi}(l)\right] \tag{9.93}$$

となります。これが経路に拘束された物体に関するニュートンの運動方程式となります。上式で未知なのは拘束力 $\boldsymbol{S}(t)$ と d^2l/dt^2 の2つですが、式（9.89）の導出と同様に両辺に $\boldsymbol{t}_{\mathrm{path}}(l)$ との内積をとることを考えると、式（9.87）の条件から $\boldsymbol{S}(t)$ が消えるので、内積後の式（9.93）にて d^2l/dt^2 について解くと

$$\frac{d^2l}{dt^2} = \frac{1}{m}\left[\boldsymbol{F}_g(t)\cdot\boldsymbol{t}_{\mathrm{path}}(l)\right] - \boldsymbol{a}_0(t)\cdot\boldsymbol{t}_{\mathrm{path}}(l) \tag{9.94}$$

となります。ポテンシャルエネルギーから生じる力 $\boldsymbol{F}_g$、経路の始点の加速度が与えられていれば、上式の右辺は全て既知となります。以上から、球体に加わる力は式（9.91）に式（9.89）と式（9.94）を考慮した量となることがわかりました。後は、この力に対して球体の加速度が与えられるので、これまでの計算アルゴリズムを利用して時間発展を計算することができます。

ここまで進めてきて気がつくのは、球体に加わる力を計算するのに拘束力そのもの導出は必要ないということです。拘束力の表式は、拘束力とポテンシャルエネルギーから生じる力との和が式（9.91）となることから、間接的に

$$\boldsymbol{S}(t) = m\left[\boldsymbol{a}_0(t) + \frac{d^2l}{dt^2}\boldsymbol{t}_{\mathrm{path}}(l) + \left(\frac{dl}{dt}\right)^2\boldsymbol{\chi}(l)\right] - \boldsymbol{F}_g(t) \tag{9.95}$$

と得られます。

9.3.2 PhyObject クラスへの経路プロパティの追加

仮想物理実験室に登場する 3 次元オブジェクトを生成する PhysObject クラス（リビジョン 9）にて、指定した任意の経路に運動を拘束できるように実装します。経路を表す線を描画するのに必要な頂点座標の媒介変数関数だけでなく、拘束力を計算するのに必要な接線ベクトルや曲率ベクトルの媒介変数関数などを格納する path プロパティを追加します。経路を表す線は 9.1 節で実装した線オブジェクト（Line クラス）を利用します。PhysObject クラスの拡張の手順は次のとおりです。

（1）デフォルトプロパティの設定（PhysObject クラスのコンストラクタ）
（2）線オブジェクトの初期色の設定（setParameter メソッド）
（3）線オブジェクトの生成（create メソッド）
（4）拘束力を踏まえた力の計算（getForce メソッド）

(1) PhysObject クラスのコンストラクタの拡張

3 次元オブジェクトの基底クラスである PhysObject クラスに経路の描画や拘束力を計算するために必要なパラメータを保持する path プロパティのデフォルト値を設定します。

プログラムソース 9.17 ●PhysObject クラスのコンストラクタ（physObject_r9.js）

```
PHYSICS.PhysObject = function( parameter ) {
    (省略)
    // 経路の指定
    this.path = {
        enabled: false,              // 経路設定の有無の指定
        visible: false,              // 表示・非表示の指定 ------------------------------- (※1)
        color: null,                 // 描画色
        type: "LineBasic",           // 線の種類（ "LineBasic" || "LineDashed" ） --------- (※2-1)
        dashSize: 0.2,               // 破線の実線部分の長さ ------------------------------ (※2-2)
        gapSize: 0.2,                // 破線の空白部分の長さ ------------------------------ (※2-3)
        parametricFunction : {
            enabled: true,           // 媒介変数関数設定の有無 ---------------------------- (※3-1)
            pointNum: 100,           // 経路の描画点の数 ---------------------------------- (※3-2)
            theta: { min:0, max: 1 },// 媒介変数の範囲 ------------------------------------ (※3-3)
            position: null,          // 頂点座標を指定する媒介変数関数 --------------------- (※3-4)
            tangent: null,           // 接線ベクトルを指定する媒介変数関数 ----------------- (※3-5)
            curvature: null,         // 曲率ベクトルを指定する媒介変数関数 ----------------- (※3-6)
            getTheta: null           // 媒介変数を取得するメソッド ------------------------- (※3-7)
        },
        restoringForce : {           // ----------------------------------------------------- (※4)
```

```
            enabled: false,        // 拘束状態への復元の有無
            k: 1.0,                // 復元力のばね定数
            gamma: 0.01            // 復元力の減衰係数
        }
    }
    (省略)
}
```

（※1） 経路の表示・非表示を指定するブール値です。経路設定有りの場合（enabled=true）、表示・非表示に関わら経路による運動の拘束は有効となります。

（※2） 経路は 9.1 節で導入した線オブジェクト（Line クラス）を利用します。その線オブジェクトの描画に必要なパラメータ（実線 or 破線、破線の形状）を設定します。

（※3） parametricFunction プロパティに設定された pointNum プロパティ、theta プロパティ、position プロパティは、経路を表す線オブジェクトにそのまま引き継がれます。また、tangent プロパティと curvature プロパティは、拘束力の計算に必要な接線ベクトルと曲率ベクトルを計算する媒介変数関数を保持します。最後の getTheta プロパティは、拘束されている 3 次元オブジェクトの位置ベクトルから媒介変数の値を取得するための媒介変数関数です。ここで取得した媒介変数から、先の接線ベクトルと曲率ベクトルを算出します。

（※4） 8.6 節でも指摘したとおり、拘束の伴う運動の物理シミュレーションは数値計算による誤差がたまりやすく、計算結果が発散してしまうことで破綻してしまいます。8.6.10 項で導入したばね弾性力を利用して、経路からのずれを修正する手法を導入します。この経路へ運動の軌道を修正するための力を復元力と呼ぶことにし、restoringForce プロパティに必要パラメータを格納することにします。復元力の実装は 9.3.5 項を参照してください。

(2) setParameter メソッドの拡張

軌跡オブジェクトやバウンディングオブジェクトと同様、経路を表す線オブジェクトの color プロパティが未設定の場合には 3 次元オブジェクトの material.color プロパティの値を利用します。この実装は setParameter メソッドに次の一行を追記します。

プログラムソース 9.18 ●setParameter メソッド（physObject_r9.js）

```
PHYSICS.PhysObject.prototype.setParameter = function( parameter ){
    (省略)
    // 経路オブジェクトの色
    this.path.color = this.path.color || this.material.color;
}
```

9 拘束力のある運動のシミュレーション

(3) create メソッドの拡張

続いて、経路を表す線オブジェクトの生成を実装するために create メソッドの拡張を行います。生成する経路を表す線オブジェクトは path プロパティ内の line プロパティに与えることとし、今後、必要に応じて線オブジェクトにアクセスするには path.line プロパティを参照することにします。

プログラムソース 9.19 ●create メソッド（physObject_r9.js）

```
PHYSICS.PhysObject.prototype.create = function(){
  // 経路オブジェクトの生成
    if( this.path.enabled ){
      this.path.line = new PHYSICS.Line({
        draggable: false,                    // マウスドラックの有無     ──────── (※1-1)
        allowDrag: false,                    // マウスドラックの可否     ──────── (※1-2)
        collision: false,                    // 衝突判定の有無           ──────── (※1-3)
        resetVertices: false,                // 頂点再設定の有無         ──────── (※2)
        visible: this.path.visible,          // 表示の有無               ──────── (※3-1)
        material : {
          type: this.path.type,              // 線の種類                 ──────── (※3-2)
          color: this.path.color,            // 発光色                   ──────── (※3-3)
          dashSize: this.path.dashSize,      // 破線の実線部分の長さ     ──────── (※3-4)
          gapSize: this.path.gapSize,        // 破線の空白部分の長さ     ──────── (※3-5)
        },
        parametricFunction: this.path.parametricFunction,          // 媒介変数関数  ───── (※4)
        dynamicFunction: this.path.dynamicFunction || function(){} // 経路の運動    ───── (※5)
      })
      this.physLab.objects.push( this.path.line );                 // 実験室へ登録
    }
}
```

（※1） ここで生成する線オブジェクトは経路の表示が目的なので、マウスドラックによる移動や衝突計算などは行いません。

（※2） 無用な混乱を避けるために、線オブジェクトの形状に依らず基準点を (0, 0, 0) とします。

（※3） 線の種類や色、破線の形状などのパラメータは、path プロパティで指定した値を与えます。

（※4） 媒介変数関数関連の情報を格納した parametricFunction プロパティは、path プロパティで定義した同名のプロパティをそのまま参照することにします。この理由は、媒介変数関数 (position) で利用する計算パラメータを path.parametricFunction プロパティ内で任意に定義して利用することを想定しているので、同プロパティに線オブジェクトから参照させるためです。

（※5） dynamicFunction プロパティは 5.3 節で解説した dynamic プロパティが false の 3 次元オブジェクトに対して任意の移動を実現するための関数リテラルを格納するプロパティです。

path.dynamicFunction プロパティは経路自身を運動させる場合に利用します。本プロパティの詳細は 9.3.6 項を参照してください。

(4) getForce メソッドの拡張

拘束力を加えた 3 次元オブジェクトに加わる力の計算を行います。ただし、拘束力の実際の計算は次項の getBindingForce メソッドにて行います。

プログラムソース 9.20 ●getForce メソッド（physObject_r9.js）

```
PHYSICS.PhysObject.prototype.getForce = function ( ){
    // 重力の定義
    var f = new THREE.Vector3( 0, 0, - this.mass * this.physLab.g );
    // 拘束力を取得
    var bindingForce = this.getBindingForce();                              ──(※)
    if( bindingForce ) f.add( bindingForce );                               ──(※)
    return f;
}
```

(※) 拘束力も three.js の Vector3 クラスを利用した 3 次元ベクトルで表現します。getBindingForce メソッドの戻り値が存在する場合に、重力に加えて返します。

9.3.3　getBindingForce メソッド（PhyObject クラス）

指定した経路に 3 次元オブジェクトの位置を拘束するための拘束力を取得するメソッドです。3 次元オブジェクトをコンストラクタで生成する際の引数に指定する頂点座標、接線ベクトル、曲率ベクトルと 3 次元オブジェクトの現時点での位置ベクトルと速度ベクトルから拘束力を 9.3.1 項に従って実装します。

プログラムソース 9.21 ●getBindingForce メソッド（physObject_r9.js）

```
PHYSICS.PhysObject.prototype.getBindingForce = function ( ){
    // 経路設定の有無をチェック
    if( !this.path.enabled ) return;                                        ──(※1)
    // 重力加速度ベクトル
    var g = new THREE.Vector3 ( 0, 0, - this.physLab.g );
    // 重力の計算
    var Fg =  g.multiplyScalar( this.mass );                                ──(※2)
    // parametricFunctionプロパティ参照用変数
    var this = this.path.parametricFunction;                                ──(※3)
    // 媒介変数の取得
    var theta = _this.getTheta ( _this, this );                             ──(※4)
```

```javascript
    // 媒介変数に対する位置ベクトル、接線ベクトル、曲率ベクトルの計算
    var r = _this.position( _this, theta );              //------------------------------ (※5-1) 式 (9.7) に対応
    var t = _this.tangent( _this, theta );               //------------------------------ (※5-2) 式 (9.12) に対応
    var c = _this.curvature( _this, theta);              //------------------------------ (※5-3) 式 (9.14) に対応
    // 3次元ベクトルオブジェクトの宣言
    var position = new THREE.Vector3 ( r.x, r.y, r.z );  //------------------------------ (※6-1)
    var tanget = new THREE.Vector3 ( t.x, t.y, t.z );    //------------------------------ (※6-2)
    var curvature = new THREE.Vector3 ( c.x, c.y, c.z ); //------------------------------ (※6-3)
    // 経路そのものが移動する場合
    if( this.path.dynamicFunction ){                     //------------------------------ (※7)
      var r0 = this.path.line.r;
      var v0 = this.path.line.v;
      var a0 = this.path.line.a;
    } else {
      var r0 = new THREE.Vector3();
      var v0 = new THREE.Vector3();
      var a0 = new THREE.Vector3();
    }
      // 3次元オブジェクトの相対速度
    var bar_v = new THREE.Vector3().subVectors( this.v, v0 );
    var dl_dt = bar_v.dot( tanget );                     //----------------------- 式 (9.89) (※8-1)
    var d2l_dt2 = Fg.dot( tanget )/this.mass - a0.dot( tanget );  //------------ 式 (9.94) (※8-2)
    // 3次元オブジェクトに加わる力を計算
    var f = a0.clone();                                  //----------------------------- 式 (9.91) (※9-1)
    f.add( tanget.clone().multiplyScalar( d2l_dt2 ) );   //------------------------ 式 (9.91) (※9-2)
    f.add( curvature.clone().multiplyScalar( dl_dt * dl_dt )) //------------- 式 (9.91) (※9-3)
    f.multiplyScalar( this.mass );                       //------------------------------ 式 (9.91) (※9-4)

    // 復元力の有無のチェック
    if( this.path.restoringForce.enabled ){              //------------------------------------ (※10)
      var k_b = ( this.mass * this.physLab.g ) * this.path.restoringForce.k;    //---- (※11-1)
      var gamma_b = Math.sqrt( 4 * this.mass * this.path.restoringForce.k )
                  * this.path.restoringForce.gamma;      //------------------------------ (※11-2)
      // 復元力の方向ベクトル
      var c1 = curvature.clone().normalize();            //------------------------------ (※12-1)
      var c2 = new THREE.Vector3().crossVectors( tangent, c1 );  //------------------- (※12-2)
      // 経路上の位置を平行移動
      position.add( r0 );                                //------------------------------ (※13-1)
      // ずれベクトル
      var DeltaL = new THREE.Vector3().subVectors( this.r, position );  //------------- (※13-2)
      // 復元力
      f.add( c1.clone().multiplyScalar( -k_b * c1.dot( DeltaL ) ) );    //------------- 式 (8.310)
      f.add( c2.clone().multiplyScalar( -k_b * c2.dot( DeltaL ) ) );    //------------- 式 (8.310)
      // 復元速度抵抗力
      f.add( c1.clone().multiplyScalar( - gamma_b * c1.dot( bar_v )) ); //----------- 式 (8.310)
      f.add( c2.clone().multiplyScalar( - gamma_b * c2.dot( bar_v )) ); //----------- 式 (8.310)
    }
```

```
    // 拘束力を算出
    f.sub( Fg );   ──────────────────────────────────────────── (※14)
    return f;
}
```

(※1)　経路が設定されていない場合には、本メソッドを直ちに終了します。

(※2)　9.3.1項でも解説しましたが、拘束力は重力以外の力に対しても計算することができます。

(※3)　本メソッド内で path.parametricFunction プロパティの参照回数が多いので、このプロパティを指す _this を宣言します。このように実装することでソースコードの可読性が向上するだけでなく、アクセス速度の向上も期待できると言われています。なお、本プロパティは3次元オブジェクト生成時にコンストラクタに渡すオブジェクトの path.parametricFunction プロパティを指しています。

(※4)　現在の3次元オブジェクトの位置から対応する媒介変数の値を計算するメソッドを実行します。この getTheta 関数は（※3）で言及した path.parametricFunction プロパティ内に定義する同名の関数を参照します。本関数の実装例は9.3.4項を参照してください。なお、第2引数の this は3次元オブジェクトを指します。

(※5)　path.parametricFunction プロパティ内に定義した経路の形状を示す3つの媒介変数関数、頂点座標（position）、接線ベクトル（tangent）、曲率ベクトル（curvature）に（※4）で取得した媒介変数を代入することで、現時点での3次元オブジェクトが存在する地点における、頂点座標と接線ベクトル、曲率ベクトルを計算します。

(※6)　（※5）で計算した値を three.js の3次元ベクトルの形式に変換します。

(※7)　path.dynamicFunction プロパティは経路自身を移動させるために利用しています。このプロパティが設定されている場合には、経路を表す線オブジェクトの位置ベクトル、速度ベクトル、加速度ベクトルを取得しておいて、拘束力の計算に使用します。

(※8)　拘束力の計算に必要な未知の微係数 dl/dt と d^2l/dt^2 を計算します。

(※9)　式（9.91）に従って、3次元オブジェクトに加わる重力と拘束力の合力を計算します。3次元ベクトルオブジェクトである tangent と curvature に clone メソッドを適用している理由は、これらのベクトル量は後にも利用する可能性があるので、値を変更したくないからです。

(※10)　経路からのズレを修正するための復元力を適用するかの有無を確認します。

(※11)　復元力を与える際のばね定数や減衰係数の適切な値というのは、3次元オブジェクトの質量や重力加速度の大きさによって異なります。物理系ごとにばね定数と減衰係数の適切な値を計算して与えるのは面倒なので、ばね定数には質量 m と重力加速度 g を積算した値を基準として restoringForce.k プロパティで与えた値を積算した値を、減衰係数には式（8.311）で与えた臨界減衰を示す値を基準として path.restoringForce.gamma プロパティで与えた値を積算した値と定義します。

(※12)　復元力の方向は必ず経路の接線ベクトルと垂直方向となります。3次元空間中の線の垂直方向は接線ベクトルと垂直な2つのベクトルの和で表すことができるので、復元力方向の単位ベクトルとして接線ベクトルと垂直（内積が0）の曲率ベクトルと、この曲率ベクトルと接

線ベクトルとの外積で得られるベクトルを復元力の方向ベクトルを計算する基準単位ベクトルとします。
- （※ 13） 3次元オブジェクトの現在の位置から本来あるべき経路上の位置までのベクトルを計算して、ずれベクトルと呼ぶことにします。この本来あるべき位置は（※ 6-1）で計算したpositionで、これに（※ 7）で取得した経路自身の移動量を加味した値となります。このずれベクトルと（※ 12）で計算した基準単位ベクトルとの内積が、それぞれの方向における「ずれ」をあらわします。
- （※ 14） 式（9.91）で示したとおり、拘束力を計算する過程で拘束力のみを算出することはできず、拘束力と重力の合力が得られます。そのため、拘束力はここで得られた合力から重力を除いた量となります。

9.3.4 円形の経路に拘束された3次元オブジェクトの実装例

本項では、経路に束縛された3次元オブジェクトの実装例として、9.2.2項で導出した円を経路として運動する球体のシミュレーションを実行します。球オブジェクトを生成するSphereクラスのコンストラクタの引数に、形状に応じた頂点座標、接線ベクトル、曲率ベクトルを与える媒介変数関数を与えることで実装することができます。円の頂点座標、接線ベクトル、曲率ベクトルはそれぞれxy平面において式（9.17）、（9.19）、（9.20）で定義されていますが、仮想物理実験室の3次元空間中ではxz平面に経路を指定するので、y→zと読み替えます。図9.24は、球体の運動の経路を半径6、中心座標(0, 6)の円としたときの初期状態とその後の運動の様子です。ストロボ機能も利用しています。静止画ではわかりづらいですが、球体の運動が意図通りであることが確認できます。

図9.24●経路が円で指定された球体の運動（OneBodyLab_r9__Path_Circle.html）

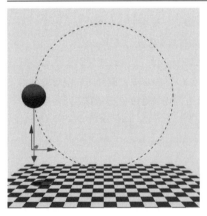

9.3 任意の経路に拘束された運動の計算アルゴリズム

　上記の円の経路に束縛した球オブジェクトを生成する Sphere クラスのコンストラクタは次のプログラムソースで示したとおりです。必要部分のみを掲載しています。

プログラムソース 9.22 ●経路に円を指定した場合（OneBodyLab_r9__Path_Circle.html）

```javascript
var ball = new PHYSICS.Sphere({
  (省略)
  // 初期状態パラメータ
  r: {x: -5, y: 0, z: 5},    // 位置ベクトル                              (※1-1)
  v: {x: 0, y: 0, z: -10},   // 速度ベクトル                              (※1-2)
  path : {
    enabled: true,           // 経路指定の有無
    visible: true,           // 表示・非表示の指定
    color: 0x0000FF,         // 描画色
    type: "LineDashed",      // 線の種類 ( "LineBasic" || "LineDashed")
    dashSize: 0.2,           // 破線の実線部分の長さ
    gapSize: 0.2,            // 破線の空白部分の長さ
    restoringForce : {       // 復元力関連プロパティ
      enabled: true,         // 拘束状態への復元の有無
      k: 1.0,                // 復元力のばね定数                          (※2-1)
      gamma: 0.01            // 復元力の減衰係数                          (※2-2)
    },
    parametricFunction : {   // 媒介変数関数
      enabled: true,         // 媒介変数関数設定の有無
      pointNum: 100,         // 経路の描画点の数
      theta: { min:0, max: 2*Math.PI },  // 媒介変数の範囲
      R: 5,                  // 任意のプロパティ（現在の円の中心からの距離）  (※3-1)
      R_exact:5,             // 任意のプロパティ（円の半径の厳密値）         (※3-2)
      center: {x:0, y:0, z:5}, // 任意のプロパティ（円の中心座標）          (※3-3)
      position: function ( _this, theta ){ // 頂点座標を指定する媒介変数関数  (※4-1)
        var x = _this.R_exact * Math.cos(theta);         // 式(9.17)  (※5-1)
        var y = 0;
        var z = _this.R_exact * Math.sin(theta) + _this.center.z;  // 式(9.17)  (※5-2)
        return {x:x, y:y, z:z};
      },
      tangent: function ( _this, theta ){  // 接線ベクトルを指定する媒介変数関数  (※4-2)
        var x = -Math.sin(theta);          // 式(9.19)
        var y = 0;
        var z =  Math.cos(theta);          // 式(9.19)
        return {x:x, y:y, z:z};
      },
      curvature: function ( _this, theta ){ // 曲率ベクトルを指定する媒介変数関数  (※4-3)
        var x = - Math.cos(theta) / _this.R;   // 式(9.20)
        var y = 0;
        var z = - Math.sin(theta) / _this.R;   // 式(9.20)
```

```
          return {x:x, y:y, z:z};
        },
        getTheta : function( _this, object ){ // 媒介変数の取得     ─────────── (※6)
          // 相対位置ベクトル
          var bar_r = new THREE.Vector3().subVectors( object.r, _this.center );   ─── (※7)
          var R = _this.R = bar_r.length();                ───────────────── (※8)
          var sinTheta = bar_r.x/R ;                    ─────────────────── (※9-1)
          if( sinTheta > 0 ) {
            var theta = Math.acos( bar_r.z/R );          ─────────────────── (※9-2)
          } else {
            var theta = 2*Math.PI - Math.acos( bar_r.z/R );  ─────────────── (※9-3)
          }
          return theta;
        }
      },
    }
    (省略)
  }
```

(※1)　球オブジェクトの位置ベクトルと速度ベクトルの初期値は、拘束条件をあらかじめ満たしている必要があります（拘束に矛盾した初期値を与えると意図通りの運動を示しません）。なお、円の中心と同じ高さの経路の両脇に配置した場合、速度ベクトルのz成分はどんな値でも拘束条件を満たします。

(※2)　ばね定数と減衰定数の与え方によって収束の様子は異なりますが、どのような形状であっても概ねこの程度の値で問題ないようです。

(※3)　計算パラメータとして媒介変数関数内で利用する値を保持する任意のプロパティを宣言することができます。Rは現時間ステップにおける円の中心から距離です。Rは解析的には常に初期値と同値であるはずですが、数値的には計算誤差が生じる結果、Rの初期値からずれていきます。拘束力の計算には、このずれたRから得られる接線ベクトルと曲率ベクトルを利用します。（時間発展を数値計算で計算した結果、正しい経路からずれてしまった球オブジェクトに対して、良かれと考えて解析的には正しいRの初期値を利用して拘束力を計算すると、あっという間に発散（計算破綻）してしまいます。）R_exactはRの初期値で正しい半径の値、centerは円の中心座標です。

(※4)　媒介変数関数の第1引数の_thisは、9.3.3項のgetBindingForceメソッドのプログラムソースでも説明したとおり、path.parametricFunctionプロパティを指します。これを利用することで（※3）で定義した任意のプロパティを参照することができます。

(※5)　経路の頂点座標は、線オブジェクトの線の描画と球オブジェクトが経路から外れた際の復元力の計算に利用します。そのため、常に正しい半径の値（R_exact）を利用して頂点座標を取得する必要があります。

(※6)　球オブジェクトの現在の位置から経路上の媒介変数を計算するための関数です。この関数に

は頂点座標を与える媒介変数表示を逆に解いた表式を実装します。円の場合、式（9.17）は

$$\cos\theta = \frac{x}{r} \;,\; \sin\theta = \frac{z}{r} \tag{9.96}$$

と変形することができるので、θ は

$$\theta = \arccos(\frac{x}{r}) \;,\; \theta = \arcsin(\frac{z}{r}) \tag{9.97}$$

と求まります。ただし、arccos 関数と arcsin 関数は逆三角関数です。逆三角関数は引数で与えた –1 から 1 に対応するラジアン単位の角度を計算します。戻り値は $0 \leq \arccos \leq \pi$、$-\pi/2 \leq \arcsin \leq \pi/2$ で定義されるため、この関数だけでは元の θ の値（0 から 2π）を導きだすことができません。これについては（※8）で解説します。

- (※7) 球オブジェクトの現在の位置から経路上の媒介変数を計算するために、円の中心を基準とした球オブジェクトの位置ベクトルを取得します。
- (※8) 球オブジェクトの位置における接線ベクトル、曲率ベクトルを計算するための円の中心からの現時点での距離を _this.R (path.parametricFunction.R、(※3-1)) に格納します。
- (※9) 単位円の第 1 象限と第 2 象限の位置における θ は、arccos 関数でそのまま計算することができます。単位円の第 3 象限から第 4 象限にかけての位置における θ は π から 2π の値で取得したいところですが、arccos 関数を利用すると π から 0 の値となります。つまり、第 3、第 4 象限では arccos 関数で取得した値を 2π から引き算することで、所望の角度 θ が得られることになります。この第 1、第 2 象限と第 3、第 4 象限を見分ける方法は、z 座標が正ならば第 1、第 2 象限、負ならば第 3、第 4 象限となるので、この判定法を利用します。

9.3.5 計算誤差の確認

9.3.1 項で導出した経路の拘束された運動の計算誤差を確認しておきます。図 9.24 の経路を円に固定された球体の運動は、8.6 節で解説した振り子のおもりの運動の軌跡と一致するので、この 2 つの数値計算結果を比較してみます。図 8.70 の計算結果と比較するために、初速度を 0 として、振り子運動と同じ運動をさせたときの各種エネルギーの時系列プロットが図 9.25 です（復元力なし）。本来保存するはずの力学的エネルギーのずれは、20 秒後でおおよそ -0.022 [J] であることが確認できます。この結果は図 8.70 と一致します。本節で導出した計算アルゴリズムは経路を媒介変数関数で表すことのできる一般的な系で適用可能なわけですが、個別の物理系に対する拘束力と同じ計算精度を実現できていることから、有用性は非常に高いと言えます。

図9.25●初速度0における各種エネルギーの時系列プロット（復元力なし）（OneBodyLab_r9__Path_Circle.html）

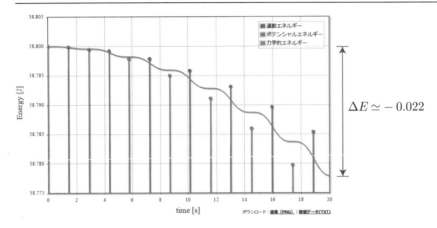

次に、復元力の設定を行うrestoringForceプロパティにて、復元力の有無（enabled=true）、ばね定数（k=1）、減衰係数（gamma=0.01）を設定した結果が図9.26です。力学的エネルギーは時間とともに振動してはいますが、図9.25と比較して誤差が1/1000程度に補正できていることが確認できます。以上により、3次元オブジェクトの運動を指定した経路に拘束する拘束力と、拘束条件からのずれを補正する復元力の計算アルゴリズムの有用性を示すことができました。

図9.26●初速度0における各種エネルギーの時系列プロット（復元力あり）（OneBodyLab_r9__Path_Circle.html）

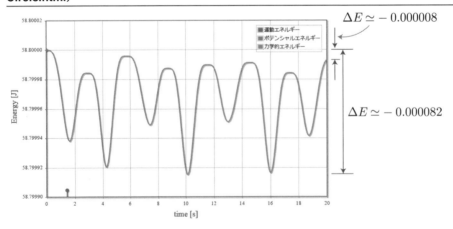

9.3.6 経路の強制振動の実装方法

9.3.1 項で導出した計算アルゴリズムは、3 次元オブジェクトの運動を拘束する経路そのものが運動していても成り立ちます。本項では、円形の経路を強制的に円運動させたときの球体運動のシミュレーションを実装します。具体的には式（9.86）の経路の始点の位置ベクトルを表す $\bm{r}_0(t)$ を時刻 $t=0$ で経路の始点が球体と同じ原点 $(0,0,0)$ となるように

$$\bm{r}_0(t) = \begin{cases} L\sin\omega t \\ L(1-\cos\omega t) \end{cases} \tag{9.98}$$

と与えます。ただし、上段と下段はそれぞれ x 成分と z 成分です。この表式から速度ベクトルと加速度ベクトルはそれぞれ

$$\bm{v}_0(t) = \frac{d\bm{r}_0(t)}{dt} = \begin{cases} L\omega\cos\omega t \\ L\omega\sin\omega t \end{cases} \tag{9.99}$$

$$\bm{a}_0(t) = \frac{d\bm{v}_0(t)}{dt} = \begin{cases} -L\omega\sin\omega t \\ L\omega\cos\omega t \end{cases} \tag{9.100}$$

となります。図 9.27 は、円形経路を半径 $L=1$、角速度 $\omega=\sqrt{g/R}$（g は重力加速度、R は円形経路の半径で、式（8.250）の共鳴角振動数に対応）で円運動させたときの球体の運動の様子を表しています。経路の運動に伴って球体も運動している様子が確認できます。9.3.1 項は経路が運動する場合でも計算アルゴリズムとして適切であることを示すことができました。

図9.27●円形経路の強制円運動させた様子（OneBodyLab_r9__Path_Circle_dynamic.html）

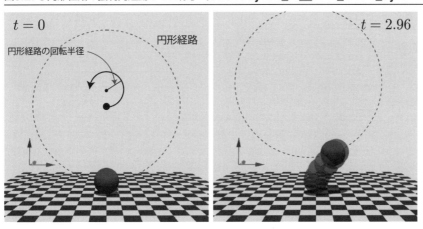

9 拘束力のある運動のシミュレーション

経路の運動の定義は、9.3.2項でも少し触れましたが path.dynamicFunction プロパティに関数リテラルとして記述します。この関数内で経路を表す線オブジェクトの位置ベクトル、速度ベクトル、加速度ベクトルを適切に与えることで実現することができます。

プログラムソース9.23 ●経路運動の実装方法（OneBodyLab_r9__Path_Circle_dynamic.html）

```
PHYSICS.physLab.ball = new PHYSICS.Sphere({
    (省略)
    path : {
    (省略)
        dynamicFunction : function( ){                                    (※1)
            // 実験室の時刻
            var time = this.physLab.dt * this.physLab.step;
            // 円運動の定義
            var omega = this.parametricFunction.omega;                    (※2-1)
            var L = this.parametricFunction.L;                            (※2-2)
            // 位置ベクトル
            this.r.x = L * Math.sin( omega * time );                      式(9.98)
            this.r.z = L * ( 1 - Math.cos( omega * time ) );              式(9.98)
            // 速度ベクトル
            this.v.x = L * omega * Math.cos( omega * time );              式(9.99)
            this.v.z = L * omega * Math.sin( omega * time );              式(9.99)
            // 加速度ベクトル
            this.a.x = - L * omega * omega * Math.sin( omega * time );    式(9.100)
            this.a.z = L * omega * omega * Math.cos( omega * time );     式(9.100)
        },
        parametricFunction : {   // 媒介変数関数
            (省略)
            getTheta : function( _this, object ){ // 媒介変数の取得
```

```
                // 円形経路の中心座標
                var center = new THREE.Vector3().addVectors( _this.center, object.path.line.r );
                                                                                        ---------- (※3-1)
                // 相対位置ベクトル
                var bar_r = new THREE.Vector3().subVectors( object.r, center );  ---------- (※3-2)
                (省略)
            }
        }
        (省略)
    }
```

(※1) 9.3.2項のcreateメソッドの実装の説明でも触れましたが、path.dynamicFunctionプロパティに格納された関数リテラルは、そのまま経路を表す線オブジェクトを生成するコンストラクタの引数に渡され、線オブジェクトの同名のプロパティに格納されます。つまり、ここで定義した関数は線オブジェクトのメソッドとして呼び出されるので、<u>関数内のthisは球オブジェクトではなく線オブジェクトを指す</u>ことに注意が必要です。

(※2) 円形経路の円運動を表す計算パラメータです。「OneBodyLab_r9__Path_Circle_dynamic.html」ではこの2つの値をHTML文書のinput要素から値を取得して利用しています。

(※3) 円形経路が移動するのに伴って、媒介変数を取得するgetTheta関数にて、円形経路の中心座標も変更する必要があります。

図9.28●強制円運動時の力学的エネルギーの時系列プロット（OneBodyLab_r9__Path_Circle_dynamic.html）

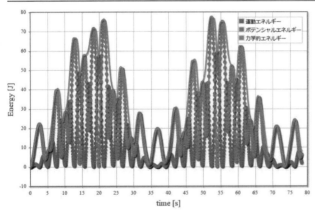

最後に、円形経路を強制円運動させたときの球体の力学的エネルギーを図9.28に示します。強制円運動の角振動数を式（8.250）の微小振動時の共鳴角振動数に与えているので、はじめは力学的エネルギーの増加が見られますが、円形経路中の球体運動の振幅が大きくなるにつれて共鳴角振

動数が変化することから、力学的エネルギーの減少に転じます。これは、図 8.68 で示した結果と同様です。

9.4 楕円、放物線、サイクロイド曲線を経路とした運動

本節では 9.2 節ですでに解説を終えた円を除く楕円、放物線、サイクロイド曲線を経路とした球体の運動の実装方法の解説と計算誤差の確認を行います。また本節の最後に、これらの経路を運動する振り子運動の周期について考察します。

9.4.1 楕円形経路の実装方法

楕円形経路の頂点座標、接線ベクトル、曲率ベクトルを生成する媒介変数関数は式 9.2.3 項で示したとおりです。あと、球体の位置から媒介変数の値を計算する getTheta プロパティの実装について考える必要があります。

getTheta プロパティで実装する計算アルゴリズム

getTheta プロパティには、3 次元オブジェクトの位置ベクトルから媒介変数関数で接線ベクトル、曲率ベクトルを計算する際に必要となる媒介変数 θ を返す関数を関数リテラルで指定します。θ の計算方法は式 (9.37) で示した楕円の頂点座標を表す媒介変数表示を逆に解くことで

$$\theta = \arccos\left(\frac{x}{a}\right), \quad \theta = \arcsin\left(\frac{y}{b}\right) \tag{9.101}$$

と得られます。なお、9.3.4 項で解説した円形経路と同様、θ を 0 から 2π で取得するために z の値で場合分けが必要となります。

ここで重要なのは、計算誤差による楕円形経路の修正です。円形経路の場合には、9.3.4 項のプログラムソース（※8）で示したとおり、円形経路の半径を再計算してその後の各種ベクトル量の計算に利用しています。楕円形経路も同様にパラメータの修正が必要となるので、その方法について解説します。中心が原点の楕円を表す方程式は式 (9.31) から

$$c^2 = \frac{x^2}{a^2} + \frac{y^2}{b^2} \tag{9.102}$$

と表されます。ただし、a は長辺、b は短辺を表すパラメータ、通常 $c = 1$ です。球体の位置が厳密に楕円形経路上に存在する場合には必ず $c = 1$ となりますが、計算誤差で若干ずれた時には $c \neq 1$ となってしまいます。そこで現時点で楕円形経路を割り出すには

$$1 = \frac{x^2}{(ac)^2} + \frac{y^2}{(bc)^2} \tag{9.103}$$

と変形して楕円方程式の左辺を 1 とすることで、楕円形経路を決定する 2 つのパラメータ a と b の値を

$$a' = ac, \; b' = bc \tag{9.104}$$

と見積もることができます。ただし、a' と b' が修正後のパラメータです。

楕円形経路の設定方法

図 9.29 は楕円形経路を運動する球体の物理シミュレーションの結果です。意図どおり、経路上を運動していることが確認できます。9.3.1 項の計算アルゴリズムが楕円形経路でも問題ないことを示すことができました。球オブジェクトを生成するコンストラクタを次のプログラムソースで示します。なお、本シミュレーションでは楕円形経路を xz 平面上で定義するため、頂点座標、接線ベクトル、曲率ベクトルの y 座標を z 座標と読み替えて実装します。

図9.29●楕円形経路に拘束された球オブジェクトの運動（OneBodyLab_r9__Path_Ellipse.html）

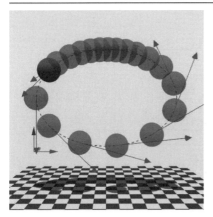

9 拘束力のある運動のシミュレーション

プログラムソース 9.24 ●楕円形経路の設定（OneBodyLab_r9__Path_Ellipse.html）

```
PHYSICS.physLab.ball = new PHYSICS.Sphere({
    (省略)
    path : {
        (省略)
        parametricFunction : {      // 媒介変数関数
            enabled : true,
            pointNum : 100,
            theta : { min:0, max: 2 * Math.PI },
            a : 6,          // 任意のプロパティ     -------------------------------------------(※1-1)
            b : 4,          // 任意のプロパティ     -------------------------------------------(※1-2)
            a_exact : 6,    // 任意のプロパティ     -------------------------------------------(※1-3)
            b_exact : 4,    // 任意のプロパティ     -------------------------------------------(※1-4)
            center : {x:0, y:0, z:6},
            position : function( _this, theta ){ // 頂点座標を指定する媒介変数関数
                var x = _this.a_exact * Math.cos(theta) + _this.center.x;   ------------------式 (9.37)
                var y = 0;
                var z = _this.b_exact * Math.sin(theta) + _this.center.z;   ------------------式 (9.37)
                return {x:x, y:y, z:z};
            },
            tangent: function ( _this, theta ){ // 接線ベクトルを指定する媒介変数関数
                var a = _this.a;
                var b = _this.b;
                var A = 1 / Math.sqrt( Math.pow( a * Math.sin( theta ), 2 )
                                     + Math.pow( b * Math.cos( theta ), 2 ) );   ----------式 (9.40)
                var x = - A * a * Math.sin( theta );   ---------------------------------------式 (9.40)
                var y = 0;
                var z = A * b * Math.cos( theta );   -----------------------------------------式 (9.40)
                return {x:x, y:y, z:z};
            },
            curvature: function ( _this, theta ){ // 曲率ベクトルを指定する媒介変数関数
                var a = _this.a;
                var b = _this.b;
                var A = - a * b * 1 / Math.pow( (Math.pow( a * Math.sin( theta ), 2 )
                                     + Math.pow( b * Math.cos( theta ), 2 ) ), 2);
                                                       -------------------------------------式 (9.41)
                var x = A * b * Math.cos( theta );   -----------------------------------------式 (9.41)
                var y = 0;
                var z = A * a * Math.sin( theta );   -----------------------------------------式 (9.41)
                return {x:x, y:y, z:z};
            },
            getTheta : function( _this, object ){ // 媒介変数の取得
                var a = _this.a;
                var b = _this.b;
                // 相対位置ベクトル
                var bar_r = new THREE.Vector3().subVectors( object.r, _this.center );
```

```
            // 楕円方程式の右辺
            _this.c = Math.sqrt( Math.pow( bar_r.x / a , 2 )
                               + Math.pow( bar_r.z / b , 2 ));     ------------------------------- 式 (9.102)
            // 楕円方程式のパラメータの変換
            a = _this.a = a*_this.c;    ------------------------------------------------------------- 式 (9.104)
            b = _this.b = b*_this.c;    ------------------------------------------------------------- 式 (9.104)
            var sinTheta = bar_r.z/b ;
            var theta;
            if( sinTheta > 0 ) {
              theta = Math.acos( bar_r.x / a );    ------------------------------------------- (※2-1)
            } else {
              theta = 2 * Math.PI - Math.acos( bar_r.x / a );   ------------------------- (※2-2)
            }
            return theta;
          }
        }
      },
      (省略)
    });
```

(※1) 円のときと同様、現時刻と元の楕円方程式のパラメータをそれぞれ格納するプロパティを用意します。

(※2) もしaとbを初期値のままの値を利用すると逆三角関数の引数に与える値（bar_r.x / a）の絶対値が1よりも大きくなってしまう場合があります。そのときのthetaはNaNとなり、拘束力を正しく計算することができなくなります。

9.4.2 楕円形経路運動の計算誤差

9.3.5項で示した円形経路の計算誤差と同様、初速度0で運動を開始して20秒後の力学的エネルギーの保存状況を確認します。図9.30の上段は復元力を与えない場合、下段は復元力関連パラメータとしてk=1、gamma=0.1を与えた場合の結果です。復元力を与えない場合をみると、20秒後の力学的エネルギーはおおよそ–0.014 [J] で、円形経路のときと同程度であることが確認できます。一方、復元力を与えた場合には、円形経路のときと同様、エネルギーに振動が見られますが、振動の中心の増減はほとんど見られないことから数値計算が非常に安定していることがわかります。

図9.30●楕円形経路の計算誤差（上段：復元力なし、上段：復元力あり）

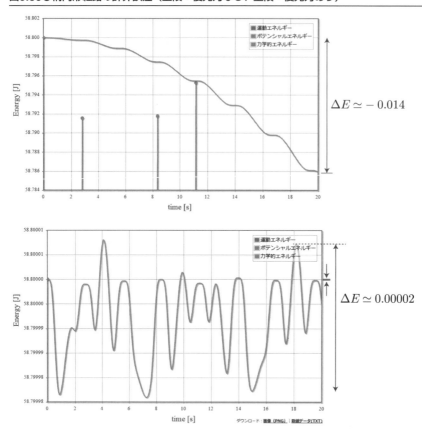

9.4.3　放物線形経路の実装方法

　放物線形経路の頂点座標、接線ベクトル、曲率ベクトルを生成する媒介変数関数は式 9.2.4 項で示したとおりです。楕円形経路と同様、球体の位置から媒介変数の値を計算する getTheta プロパティの実装について考えます。

getTheta プロパティで実装する計算アルゴリズム

　原点をとおる放物線形経路を考えます。球体の位置から放物線形経路における媒介変数の値は、式（9.53）で示された頂点座標の媒介変数表示を逆に解くまでもなく

$$\theta = x \tag{9.105}$$

です。また、計算誤差に対する放物線形経路の修正は、放物線方程式のパラメータ a を修正することになるわけですが、これも球体の位置から

$$a = \frac{z}{x^2} \tag{9.106}$$

と計算することができます。ただし、x が小さくなるにつれて割り算の分母が小さくなることから a の誤差が大きくなることに注意が必要です。特に $x \sim 0$ の近傍では z も 0 近くの値をとるはずなので 0/0 に近い割り算を行ってしまうため、数値計算上問題が生じてしまいます。これについては、9.4.4 項で詳しく調べます。

楕円形経路の設定方法

　図 9.31 は放物線形経路を運動する球体の物理シミュレーションの結果です。意図どおり、経路上を運動していることが確認できます。球オブジェクトを生成するコンストラクタを次のプログラムソースで示します。なお、本シミュレーションでは楕円形経路を xz 平面上で定義するため、頂点座標、接線ベクトル、曲率ベクトルの y 座標を z 座標と読み替えて実装します。

図 9.31 ● 放物線形経路に拘束された球オブジェクトの運動（OneBodyLab_r9__Path_Parabola.html）

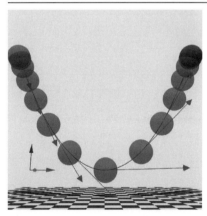

プログラムソース 9.25 ● 放物線形経路の設定（OneBodyLab_r9__Path_Parabola.html）

```
PHYSICS.physLab.ball = new PHYSICS.Sphere({
    (省略)
    path : {
        (省略)
        parametricFunction : { // 媒介変数関数
            enabled : true,
```

9 拘束力のある運動のシミュレーション

```
        pointNum : 100,
        theta : { min:-8, max: 8 },
        a : 1/6,              // 任意のプロパティ
        a_exact : 1/6,        // 任意のプロパティ
        position: function ( _this, theta ){ // 頂点座標を指定する媒介変数関数
          var x = theta;                                          ------ 式 (9.53)
          var y = 0;
          var z = _this.a_exact * theta * theta;                  ------ 式 (9.53)
          return {x:x, y:y, z:z};
        },
        tangent: function ( _this, theta ){ // 接線ベクトルを指定する媒介変数関数
          var a = _this.a;
          var A = 1 / Math.sqrt( 1 + Math.pow( 2 * a * theta, 2 )); ---- 式 (9.56)
          var x = A * 1;                                          ------ 式 (9.56)
          var y = 0;
          var z = A * 2 * a * theta;                              ------ 式 (9.56)
          return {x:x, y:y, z:z};
        },
        curvature: function ( _this, theta ){ // 曲率ベクトルを指定する媒介変数関数
          var a = _this.a;
          var A = Math.pow( 1 / ( 1 + Math.pow( 2 * a * theta, 2 ) ), 2 ); ---- 式 (9.57)
          var x = - A * 4 * Math.pow( a , 2 ) * theta;            ------ 式 (9.57)
          var y = 0;
          var z = A * 2 * a;                                      ------ 式 (9.57)
          return {x:x, y:y, z:z};
        },
        getTheta : function( _this, object ){ // 媒介変数の取得
          if( Math.abs( object.r.x ) > delta ) {                  ------ (※)
            _this.a = object.r.z/ ( object.r.x * object.r.x);     ------ 式 (9.106)
          }
          return object.r.x;                                      ------ 式 (9.105)
        }
      }
    },
  (省略)
}
```

(※)　式（9.106）を記述した際にも言及しましたが、球オブジェクトの位置 (x, z) が小さい場合にはaの誤差が大きくなると考えられるため、xの絶対値が指定した値（delta）より大きいときのみaの値を更新することにします。

9.4.4 放物線形経路運動の計算誤差

　放物線形経路に拘束された球体の計算誤差を調べるために、初速度0で運動を開始して20秒後の力学的エネルギーの保存状況を確認します。まず、復元力とaの修正を一切与えない場合の結果が図9.32です。20秒後の力学的エネルギーはおおよそ−0.044［J］で、円形経路と比較して2倍程度であることが確認でき、aの値を固定しても計算が破綻するほどのことはないことがわかります。これは、thetaの取得に計算精度の低い逆三角関数を利用していないことに起因していると考えられます。

図9.32●放物線形経路の計算誤差（復元力なし、a値の修正なし）

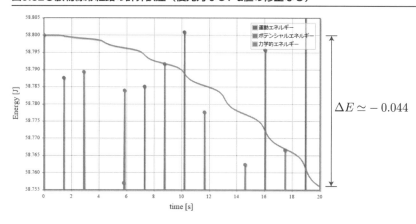

　次に放物線方程式パラメータaを修正した時の計算精度を調べます。前項のプログラムソースで示したとおり、球オブジェクトの位置のx座標がδよりも大きい場合のみaの値を修正するとします。図9.33はδ＝5、4、3、2、1、0.5に対する20秒後の力学的エネルギーの時系列プロットです。δ＝5、4、3と順番に与えた場合、δを小さくするほど精度が向上していきます。図9.32の結果と比較して概ね1桁改善していることがわかります。しかしながら、δ＝3のときをピークに2、1、0.5と小さくするにつれ精度が悪化していくことが確認できます。この原因は式（9.106）を用いてaの修正を実行する際に、分母が小さくなるにつれ、計算誤差が増幅してしまうことにあります。今回に試してみる前は、δ＝1程度が最適である考えていましたが、やはり、数値計算における割り算は鬼門であることを感じます。

図9.33●\deltaの値による力学的エネルギー時系列プロットの変化の様子

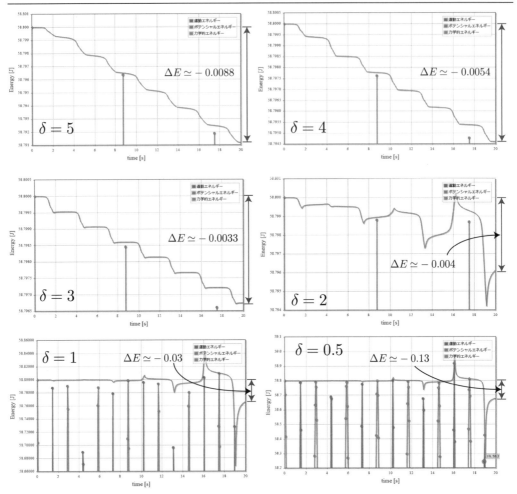

　最後に、放物線形経路を運動する球体に復元力を加えることによる計算結果の安定性を調べてみます。図9.34は、aの修正あり（$\delta=3$）とaの修正なしの系について100秒間の力学的エネルギーの時系列プロットした結果です。放物線形経路は、9.3.5項の円形、9.4.2項の楕円形、次項で示すサイクロイド曲線とは異なり、方程式のパラメータの修正を行わない方が意外にも精度が良いということが示されています。この結果が示唆することは、復元力を加える場合にはもともと方程式パラメータの修正は行わないほうが良いが、媒介変数を逆三角関数を用いて計算する必要がある場合には、逆三角関数の計算精度の悪さ（引数が–1から1を超えることによる破綻）を修正する必要があるため、方程式パラメータの修正が必要となるということが考えられます。本書では、放

物線形経路以外の媒介変数の計算に逆三角関数を必要としない経路を扱わないので、これ以上の検証は行いません。興味のある方はぜひ試してみてください。

図9.34●上段：復元力あり＋a修正あり（$\delta = 3$）、下段：復元力あり＋a修正なし

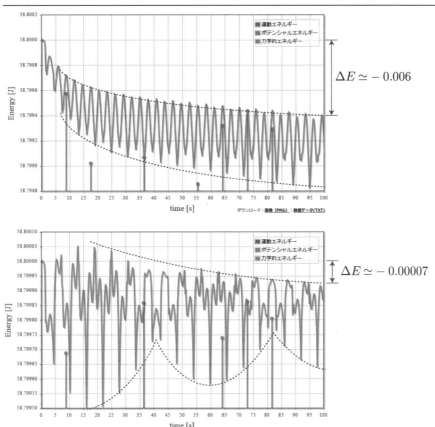

9.4.5 サイクロイド曲線形経路の実装方法

　最後にサイクロイド曲線形経路を運動する球体の実装方法について解説します。サイクロイド曲線の頂点座標、接線ベクトル、曲率ベクトルを生成する媒介変数関数は式9.2.5項で示したとおりですが、上に凸のままでは $-z$ 軸方向に重力が加わる系では困ってしまいます。そこで、本項では図9.35で示したような上下反転されたサイクロイド曲線をつないだ経路を考えることにします。媒介変数の範囲を $0 \leq \theta < 4\pi$ として、頂点座標を表す媒介変数表示を xz 平面上にて次式で定義

します。

$$(0 \leq \theta < 2\pi) \quad \begin{cases} x(\theta) = r(\theta - \sin\theta) + x_0 \\ z(\theta) = r(1 - \cos\theta) + z_0 \end{cases} \tag{9.107}$$

$$(2 \leq \theta < 4\pi) \quad \begin{cases} x(\theta) = 4\pi r - r(\theta - \sin\theta) + x_0 \\ z(\theta) = -r(1 - \cos\theta) + z_0 \end{cases} \tag{9.108}$$

ただし、x_0 と z_0 はサイクロイド曲線の始点座標です。この頂点座標の媒介変数表示に対する、接線ベクトルと曲率ベクトルの媒介変数表示は、式（9.71）と式（9.72）で与えた $0 \leq \theta < 2\pi$ と $2 \leq \theta < 4\pi$ の場合では符号が反転するだけとなります。

図9.35●閉サイクロイド曲線の模式図

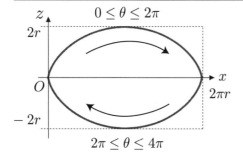

なお、9.2.5項の最後で言及したとおり、特異点 $\theta = 0$、2π のときに曲率ベクトル $\chi(\theta)$ は発散します。これは式（9.91）で示した球体に加わる力が発散してしまうことを意味します。経路の前半（$0 \leq \theta < 2\pi$）と後半（$2 \leq \theta < 4\pi$）において曲率ベクトルが異符号をとることを踏まえて、特異点における曲率ベクトルを次のとおりに定義します。

$$\chi(0) \equiv \frac{1}{2} \lim_{\delta \to 0} [\chi(\delta) + \chi(4\pi - \delta)] = 0 \tag{9.109}$$

$$\chi(2\pi) \equiv \frac{1}{2} \lim_{\delta \to 0} [\chi(2\pi + \delta) + \chi(2\pi - \delta)] = 0 \tag{9.110}$$

また、特異点に限らず特異点近傍では曲率ベクトルは非常に大きな値をとることになります。これは数学的には正しくても、図9.35を目で見る限り、曲率ベクトルの大きさが発散するようには見えません。つまり、特異点近傍での振る舞いは無限精度である解析的には正しくても、有限精度の数値計算では破綻する可能性を含んでしまいます。このようなサイクロイド曲線のように数学的に癖のある関数を利用する際には注意が必要となることに留意が必要です。

getTheta プロパティで実装する計算アルゴリズム

球体の位置から媒介変数の値を計算する関数を関数リテラルとして与える getTheta プロパティの実装について考えます。頂点座標の媒介変数表示である式（9.107）と式（9.108）を逆に解くことで

$$z\text{>=}0 \ (0 \leq \theta < 2\pi) \qquad \theta = \arccos\left(\frac{x}{a}\right) \tag{9.111}$$

$$z\text{<}0 \ (2 \leq \theta < 4\pi) \qquad \theta = \arcsin\left(\frac{y}{b}\right) \tag{9.112}$$

と得られます。ただし、arccos 関数は −1 から 1 の引数に対して π から 0 を返すので、9.3.4 項で解説した円形経路と同様、θ を 0 から 2π で取得するためには x の値で場合分けが必要となります。具体的な実装については後述するプログラムソースで解説します。

あと、円や楕円と同様、逆三角関数を用いて媒介変数 θ を計算するために、サイクロイド曲線を表すパラメータ r の修正の計算も必須となります。式（9.78）で示したサイクロイド曲線の微分方程式を r について解いた

$$r = \frac{y}{2}\left[1 + \left(\frac{dy}{dx}\right)^2\right] = \frac{y}{2}\left[1 + \left(\frac{v_y}{v_x}\right)^2\right] \tag{9.113}$$

を利用することができそうです。式（9.113）の式変形には $dy/dx = (dy/dt)/(dx/dt) = v_y/v_x$ の関係を利用しています。式（9.113）を用いることで、任意の時刻の球体の位置と速度から、球体が現在運動しているサイクロイド曲線の r パラメータを計算することができます。もちろん、解析的には r の値は一定となります。数値的に式（9.113）から r 値の計算には、球体の速度（v_x）による割り算が存在し、速度は 0 となる可能性があります。そのため、放物線形経路の a 値の計算式（9.106）と同様、式（9.113）を用いて r 値を更新する v_x 対する条件を課す必要があります。

サイクロイド曲線形経路の設定方法

図 9.36 はサイクロイド曲線形経路を運動する球体の物理シミュレーションの結果です。意図どおり経路上を運動しているように見えますが、実は計算結果は非常に不安定でその後、球体はあっという間に経路上から少し外れてしまいます。この原因は式（9.72）で与えられる曲率ベクトルの値が $\theta = 0$ と 2π 近傍で非常に大きな値となってしまう結果、球体が接線方向の速度ベクトルを持つときに式（9.91）で与えられる球体に加わる力も大きな値をとってしまうことになるためです。しかしながら、球体の初期条件として初期位置を $\theta = 0$ あるいは $\theta = 2\pi$ の位置、初速度を 0 として与えた場合、次項で示すとおり、非常に精度よく計算することができます。つまり、図 9.36 のように上下 2 つのサイクロイド曲線をまたぐような運動はできないということです。

図9.36●サイクロイド曲線形経路に拘束された球オブジェクトの運動（OneBodyLab_r9__Path_Cycloid.html）

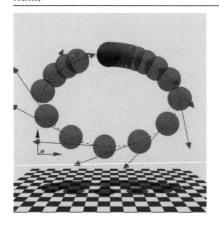

　球オブジェクトを生成するコンストラクタを次のプログラムソースで示します。なお、本シミュレーションではサイクロイド曲線形経路を xz 平面上で定義するため、頂点座標は式（9.107）と式（9.108）、接線ベクトルと曲率ベクトルは 9.2.5 項の結果の y 座標を z 座標と読み替えて実装します。

プログラムソース 9.26 ●サイクロイド曲線形経路の設定（OneBodyLab_r9__Path_Parabola.html）

```
// サイクロイド曲線のパラメータ
  var x_start    = -6;   // 始点（x座標）                                  (※1-1)
  var x_end      =  6;   // 終点（x座標）                                  (※1-2)
  var z_horizon  =  6;   // 始点と終点のz座標                              (※1-3)
  var r = (x_end - x_start) / (2 * Math.PI); // サイクロイド曲線のr値
// 球体の初期位置
  var theta0 = 0;   // 初期位置（媒介変数）
  var x0 =  4 * Math.PI * r - r * (theta0 - Math.sin(theta0)) + x_start;  ------式 (9.108)
  var z0 = - r * ( 1 - Math.cos(theta0)) + z_horizon;                     -------式 (9.108)
// 球オブジェクトの生成
PHYSICS.physLab.ball = new PHYSICS.Sphere({
(省略)
  path : {
  (省略)
    parametricFunction : {      // 媒介変数関数
      enabled : true,
      pointNum : 100,
      theta : { min:0, max: 4 * Math.PI },                                ------図9.35
      r : r,          // 任意のプロパティ (r値)
      r_exact : r,    // 任意のプロパティ (r値の理論値)
```

9.4 楕円、放物線、サイクロイド曲線を経路とした運動

```
    start : {          // 任意のプロパティ（サイクロイド曲線の始点）
      x: x_start,
      y: 0,
      z: z_horizon
    },
    position: function ( _this, theta ){  // 頂点座標を指定する媒介変数関数
      if( theta <= 2 * Math.PI ){
        var x = _this.r_exact * ( theta - Math.sin(theta) ) + _this.start.x;
                                                        ------------------------ 式 (9.107)
        var y = 0;
        var z = _this.r_exact * ( 1 - Math.cos(theta) ) + _this.start.z;
                                                        ------------------------ 式 (9.107)
      } else {
        var x = 4 * Math.PI * _this.r_exact
              - _this.r_exact * ( theta - Math.sin(theta) ) + _this.start.x;
                                                        ------------------------ 式 (9.108)
        var y = 0;
        var z = - _this.r_exact * ( 1 - Math.cos(theta) ) + _this.start.z;
                                                        ------------------------ 式 (9.108)
      }
      return {x:x, y:y, z:z};
    },
    tangent: function ( _this, theta ){  // 接線ベクトルを指定する媒介変数関数
      var A = 1 / Math.sqrt( 2 );
      var x = A * Math.sqrt( 1 - Math.cos(theta));     ------------------------ 式 (9.71)
      var y = 0;
      var z = A * Math.sqrt( 1 + Math.cos(theta));     ------------------------ 式 (9.71)
      if( Math.sin(theta) < 0 ) z = - z;   -------------------------------------- (※2-1)
      if( theta > 2 * Math.PI ){           -------------------------------------- (※3-1)
        x = - x;
        z = -z;
      }
      return {x:x, y:y, z:z};
    },
    curvature: function ( _this,  theta ){ // 曲率ベクトルを指定する媒介変数関数
      var A = - 1 / ( 4 * r );    ------------------------------------------------ 式 (9.72)
      var x = - A * Math.sqrt( ( 1 + Math.cos(theta) ) / ( 1 - Math.cos(theta) ) );
                                                        ------------------------ 式 (9.72)
      var y = 0;
      var z = A;   ---------------------------------------------------------------- 式 (9.72)
      if( x == Infinity ) {   ---------------------------------------------------- (※4)
        z = 0;
        x = 0;
      }
      if( Math.sin(theta) < 0 ) x = - x;   -------------------------------------- (※2-2)
      if( theta > 2 * Math.PI ){           -------------------------------------- (※3-2)
```

9 拘束力のある運動のシミュレーション

```
          x = - x;
          z = - z;
        }
        return {x:x, y:y, z:z};
      },
      getTheta : function( _this, object ){  // 媒介変数の取得
        // 球体の相対位置ベクトル
        var bar_r = new THREE.Vector3().subVectors( object.r, _this.start );
        // 球体の速度ベクトル
        var v = object.v;
        if( Math.abs( v.x ) > delta){    ------------------------------------------------(※5)
          _this.r = Math.abs( bar_r.z ) / 2 * ( 1 + Math.pow( v.z/v.x, 2 )  );
                                                             ------------------------ 式 (9.113)
        }
        if( bar_r.z >= 0 ){
          if( bar_r.x < _this.r * Math.PI ) {
            var theta = Math.acos( 1 - bar_r.z/_this.r );    ------------ 式 (9.111)
          } else {
            var theta = 2*Math.PI - Math.acos( 1 - bar_r.z/_this.r );  ---------- 式 (9.111)
          }
        } else {
          if( bar_r.x > _this.r * Math.PI ) {
            var theta = Math.acos( 1 + bar_r.z/_this.r ) + 2 * Math.PI;  -------- 式 (9.112)
          } else {
            var theta = 4 * Math.PI - Math.acos( 1 + bar_r.z/_this.r );  -------- 式 (9.112)
          }
        }
        return theta;
      }
    }
  },
  (省略)
});
```

(※1) サイクロイド曲線の開始点と終了点のx位置とz値を決めておき、r値やその他の計算に利用します。

(※2) 三角関数の関係式 $\sin\theta = \pm\sqrt{1-\cos^2(\theta)}$ の右辺の符号は、左辺の量の正負で決まるため、もし $\sin < 0$ ならば符号を反転させて負としています。

(※3) 図9.35で示したとおりに媒介変数を定義すると、接線ベクトルと曲率ベクトルは、上に凸と下に凸の領域で符号が反転します。

(※4) 曲率ベクトルが発散する $\theta = 0, 2\pi$ では、式 (9.109)、(9.110) で定義したとおりプラス方向の発散とマイナス方向の発散が相殺して0なると考えます。

(※5) $|\text{v.x}| > \delta$ の場合のみ、r値の更新を行います。適切な `delta` の値については、次項で検証します。

9.4.6 サイクロイド曲線形経路運動の計算誤差

　サイクロイド曲線形経路に拘束された球体の計算誤差を調べるために、初速度 0 で運動を開始して 200 秒後の力学的エネルギーの保存状況を確認します。まず復元力なしの場合、サイクロイド曲線形経路を表す r 値の修正は必須なので、修正のしきい値 $\delta = 3$ と $\delta = 1$ のときを比較します。図 9.37 はその結果です。$\delta = 3$ の場合、200 秒後の誤差は概ね –0.0001 [J]、振動の幅が 0.00005 [J] 程度です。図 9.25 の円形経路と比較すると 20 秒間の誤差は 1/2200 程度となり、復元力なしでも他の経路と比較して圧倒的に計算精度が高いです。$\delta = 1$ の場合、一時 0.0005 [J] 程度ずれますが、200 秒後の誤差は概ね –0.00001 [J]、振動の幅が 0.00005 [J] 程度であることが確認できます。なお、本書では示しませんが、δ は 1 より小さくなると一気に精度が悪化するので、本系では $\delta = 1$ 程度が最適のようです。

図9.37●サイクロイド曲線形経路の計算誤差（復元力なし）

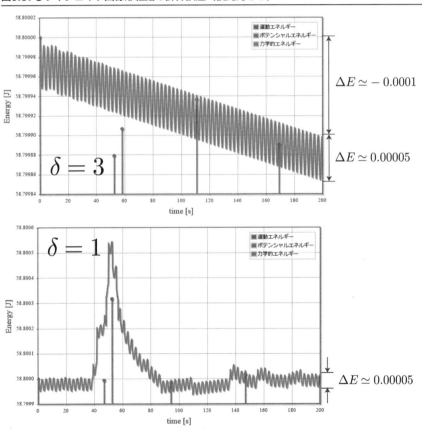

9 拘束力のある運動のシミュレーション

　最後にサイクロイド曲線形経路を運動する球体に復元力を加えることによる計算結果の安定性を調べてみます。図9.38は、復元力関連パラメータk=1、gamma=0.1の復元力を与えたときの結果です。$\delta = 3$ の場合には200秒後の誤差は概ね −0.00005［J］、振動の幅が 0.00005［J］程度となり、復元力がない場合と比べて2倍程度精度が向上していることがわかります。一方、$\delta = 1$ の場合には200秒後の誤差は概ね −0.00005［J］、振動の幅が 0.00005［J］程度であり、復元力を加えないほうが精度が良いようにも見えます。以上の結果から、サイクロイド曲線形経路の場合には復元力がなくとも十分な計算精度が得られていることから、復元力は必要ないことが確認できました。また、先述のとおり、上に凸と下に凸の2つのサイクロイド曲線の繋ぎ目で球体に接線方向の速度ベクトルが存在すると破綻してしまうことに注意が必要となります。

図9.38● サイクロイド曲線形経路の計算誤差（復元力あり）

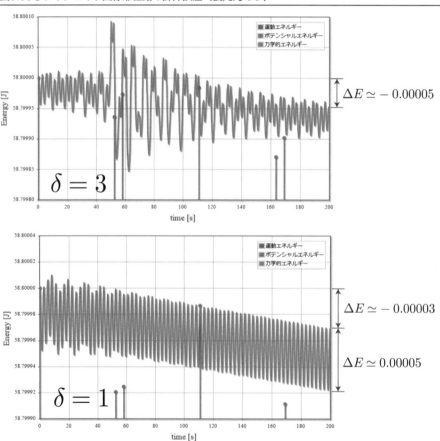

9.4.7 サイクロイド振り子の等時性

本章で経路に束縛された球体の運動を取り上げた大きな理由は、サイクロイド曲線を経路とする球体の周期的振り子運動（以下、サイクロイド振り子と呼びます）のシミュレーションを行いたかったためです。と言うのも、サイクロイド振り子には次に挙げる 2 つの性質が存在するので、そのコンピュータによる仮想実験を行いたかったためです。

(1) サイクロイド振り子は、おもりの質量や振幅に依らず周期が一定となる。
(2) 空間的、時間的に一定の重力場中において空間中の 2 点間をつなぐ任意の経路を考えた場合、始点を初速度 0 で運動を開始した物体が終点に到着するまでの時間が最も短くなる経路がサイクロイド曲線である。

(1)、(2) とも解析的に証明することができます。(1) については本項で証明とシミュレーションの例を示します。(2) の証明は解析力学の変分法を用いることで導出することができますが、取り扱いが本書の程度を超えるため省略します。その引き換えとして次項でこれまでに実装した円、楕円、放物線、サイクロイド曲線を経路とする振り子の周期の比較を行います。

サイクロイド振り子の等時性の証明

サイクロイド振り子のおもりのおもりの位置ベクトルをサイクロイド曲線の媒介変数表示を用いて

$$\boldsymbol{r}(t) = \boldsymbol{r}_{\mathrm{path}}(\theta) = r\left(\theta - \sin\theta, 0, -(1-\cos\theta)\right) \tag{9.114}$$

と表すことにします。上式は時刻 t におけるおもりの位置を与える表式にはなっておらず、θ の時間依存性を得る必要があります。時刻 $t=0$ で $\theta(0) = \theta_0$ から運動を開始して、サイクロイド振り子の周期を T [s] と表した場合の模式図が図 9.39 です。周期とは振り子が 1 往復に掛かる時間ですが、往路と復路で掛かる時間は同じなので、$T/2$ 秒後に向こう側に到達します。つまり、$\theta(T/2) = 2\pi - \theta_0$ となります。また、初期位置から最下点に到達するまでの時間と最下点から向こう側に到達するまでの時刻は同じなので、おもりは $T/4$ 秒後に最下点に到達することになります。本項では T [s] を導出します。

図9.39●サイクロイド振り子の模式図

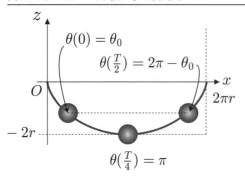

周期 T [s] を得るには θ の時間依存性を得る必要があります。つまり、θ と t の関係式を導出することができれば、等時性を示すことができるわけです。サイクロイド振り子の等時性に限らず、古典力学で記述することのできる運動の振る舞いは、ニュートンの運動方程式あるいはこの方程式から導かれる力学的エネルギー保存則や運動量保存則から導くことが出来ます。本節で取り扱うような拘束力の伴う運動の場合、経路の詳細を取り扱うニュートンの運動方程式よりも、力学的エネルギー保存則の方が扱いが簡単になります。

重力場中（重力加速度ベクトル：$\bm{g} = (0, 0, -g)$）を運動する質点の力学的エネルギーは

$$E(t) = T(t) + U(t) = \frac{1}{2} m |\bm{v}(t)|^2 - m\bm{g} \cdot \bm{r}(t) \tag{9.115}$$

と表されます。この表式の計算に必要な位置ベクトルは式（9.114）で与えられ、速度ベクトルは位置ベクトルをさらに時間微分した

$$\bm{v}(t) = \frac{d\bm{r}(t)}{dt} = r\left(\frac{d\theta}{dt}\right)(1 - \cos\theta, 0, -\sin\theta) \tag{9.116}$$

で与えられ、速度ベクトルの大きさの 2 乗は

$$|\bm{v}(t)|^2 = 2r^2 \left(\frac{d\theta}{dt}\right)^2 (1 - \cos\theta) \tag{9.117}$$

で与えられます。以上から任意の時刻の力学的エネルギーは式（9.115）に式（9.114）と式（9.117）を代入することで、

$$E(t) = mr^2 \left(\frac{d\theta}{dt}\right)^2 (1 - \cos\theta) - mgr(1 - \cos\theta) \tag{9.118}$$

と与えられます。初速度 0 の場合、$t = 0$ の力学的エネルギーは運動エネルギーの項は 0 となるため、

$$E(0) = -m\bm{g} \cdot \bm{r}(0) = -mgr(1 - \cos\theta_0) \tag{9.119}$$

となります。ちなみに初速度 0 は $d\theta/dt|_{t=0} = 0$ を意味します。式（9.118）と式（9.119）から力学的エネルギー保存則 $E(t) = E(0)$ を与えると θ と t に関する常微分方程式を導き出せます。

$$\left(\frac{d\theta}{dt}\right)^2 = \frac{g}{r}\frac{\cos\theta_0 - \cos\theta}{1 - \cos\theta} \tag{9.120}$$

この θ の常微分方程式は非線形ですが、8.2.1 項で示した変数分離型で表すことができ、

$$dt = \sqrt{\frac{r}{g}}\sqrt{\frac{1 - \cos\theta}{\cos\theta_0 - \cos\theta}}d\theta \tag{9.121}$$

と変形することができます。後は、両辺をそれぞれの変数で積分することで式（9.120）の常微分方程式を解くことができます。本項では周期を調べたいので、左辺の時刻は $t = 0$ から T まで積分したいところですが、右辺は θ の 2 価関数なので、範囲積分区間を右辺が 1 価となる範囲に調整する必要があります。具体的には、ある角度 θ を満たす時刻 t が、往路（時刻：$t = 0$ から $t = T/2$、媒介変数：$\theta = \theta_0$ から $\theta = 2\pi - \theta_0$）と復路（時刻：$t = T/2$ から $t = T$、媒介変数：$\theta = 2\pi - \theta_0$ から $\theta = \theta_0$）で 2 つ存在するため、積分区間を往路のみとします。以上の議論から式（9.121）の積分形は

$$\frac{T}{2} = \sqrt{\frac{r}{g}}\int_{\theta_0}^{2\pi - \theta_0}\sqrt{\frac{1 - \cos\theta}{\cos\theta_0 - \cos\theta}}\,d\theta \tag{9.122}$$

となります。ただし、式（9.121）の符号は周期 T を正と考えるので、正のみを採用します。この右辺の積分も三角関数の倍角の公式を利用して被積分関数の分母分子の変形を考えます。

$$（分子）\quad 1 - \cos\theta = \sin^2\frac{\theta}{2} \tag{9.123}$$

$$（分母）\quad \cos\theta_0 - \cos\theta = \cos^2\frac{\theta_0}{2} - \cos^2\frac{\theta}{2} \tag{9.124}$$

を式（9.122）に代入すると

$$T = 2\sqrt{\frac{r}{g}}\int_{\theta_0}^{2\pi - \theta_0}\frac{|\sin\frac{\theta}{2}|}{\sqrt{\cos^2\frac{\theta_0}{2} - \cos^2\frac{\theta}{2}}}\,d\theta \tag{9.125}$$

となります。ただし、分子の sin の絶対値は $\sin^2$ の平方根をとることで現れます。この sin の絶対値を外すには θ の値によって場合分けが必要となります。具体的には $\sin \theta/2$ は $\theta < \pi$ と $\theta > \pi$ で符号が反転することから、積分区間を 2 つに分けて

$$T = 2\sqrt{\frac{r}{g}} \left[\int_{\theta_0}^{\pi} \frac{\sin \frac{\theta}{2}}{\sqrt{\cos^2 \frac{\theta_0}{2} - \cos^2 \frac{\theta}{2}}} d\theta + \int_{\pi}^{2\pi - \theta_0} \frac{-\sin \frac{\theta}{2}}{\sqrt{\cos^2 \frac{\theta_0}{2} - \cos^2 \frac{\theta}{2}}} d\theta \right]$$

$$= 4\sqrt{\frac{r}{g}} \int_{\theta_0}^{\pi} \frac{\sin \frac{\theta}{2}}{\sqrt{\cos^2 \frac{\theta_0}{2} - \cos^2 \frac{\theta}{2}}} d\theta \tag{9.126}$$

と表すことができます。ただし、$\theta = \theta_0$ から π と、π から $2\pi - \theta_0$ までの積分値は同じになることを考慮しています。次にこれまでと同様

$$\cos \frac{\theta}{2} = \cos \frac{\theta_0}{2} \cos \phi \tag{9.127}$$

の変数変換を行うと、式 (9.126) の被積分関数の分母の平方根は

$$\sqrt{\cos^2 \frac{\theta_0}{2} - \cos^2 \frac{\theta}{2}} = \sqrt{\cos^2 \frac{\theta_0}{2} (1 - \cos^2 \phi)} = |\cos \frac{\theta_0}{2} \sin \phi| \tag{9.128}$$

と外すことができます。式 (9.127) の変数変換から ϕ の積分区間は 0 から $\pi/2$ となり、θ と ϕ の微小量の関係は

$$\sin \frac{\theta}{2} d\theta = 2 \cos \frac{\theta_0}{2} \sin \phi \, d\phi \tag{9.129}$$

となることから、式 (9.126) に全て代入して整理すると被積分関数がちょうど約分されて

$$T = 8\sqrt{\frac{r}{g}} \int_0^{\pi/2} d\phi = 4\pi \sqrt{\frac{r}{g}} \tag{9.130}$$

と積分を実行することができます。これがサイクロイド振り子の周期となります。式 (9.130) が大変興味深いのは、周期は重力加速度 g とサイクロイド曲線を生成する円の半径 r のみで与えられ、おもりの位置 θ_0 に依存しない点です。つまり、サイクロイド振り子の場合にはおもりの初期位置に依らず周期が等しいという<u>等時性が厳密に成り立つ</u>ということです。具体的にはおもりが最下点付近 ($\theta = \pi$) のみを運動する場合（振幅が小さい場合）でも、サイクロイド曲線の始点から終点まで運動する場合（振幅が大きい場合）でも周期は変わらないことを示しています。このシミュレーションは後に示します。また蛇足ですが、通常の振り子と同様に質量にも依存しないこと

もわかります。

サイクロイド振り子の等時性を示すシミュレーションの実装

r はサイクロイド曲線を生成する際の円の半径に相当するのですが、サイクロイド曲線の始点と終点の距離を L とすると、$2\pi r = L$ の関係式から

$$T = 4\pi\sqrt{\frac{L}{2\pi g}} = 2\sqrt{\frac{2\pi L}{g}} \tag{9.131}$$

と得られます。図 9.40 は始点と終点の距離 L が 12 のサイクロイド振り子の運動の様子です。異なる初期位置のおもりの周期が同じことを示すために、3 つのおもりを同時にスタートさせています。$L = 12$ なので、式（9.131）から周期は $T \simeq 5.5475$ [s] であり、おもりは $t \simeq 1.38688$ [s] で最下点を通過します。図 9.40 の $t = 1.4$ [s] で概ね全てのおもりが最下点に存在することが確認できます。

図9.40●異なる初期値位置に対する運動の様子（OneBodyLab_r9__Path_Cycloid2.html）

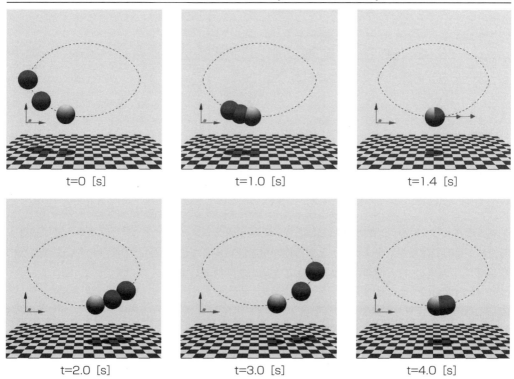

図9.41は上記の3つのおもりのx座標時系列プロット（上）と時刻$t = 5.45$ [s]付近の拡大図です。初期値の違いによる周期を比較するために、位置を初期値で規格化しています。その結果、初期位置に関わらず運動は位置が1からスタートすることになります。解析解どおり、初期値の違いに依らず1周期目の時刻が5.550秒あたりで一致していることが確認できます。

図9.41●異なる初期値位置に対する周期の等時性の様子（OneBodyLab_r9__Path_Cycloid2.html）

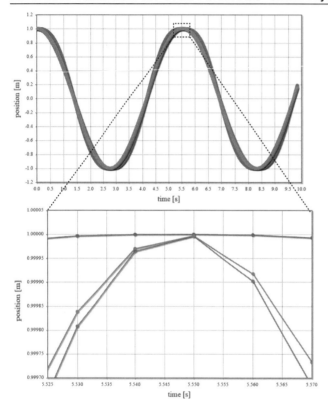

　本書で開発している仮想物理実験室は、単に物理現象をコンピュータ・グラフィックスで描画するだけが目的ではなく、ターゲットとする物理量を計算することも想定して設計しています。次のプログラムソースでは、周期を数値計算するための実装を示します。

プログラムソース9.27 ●afterTimeEvolutionメソッドによる数値計算結果の取得（OneBodyLab_r9__Path_Cycloid2.html）

```
var L = 12;                                                           (※1-1)
var g = 9.8;                                                          (※1-2)
var time_exact = 2 * Math.sqrt( 2 * Math.PI * L / g );                (※1-3)
```

9.4 楕円、放物線、サイクロイド曲線を経路とした運動

```javascript
    var x_min = 0;  // xの最小値を格納する変数
    var end_flag = false;// 周期計算の終了を示すフラグ
    // 周期の数値計算
    PHYSICS.physLab.balls[0].afterTimeEvolution = function(){        ------------------------------ (※2)
      var dt = this.physLab.dt;
      var step = this.step
      var time = dt * step;
      if( time > 5 ){    ------------------------------------------------------------ (※3)
        if( this.r.x < x_min  ){    ---------------------------------------------- (※4-1)
          x_min = this.r.x;    ------------------------------------------------------- (※4-2)
        } else {    -------------------------------------------------------------------- (※4-3)
          if( !end_flag ) {    ------------------------------------------------------ (※5-1)
            console.log( "周期は" + (time-dt) + "[s]から" + time + "[s]の間です！" );
                                                                ------------------ (※6-1)
            console.log( " (理論値は" +time_exact + "[s]です) " );    -------------- (※6-2)
          }
          end_flag = true;    -------------------------------------------------- (※5-2)
        }
      }
    }
```

(※1) 参考として解析解も掲示するために式（9.131）に従って計算します。

(※2) afterTimeEvolutionメソッドは3次元オブジェクトの時間発展を計算するtimeEvolutionメソッドの最後に実行されるメソッドで、実験室内部の状況を外部へ伝達するための仕組みとして実装した通信メソッドのひとつです（2.3.1項参照）。このメソッドを利用することで、時間発展直後の状況を把握することができるので、位置から周期を推測することができます。

(※3) 今回はプログラムを簡略化するため、周期が5秒から6秒の間に決めうちして実装します。なお、t=5あたりは、おもりの周期運動の復路の終盤です。

(※4) 周期はおもりのx座標が最小値となった時の時刻を基準として決定します。前の時刻と今の時刻のx座標を比較して、前の時刻よりx座標が小さい場合は、まだ周期までたどり着いていないと考えられるので、今の時刻のx座標を代入しています。反対に前の時刻より今の時刻のx座標が大きい場合、1周期目を過ぎて次の周期への運動に移った可能性があるので、(※5)の検証を行います。

(※5) 今回は1周期目のみで周期を見積って表示します。計算終了を示すフラグを立てることで2度目以降の表示を行わないように実装しています。

(※6) 図9.42のように数値解と解析解（理論値）をコンソール画面へ出力します。今回、数値計算の時間間隔はdt=0.001なので、周期として得られる計算精度も0.001程度（誤差が0.001未満）です。そのため、数値解を範囲で表しました。解析解の結果が計算精度の範囲で解析解と一致していることが確認できます。

図9.42●数値解の計算結果（OneBodyLab_r9__Path_Cycloid2.html）

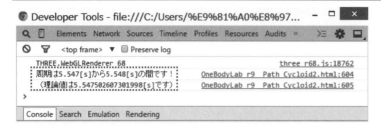

9.4.8　円、楕円、放物線、サイクロイド振り子の周期の比較

　本節の最後に、ここまでで実装した円（$r=6$）、楕円（$a=6$、$b=4$）、放物線（$a=1/6$）、サイクロイド曲線（$r=12/2\pi$）を経路として運動する振り子のおもりの周期の比較を行います。具体的には、重力加速度 $g=9.8$ の一様重力場中において、始点 (-6, 6)、終点 (6, 6) を通過する各経路にて、始点から初速度 0 で運動を開始させます。この場合、エネルギー保存則からもわかるとおり、全ての経路で始点からスタートして終点までたどり着いた後に、また始点まで戻るという運動を繰り返します。

図9.43●振り子運動の比較（OneBodyLab_r9__Path_hikaku.html）

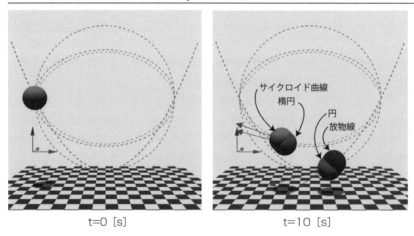

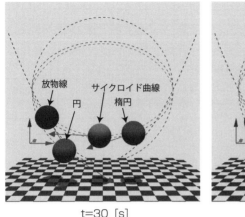

t=30 [s]　　　　　　　　t=70 [s]

　図 9.43 は、4 つの経路による振り子運動の $t=0$ [s]、10 [s]、30 [s]、70 [s] 後のスナップショットです。今回指定したパラメータの場合、周期が短い順に、1 位：サイクロイド曲線、2 位：楕円、3 位：円、4 位：放物線となりました。ただし、楕円と放物線は始点と終点が決まっている場合でもパラメータの取り方に任意性があるので、この順位は一概には言えません。本書では証明しませんが、一様重力場中の 2 点を最速で移動する経路はサイクロイド曲線として知られていることを踏まえると、この結果は経路がサイクロイド曲線にどの程度似ているかを表しているように見えます。

図9.44●周期の数値解（OneBodyLab_r9__Path_hikaku.html）

　また、図 9.44 は各経路による振り子の数値計算結果です。2 点間の距離が近いので差は大きくはありません。円の場合の周期は式（8.278）でそれぞれすでに求めているので、一応検証しておきます。式（8.278）の r は 2 点間の距離の半分の 6 に対応するので、周期は

$$T \simeq 7.4163 \times \sqrt{6/9.8} = 5.8030 \tag{9.132}$$

となります。図9.44の結果と比較すると0.005程度の誤差（0.1%）であることがわかります。本章で導出した汎用性の高い計算アルゴリズムを採用しているので、この程度の誤差は満足です。

図9.45●周期の数値解（OneBodyLab_r9__Path_hikaku.html）

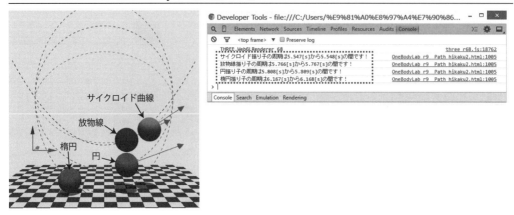

次に、図9.43の放物線をサイクロイド曲線に似せた場合（$a=1/9$）と楕円の長辺と短辺を入れ替えた場合（$a=4$、$b=6$）において、周期の長さの順位が入れ替わるかを調べておきます。図9.45はその結果です。予想通り、図9.43では最下位だった放物線と2位だった楕円はそれぞれ2位と最下位にすることができました。

サイクロイド曲線形トンネルによる超高速輸送システム

近年、新幹線（東北新幹線「はやて」最高速度320km/h）に引き続き、超電導を利用したリニアモーターカー（中央リニア新幹線「超電導リニア」最高速度580km/h）による高速輸送システムが実現しています。新幹線にせよ超電導リニアにせよ、輸送力に比例した膨大な電力が必要になるわけですが、エネルギー不要な超高速輸送システムが検討されています。それはその名も「振り子輸送」です。重力場中の振り子のおもりは、重力を受けて加速して反対側まで外部からのエネルギーの注入なしに自動で移動するので輸送に利用することができると考えられます。その際に、最も到着までの時間が短いのが本章で紹介したサイクロイド振り子です。図9.46のようにサイクロイド曲線の形をしたトンネルを掘って、速度減衰の原因となる空気抵抗やその他の摩擦を無くすためにトンネル内部を真空にして、車体とトンネルを非接触とすることで実現することができます。

図9.46●サイクロイド曲線形トンネルの模式図

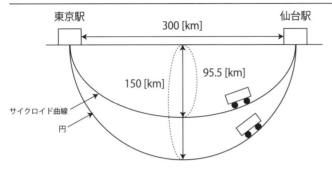

　図 9.46 は、仙台駅と東京駅をサイクロイド曲線形トンネルでつないだ時の模式図です。比較のために円の場合も記載しています。この 2 点間の距離を L とした場合、運動するサイクロイド振り子と円振り子の周期はそれぞれ式（9.131）と式（8.278）より

$$T_{\text{cycloid}} \simeq 5.0132 \times \sqrt{\frac{L}{g}} \tag{9.133}$$

$$T_{\text{circle}} \simeq 5.2441 \times \sqrt{\frac{L}{g}} \tag{9.134}$$

となるので、仙台－東京間の $L = 300\,[\text{km}] = 3.0 \times 10^5\,[\text{m}]$ と重力加速度 $g = 9.8$ を代入すると、片道所要時間（周期の半分）はそれぞれ

サイクロイド曲線　　438［s］（7.3 分）→ 平均速度 2465［km/h］
円　　　　　　　　　459［s］（7.65 分）→ 平均速度 2352［km/h］

となります。現在運用されている新幹線と超電導リニアの最高速度とサイクロイド振り子輸送の平均速度を比較しても 7.7 倍と 4.25 倍とになります。さらに式（9.133）や式（9.134）で示したとおり、所要時間は距離の 1/2 乗に比例するので、2 点間の距離が遠いほど従来の輸送システムよりもサイクロイド曲線や円でつないだ振り子輸送の方が有利となります。しかも、理想的にはエネルギーが必要ないというので驚きです。これは、推進力に膨大な外部エネルギーが利用となる従来輸送システムに対して、ポテンシャルエネルギーから生じる力を推進力として利用するという点が異なるということになります。

　こんなに素晴らしい輸送システムですが、やはり実現への道は険しそうです。問題点としてざっと挙げると次のとおりです。

・乗り心地の問題　→ 始点では真下に向かってほとんど自由落下

9 拘束力のある運動のシミュレーション

- 運用上の問題　　→ 目的地ごとにトンネルを掘る必要がある
- 技術的問題　　　→ 摩擦低減、深さ 100 [km] のトンネル
- 原理的問題　　　→ 一様重力場の仮定の破綻

　先ほど「振り子輸送」は「検討している」と述べましたが、無論嘘です。地球上での実現は様々な観点で無理だと思いますが、ポテンシャルエネルギーを推進力として利用する輸送技術そのものは、実はすでに実現されています。それは他でもない小惑星探査機「はやぶさ」です。スイングバイと呼ばれる惑星重力を利用することで、方向転換だけでなく加速や減速も燃料を使わずに行うことができます。もし、重力以外のポテンシャルエネルギーが利用できれば、それに対応した輸送技術が確立すると考えられます。

　ちなみに、サイクロイド振り子と円振り子におけるトンネルの深さはそれぞれ

$$h_{\mathrm{cycloid}} = 2r = L/\pi \simeq 95.5\,[\mathrm{km}]$$
$$h_{\mathrm{circle}} = r = L/2 = 150\,[\mathrm{km}]$$

となり、トンネルはマントルまで掘り進める必要があります。また、速度はトンネル最下点で最速となり、力学的エネルギー保存則からそれぞれ

$$v_{\mathrm{cycloid}} = \sqrt{2gh_{\mathrm{cycloid}}} \simeq 4925\,[\mathrm{km/h}]$$
$$v_{\mathrm{circle}} = \sqrt{2gh_{\mathrm{circle}}} \simeq 6172\,[\mathrm{km/h}]$$

となります。

第10章

実験室の保存・復元と動画生成

10 実験室の保存・復元と動画生成

これまでの仮想物理実験室では、数値計算結果をリアルタイムに3次元グラフィックス表示する機能や、数値データから2次元グラフ描画する機能を実装しました。本章では、今後の柔軟な実験室の構築に必要な要素技術である仮想物理実験室データの保存やその復元、さらには動画の生成を実装します。

10.1 JavaScript のオブジェクトに関する復習

JavaScript のオブジェクトは他のプログラム言語と比較して非常に柔軟であり、オブジェクトの性質を正しく理解して利用することで、直感的かつ効率的なアルゴリズムを構築できます。これは、C++ や Java のような最近のプログラム言語で主流派であるクラスベースオブジェクト指向言語に対して、JavaScript がプロトタイプベースオブジェクト指向言語であることに起因します。しかしながら、プログラミング言語の初学者や従来の手続き型プログラミング言語、クラスベースオブジェクト指向言語の習得者にとって、JavaScript のオブジェクトの柔軟性は有用さよりも挙動の複雑さの方が気になってしまいます。本項では、JavaScript をより深く理解して効率的なプログラムソースを記述できるようになることを目的に、オブジェクトについて復習を行います。

10.1.1 JavaScript におけるビルトインクラスとオブジェクト

本項では、JavaScript で利用できる値について、以下の項目に対して、あらかじめ定義されているビルトインクラスとの関係をまとめます。

(1) 「=」演算子による代入の実装（実体または参照）
(2) `typeof` 演算子の値
(3) `instanceof` 演算子の値
(4) `constructor` メソッドの値

JavaScript の値の宣言方法には、リテラルによる宣言と該当クラスのコンストラクタを用いた宣言の2種類がありますが、宣言の方法によって (2) と (3) の結果が異なるので理解を深めておく必要があります。なお、本項のプログラムソースは「test_object.html」で用意しています。Google Chrome ブラウザで実行したときのコンソール画面への出力結果を、コメント文として掲載しています。

数値（Number クラス）

　数値は自然数や小数を表す基本的な値です。「=」演算子は実体のコピーとなります。数値リテラル（0〜9と小数点を表す「.」、負を表す「-」）と Number クラスのコンストラクタで生成した数値について、前述の4項目を調べます。

```
var n1 = 100; // 数値リテラル
var n2 = n1;
n1 = 200;
console.log( n1 ); // 出力:「200」
console.log( n2 ); // 出力:「100」         -------------------実体がコピーされているので値は変化なし
console.log( typeof n1 );                  // 出力:「'number'」
console.log( n1 instanceof Number );       // 出力:「false」   -------------------------- (※1-1)
console.log( n1 instanceof Object );       // 出力:「false」
console.log( n1.constructor === Number );  // 出力:「true」    -------------------------- (※1-2)
console.log( n1.constructor === Object );  // 出力:「false」

var n3 = new Number( 300 );    // Numberクラスのコンストラクタによる宣言
console.log( typeof n3 );                  // 出力:「'object'」 -------------------------- (※2-1)
console.log( n3 instanceof Number );       // 出力:「true」    -------------------------- (※1-3)
console.log( n3 instanceof Object );       // 出力:「true」    -------------------------- (※2-2)
console.log( n3.constructor === Number );  // 出力:「true」    -------------------------- (※1-4)
console.log( n3.constructor === Object );  // 出力:「false」   -------------------------- (※2-3)
```

（※1）　数値リテラルで宣言した数値は Number クラスのインスタンスではないのにも関わらず、コンストラクタは一致しています。それに対して Number クラスのコンストラクタで宣言された数値は、Number クラスのインスタンスかつコンストラクタは一致しています。数値リテラルによって生成された数値は一体どのように生成されているのか不思議です。

（※2）　Number クラスのコンストラクタで宣言された数値は、Number クラスとその基底クラスである Object クラスの両方のインスタンスであることが確認できます。

　数値を数値リテラルと Number クラスのコンストラクタで生成した場合、項目（2）と（3）で全く異なる結果となりますが、もともと数値をわざわざ Number クラスのコンストラクタを利用して宣言することはないので、問題はないと考えられます。

真偽値（Boolean クラス）

　真偽値は true あるいは false の2つのキーワードで定義される値で、条件分岐などのステートメントで非常に重要な役割を果たします。真偽値も真偽値リテラルと Boolean クラスのコンストラクタで宣言することができますが、項目（2）と（3）の振る舞いは数値と同様の異なり方を示します。真偽値もわざわざ Boolean クラスのコンストラクタを利用して宣言することは無いの

で、問題はないと考えられます。

```
var b1 = true;  // 真偽値リテラル
var b2 = b1;
b1 = false;
console.log( b1 );  // 出力:「false」
console.log( b2 );  // 出力:「true」          ------------------------------実体がコピーされているので値は変化なし
console.log( typeof b1 );                  // 出力:「'boolean'」
console.log( b1 instanceof Boolean );      // 出力:「false」
console.log( b1 instanceof Object );       // 出力:「false」
console.log( b1.constructor === Boolean ); // 出力:「true」
console.log( b1.constructor === Object );  // 出力:「false」

var b3 = new Boolean ( true );  // Numberクラスのコンストラクタによる宣言
console.log( typeof b3 );                  // 出力:「'object'」
console.log( b3 instanceof Boolean );      // 出力:「true」
console.log( b3 instanceof Object );       // 出力:「true」
console.log( b3.constructor === Boolean ); // 出力:「true」
console.log( b3.constructor === Object );  // 出力:「false」
```

文字列（String クラス）

　文字列は「"」あるいは「'」で囲まれた任意のアスキー文字やマルチバイト文字を扱うための値です。文字列も文字列リテラルと String クラスのコンストラクタで宣言することができますが、項目（2）と（3）の振る舞いは数値と同様の異なり方を示します。文字列もわざわざ String クラスのコンストラクタを利用して宣言することは無いので、これも問題はないと考えられます。

```
var s1 = "あいうえお";  // 文字列リテラルによる宣言
var s2 = s1;
s1 = s1 + "アイウエオ";
console.log( s1 );  // 出力:「あいうえおアイウエオ」
console.log( s2 );  // 出力:「あいうえお」         ------------------------------実体がコピーされているので値は変化なし
console.log( typeof s1 );                  // 出力:「'string'」
console.log( s1 instanceof String );       // 出力:「false」
console.log( s1 instanceof Object );       // 出力:「false」
console.log( s1.constructor === String );  // 出力:「true」
console.log( s1.constructor === Object );  // 出力:「false」

var s3 = new String("かきくけこ");          // Stringクラスのコンストラクタによる宣言
console.log( typeof s3 );                  // 出力:「'object'」
console.log( s3 instanceof String );       // 出力:「true」
console.log( s3 instanceof Object );       // 出力:「true」
console.log( s3.constructor === String );  // 出力:「true」
console.log( s3.constructor === Object );  // 出力:「false」
```

正規表現（RegExp クラス）

　正規表現とは、パターンマッチングを行うためのパターンを表現する値です。文字列の置換などで力を発揮します。正規表現も正規表現リテラルと RegExp クラスのコンストラクタによる宣言が可能です。これまでに解説した数値、真偽値、文字列とは異なり、宣言の方法に依らず全項目で同一の振る舞いを行います。

```
var r1 = /abc/i; // 正規表現リテラルによる宣言
var r2 = r1;
r1 = /ABC/g
console.log( r1 );                           // 出力：「/ABC/g」
console.log( r2 );                           // 出力：「/abc/i」  ──────────────── 実体がコピーされているので値は変化なし
console.log( typeof r1 );                    // 出力：「'object'」  ──────────────── (※1)
console.log( r1 instanceof RegExp );         // 出力：「true」  ──────────────── (※2-1)
console.log( r1 instanceof Object );         // 出力：「true」  ──────────────── (※2-2)
console.log( r1.constructor === RegExp );    // 出力：「true」  ──────────────── (※2-3)
console.log( r1.constructor === Object );    // 出力：「false」

var r3 = new RegExp( "abc" , "g");  // RegExpクラスのコンストラクタによる宣言
console.log( typeof r3 );                    // 出力：「'object'」
console.log( r3 instanceof RegExp );         // 出力：「true」  ──────────────── (※2-4)
console.log( r3 instanceof Object );         // 出力：「true」  ──────────────── (※2-5)
console.log( r3.constructor === RegExp );    // 出力：「true」  ──────────────── (※2-6)
console.log( r3.constructor === Object );    // 出力：「false」
```

(※1)　数値、真偽値、文字列とは異なり、正規表現リテラルで宣言した場合でも「'regexp'」とはなりません。つまり、正規表現であるかの型チェックに typeof 演算子は利用できないことに注意が必要です。

(※2)　数値、真偽値、文字列とは異なり、宣言の方法に依らず RegExp クラスのインスタンスとコンストラクタは一致しています。つまり、内部では同一の処理がなされていると考えられます。

配列（Array クラス）

　配列は複数の要素を順番をつけて保持することのできるデータの集合体です。識別子＋「［○］」（「○」は番号）で参照することができます。配列も配列リテラルと Array クラスのコンストラクタで宣言することができますが、これまでに解説した数値、真偽値、文字列とは異なり、「=」演算子による代入が実体のコピーではなく、参照コピーとなります。

```
var a1 = ["あ", "い", "う", "え", "お"]; // 配列リテラルによる宣言
var a2 = a1;
a1[2] = "ウ";  ──────────────────────────────────────────── 3番目の要素を差し替える
console.log( a1 ); // 出力：「["あ", "い", "ウ", "え", "お"]」
```

```
console.log( a2 );                              // 出力:「["あ","い","ウ","え","お"]」
                                           ------------------------------------------------参照コピーされているので値が変化
console.log( typeof a1 );                       // 出力:「'object'」      ------------------------------(※1)
console.log( a1 instanceof Array );             // 出力:「true」          ------------------------------(※2-1)
console.log( a1 instanceof Object );            // 出力:「true」          ------------------------------(※2-2)
console.log( a1.constructor === Array );        // 出力:「true」          ------------------------------(※2-3)
console.log( a1.constructor === Object );       // 出力:「false」         ------------------------------(※2-4)
var a3 = new Array( "カ", "キ", "ク", "ケ", "コ" );   // Arrayクラスのコンストラクタによる宣言
console.log( typeof a3 );                       // 出力:「'object'」      ------------------------------(※2-5)
console.log( a3 instanceof Array );             // 出力:「true」          ------------------------------(※2-6)
console.log( a3 instanceof Object );            // 出力:「true」          ------------------------------(※2-7)
console.log( a3.constructor === Array );        // 出力:「true」          ------------------------------(※2-8)
console.log( a3.constructor === Object );       // 出力:「false」         ------------------------------(※2-9)
```

(※1) 正規表現と同様、配列リテラルで宣言した場合でも「'array'」とはなりません。つまり、配列であるかの型チェックに typeof 演算子は利用できないことに注意が必要です。

(※2) 配列リテラルと Array クラスのコンストラクタで宣言した配列の両者とも全項目で同一の振る舞いとなります。しかしながら、配列宣言に必要な時間が配列リテラルの方が3倍程度速いので、こちらを利用することをおすすめします。なお、配列宣言に必要な時間計測を行ったプログラムソースは次のとおりです。

プログラムソース 10.1 ●配列宣言に必要な時間の比較（test_loadTime.html）

```
var start = new Date();
for(var n=1; n<=100; n++ ) {
  for(var i=0; i<10000000; i++ ){
    var a1 = ["あ", "い", "う", "え", "お"];           // 60ミリ秒 (1000万回の宣言時間)
    // var a1 =  Array( "あ", "い", "う", "え", "お" );   // 200ミリ秒 (1000万回の宣言時間)
  }
}
var end = new Date();
console.log( "100回の平均時間は" + ((end.getTime()-start.getTime())/100)
                                                       + "ミリ秒です"  );
```

なお、配列の全要素を走査するには通常 for 構文を利用して、要素番号0から配列要素数（length プロパティ）までの要素を参照します。次のように記述することでコンソール画面へ全要素を出力することができます。

```
for( var i=0; i < a1.length; i++ ){
  console.log( a[i] ); // 出力:「あ」「い」「ウ」「え」「お」
}
```

関数（Functionクラス）

　関数とは任意の処理を実行させるための仕組みです。これまでに解説したビルトインクラスとは異なり、関数の宣言方法としてFunctionクラスのコンストラクタによる宣言が存在せず、関数リテラルによる宣言とfunctionキーワードを利用した特殊な宣言方法があります。両者とも全項目で同一の振る舞いを行うだけでなく、宣言にかかる時間も変わらないようです（test_loadTime.html）。なお、「=」演算子による代入は実体のコピーとなります。

```
var f1 = function () { return "f1" };    // 関数リテラルによる宣言
var f2 = f1;
f1 = function () { return "g1" }
console.log( f1 );  // 出力：「function () { return "f1" }」
console.log( f2 );  // 出力：「function () { return "g1" }」
                                             ----------------実体がコピーされているので値は変化なし
console.log( typeof f1 );                  // 出力：「'function'」
console.log( f1 instanceof Function );     // 出力：「true」    --------------------------- (※1-1)
console.log( f1 instanceof Object );       // 出力：「true」    --------------------------- (※1-2)
console.log( f1.constructor === Function ); // 出力：「true」
console.log( f1.constructor === Object );   // 出力：「false」

function f3 (){ return "h1" };  // functionキーワードによる宣言
console.log( f3 );                         // 出力：「function f3(){ return "h1" }」
console.log( typeof f3 );                  // 出力：「'function'」
console.log( f3 instanceof Function );     // 出力：「true」    --------------------------- (※1-3)
console.log( f3 instanceof Object );       // 出力：「true」    --------------------------- (※1-4)
console.log( f3.constructor === Function ); // 出力：「true」
console.log( f3.constructor === Object );   // 出力：「false」
```

（※1）　関数の宣言方法に依らず、両者とも`Function`クラスのインスタンスかつ、コンストラクタも`Function`と一致します。また、`Function`クラスも`Object`クラスが基底クラスであることが確認できます。

日付（Dateクラス）

　日付は、UTC（協定世界時：Coordinated universal time）と呼ばれる規約に従って表現された値です。これまでに解説したものとは異なり、リテラルによる宣言が定義されておらず、Dateクラスのコンストラクタで宣言する必要があります。なお、「=」演算子による代入は配列と同様、参照のコピーとなります。

```
var d1 = new Date();    // Dateクラスのコンストラクタによる宣言
var d2 = d1;
var ms = d1.getUTCMilliseconds();   // ミリ秒の取得    ----------------------------------- (※1)
ms += 1000 * 60 * 60 * 24;
```

```
        d1.setUTCMilliseconds( ms );                                                    ----(※2)
        console.log( d1 );// 出力:「Tue Dec 30 2014 13:46:04 GMT+0900 (東京 (標準時))」
        console.log( d2 );// 出力:「Tue Dec 30 2014 13:46:04 GMT+0900 (東京 (標準時))」
                                        -------------------------参照コピーされているので値が変化
        console.log( typeof d1 );                     // 出力:「'object'」
        console.log( d1 instanceof Date );            // 出力:「true」
        console.log( d1 instanceof Object );          // 出力:「true」
        console.log( d1.constructor === Date );       // 出力:「true」
        console.log( d1.constructor === Object );     // 出力:「false」
```

（※1） 日付オブジェクトが生成された日時を 1970 年 1 月 1 日 00:00:00 を基準時刻とした経過時刻（ミリ秒）で取得するメソッドです。

（※2） （※1）とは反対に、指定した基準時刻からの経過時刻（ミリ秒）を引数に与えることで、日付オブジェクトの日付を更新するメソッドです。

オブジェクト（**Object** クラス）

　オブジェクトとは、様々な型のデータをプロパティ名と値をペアとして保持する値です。プロパティとして保持できるのは、配列、関数、オブジェクトを含むこれまで紹介した全ての型の値です。非常に柔軟性の高い仕様になっているので、目的に応じて利用することができます。オブジェクトはオブジェクトリテラルと Object クラスのコンストラクタで宣言することができるだけでなく、自作クラスのコンストラクタで生成することができます。なお、「=」演算子による代入は配列と同様、実体のコピーではなく参照コピーとなります。

```
        var o1 = {   // オブジェクトリテラルによる宣言 --------------------------------------- (※1)
          x : 10,
          add : function ( y ) { this.x += y }    ------------------------------------------ (※2)
        };
        var o2 = o1;
        o1.add( 1 );   -------------------------------------------------------------add関数演算の実施
        console.log( o1 );   // 出力:「Object {x: 11, add: function}」
        console.log( o2 );   // 出力:「Object {x: 11, add: function}」
                                        -------------------------参照コピーされているので値が変化
        console.log( typeof o1 );                     // 出力:「'object'」    ------------------ (※3-1)
        console.log( o1 instanceof Object );          // 出力:「true」        ------------------ (※3-2)
        console.log( o1.constructor === Object );     // 出力:「true」        ------------------ (※3-3)

        var o3 =  new Object({ a:0, b:1 }); // Objectクラスのコンストラクタによる宣言
        console.log( o3 );
        console.log( typeof o3 );                     // 出力:「'object'」    ------------------ (※3-4)
        console.log( o3 instanceof Object );          // 出力:「true」        ------------------ (※3-5)
        console.log( o3.constructor === Object );     // 出力:「true」        ------------------ (※3-6)
```

（※1） オブジェクトリテラルは「{」と「}」の中で「プロパティ名：値」と記述します。
（※2） プロパティの値として関数リテラルを与えることもできます。関数リテラル内の「this」は呼び出し元のオブジェクト（この場合は「o1」）を指す特別なキーワードです。
（※3） オブジェクトはオブジェクトリテラルと Object クラスのコンストラクタによる宣言による違いはありませんが、Object クラスのコンストラクタによる宣言の方が2倍強時間がかかるようです（test_loadTime.html）。

なお、オブジェクトに存在する全プロパティを走査するのが for in 構文です。次のように記述することでコンソール画面へプロパティ名と、その値を出力することができます。

```
for( var propertyName in o1 ){
  console.log( propertyName + " " + o1 [ propertyName ] );
      // 出力：「x 11」、「add function ( y ) { this.x += y }」
}
```

なお、「propertyName」は文字列なので、オブジェクトのプロパティへのアクセスとして「.」を利用することはできません（「o1.propertyName」とするとエラーになります）。プロパティ名（文字列）でオブジェクトのプロパティへアクセスするには「オブジェクト識別子 [○]」（「○」にプロパティ名）を与える必要があります。

JavaScript ビルトインクラスのまとめ

これまでに解説した JavaScript ビルトインクラスで定義される値の特徴をまとめたのが下表です。特徴的な項目には網掛けを施し、特異なものはさらに太字にしています。typeof 演算子、instanceof 演算子とも、値の種類や宣言の方法によって振る舞いが統一的ではありませんが、唯一「constructor メソッドと該当クラスとの比較」だけは全て true となります。つまり、任意の変数の型チェックには、その変数の constructor メソッドを確認すれば良いことになります。これは自作クラスでも適用できるため、利用価値は高いです。あと、各クラスのコンストラクタを用いて宣言した場合、「instanceof 該当クラス」だけでなく「instanceof Object」も true となっています。これは、Object クラスが該当クラスの基底クラスであることに起因しています。この仕組を利用することで、instanceof 演算子は判定対象の変数が任意のクラスあるいは派生クラスで宣言されているかを判定することができます。これは、本仮想物理実験室にて衝突計算の場合分けに利用しています。

表 10.1 ●JavaScript ビルトインクラスで定義される値の特徴

値（該当クラス）	「=」演算子の実装	宣言方法	typeof	instanceof 該当クラス	instanceof Object	constructor メソッドと該当クラスとの比較
数値（Number クラス）	実体コピー	数値リテラル	'number'	false	false	true
		コンストラクタ	'object'	true	true	true
真偽値（Boolean クラス）	実体コピー	ブールリテラル	'boolean'	false	false	true
		コンストラクタ	'object'	true	true	true
文字列（String クラス）	実体コピー	文字列リテラル	'string'	false	false	true
		コンストラクタ	'object'	true	true	true
正規表現（RegExp クラス）	実体コピー	正規表現リテラル	**'object'**	true	true	true
		コンストラクタ	'object'	true	true	true
配列（Array クラス）	参照コピー	配列リテラル	**'object'**	true	true	true
		コンストラクタ	'object'	true	true	true
関数（Function クラス）	実体コピー	関数リテラル	'function'	true	true	true
		function キーワード	'function'	true	true	true
日付（Date クラス）	参照コピー	コンストラクタ	'object'	true	true	true
オブジェクト（Object クラス）	参照コピー	オブジェクトリテラル	'object'	true	true	true
		コンストラクタ	'object'	true	true	true

10.1.2　オブジェクトの浅いコピーと深いコピー

　JavaScript でソフトウェアの開発を行っているときに、オブジェクトのコピーを行う場面は多々あります。そのため、JavaScript のビルトインクラスのひとつである Object クラスなどにコピーのためのメソッドが用意されていそうなものですが存在しません。この理由は、オブジェクト指向言語に共通することですが、オブジェクトのプロパティにオブジェクトや配列などが入れ子的に格納されているときに、それらのプロパティを実体コピーとすべきか参照コピーとすべきかということはプログラマーにしかわからないためです。そのため、コピーの実装は目的に応じてプログラマーが自ら定義、実装する必要があるわけです。オブジェクトのコピーは、どの程度の階層まで実体をコピーするかという基準で浅い、深いという形容詞が用いられます。完全に元のオブジェクトと同じ実体を生成する完全コピーが最も深いコピー（ディープコピー）に対して、元のオブジェクトの参照をコピーするだけなのが最も浅いコピー（シャローコピー）となります。本項ではオブジェクトの性質を理解して、目的に応じた浅いコピーと深いコピーの実装方法について解説します。

オブジェクトの最も浅いコピー（test_object.html）

　最も浅いコピーはオブジェクトの参照をコピーすることです。先に定義した object オブジェクトを最も浅くコピーするには次のように記述します。

```
// 最も浅いコピーの例
var newObject = object;   // ───────────────────────────参照コピー
```

　前項にて「o1」のプロパティを更新したときに「o2」も値が更新されていることからもわかるとおり、オブジェクトの実体がコピーされるわけではなく、参照がコピーされています。このような最も浅いコピーはオブジェクト同士の関係性を保持するのに有用です。例えば仮想物理実験室に登場する 3 次元オブジェクトを保持したり、

```
// 実験室オブジェクトの生成
var physLab = new PHYSICS.PhysLab({ (省略) });
// 球オブジェクトの生成
var sphere = new PHYSICS.Sphere({ (省略) });
// 実験室に球オブジェクトを登場させる
physLab.objects.push( sphere );    ──────────────────── 配列要素として保持
```

3 次元オブジェクト自身がどの実験室オブジェクトに登録されているかを保存するために 3 次元オブジェクトの physLab プロパティに実験室オブジェクトを保持したり

```
PHYSICS.PhysLab.prototype.createPhysObject = function( physObject ) {
  // 3次元オブジェクトに、自身が所属する仮想物理実験オブジェクトを格納
  physObject.physLab = this;    ──────────────────────プロパティとして保持
  (省略)
}
```

します。このように、オブジェクト同士の関係性を保持するという目的の場合には、実体のコピーはむしろ問題となります。

オブジェクトの浅いコピー（シャローコピー）（test_shallowCopy.html）

　冒頭での紹介のとおり、コピーには深さという概念があります。先の最も浅いコピーは、コピー対象オブジェクト自身の参照コピーなので「0 階層」と表現することにし、次にコピー対象オブジェクトに存在する全プロパティに対して実体コピーを試みることコピーを「1 階層コピー」と表現することにします。つまり、コピー対象オブジェクトに存在するプロパティの値が数値、真偽値、文字列、関数、正規表現の場合には実体コピーを行い、配列、オブジェクト、日付の場合には参照コピーとします。さらに、もう 1 階層深く実体コピーを試みることを 2 階層コピーと表現することにし、そのまま n 階層まで実体コピーを試みることを n 階層コピーと表現することにし

ます。

　オブジェクトのコピーは、前項で解説した for in 構文を利用してコピー元のオブジェクトに存在する全てのプロパティとその値を走査して、コピー先に同名のプロパティに値を代入するということが必要になります。1階層コピーは次のとおりに記述します。

```
var o_old = {
  x: 10,                              // 数値リテラル（実体コピー可能）
  add: function ( y ) { this.x += y },// 関数リテラル（実体コピー可能）
  a: ["あ", "い", "う", "え", "お"]    // 配列リテラル（参照コピー）
};
var o_new = {};
for( var propertyName in o_old ){
  o_new[ propertyName ] = o_old[ propertyName ];
}
```

　「propertyName」には o_old オブジェクトに存在するプロパティ名が文字列として宣言順に格納されます。上記のオブジェクトの場合、プロパティの値が整数と関数は実体コピーとなり、配列は参照コピーとなります。そのため、次のプログラムソースで示すように、o_old と o_new は整数と関数に関して独立ですが、配列である a プロパティについては共有となります。

```
// add関数の記述の変更
o_old.add = function ( y ){ this.x = this.x + y }
// add関数の実行
o_old.add( 1 );
// 配列の要素を変更
o_old.a[2] = "ウ";   ----------------------------------------o_newのaプロパティの値も変化
// オブジェクトの内容確認
console.log("o_new のプロパティは以下のとおり");
for( var propertyName in o_new ){
  console.log( propertyName + " " + o_new[ propertyName ] );
  // 出力：「x 10」、「add function ( y ) { this.x += y }」、「a あ,い,ウ,え,お」
}
console.log("o_old のプロパティは以下のとおり");
for( var propertyName in o_old ){
  console.log( propertyName + " " + o_old[ propertyName ] );
  // 出力：「x 11」、「add function ( y ) { this.x = this.x + y}」、「a あ,い,ウ,え,お」
}
```

　配列も実体コピーを行う場合には、2階層コピーを実装する必要があります。プロパティ値の型を判定して、その型にあった実体コピーを行う必要があります。つまり、n階層コピーの実装には、n階層のオブジェクトまでのプロパティ値の型判定を行う必要があります。具体的な実装方法は次で示します。

オブジェクトの深いコピー（ディープコピー）（test_objectProperty1.html）

　コピー元のオブジェクトの完全複製は、深いコピー（ディープコピー）と呼ばれます。つまり、コピー元のオブジェクトに存在する最後の階層までの実体コピーが完了した状態と同じです。本項では、これまでの議論を元にして、任意のオブジェクトの深いコピーを含む任意の階層コピーを行うことのできる関数を定義します。次のプログラムソースで定義したcloneObject関数は、第1引数にコピー元オブジェクト、第2引数に参照コピーとするプロパティ名が格納された配列、第3引数にコピーを行わないプロパティ名が格納された配列、第4引数に階層数を与えて、コピー後のオブジェクトを返す関数です。第2引数をnullにすることで深いコピーを実行することにします。任意の階層数に対応するため、cloneObject関数は自身を内部から呼び出す再帰構造を採用します。

プログラムソース10.2 ●第1引数で指定した任意のオブジェクトのコピーを返す関数（test_deepCopy.html）

```
// 第1引数で指定した任意のオブジェクトのコピーを返す
 (第2引数：参照コピーとするプロパティ名配列、
  第3引数：無視するプロパティ名配列、
  第4引数：階層数)
function cloneObject (oldObject, Rwords, Iwords, layerNumber ){
   // 参照コピーを行うプロパティ名を格納した配列
   Rwords = Rwords || [];        ------------------------------------------- (※1-1)
   // 無視するプロパティ名を格納した配列
   Iwords = Iwords || [];        ------------------------------------------- (※2-1)
   // 実体コピーが可能な場合
   if ( !( oldObject ) || layerNumber === 0 ||   ------------------------- (※3-1)
         oldObject.constructor === Number  ||     ------------------------- (※3-2)
         oldObject.constructor === Boolean ||     ------------------------- (※3-3)
         oldObject.constructor === String  ||     ------------------------- (※3-4)
         oldObject.constructor === RegExp  ||     ------------------------- (※3-5)
         oldObject.constructor === Function ) {   ------------------------- (※3-6)
     return oldObject;           ----------------------------------- そのまま返す
   }
   // コピー階層数をデクリメント
   if( layerNumber && layerNumber.constructor === Number ) {  -------------- (※4)
     layerNumber--;
   } else {
     layerNumber = null;
   }
   // 参照コピー→実体コピー
   if( oldObject.constructor === Array ){   // 配列の場合
     var array = [];
     for( var i = 0; i < oldObject.length; i++  ){
       array[ i ] = cloneObject( oldObject[ i ], Rwords, Iwords, layerNumber );   -- (※5)
```

```
      }
      return array;
    } else if( oldObject.constructor === Date ){      // 日付の場合

      return new Date( oldObject.getDate() );                    ─────────────────────────────── (※6)

//  } else if( oldObject.constructor === Object ){     // オブジェクトの場合   ────────── (※7-1)
    } else {                                    ─────────────────────────────────────────── (※7-2)
      var newObject = {};
      for( var propertyName in oldObject ){
        if( Iwords.indexOf( propertyName ) > -1 ) continue;    ─────────────────── (※2-2)
        if( Rwords.indexOf( propertyName ) > -1 ) {             ─────────────────── (※1-2)
          newObject[ propertyName ] = oldObject[ propertyName ];  ─────────────── (※1-3)
        } else {
          newObject[ propertyName ] = cloneObject( oldObject[ propertyName ],
                                       Rwords, Iwords, layerNumber );    ───────────── (※8)
        }
      }
      return newObject;
    }
  }
```

(※1) コピー対象の oldObject オブジェクトのプロパティ名が Rwords 配列に存在する場合、そのプロパティの値は実体コピーではなく参照コピーとします。

(※2) コピー対象の oldObject オブジェクトのプロパティ名が Iwords 配列に存在する場合、実体コピーも参照コピーも行わずに無視することにします。この場合、コピー先のプロパティ名も未定義とします。

(※3) oldObject が実体コピー可能な値あるいは null の場合には実体コピー、コピー階層 layerNumber = 0 の場合には、参照コピーを実行します。

(※4) 第 2 引数で階層数が指定されている場合はデクリメントを行い、未指定の場合には null を与えます。

(※5) 配列の各要素のコピーを行います。ただし、配列の全ての要素が実体コピー可能とは限らないので、本関数を再帰的に呼び出してコピーを実行します。関数の第 4 引数に与えられる layerNumber は（※4）でデクリメントされた値あるいは null となります。

(※6) 日付の参照コピーなので、実体コピーを行うには新しく Date クラスのオブジェクトを生成する必要があります。

(※7) 条件分岐の最後なので、（※7-1) と（※7-2) はどちらでも良いように考えられますが、それは違います。自作クラスで生成されたオブジェクトは constructor メソッドが生成したクラスのコンストラクタになるためこの条件を満たしません。つまり、JavaScript に登場する全てのオブジェクトのコピーを実装するには（※7-2）のとおりにする必要がります。なお、自作クラスのオブジェクトとして生成されたクラスまでの完全なコピーを行うには、さらに

工夫が必要となります。これについては10.1.4項を解説します。
（※8）　オブジェクトのプロパティごとに本関数を呼び出して入れ子的にコピーを行います。

続いて、上記で定義したcloneObject関数の利用方法を示します。

プログラムソース10.3 ●cloneObject関数の利用方法（test_deepCopy.html）

```
// コピー元オブジェクト
var o_old = {
  (省略)
  o : { o1 : { o2: { o3 : "ららら" } } }      ────────── 意図的に階層性の深いオブジェクトを定義
};
// オブジェクトのコピー
var o_new1 = cloneObject( o_old );                    // 深いコピー
var o_new2 = cloneObject( o_old, null, null, 2 );     // 2階層コピー（浅いコピー）
var o_new3 = cloneObject( o_old, ["o"] );             // プロパティ名「o」は参照コピー
var o_new4 = cloneObject( o_old, null, ["o"] );       // プロパティ名「o」は無視
(省略：プロパティの値の変更)
// 一番深い階層のプロパティ値を変更
o_old.o.o1.o2.o3 = "ラララ～";
// 結果の出力
console.log( o_old );   // o.o1.o2.o3 = "ラララ～"
console.log( o_new1 );  // o.o1.o2.o3 = "ららら"    ────────── 深いコピーのため元の値を保持
console.log( o_new2 );  // o.o1.o2.o3 = "ラララ～"  ────── 2階層コピーなのでo1が参照コピーのため
console.log( o_new3 );  // o.o1.o2.o3 = "ラララ～"  ────────── oが参照コピーのため
console.log( o_new4 );  // oプロパティ自体が未定義のため参照不可
```

cloneObject関数を利用した深いコピーは万能ではありません。例えば、コピー元のオブジェクトのプロパティにオブジェクト自身が参照されるプロパティが存在する場合には、cloneObject関数の再帰構造が無限に呼び出されることになり、実行エラーが発生します。

```
var o_old2 = {};
o_old2.I = o_old2;
var o_new5 = cloneObject( o_old2 );   // 深いコピー
// エラー発生：「RangeError: Maximum call stack size exceeded」
```

このような場合を回避するためにcloneObject関数の第2引数あるいは第3引数が用意されています。これ以外にも、自作クラスのコンストラクタで生成されたオブジェクトのコピーはconstructorメソッドの比較対象に存在しないため実行されません。この改善については次項で対応します。

10.1.3　JavaScriptにおけるクラス定義と継承方法

JavaScriptにおけるクラスの定義方法（test_class.html）

　JavaScriptはプロトタイプベースオブジェクト指向プログラミング言語であるので、クラスベースオブジェクト指向プログラミング言語の意味での「クラス」は存在しませんが、同等のアルゴリズムを実装するのに「クラス」という名称を利用して説明することがあります。本書でもその考え方に則って進めて来ましたが、今後もそのまま進めていきます。JavaScriptにおけるクラスの定義は次のとおりです。

```
var MyClass = function ( x ) {
  this.x = x;
};
MyClass.prototype.add = function ( y ) { this.x += y; };
```

　上記を宣言しただけでは変数myClassに関数リテラルを与えただけなので、

```
console.log( MyClass );    // 出力：「function ( x ) { this.x = x; }」
```

と記述しても出力結果は関数そのものですが、関数内でreturn文もなければ、引数の加工も行わないので関数としての利用価値は全くありません。JavaScriptではこの関数に様々な機能（プロパティとメソッド）を持たせることでクラスの機能を実現することになります。この関数の内部で定義した「this.○」がプロパティ、「MyClass.prototype.○」がメソッドとなり、この関数自身はクラスのインスタンスを生成するコンストラクタになります。なお、上記のように「クラス名.prototype.関数名」として定義された関数がメソッドと呼ばれます。

　先に定義したMyClassクラスのインスタンスの生成はnew演算子を用いて、

```
var myClass = new MyClass( 100 );
```

と記述します。これによりプロパティ名「x」に100が格納されたオブジェクト「myClass」が生成されます[†1]。MyClassクラスで生成したオブジェクトにはそれぞれ独立した値をプロパティに保持させることができる一方で、addメソッドは同一クラスで生成したオブジェクト全体で共有させることができるので、メモリ消費量を最小限に抑えることができます。もちろん、プロパティとして関数リテラルを保持して、オブジェクトごとに異なる関数を実行されることも可能です。

[†1]　「インスタンス」とは、オブジェクト指向プログラミングで、クラス定義に基いてメモリ上にデータの集合として展開されたオブジェクトのこと（IT用語辞典、http://e-words.jp/）。本書では、「インスタンス」と記述したほうが適切な場合でも煩雑さを回避するために概ね「オブジェクト」と記述しています。

```
myClass.add( 1 );
```

とaddメソッドを実行すると、まずプロパティ名addが関数として存在するかを調べて、存在する場合にはその関数が実行され、存在しない場合にはMyClassのprototypeにプロパティ名addの関数（メソッド）が実行されます。もし、MyClassのprototypeにプロパティにも存在しない場合には、MyClassの基底クラスのプロパティ並びに基底クラスのprototypeのプロパティを順番に参照いくことになります。この参照の流れはプロトタイプチェーンと呼ばれ、JavaScriptにおけるクラス実現の根幹機能となります。なお、MyClassクラスで生成したmyClassオブジェクトの出力結果と、myClassオブジェクトのconstructorメソッドがMyClassクラスと一致していることを確認しておきます。

```
// オブジェクトの出力
console.log( myClass );  // 出力：「MyClass {x: 101, add: function}」
// コンストラクタの比較
console.log( myClass.constructor === MyClass );  // 出力：「true」
```

2つのクラス継承方法（test_inheritance.html）

　JavaScriptにおけるクラス継承の基本的な考え方は、派生クラスのプロトタイプに基底クラスのプロトタイプを与えることで、プロトタイプチェーンを実現することです。これにより、参照されたプロパティが派生クラスに存在しない場合にプロトタイプチェーンを遡って基底クラスのプロパティを参照していくという仕組みが実現できます。このプロトタイプチェーンの実装方法としてよく利用される方法は2つあります。1つ目は派生クラスのprototypeプロパティに基底クラスのオブジェクトを与える方法、2つ目は引数に与えたプロトタイプのコピーを生成して返す関数であるObject.create関数を利用して派生クラスのprototypeプロパティに与える方法です。両者とも見かけの動作は変わりませんが、プロトタイプチェーン内のプロパティの内容が異なります。その違いについて解説します。

プログラムソース10.4 ●2つの継承方法の実装方法と違いについて（test_inheritance.html）

```
//////////////////////////////////////////////////
// 継承方法1：派生クラスのprototypeプロパティに基底クラスのオブジェクトを与える方法
//////////////////////////////////////////////////
    // 基底クラスの宣言
    var BaseClass = function ( x ) {
      this.x = x;
    };
    BaseClass.prototype.add = function ( y ) { this.x += y; };
    // 派生クラスの宣言
```

```
    var MyClass1 = function ( x, y ) {
      BaseClass.call( this, x );              ─────────────────────────────────── (※1-1)
      this.y = y;
    }
    MyClass1.prototype = new BaseClass();     ────────────────────────────────────── (※2)
    MyClass1.prototype.constructor = MyClass1;  ──────────────────────────────── (※3-1)
    MyClass1.prototype.sub = function ( y ) { this.x -= y; };
    // 派生クラスのオブジェクトの生成
    var o1 = new MyClass1( 10 , 20 );
    console.log( o1 );   // 出力:「MyClass1 {x: 10, y: 20, constructor: function,
                         //                            sub: function, add: function}」
    console.log( o1.constructor === BaseClass ); // 出力:「false」
    console.log( o1.constructor === MyClass1 );  // 出力:「true」 ──────────────── (※5-1)
    console.log( o1 instanceof BaseClass );      // 出力:「true」 ──────────────── (※6-1)
    console.log( o1 instanceof MyClass1 );       // 出力:「true」 ──────────────── (※6-2)

    /////////////////////////////////////////////////
    // 継承方法2：派生クラスのprototypeプロパティにObject.create関数を用いて与える方法
    /////////////////////////////////////////////////
    // 派生クラスの宣言
    var MyClass2 = function ( x, y ) {
      BaseClass.call( this, x );              ─────────────────────────────────── (※1-2)
      this.y = y;
    }
    MyClass2.prototype = Object.create( BaseClass.prototype ); ───────────────────── (※4)
    MyClass2.prototype.constructor = MyClass2;  ──────────────────────────────── (※3-2)
    MyClass2.prototype.sub = function ( y ) { this.x -= y; };
    // 派生クラスのオブジェクトの生成
    var o2 = new MyClass2( 30 , 40 );
    console.log( o2 );   // 出力:「MyClass2 {x: 30, y: 40, constructor: function,
                         //                            sub: function, add: function}」
    console.log( o2.constructor === BaseClass ); // 出力:「false」
    console.log( o2.constructor === MyClass2 );  // 出力:「true」 ──────────────── (※5-2)
    console.log( o2 instanceof BaseClass );      // 出力:「true」 ──────────────── (※6-3)
    console.log( o2 instanceof MyClass2 );       // 出力:「true」 ──────────────── (※6-4)
```

(※1) 派生クラスのコンストラクタ内で、基底クラスのコンストラクタを call メソッド（Function クラスのメソッド）を用いて実行します。第1引数にコンストラクタの呼び出し元のオブジェクト、第2引数以降にコンストラクタに渡す引数を指定します。この call メソッドの実行により、基底クラスで定義した x プロパティに値を代入することができます。

(※2) ここが1つ目の方法の肝の部分です。これにより、派生クラスのプロトタイプに<u>基底クラスのプロパティとプロトタイプ</u>をつなぎます。

(※3) 派生クラスのプロトタイプが基底クラスで上書きされているので、プロトタイプに存在する constructor メソッドを派生クラスのコンストラクタで上書きします。この上書きは無く

（※4） ここが2つ目の方法の肝の部分です。派生クラスのプロトタイプに基底クラスのプロトタイプをつなぎます。
（※5） （※3）で constructor メソッドを派生クラスのコンストラクタで上書きしたので、クラスの判定を行うことができます。
（※6） 派生クラスのコンストラクタで生成したオブジェクト o2 は、基底クラスと派生クラスの両方ともに instanceof 演算子による判定は true となります。

ても通常動作に支障はきたしませんが、次項で示すとおり自作クラスのオブジェクトのコピーで必要になります。

2つの継承方法による違いは、それぞれの派生クラスで生成したオブジェクトのプロトタイプチェーンを確認することで調べることができます。図 10.1 はその結果です。方法 1 の場合、派生クラスの prototype プロパティに基底クラスのオブジェクトを与えているので、プロトタイプチェーンに基底クラスのコンストラクタ内で定義したプロパティ（x プロパティ）が存在しているのに対して、方法 2 の場合にはプロトタイプのみをコピーしているために、プロトタイプチェーンのそのようなプロパティは存在しません。たとえ存在したとしても派生クラスの同名のプロパティが参照されるため、そのプロパティが参照されることは無いので動作上問題ありません。しかしながら、基底クラスで初期値が与えられている場合にはその分だけ無駄なメモリ消費が発生するので、無いに越したことはありません。つまり、方法 2 の方が良いと言えます。three.js による継承も方法 2 が採用されています。

図10.1●2つの継承方法によるプロトタイプチェーンの違い（test_inheritance.html）

方法1のプロトタイプ

方法2のプロトタイプ

10.1.4 自作クラスオブジェクトのコピー

　10.1.2 項では任意のオブジェクトをコピーする関数 cloneObject を定義しました。本項では任意の自作クラスの完全コピーの方法について解説します。その前に、自作クラスで生成したオブジェクトを cloneObject 関数を用いてコピーした際の振る舞いを確認します。次のプログラムソースをご覧ください。

プログラムソース 10.5 ●cloneObject 関数によるコピー（test_classCopy.html）

```
// MyClassクラスのオブジェクトの生成
var o_old = new MyClass( 100 );
// 出力
console.log( o_old );  // 出力:「MyClass {x: 100, add: function}」         ------------------(※1-1)
console.log( o_old.constructor === MyClass ); // 出力:「true」              ------------------(※2-1)

// cloneObject関数によるオブジェクトの深いコピー
var o_new = cloneObject ( o_old );
console.log( o_new );  // 出力:「Object {x: 100, add: function}」          ------------------(※1-2)
console.log( o_new.constructor === MyClass ); // 出力:「false」             ------------------(※2-2)
```

（※1）　存在するプロパティは表面上同じです。
（※2）　コピー先のオブジェクトは、あくまでコピー元に存在するオブジェクトのプロパティのコピーなので、constructor メソッドの値までは更新されません。

　cloneObject 関数による深いコピーを行うと、コピー元のオブジェクトのプロパティとメソッドは深くコピーされるので、オブジェクトを操作する際の表面上の違いはありません。その違いについて解説します。図 10.2 はその結果です。MyClass クラスで生成された o_old オブジェクトと cloneObject 関数を用いたコピーである o_new オブジェクトの違いを確認すると、add メソッドの位置が異なることがわかります。o_old オブジェクトの場合、add メソッドは o_old オブジェクト自身に存在するのではなく、MyClass クラスのプロトタイプ内に存在するのに対して、o_new オブジェクトの場合には o_new オブジェクト自身に存在しています。この 2 つの add メソッドは全く別の実体なので、MyClass クラスの add メソッドを動的に変更したとしても、オブジェクトのそれは変更されません。さらに、実体がコピーごとに生成されることになるので、メモリ消費も増大してしまいます。つまり、自作クラスで生成したオブジェクトを cloneObject 関数を用いてコピーすることは、クラスを利用することの有用性を損なう危険性があることを理解する必要があります。

図10.2●コピー元とコピー先の比較（test_classCopy.html）

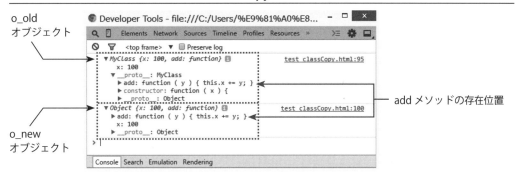

　cloneObject関数を利用して気がついたのは、for in 構文はクラスのプロトタイプで定義したメソッドも走査の対象となることです。この点も留意する必要があります。

自作クラスで生成したオブジェクトの完全コピー（test_classCopy2.html）

　最後にMyClassクラスのオブジェクトの完全なコピーの方法を考えます。o_oldがMyClassクラスで生成されたことを知っていて、かつMyClassクラスの全プロパティがわかっている場合には、o_oldの完全コピーは簡単で、

```
var o_new = new MyClass();
o_new.x = o_old.x;
```

と実装するだけです。しかしながら、多数のクラスが存在するプログラムにおいて、全てのオブジェクトがどのクラスで生成されたかを把握しつつ、全てのクラスに存在する全プロパティも把握するのは可能ですが、非常に手間の掛かる作業を行う必要があります。そこで、JavaScriptをもう一段深く理解して、自作クラスの基底クラスであるObjectクラスのconstructorメソッドとhasOwnPropertyメソッドを利用することで任意のクラスのオブジェクトの完全コピーを実装することができます。まず、MyClassクラスのオブジェクトo_oldのconstructorメソッドを確認するためにコンソール画面へ出力します。

```
console.log( o_old.constructor ); // 出力：「function ( x ) { this.x = x; }」
```

　結果はmyClassの宣言時の関数リテラルが出力されます。また、myClassクラスのaddメソッドも

```
console.log( o_old.constructor.prototype ); // 出力：「MyClass {add: function}」
```

と記述することで存在していることが確認できます。つまり、オブジェクトを生成したクラスのコ

ンストラクタを得ることができることを意味しているので、この仕組を利用することでo_oldオブジェクトを生成したクラスと同じクラスのオブジェクト（o_new2）を生成することができます。

```
var o_new2 = new o_old.constructor( 20 );
console.log( o_new2 ); // 出力：「MyClass {x: 20, add: function}」
```

後はo_oldオブジェクトのプロパティをo_newにコピーするだけです。先と同様にfor in構文でプロパティのコピーを行うわけですが、先の方法と同じではmyClassクラスに存在するaddメソッドもプロパティへコピーされてしまうので問題です。そこで利用するのがObjectクラスのhasOwnPropertyメソッドです。このメソッドは、引数で与えた文字列と同名のプロパティが存在するかを調べることができ、ブール値を返します。具体的な使い方は次のとおりです。

```
console.log( o_old.hasOwnProperty( "x" ) );
                        // true （プロパティ名xのプロパティが存在する）
console.log( o_old.hasOwnProperty( "y" ) );
                        // false （プロパティ名yのプロパティが存在しない）
console.log( o_old.hasOwnProperty( "add" ) );
                        // false （プロパティ名addのプロパティが存在しない）
```

for in構文とhasOwnPropertyメソッドを組み合わせることで、MyClassのプロパティのみを抜き出すことができるので、先に生成したo_new2オブジェクトのプロパティ値をo_oldオブジェクトのそれで上書きします。

```
// プロパティのみのコピー
for( var propertyName in o_old ){
  if( o_old.hasOwnProperty( propertyName ) ){
    o_new2[ propertyName ] = o_old [ propertyName ];
  }
}
console.log( o_new2 ); // 出力：「MyClass {x: 10, add: function}」
```

以上のことを踏まえて、自作クラスのオブジェクトをコピーするcloneObject2関数を定義することができます。

```
// オブジェクトコピー関数
function cloneObject2( object ){
  var o = new object.constructor();
  for( var propertyName in object ){
    if( object.hasOwnProperty( propertyName ) ){
      o[ propertyName ] = object [ propertyName ];
    }
  }
  return o;
}
```

引数で与えた object と同じクラスで生成されたオブジェクトに object のプロパティと同じ
プロパティを与え、return 文で返すという実装です。この関数を用いることでオブジェクトのコ
ピーを次のように記述することで実行することができます。

```
// oldのコピーを生成
var o_new3 = cloneObject2 ( o_old );
o_new3.add( 30 ); // メソッドも実行可能
console.log( o_new3 ); // 出力：「MyClass {x: 40, add: function}」
```

ただし、cloneObject2 関数は 1 階層コピーの浅いコピーであることに注意してください。本
項の内容を踏まえて、次項では 10.1.2 項で定義した cloneObject 関数の拡張を試みます。

自作派生クラスで生成されたオブジェクトの for in 構文の振る舞い

自作の派生クラス生成されたオブジェクトも本項で示した方法で完全にコピーすることができ
ますが、派生クラスの場合に for in 構文で振る舞いに若干の違いがあるので、言及しておきます。
これは派生クラスで生成されたオブジェクトを通常のオブジェクト（Object クラスのオブジェク
ト）としてコピーして利用する際に問題を引き起こす可能性があります。次のプログラムソースで
定義した for in 構文による振る舞いをチェックする関数を、自作の派生クラスで生成したオブジェ
クトに対して実行します。

プログラムソース 10.6 ●for in 構文による振る舞いをチェックする関数の定義 (test_inheritance_forin.html)

```
function checkForin( object ){
  for( var propertyName in object ){
    if( object.hasOwnProperty( propertyName ) ){
      console.log( "○:" + propertyName );
                                                        ── 独自プロパティの場合には「○：プロパティ名」と表示
    } else {
      console.log( "×:" + propertyName );
                                                        ── それ以外のプロパティの場合には「×：プロパティ名」と表示
    }
  }
}
console.log( "【基底クラス】" );
checkForin( new BaseClass(100) );              ──────────────── 10.1.3項で定義した基底クラス
console.log( "【派生クラス1】" );
checkForin( new MyClass1( 10 , 20 ) );         ──────── 10.1.3項の方法1で定義した派生クラス
console.log( "【派生クラス2】" );
checkForin( new MyClass2( 30 , 40 ) );         ──────── 10.1.3項の方法2で定義した派生クラス
```

10 実験室の保存・復元と動画生成

　checkForin関数は引数で指定したオブジェクトに存在するプロパティを走査してコンソール画面へプロパティ名を出力します。出力時に、クラスの独自プロパティの場合には「○」を、プロトタイプに存在するプロパティ（メソッドなど）の場合には「×」を、プロパティ名の前に表示させます。図10.3は10.1.3項で示した基底クラスと2つの方法で定義した派生クラスで生成したオブジェクトに対して本関数を用いた結果です。派生クラスのオブジェクトの場合、constructorメソッドが走査対象になっていることが確認できます。これは、もともとプロトタイプ内に存在する隠されたメソッドであったconstructorメソッドを、派生クラスを定義する際にinstanceof演算子とconstructorメソッドを用いた型判定を一致させるために上書き（10.1.3項）したために、明示的なメソッドとしての存在となってしまったことに起因します。この結果は副作用と言えるかもしれません。派生クラスのプロパティを走査する際には頭の隅においておく必要があります。

図10.3●for in 構文による走査の結果（test_inheritance_forin.html）

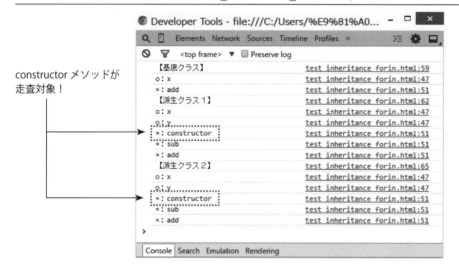

constructorメソッドが走査対象！

10.1.5　拡張 cloneObject 関数の定義

　10.1.2項で定義したcloneObject関数を拡張して、様々な状況に対応可能なように各種パラメータを第2引数に設定できるように実装します。具体的には、自作クラスで生成したオブジェクトの完全コピーに対応することを指定するフラグ（classFlag）や、プロトタイプに存在するプロパティを一切コピーしないことを指定するフラグ（ownPropertyOnlyFlag）を追加します。

10.1 JavaScript のオブジェクトに関する復習

プログラムソース 10.7 ●拡張 cloneObject 関数（test_classCopy3.html）

```
function cloneObject ( oldObject, parameters) {
  // 参照コピーを行うプロパティ名を格納した配列
  var Rwords = parameters.Rwords || [];
  // 無視するプロパティ名を格納した配列
  var Iwords = parameters.Iwords || [];
  // 自作クラスのコピーまで考慮
  var classFlag =  parameters.classFlag || false;
  // 自身のプロパティのみをコピー対象とするフラグ
  var onlyOwnPropertyFlag = parameters.OnlyOwnPropertyFlag || false;
  // コピー階層数
  var layerNumber = parameters.layerNumber || null;
  (省略)
  // 参照コピー→実体コピー
  if( oldObject.constructor === Array ){
  (省略)
  } else if( oldObject.constructor === Date ){
  (省略)
  } else {      // Objectクラスと自作クラスのオブジェクトの場合
    if( classFlag ) var newObject = new oldObject.constructor(); // ---------------- (※1-1)
    else var newObject = {}; ------------------------------------------------------- (※1-2)
    for( var propertyName in oldObject ){ // 全てのプロパティを走査
      var ownPropertyFlag = oldObject.hasOwnProperty( propertyName ) ;
      if( ( classFlag && ownPropertyFlag ) || ---------------------------------- (※2-1)
          (!classFlag && onlyOwnPropertyFlag && ownPropertyFlag ) || ---------- (※2-2)
          (!classFlag &&!onlyOwnPropertyFlag ) ){ ------------------------------ (※2-3)
        if( propertyName === "constructor" )  continue; ------------------------- (※3)
        if( Iwords.indexOf( propertyName ) > -1 ) continue;
        if( Rwords.indexOf( propertyName ) > -1 ) {
          newObject[ propertyName ] = oldObject[ propertyName ];   // 参照コピー
        } else {
          newObject[ propertyName ] = cloneObject( oldObject[ propertyName ],
                                                    parameters ); ---------------- (※4)
        }
      }
    }
  }
  return newObject;
}
```

（※1） classFlag フラグが立てられている場合、constructor メソッドを用いてコピー元オブジェクトと同じクラスのオブジェクトを生成します。10.1.3 項で constructor メソッドを上書きしたことがここで生きてきます。反対に classFlag フラグが立てられていない場合には、オブジェクトリテラルでオブジェクトを生成します。

（※2） ここで記述した条件の内どれかを満たす場合のみ、オブジェクトの参照コピーあるいは実体

コピーを行います。条件の1つ目は「自作クラスの完全コピー」かつ「対象プロパティが独自プロパティ（hasOwnProperty で true 判定となるプロパティ）」です。2つ目の条件は「自作クラスを反映しない」かつ「コピー対象のプロパティは独自プロパティのみ」かつ「対象プロパティが独自プロパティ」です。この条件はオブジェクトのコピーを実行する際にプロトタイプに存在するプロパティ（メソッドなど）は無視することに対応します。3つ目の条件は「自作クラスを反映しない」かつ「プロパティは全てコピー対象」です。この条件はオブジェクトの for in 構文で走査する全てのプロパティのコピーを行います。

（※3） 10.1.3項で示したとおり派生クラスを定義する際に constructor メソッドを別途定義されるため、for in 構文で走査してしまうので、constructor メソッドのコピーを無視します。

（※4） 通常のオブジェクトのコピーと同様、各プロパティについても深いコピーを試みます。

拡張 cloneObject 関数の利用方法

本項で定義した cloneObject 関数の利用方法を示します。cloneObject 関数の第1引数にコピー元のオブジェクト、第2引数にコピーに関するパラメータをオブジェクトリテラルとして与えます。

プログラムソース 10.8 ●拡張 cloneObject 関数による完全コピー（test_classCopy3.html）

```
// 拡張cloneObject関数によるオブジェクトの深いコピー
var o_new = cloneObject (
  o_old,
  {
    Rwords : null,              // 参照コピーを行うプロパティ名を格納した配列
    Iwords : null,              // 無視するプロパティ名を格納した配列
    classFlag: true,            // 自作クラスのコピーまで考慮
    onlyOwnPropertyFlag : true, // 自身のプロパティのみをコピー対象とするフラグ  ---------------------- (※)
    layerNumber : null          // コピー階層数
  }
);
```

（※） classFlag = true の場合には元々自身のプロパティしかコピーの対象とならないので、このフラグの指定は意味を持ちません。

10.1.6 オブジェクトの JSON 形式文字列への変換と逆変換

実験室オブジェクトと登場する全ての3次元オブジェクトの状態をテキストファイルに保存、そしてそのテキストファイルから元の状態へと復元できるように拡張することを考えます（10.2節）。本項では、その際に利用するデータ形式である JSON 形式について解説します。JSON 形式

とは JavaScript Object Notation の頭文字をとった軽量なデータ記述の形式で、名前にあるとおり JavaScript のオブジェクトリテラルと同様の記述であることから、JavaScript において非常に取り扱いが簡単です。具体的には JavaScript におけるグローバルオブジェクトである Window オブジェクトに存在する JSON オブジェクトを利用することで、オブジェクトを JSON 形式の文字列に変換したり（stringify 関数）、JSON 形式の文字列からオブジェクトに変換したり（parse 関数）ことが可能です。JSON オブジェクトは Math オブジェクトと同様に「JSON.関数名(引数)」という形式で、この 2 つの関数を実行することができます。なお、JSON オブジェクトには先の 2 つの関数のみが定義されています。

オブジェクト→ JSON 形式文字列（JSON.stringify 関数）

JavaScript のオブジェクトを JSON 形式の文字列に変換するのが JSON.stringify 関数です。本関数は、引数に渡されたオブジェクトを JSON 形式の文字列に変換して返します。具体的にな使い方は次のとおりです。

プログラムソース 10.9 ●JSON.stringify 関数の使い方（test_JSON.html）

```
// オブジェクトリテラルによるオブジェクトの定義
var o1 = { x: 10, s : "test", a :[1,2,3] };
// JSON形式文字列への変換
var s1 = JSON.stringify( o1 );   ------------------------------------- これだけです
// JSON形式文字列の出力
console.log( s1 ); // 出力：「{"x":10,"s":"test","a":[1,2,3]}」
```

JSON 形式はオブジェクトリテラルと異なり、プロパティ名をダブルクォーテーションマーク「"」で囲むという規則が存在しますが、その他は同じです。また、オブジェクトのプロパティにオブジェクトが与えられている場合でも、入れ子構造を反映した JSON 形式の文字列の出力を意図通り行ってくれます。

```
// オブジェクトが入れ子の場合
var o2 = { o: o1 };
// JSON形式文字列への変換
var s2 = JSON.stringify( o2 );
// JSON形式文字列の出力
console.log( s2 ); // 出力：「{"o":{"x":10,"s":"test","a":[1,2,3]}}」
```

ただし、次のプログラムソースで示すとおり、オブジェクトの構造に再帰性が存在する場合にはエラーが発生するので注意が必要です。

```
// オブジェクトが入れ子の場合2
var o3 = {};
o3.o = o3;
// JSON形式文字列の出力
console.log( o3 ); // 出力:「Object {o: Object}」
// JSON形式文字列への変換
var s3 = JSON.stringify( o3 );
// エラー発生:「Uncaught TypeError: Converting circular structure to JSON」
```

JSON形式文字列→オブジェクト（JSON.parse 関数）

今度は反対に JSON 形式の文字列をオブジェクトに変換するのが JSON.parse 関数です。本関数は、引数に渡された JSON 形式の文字列をオブジェクトに変換して返します。具体的にな使い方は次のとおりです。

```
var o1_ = JSON.parse( s1 );  ――――――――――――――――「s」は先のプログラムで生成したJSON形式文字列
// オブジェクトの出力
console.log( o1_ ); // 出力:「Object {x: 10, s: "test", a: Array[3]}」
```

変換後のオブジェクトは通常のオブジェクトと全く同じとなります。無論、プロパティにオブジェクトが与えられている場合も意図通りの変換を行ってくれます。

10.1.7 関数を JSON 形式文字列への変換する方法

JSON.stringify 関数は JavaScript に存在する全てのリテラルを JSON 形式の文字列に変換してくれるわけではなく、オブジェクトのプロパティに存在する関数は無視されてしまいます。JSON.stringify 関数では解析不能というわけです。

```
// オブジェクトのプロパティに関数が与えられている場合
var o4 = {
  n : 10,
  f : function(){
      return n;
    }
 };
// JSON形式文字列への変換
var s4 = JSON.stringify( o4 );
// JSON形式文字列の出力
console.log( s4 ); // 出力:「{"n":10}」
```

上記で示したプログラムソースのようにプロパティ名「f」に関数リテラルを与えても、変換後のJSON形式文字列には反映されません。そこで、オブジェクトのプロパティに存在する関数を文字列化して、文字列としてJSON形式文字列に変換することを考えます。

JavaScriptの関数を文字列化することは、toStringメソッドを利用することで簡単に実現できます。本メソッドは関数の定義文をそのまま文字列として返し、改行やタブなどASCII制御文字もそのまま反映されます。本項ではオブジェクトのプロパティとして関数が与えられている場合のJSON形式文字列を出力することが目的なので、次のプログラムソースで示すとおり、文字列に変換した後の関数を同名プロパティに代入した後、JSON.stringify関数の引数に渡します。

```
// 関数の文字列化
o4.f = o4.f.toString();  ────────────────── プロパティfは関数から文字列へ置換
// JSON形式文字列への変換
var s4 = JSON.stringify( o4 );
// JSON形式文字列の出力
console.log( s4 );
// 出力:「{"n":10,"f":"function (){ \n\t\t\treturn this.n;\n\t\t\t}"}」
```

JSON.stringify関数で文字列を変換する際には、改行やタブなどのASCII制御文字はJavaScriptの文字列で利用可能なエスケープシーケンスである「\n」や「\t」に変換されます。上記の変換で1つ注意が必要なのは、プロパティの値が関数から文字列へ変換されているので、このオブジェクトのfメソッドは使えなくなること忘れてはいけません。もし、JSON形式文字列を取得後もこのオブジェクトのfメソッドを利用する場合には、あらかじめオブジェクトの完全コピーを生成しておく必要があります。

文字列化した関数の復元

JSON形式文字列からオブジェクトへの変換には前項で解説したJSON.parse関数を利用するわけですが、単に本関数を用いてオブジェクトに変換しても、プロパティfの値は関数の文字列です。そこで、プロパティfの値を文字列から関数に変換する必要があるので、JavaScriptにおける文字列の再評価を行うeval関数を利用して、プロパティfの値を関数で上書きすることにします。先のプログラムソースで生成したJSON形式の文字列からオブジェクトの変換は次のように行います。

```
// オブジェクトへの変換
var o4_ = JSON.parse( s4 );
// 文字列の再評価
eval( "o4_.f=" + o4_.f );  ────────────────────────────── (※)
// オブジェクトの出力
console.log( o4_ ); // 出力:「Object {n: 10, f: function}」
```

(※) eval 関数は、引数で与えた文字列を JavaScript のプログラムソースとして実行することのできる非常に便利な関数です。「o4_.f」には関数リテラルが文字列として格納されているので、文字列リテラル "o4_.f=" と結合して eval 関数の引数に渡すことで実質的に

```
o4_.f = function() {
  return this.n;
}
```

が実行されたことになります。

10.2 仮想物理実験室関連オブジェクトのコピー

　前節で解説したとおり、自作クラスを反映したオブジェクトの完全コピーは意外と簡単ではありません。本書で開発している仮想物理実験室ぐらいの規模になってくると、オブジェクトに存在するプロパティが膨大になってくるわけですが、これらをすべてそのまま完全コピーする必要が本当にあるかを検証する必要があります。例えば、仮想物理実験室に登場する3次元オブジェクトの3次元グラフィックスに関連するプロパティ（CG プロパティ）は、3次元オブジェクトに格納されている各種プロパティの値を反映して自動的に生成されるので、これらのプロパティは3次元オブジェクトのコピーに必要はないわけです。つまり、3次元オブジェクトのコピーに最低限必要なプロパティリストをあらかじめ用意しておいて、そのプロパティのみをコピーするだけで事足りることになります。本節では、仮想物理実験室に登場する3次元オブジェクトと実験室オブジェクトのコピーの実装を解説します。なお、本節の内容は、次項と次次項で導入する仮想物理実験室の保存と復元を実装するための基礎としての位置づけとなります。

10.2.1 コピー対象プロパティリストの導入

　本節の冒頭でも言及しましたが、実験室オブジェクトあるいは3次元オブジェクトの完全コピーを生成するのに、コピー対象オブジェクトに存在する全プロパティは必要ありません。そこで必要なプロパティ名を文字列として格納した配列が copyPropertyList プロパティです。copyPropertyList プロパティは手動で与えても良いですが、今後プロパティが追加される度に本プロパティに手動で追加するのは手間がかかるので、自動で生成されるようにします。具体的には次のプログラムソース（PhysLab クラスのコンストラクタ）で示すように、

copyPropertyList プロパティの宣言の前までに宣言されたプロパティを配列として格納することにします。今後、実験室オブジェクトの生成に必要なプロパティを追加する場合、この記述の前に宣言する必要があります。

プログラムソース 10.10 ●PhysLab クラスにおける copyPropertyList プロパティの宣言

```
PHYSICS.PhysLab = function ( parameter ) {
  (省略)
  var list = [];                                              ────(※1-1)
  for( var propertyName in this ){                            ────(※2-1)
    if( this.hasOwnProperty( propertyName ) ) {               ────(※2-2)
      list.push( propertyName );
    }
  }
  // コピー対象プロパティリスト
  this.copyPropertyList = list;                               ────(※1-2)
  (省略：以下内部プロパティ)
}
```

（※1） copyPropertyList プロパティの宣言は、コピー対象プロパティ名の配列格納後に行います。このようにすることで、配列に copyPropertyList プロパティ自身が含まれずに済みます。

（※2） ここでの this は実験室オブジェクト自身を指します。PhysLab クラスのコンストラクタのこの時点までで定義された全プロパティを for in 構文で走査し、hasOwnProperty メソッドを利用して独自プロパティのみを格納するようにします。

なお、3次元オブジェクトの基底クラスである PhysObject クラスでも同名のプロパティを同様にして用意します。

```
PHYSICS.PhysObject = function( parameter ) {
  (省略)
  // 運動の記録を格納するオブジェクト
  this.data = {};                                             ────(※)
  (省略：PhysLabクラスにおけるcopyPropertyListプロパティの宣言と同じ) ────ここに記載
  (省略：以下内部プロパティの続き)
}
```

（※） 3次元オブジェクトの場合、運動の記録もコピーしたいので、内部プロパティの内 data プロパティを copyPropertyList プロパティに加えたいので、ここで宣言します。

3次元オブジェクトの各クラスのコンストラクタの修正

　先述のとおり、3次元オブジェクトのコピーは copyPropertyList プロパティ（配列）にコピーに必要なプロパティ名が格納されている必要があります。この配列への格納は基底クラスである PhysObject クラスのコンストラクタ内で実行されるので、PhysObject クラスのコンストラクタが実行される前にプロパティが宣言されている必要があります。これまで、3次元オブジェクトを生成する派生クラスのコンストラクタの初端で実行していた PhysObject クラスのコンストラクタの実行を、必要プロパティの宣言後に移動することにします。具体的な例として、球オブジェクトを生成する Sphere クラスのコンストラクタのプログラムソースを示します。

プログラムソース 10.11 ●Sphere クラスのコンストラクタ（physObject_r10.js）

```
PHYSICS.Sphere = function ( parameter ) {
    // 基底クラスのコンストラクタの実行
    // PHYSICS.PhysObject.call( this, parameter );        ←コメントアウト
    parameter = parameter || {};
    parameter.geometry = parameter.geometry || {}
    parameter.material = parameter.material || {}
    // 球の半径
    this.radius = parameter.radius || 1.0;      ←このプロパティをcopyPropertyListプロパティに格納したい
    // 基底クラスのコンストラクタの実行
    PHYSICS.PhysObject.call( this, parameter );            ←ここに移動
    (省略)
}
```

　球オブジェクトの場合、半径を表す radius プロパティはコピーを行うための必須プロパティなので、上記のプログラムソースのとおり、基底クラスのコンストラクタの実行前に定義します。なお、派生クラスに意味の異なる同名のプロパティが存在していたので、次の表で示すとおりプロパティ名を変更します。

表 10.2 ●プロパティ名変更リスト

クラス名	変更前	変更後	意味
Axis クラス	colors	axisColors	軸の色を指定する配列
Floor クラス	colors	tileColors	タイルの色を指定する配列

10.2.2 clone メソッド（PhysLab クラス、PhysObject クラス）

　本項では、実験室オブジェクトと 3 次元オブジェクトの完全コピーを行う clone メソッドをそれぞれ定義します。完全コピーと言っても全てのプロパティが完全に一致するオブジェクトを生成するのではなく、同じクラスのコンストラクタを用いて新しくオブジェクトを生成して、表面上同じオブジェクトを生成するという流れになります。そのため、コピー対象のオブジェクトから同クラスのオブジェクトを生成するのに必要なプロパティを抜き出して、それをコンストラクタの引数に与えて新しくオブジェクトを生成します。なお、本メソッド内で呼び出すメソッドは次項以降で定義します。

プログラムソース 10.12 ●clone メソッド（physLab_r10.js）

```javascript
// 引数で与えられた実験室オブジェクトの完全コピー
PHYSICS.PhysLab.prototype.clone = function( object ){
  // コピー対象オブジェクト
  object = object || this;                              // (※1)
  // 実験室オブジェクト（3次元オブジェクト）のプロパティの取得
  var property = object.getProperty();                  // (※2)
  // 実験室オブジェクト（3次元オブジェクト）の生成
  return new object.constructor ( property );           // (※3)
}
```

- (※1) コピー対象オブジェクトは、引数に 3 次元オブジェクトが与えられている場合にはそのオブジェクトを、引数が与えられていない場合には実験室オブジェクトとします。
- (※2) getProperty メソッドは実験室オブジェクト並びに 3 次元オブジェクトの完全コピーを生成するために必要な全プロパティを取得するためのメソッドです。本メソッドの詳細は 10.2.3 項を参照してください。
- (※3) （※2）で取得したプロパティを用いて実験室オブジェクトないし 3 次元オブジェクトのオブジェクトを生成して返します。constructor メソッドを利用したオブジェクトの生成に関する一般論については 10.1.4 項を参照してください。

3次元オブジェクトを生成するPhysObjectクラスの同名のメソッドでは、先に定義したcloneメソッドの引数にコピー対象の3次元オブジェクトを与えて、呼び出すことにします。

プログラムソース 10.13 ●clone メソッド（physLab_r10.js）

```
// 3次元オブジェクトの完全コピー
PHYSICS.PhysObject.prototype.clone = function (){
  return this.physLab.clone( this );                              ──(※)
}
```

（※） PhysLabクラスのcloneメソッドを流用して3次元オブジェクトの完全コピーを実行します。

10.2.3　getProperty メソッド（PhysLab クラス、PhysObject クラス）

本メソッドは、実験室オブジェクトや3次元オブジェクトの完全コピーを生成するために必要なプロパティを取得するためのメソッドです。本メソッドもcloneメソッドと同様に、PhysLabクラスのgetPropertyメソッドで実質的な実装を行い、PhysObjectクラスではそれを流用します。なお、これまでストロボ撮影機能を実装する際に定義したgetCommonPropertyメソッド（1.3.19項）は廃止します。

プログラムソース 10.14 ●getProperty メソッド（physLab_r10.js）

```
PHYSICS.PhysLab.prototype.getProperty = function( object ){
  // プロパティ取得対象オブジェクト
  object = object || this;                                        ──(※1)
  // プロパティ取得対象プロパティ
  var list = object.copyPropertyList;                             ──(※2)
  // コピー後のプロパティを格納するオブジェクト
  var newProperty = {};
  for( var i = 0; i < list.length; i++ ){                         ──(※3)
    var propertyName = list[i];
    newProperty[ propertyName ] = PHYSICS.cloneObject (           ──(※4)
      object[ propertyName ], {
        Rwords : null,         // 参照コピーを行うプロパティ名を格納した配列
        Iwords : ["CG"],       // 無視するプロパティ名を格納した配列   ──(※5)
        classFlag: false,      // 自作クラスのコピーまで考慮        ──(※6-1)
        onlyOwnPropertyFlag : true,  // 自身のプロパティのみをコピー対象とするフラグ ──(※6-2)
        layerNumber : null     // コピー階層数
      }
    );
  }
```

```
    return newProperty;
}
```

(※1)　プロパティ取得対象オブジェクトは、引数に 3 次元オブジェクトが与えられている場合にはそのオブジェクトを、引数が与えられていない場合には実験室オブジェクトとします。

(※2)　実験室オブジェクトあるいは 3 次元オブジェクトの完全コピーに必要なプロパティは、それぞれのオブジェクトを生成するクラスのコンストラクタの引数に与えるパラメータだけあれば十分です。この `copyPropertyList` プロパティには、その完全コピーに必要なプロパティ名が文字列として配列形式で格納されています。`copyPropertyList` プロパティの準備は本項の最後で解説します。

(※3)　`copyPropertyList` プロパティに格納されている全てのプロパティ名の値を取得するために for 文を利用します。

(※4)　10.1.5 項で定義した `cloneObject` 関数を用いて、オブジェクトの該当プロパティ値のコピーを生成して、コピー先オブジェクトに同名のプロパティへ値を返します。

(※5)　コピー対象プロパティの一部には、3 次元グラフィックス関連のオブジェクトを格納する「CG」プロパティが後で追加されていることもあります。この CG プロパティをコピーするプロパティから除外します。

(※6)　本メソッドではコピーに必要なプロパティのみを取得することが目的なので、クラスの情報やプロトタイプに存在するプロパティ（メソッド）は必要ないので、上記のように指定します。

3 次元オブジェクトを生成する `PhysObject` クラスの同名のメソッドも clone メソッドと同様に、先に定義した `getProperty` メソッドの引数にコピー対象の 3 次元オブジェクトを与えて、呼び出すことにします。

プログラムソース 10.15 ●getProperty メソッド（physObject_r10.js）

```
PHYSICS.PhysObject.prototype.getProperty = function( ){
  return this.physLab.getProperty( this );
}
```

10.2.4　3次元オブジェクトの完全コピーの例

10.2.1項で導入したcloneメソッドを利用して、ひとつの3次元オブジェクトをコピーして仮想物理実験室に登場させる例を示します。図10.4は、動作チェックのために球オブジェクトをcloneメソッドでコピーした結果です。実験室内ではコピー元とコピー後の球オブジェクトは同等の扱いを行います。HTML文書内に記述されるプログラムソースを示します。

図10.4●球オブジェクトのコピー（PHYSLAB_r10_clone_Sphere.html）

プログラムソース10.16●球オブジェクトのコピーの実装例（PHYSLAB_r10_clone_Sphere.html）

```
// 球オブジェクトの生成
PHYSICS.physLab.ball = new PHYSICS.Sphere({ (省略) });
// 実験室オブジェクトへの追加
PHYSICS.physLab.objects.push( PHYSICS.physLab.ball );

// 実験室の準備が整った後に実行
PHYSICS.physLab.afterStartLab = function(){                              ──(※1)
  // 300個の球オブジェクトをコピー
  for( var i = 0; i < 300; i++ ){
    // コピーの生成
    var object = this.ball.clone();
    // 運動データの削除
    object.initDynamicData();                                            ──(※2)
    // 球オブジェクトを配置する螺旋の半径
    var R = i / 20;
    // 球オブジェクトの位置の指定
    object.r.y= R * Math.cos( Math.PI/20 *i );                           ──(※3-1)
    object.r.z= R * Math.sin( Math.PI/20 *i );                           ──(※3-2)
```

```
        // 実験室への追加
        this.objects.push( object );
        this.createPhysObject( object );   ------------------------------------------- (※4)
    }
}
```

（※1） 3次元オブジェクトのコピーを行う clone メソッドは、コピー元の球オブジェクトが実験室へ登場した後に実行可能となります。そのため、実験室の準備が整った後に実行される afterStartLab メソッドにてコピーの実装を行います。

（※2） clone メソッドはコピー元の data プロパティ（運動データ）もコピーします。コピー元の運動データが必要ない場合には本メソッドを利用して初期化します。上記プログラムで、運動データの初期化を行わないと、時刻 t = 0 の運動データとしてコピー元の位置や速度が登録された状態となるので、リセットボタンを押したときにコピーした全ての球オブジェクトが重なってしまいます。

（※3） コピーした3次元オブジェクトの位置を表す r プロパティを更新します。

（※4） 通常、3次元オブジェクトを実験室に生成する createPhysObject メソッドは、objects プロパティに格納された3次元オブジェクトに対して実行されますが、今回、実験室の準備が整った時に実行される afterStartLab メソッドで3次元オブジェクトのコピーを行っているので、本メソッドを明示的に実行する必要があります。

最後に3次元オブジェクトの完全コピーのテストを行った結果と HTML 文書の一覧を示しておきます。

図10.5●各種3次元オブジェクトの完全コピーテスト

線オブジェクト

ポリゴンオブジェクト

立方体オブジェクト

平面オブジェクト　　　　　　　地球オブジェクト　　　　　　　軸オブジェクト

表10.3 ●3次元オブジェクト完全コピーのテストファイル名

3次元オブジェクトの種類	ファイル名
球オブジェクト	PHYSLAB_r10_clone_Sphere.html
床オブジェクト	PHYSLAB_r10_clone_Floor.html
軸オブジェクト	PHYSLAB_r10_clone_Axis.html
平面オブジェクト	PHYSLAB_r10_clone_Plane.html
立方体オブジェクト	PHYSLAB_r10_clone_Cube.html
円オブジェクト	PHYSLAB_r10_clone_Circle.html
点オブジェクト	PHYSLAB_r10_clone_Point.html
円柱オブジェクト	PHYSLAB_r10_clone_Cylinder.html
ポリゴンオブジェクト	PHYSLAB_r10_clone_Polygon.html
地球オブジェクト	PHYSLAB_r10_clone_Earth.html
ばねオブジェクト	PHYSLAB_r10_clone_Spring.html
線オブジェクト	PHYSLAB_r10_clone_Line.html

10.2.5　通信メソッドの拡張

　通信メソッドは、2.3節で導入した外部から仮想物理実験室を制御するための関数です。前項で示した球オブジェクトのコピーをafterStartLabメソッド内で実行しましたが、このメソッドもこの内のひとつです。仮想物理実験室関連オブジェクトのコピーとは直接関係ありませんが、今回afterStartLabメソッドを利用している時に問題点に気がついたので、通信メソッドの拡張を行います。

　リビジョン9まで通信メソッドは次のように空の関数リテラルで宣言していました。

```
PHYSICS.PhysLab.prototype.afterStartLab = function ( ){ }
```

10.2 仮想物理実験室関連オブジェクトのコピー

このような実装の場合、複数の箇所で異なる内容の afterStartLab メソッドを定義することができずに困ってしまうことが考えられます。そこで、afterStartLab メソッドで実行したい関数を、今回新しく定義するプロパティ afterStartLabFunctions プロパティに格納しておいて、afterStartLab メソッドを次のとおりに実装します。

```
PHYSICS.PhysLab.prototype.afterStartLab = function ( ){
  for( var i = 0; i < this.afterStartLabFunctions.length; i++ ){
    this.afterStartLabFunctions[ i ]( );
  }
}
```

これで、afterStartLabFunctions プロパティに格納した関数が全て実行されることになります。これに伴って、PhysLab クラスのコンストラクタにて afterStartLabFunctions プロパティをあらかじめ配列として宣言する必要があります。

```
this.afterStartLabFunctions = [];
```

また、PhysLab クラスのこの他の通信メソッドだけでなく、PhysObject クラスでも同様の実装を行うことにします。

afterStartLabFunctions プロパティへの関数の与え方

afterStartLab メソッドの実行時に afterStartLabFunctions プロパティ（配列）に格納された関数が実行されるので、本プロパティには push メソッドを利用して関数リテラルを与えれば良いわけですが、関数の実行時にひとつ問題が生じる可能性があります。これまで afterStartLab メソッドを直接オーバーライドして定義した場合、メソッド内の this は実験室オブジェクトを指しますが、今回のように配列に与えた関数リテラル内の this はそれが格納された配列（afterStartLabFunctions プロパティ）を指します。そのため、関数内で this を用いて実験室オブジェクトを指したい場合には Function クラスの bind メソッドを利用して、関数内での this を固定する必要があります。次のプログラムソースは、図 10.5 の地球オブジェクトのコピーを生成するために、afterStartLabFunctions プロパティに関数リテラルを与えています。

プログラムソース 10.17 ●afterStartLabFunctions（PHYSLAB_r10_clone_Earth.html）

```
PHYSICS.physLab.afterStartLabFunctions.push(
  function(){
    // コピーの生成
    var object = this.objects[0].clone();
    object.r.y= 5;
```

```
      // 実験室への追加
      this.objects.push( object );
      this.createPhysObject( object );
    }.bind( PHYSICS.physLab )    ---------------------------------------- この関数内のthisを実験室オブジェクトに固定
);
```

なお、今回の通信メソッドの拡張はリビジョン9までの旧来の定義の方法でもエラーは発生せず、意図通りの動作を行います。

Earth クラスのコンストラクタの変更

7.5 節で定義した地球オブジェクトは地球本体とそれを取り巻く雲の 2 つの 3 次元グラフィックスで構成されています。そのため、地球本体となる球オブジェクトを生成後、afterCreate メソッドを利用して雲オブジェクトを追加するという流れでした。7.5 節では、afterCreate メソッドをオーバーライドしていましたが、本項では afterCreateFunctions プロパティに、改めて定義した雲オブジェクトを生成する関数を格納します。また、雲の回転も同様に、afterUpdate メソッドで実行される afterUpdateFunctions プロパティに、改めて雲の回転を定義した cloudRotation メソッドを格納します。

プログラムソース 10.18 ●Earth クラス（physObject_r10.js）

```
PHYSICS.Earth = function ( parameter ) {
  (省略)
  // 外部通信関数へ2つのメソッドを追加
  this.afterCreateFunctions.push( this.createCloud.bind( this ) );   ------------------ (※1-1)
  this.afterUpdateFunctions.push( this.cloudRotation.bind( this ) ); --------------- (※1-2)
};
// 雲オブジェクトの生成
PHYSICS.Earth.prototype.createCloud = function ( ){ (省略) }   ---------------------------- (※2-1)
// 雲の回転
PHYSICS.Earth.prototype.cloudRotation = function ( ){ (省略) } ---------------------------- (※2-2)
```

（※1）　同じクラスのメソッドであっても、配列の要素に格納された関数の this は配列を指します。bind メソッドを利用して、地球オブジェクトを与えます。

（※2）　雲オブジェクトの生成と雲オブジェクトの回転を実装するメソッドを改めて定義します。本メソッドの実装は 7.5.3 項とおなじです。

10.3 仮想物理実験室データの保存とダウンロード

7.7 節では HTML5 の Blob クラスを利用して、数値計算結果をアスキー形式としてダウンロードして外部ファイルに出力する実装を行いました。本節では、仮想物理実験室全体の保存データを JSON 形式としてダウンロードして外部ファイルに保存する方法について解説します。

10.3.1 外部ファイルへの保存の手順

本項では、本節の目的である仮想物理実験室に存在する全 3 次元オブジェクトと実験室オブジェクトの保存データをダウンロードして外部ファイルへ保存するまでの手順を示します。外部ファイルへの保存のタイミングは、基本的には PNG 形式の画像のダウンロードと同様に、一時停止時や時間スライダーによる時間制御時、3 次元オブジェクトをマウスドラックした時に、JSON 形式のデータの生成とダウンロード用ボタンの表示を行います。

実験室データの外部ファイルへの保存の実装までに必要な手続き

(1) ダウンロードボタンの準備 (initEvent メソッド、switchButton メソッド、HTML 文書) → 10.2.5 項
(2) loop メソッドの最後に保存データを生成するメソッド (makeJSONSaveData メソッド) の実行文の追加 → 10.2.6 項
(3) 保存データ作成フラグ (makeSaveDataFlag) を画面キャプチャの生成フラグ (makePictureFlag) と同じ所に追加 → 10.2.6 項
(4) オブジェクトの JSON 形式への変換 (objectToJSON 関数) → 10.2.7 項
(5) 仮想物理実験室の JSON 形式の保存データの生成 (makeJSONSaveData メソッド) → 10.2.8 項
(6) 仮想物理実験室のコピーに必要なデータの収集 (getSaveData メソッド) → 10.2.9 項

本節で PhysLab クラスに新しく追加されたプロパティとメソッドを示します。

10 実験室の保存・復元と動画生成

プロパティ（**PhysLab** クラス）

プロパティ	データ型	デフォルト	説明
saveDataDownloadButtonID	<string>	null	保存した実験室データをダウンロードを開始するボタンの id 名。HTML 文書の body 要素に本プロパティに与えた id 名の a 要素を配置する必要がある。

内部プロパティ（**PhysLab** クラス）

プロパティ	データ型	デフォルト	説明
makeSaveDataFlag	<bool>	true	仮想物理実験室の保存データを作成するためのフラグ。本フラグが立てられている時に、loop メソッドの最後で呼び出される makeJSONSaveData メソッドにて、保存データが生成される。

メソッド（**PhysLab** クラス）

メソッド名	引数	戻値	説明
makeJSONSaveData()	なし	なし	makeSaveDataFlag フラグが立てられた時に、JSON 形式の保存データをダウンロードできるように、BlobURL を a 要素に与える。→ 10.3.4 項
getSaveData()	なし	{ physLab:<PhysLabObject>, objects:[<PhyObjectObject>]}	実験室オブジェクト並びに 3 次元オブジェクトのコピーに必要な全プロパティを格納したオブジェクトを生成して返す。→ 10.3.5 項
beforeMakeJSONSaveData()	任意	任意	makeJSONSaveData メソッドの実行前と実行後に任意の処理を実行させるための通信メソッド。
afterMakeJSONSaveData ()	任意	任意	

10.3.2 保存データのダウンロードボタンの準備

作成された仮想物理実験室の保存データのダウンロードは画面キャプチャのダウンロードと同様に、ユーザによる a 要素のクリックをトリガーとする必要があります[†2]。今回も jQuery UI を利用したグラフィカルボタンを利用します。図 10.6 は、仮想物理実験室データをダウンロードするためのボタンを設置した例です。マウスオーバーのツールチップに「実験室データのダウンロード」が表示されます。

図10.6● 仮想物理実験室データのダウンロードボタン

図 10.6 のように、jQuery UI を利用することで HTML の input 要素以外の要素でも見た目が同じボタンを生成することができます。本実験室でボタンの準備を行うのは initEvent メソッドです。次のプログラムソースでは該当部分を示します。なお、実装方法は 1.2.5 項で示したものとほとんど同じなので、詳細の説明は省きます。

プログラムソース 10.19 ● initEvent メソッドへの追記（physLab_r10.js）

```javascript
PHYSICS.PhysLab.prototype.initEvent = function ( ) {
  var scope = this;
  (省略)
  if( scope.saveDataDownloadButtonID ){
    // jQueryの利用
    if( this.useJQuery ){
      $( "#" + scope.saveDataDownloadButtonID ).button({
        label: "実験室データのダウンロード",         ────────────── マウスオーバー時のツールチップの文字列の指定
        text: false,
        icons: {
          primary: "ui-icon-disk"                ────────────────────────── アイコンの種類を指定
        }
      })
    } else {
      document.getElementById( scope.saveDataDownloadButtonID ).innerHTML
```

[†2] HTML5 によるウェブアプリケーションによるローカルへのダウンロードやサーバーへのアップロードは、セキュリティの観点からユーザの「明示的な同意」がある場合に限られます。明示的な同意というのは、ダウンロードの場合には a 要素のクリックなど、アップロードは input 要素による操作やマウスドラックなどです。

```
            = "実験データのダウンロード";        ------------------------------------------jQueryを利用しない場合のa要素内の文字列
    }
}
```

　保存データのダウンロードは、実験室の時間発展が止まっている時のみ可能とします。そのため、ボタンは時間発展が止まっている場合に表示し、時間発展中は非表示とします。この表示・非表示の切り替えは switchButton メソッド内で行っています。なお、リビジョン 9 までは、表示・非表示の実装は CSS の visibility プロパティに true あるいは false の指定で行っておりましたが、リビジョン 10 からは CSS の display プロパティに inline-block あるいは none を指定することで実現します。visibility は HTML 要素自身の表示・非表示を制御するのに対して、display は HTML 要素の存在そのものを制御するプロパティです。そのため、今後ボタンの数が増やしていって状況に応じてボタンの差し替えを行うことを考える場合に、visibility による制御では HTML 要素の重ね合わせを明示的に指定する必要がでてきてしまうため制御が難しくなると考えられます。今後その特徴に応じて使い分けていく予定です。

10.3.3　objectToJSON 関数の導入と cloneObject 関数の更なる拡張

　続いて、仮想物理実験室データを保存するため実験室オブジェクトや 3 次元オブジェクトを JSON 形式の文字列に変換するための名前空間 PHYSICS 内におけるグローバル関数である objectToJSON 関数を導入します。関数は JSON.stringify 関数で直接文字列に変換することができないので、10.1.7 項で示した方法で文字列化することにします。ただし、10.1.7 項の方法では、階層性のあるオブジェクトの場合には対応できないので、10.1.5 項で定義した cloneObject 関数をさらに拡張して、プロパティ値が関数の場合には文字列に変更できるフラグの導入を行います。

プログラムソース 10.20　●cloneObject 関数（physLab_r10.js）

```
PHYSICS.cloneObject = function( oldObject, parameters ){
    (省略)
    // 関数を文字列関数へ変更（JSON化）するフラグ
    var functionToStringFlag = parameters.functionToStringFlag || false;
    (省略)
    if ( !( oldObject ) || layerNumber === 0 ||
        oldObject.constructor === Number  ||
        oldObject.constructor === Boolean ||
        oldObject.constructor === String  ||
        oldObject.constructor === RegExp  ||
        oldObject.constructor === Function ) {
```

10.3 仮想物理実験室データの保存とダウンロード

```
        if( oldObject && oldObject.constructor === Function && functionToStringFlag ){
                                                               ------------------------------- (※)
            // 関数を文字列関数へ変更（JSON化）
            oldObject = oldObject.toString();
        }
        return oldObject;
    }
    (省略)
}
```

（※）　本関数内では、oldObjectがnullの可能性もあるため、if文の最初でoldObjectの存在の有無を検証します。ちなみにnullの場合constructorメソッドは存在しないので、この検証を行わないと実行エラーが発生してしまいます。

この拡張後のcloneObject関数をラッピングする形でobjectToJSON関数を次のプログラムソースのとおり定義します。無駄な変数（オブジェクト）を生成していないので少しわかりづらいですが、基本的には引数で渡されたobjectのプロパティ値をcloneObject関数を用いて関数を文字列に変換した後に、JSON.stringify関数でJSON形式に変換して返すということを行っています。

プログラムソース 10.21 ●objectToJSON関数（physLab_r10.js）

```
PHYSICS.objectToJSON = function ( object ){
    // オブジェクトをJSON形式文字列に変換して返す
    return JSON.stringify(
        PHYSICS.cloneObject(
            object,
            {
                Rwords : null,              // 参照コピーを行うプロパティ名を格納した配列
                Iwords : null,              // 無視するプロパティ名を格納した配列
                classFlag: false,           // 自作クラスのコピーまで考慮
                onlyOwnPropertyFlag : true, // 自身のプロパティのみをコピー対象とするフラグ
                layerNumber : null,         // コピー階層数
                functionToStringFlag : true, // 関数を文字列に変更
            }
        )
    );
}
```

10.3.4 makeJSONSaveData メソッド（PhysLab クラス）

　本メソッドは、makeSaveDataFlag フラグが立てられた時に、JSON 形式の保存データをダウンロードできるように、BlobURL を a 要素の href 属性に与えるメソッドです。無限ループ関数である loop メソッドの最後で実行されます。なお、保存データの生成フラグである makeSaveDataFlag プロパティは、physLab_r10.js ファイル内で画面キャプチャの生成フラグである makePictureFlag プロパティが true となるタイミングと同じところで true と指定しています。

プログラムソース 10.22 ●makeJSONSaveData メソッド（physLab_r10.js）

```
PHYSICS.PhysLab.prototype.makeJSONSaveData = function ( ){
  if( !this.makeSaveDataFlag ) return;                              ------- (※1-1)
  if( !this.saveDataDownloadButtonID ) return;                      ------- (※1-2)
  // 通信メソッドの実行
  this.beforeJSONSaveData( );                                       ------- (※2-1)
  // 保存用データ取得
  var object = this.getSaveData();                                  ------- (※3)
  // Blobオブジェクトの生成
  var blob = new Blob(
    [ PHYSICS.objectToJSON( object ) ],                             ------- (※3)
    { "type" : "text/plain" }
  );
  // a要素のhref属性とdownload属性に値をセット
  document.getElementById( this.saveDataDownloadButtonID ).href
    = window.URL.createObjectURL( blob );                           ------- (※5-1)

  document.getElementById( this.saveDataDownloadButtonID ).download
    = "saveData.data";                                              ------- (※5-2)
  // 保存データ生成フラグを解除
  this.makeSaveDataFlag = false;                                    ------- (※5)
  // 通信メソッドの実行
  this.afterJSONSaveData( );                                        ------- (※2-2)
}
```

(※1) 　保存データ生成フラグが立てられていない場合、あるいは a 要素の id 属性値が指定されていない場合には、本メソッドの実質的な部分は実行されません。

(※2) 　本メソッドの実行前と実行後に任意の処理を実行させるための仕組みである通信メソッドです。未定義による実行時エラーを起こさないように、別途同名の空のメソッドを次のように用意しておきます。

```
// 空の通信メソッドの定義
```

10.3 仮想物理実験データの保存とダウンロード

```
PHYSICS.PhysLab.prototype.beforeMakeJSONSaveData = function ( ){ };
PHYSICS.PhysLab.prototype.afterMakeJSONSaveData = function ( ){ };
```

(※3) 保存データとして必要な仮想物理実験室に存在する全3次元オブジェクトと実験室オブジェクトの全プロパティを格納したオブジェクトを生成する`getSaveData`メソッドを実行します。本メソッドについては10.2.6項を参照してください。

(※4) (※3)で生成した実験室保存データオブジェクトを10.3.1項で定義した`objectToJSON`関数を用いてJSON形式の文字列に変換し、HTML5のBlobクラスのコンストラクタの第1引数に配列リテラルで与えます。Blobクラスの詳細については7.7.2項を参照してください。

(※5) HTML5の`URL.createObjectURL`関数を用いてBlobオブジェクトからBlobURLを生成し、a要素のhref属性に与えます。これにより、a要素をクリックした時にJSON形式のテキストファイルにアクセスすることができます。さらに、Google Chromeなど一部のウェブブラウザではdownload属性に指定した文字列をファイル名として、ファイルダウンロードを行うことができます。

10.3.5 getSaveData メソッド (PhysLab クラス)

　仮想物理実験室を保存するのに必要な実験室オブジェクトと全3次元オブジェクトのプロパティを収集してオブジェクトとして返すメソッドです。返されるオブジェクトのプロパティは実験室のプロパティを格納した`physLab`プロパティ、3次元オブジェクトのプロパティをそれぞれ配列として格納する`objects`プロパティの2つが存在します。なお、本メソッドは`makeJSONSaveData`メソッド(10.3.4項)で呼び出されます。

プログラムソース 10.23 ●getSaveData メソッド (physLab_r10.js)

```
PHYSICS.PhysLab.prototype.getSaveData = function ( ){
  var data = {};
  // コピーに必要な実験室オブジェクトの全プロパティを取得
  data.physLab = this.getProperty();                                  -------- (※1-1)
  // 3次元オブジェクトのプロパティを格納する配列
  data.objects = [];
  for( var i = 0; i < this.objects.length; i++ ){                     -------- (※2-1)
      // 親要素が存在する場合はスルー
      if( this.objects[ i ].parent ) continue;                        -------- (※2-2)
      // コピーに必要な3次元オブジェクトの全プロパティを取得
      var property = this.objects[ i ].getProperty();                 -------- (※1-2)
      // 3次元オブジェクトのクラス名を取得
      property.className = this.objects[ i ].getClassName();          -------- (※3)
      // 3次元オブジェクトのプロパティ配列に格納
      data.objects.push( property );
```

```
        }
        return data;    ------------------------------------------------------------------------- (※4)
    }
```

(※1) 実験室オブジェクト、3次元オブジェクトともそれぞれのクラスで定義されている getProperty メソッド（10.2.3項）を用いて、コピーに必要なプロパティを取得します。

(※2) 実験室オブジェクトの objects プロパティは、仮想物理実験室に登場する全ての3次元オブジェクトが格納されています。しかしながら、このプロパティに格納されている全ての3次元オブジェクトではない従属関係にある3次元オブジェクトを除いて保存する必要があります。例えば、床オブジェクトの衝突判定に利用する平面オブジェクト、path プロパティで指定する経路オブジェクト、strobe プロパティで指定するストロボオブジェクトなどです。これらは、親オブジェクトを生成した際にど自動的に生成されるので、もし、独立してコピーを行ってしまうと、重複して存在してしまうことになります。そこで、PhysObject クラスの内部プロパティとして **parent プロパティ**を改めて用意して、従属関係にある3次元オブジェクトの親オブジェクトをこのプロパティの値として与えておくことにします。そして、上記プログラムのとおり、parent プロパティに値が存在する場合は、親オブジェクトが存在するとして、プロパティのコピー対象から外すことにします。

(※3) オブジェクトの場合には constructor メソッドを調べることでクラス名はわかりますが、JSON 形式の文字列に変換した後 constructor メソッドの参照はできなくなってしまいます。そのため、JSON 形式の文字列に変換する前にクラス名を保存するためのプロパティを用意します。getClassName メソッドは今回新しく定義するメソッドです。10.3.6項で解説します。

(※4) 保存すべき physLab プロパティと objects プロパティを格納したオブジェクトを返します。

10.3.6　getClassName メソッド（PhysObject クラス）

本メソッドは、本メソッドを呼び出した3次元オブジェクトのクラス名を文字列として返します。名前空間 PHYSICS に存在する全てのプロパティを走査して、本メソッドを呼び出した3次元オブジェクトと constructor メソッドの値を比較することで、クラス名を割り出します。

プログラムソース 10.24 ●getClassName メソッド（physObject_r10.js）

```
// 3次元オブジェクトのクラス名を取得
PHYSICS.PhysObject.prototype.getClassName = function ( ){
    // 名前空間に存在する全てのクラスを走査
    for(var className in PHYSICS ){
        // コンストラクタが一致した時のプロパティ名がクラス名
        if( this.constructor === PHYSICS[ className ] ) {
            return className;
```

```
        }
      }
    }
```

10.3.7　保存データ（JSON 形式）のダウンロードの実行例

　本節の最後に、実際にダウンロードした JSON 形式の仮想物理実験室の保存データを示します。例として、図 10.7 で示したような媒介変数関数で指定された経路を運動する球オブジェクトが登場する系について、保存データをダウンロードします。

図10.7●経路を指定した球オブジェクトの系（PHYSLAB_r10_Sphere_path.html）

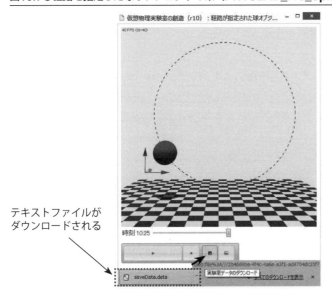

　保存データのダウンロードを有効にするには、実験室オブジェクトを生成する PhysLab クラスのコンストラクタにて、saveDataDownloadButtonID プロパティにダウンロードボタンとなる a 要素の id 名を次のように文字列として与えて、HTML 文書 body 要素の任意の場所に指定した id 名の a 要素を配置するだけです。

プログラムソース 10.25 ●PhysLab クラスのコンストラクタ（PHYSLAB_r10_Sphere_path.html）

```
// 仮想物理実験室オブジェクトの生成
PHYSICS.physLab = new PHYSICS.PhysLab({
```

```
    (省略)
    saveDataDownloadButtonID : "downloadSaveData", // 保存ボタンを表す要素のid名
    (省略)
}
```

プログラムソース 10.26 ●HTML 文書内 body 要素のツールバー（PHYSLAB_r10_Sphere_path.html）

```html
<div id="toolbar" class="ui-widget-header ui-corner-all">
  <button id="play"></button><button id="reset"></button>
  <a href="" id="downloadSaveData"></a><a href="" id="picture"></a>
</div>
```

　図 10.8 は、図 10.7 の球オブジェクトを約 10 秒間運動させた後、ダウンロードした仮想物理実験室の保存データをテキストエディタで開いた結果です。画面キャプチャなのでわかりづらいですが、コピーに必要なプロパティが全て保存されていることが確認できます。

図10.8●ダウンロードしたJSON形式の保存データ（PHYSLAB_r10_Sphere_path.html）

10.4 仮想物理実験室データの復元

本節では、10.3 節でダウンロードした仮想物理実験室の保存データを読み込んで、復元する方法について解説します。これにより、例えばウェブページなどでユーザが実験室を特徴的な状態からスタートさせるといったことができるようになります。

10.4.1 外部ファイルからの復元の手順

保存データを復元する方法は、次のプログラムソースで示すように、実験室オブジェクトを生成するコンストラクタの引数に JSON 形式の保存データのファイルパスだけを与えるだけという実装にします。また、復元時にカメラの視点や背景色などの実験室パラメータを変更する場合は、プロパティを指定することで上書きできるように実装します。

プログラムソース 10.27 ●仮想物理実験室の（PHYSLAB_r10_loadData.html）

```
window.addEventListener("load", function () {
  // 仮想物理実験室オブジェクトの生成
  PHYSICS.physLab = new PHYSICS.PhysLab({
    loadFilePath : "saveData.data"          ――――― JSON形式の保存データのファイルパス
  });
  // 仮想物理実験室のスタートメソッドの実行
  PHYSICS.physLab.startLab();
});
```

上記のような指定だけで仮想物理実験室を復元するには次の拡張と新規メソッドの開発が必要になると考えられます。

(1) PhysLab クラスのコンストラクタの拡張 → 10.4.2 項
(2) 外部 JSON 形式データの読み込み（`loadJSONSaveData` メソッド）→ 10.4.3 項
(3) JSON 形式からオブジェクトへの変換（`JSONToObject` 関数）→ 10.4.4 項
(4) 読み込み後のデータから 3 次元オブジェクトの生成(`restorePhysObjectsFromLoadData` メソッド）→ 10.4.5 項

なお、本節で追加するプロパティとメソッドを一覧に示します。

プロパティ

プロパティ	データ型	デフォルト	説明
loadFilePath	<string>	null	読み込みを行う保存データのファイルパス。

内部プロパティ

プロパティ	データ型	デフォルト	説明
loadData	<string>	null	loadJSONSaveData メソッドで読み込まれた実験室データが格納されるプロパティ。

メソッド

メソッド名	引数	戻値	説明
loadJSONSaveData(filePath)	<string>	なし	loadFilePath プロパティに指定されたファイルパスに存在する実験室データが保存されたファイルを読み込んで、JSON 形式からオブジェクトに変換後、結果を loadData プロパティに与える。→ 10.4.3 項
restorePhysObjectsFromLoadData()	なし	なし	loadData プロパティに与えられた 3 次元オブジェクトのプロパティから改めて 3 次元オブジェクトを生成して、実験室オブジェクトに登録する。→ 10.4.5 項

10.4.2 PhysLab クラスのコンストラクタの拡張

前項で示したとおり、PhysLab クラスのコンストラクタの引数に与えられた保存データのファイルパスだけから仮想物理実験室の復元を行うための実装を示します。次のプログラムソースは PhysLab クラスのコンストラクタの最後の部分です。

プログラムソース 10.28 ●PhysLab クラスのコンストラクタ（physLab_r10.js）

```
PHYSICS.PhysLab = function ( parameter ) {
    (省略)
    // 復元データが与えられている場合
    if( parameter.loadFilePath ) {
        // JSON形式の復元データを読み込む
        this.loadJSONSaveData( parameter.loadFilePath );              ------------- (※1)
        // コンストラクタで指定したパラメータを優先
        PHYSICS.overwriteProperty ( this.loadData.physLab, parameter );   --------- (※2)
        // 実験室オブジェクトのパラメータに与える
        parameter = this.loadData.physLab;                            ------------- (※3-1)
```

```
      // 初期状態ではない場合
      if( parameter.step > 0 ) {
        // 初期状態フラグ (内部フラグ) を解除
        this.initFlag = false;                                         ────── (※4)
      }
    }
    // パラメータの設定
    this.setParameter( parameter );                                    ────── (※3-2)
    // 読み込みデータから3次元オブジェクトを復元する
    this.restorePhysObjectsFromLoadData ( );                           ────── (※5)
  }
```

(※1) 復元データのファイルパスが loadFilePath プロパティに格納されている場合、10.4.3 項で定義する loadJSONSaveData メソッドの引数に渡して実行します。その結果、復元データがオブジェクトとして this.loadData プロパティ格納されます。

(※2) loadData.physLab プロパティは復元データの内、実験室オブジェクトに関するプロパティが格納されています。一方、parameter は PhysLab クラスのコンストラクタの引数に渡されたオブジェクトで、overwriteProperty 関数 (1.2.2 項) を用いて loadData.physLab に存在するプロパティを parameter であたえられたプロパティで上書きします。このように実装することで、復元データよりもコンストラクタの引数で指定したプロパティを優先することができます。

(※3) (※3-2) の実験室オブジェクトのパラメータを設定する setParameter メソッド (1.2.2 項) の実行文は loadFilePath プロパティの存在の有無に関係なく実行されます。そのため (※2) で上書きした loadData.physLab プロパティを改めて parameter に代入し、setParameter メソッドの引数に parameter を渡します。

(※4) initFlag フラグは実験室が初期状態であるかを表すフラグです。内部パラメータのため復元データには含まれません。そのため、復元した状態が初期状態でない場合 (step>0)、本フラグを false とする必要があります。

(※5) loadData プロパティに含まれたデータを元に、3 次元オブジェクトを復元するメソッドを実行します。本メソッドについては 10.4.5 項で解説します。

10.4.3 loadJSONSaveData メソッド

本メソッドは、引数で与えられたファイルパスの JSON 形式テキストデータを同期通信で取得して、JSON 形式からオブジェクトへ変換後、loadData プロパティへ渡します。本節では、PhysLab クラスのコンストラクタの引数で指定された復元ファイルのパスを与えていますが、JSON 形式のテキストデータであればどのタイミングでも実行可能です。

```
プログラムソース 10.29 ●loadJSONSaveData メソッド (physLab_r10.js)
    PHYSICS.PhysLab.prototype.loadJSONSaveData = function ( filePath ){
        // 復元ファイルのパス
        this.loadFilePath = filePath;
        // XMLHttpRequestオブジェクトの生成
        var xmlHttp = new XMLHttpRequest();                                    ──────── (※1)
        // 同期通信によるデータの読み込み
        xmlHttp.open("GET", this.loadFilePath, false);                         ──────── (※2-1)
        xmlHttp.send( null );                                                  ──────── (※2-2)
        // 読み込みデータ
        this.loadData = PHYSICS.JSONToObject( xmlHttp.responseText );          ──────── (※3)
    }
```

(※1) JavaScript における HTTP 通信を実現する XMLHttpRequest クラスのオブジェクトを生成します。本実験室ではこれまで明示的に利用したことはありませんが、three.js ではテクスチャマッピング用の画像の読み込みなどで間接的に利用しています。

(※2) 通信のリクエストは、XMLHttpRequest クラスの open メソッドで実行することができます。本メソッドは第1引数に通信のメソッド、第2引数に URL (ファイルパス)、第3引数に非同期フラグを与えます。本メソッドでは処理を単純化させるために、サーバーとのやりとりを同期通信とするので、第3引数を false とする必要があります。なお、読み込み完了後のテキストデータは XMLHttpRequest オブジェクトの responseText プロパティに格納されます。

(※3) 取得した JSON 形式のテキストデータ (xmlHttp.responseText) をオブジェクトに変換する JSONToObject 関数を実行して、結果を loadData プロパティに格納します。

10.4.4 JSONToObject 関数の導入と cloneObject 関数の更なる拡張

10.3.3 項では JavaScript のオブジェクトを JSON 形式の文字列に変換する名前空間 PHYSICS 内におけるグローバル関数である objectToJSON 関数を導入しました。本項では反対に JSON 形式文字列からオブジェクトに変換する名前空間 PHYSICS 内におけるグローバル関数である JSONToObject 関数を定義します。通常の JSON 形式であればオブジェクトへの変換は JSON.parse 関数だけで事足りますが、3次元オブジェクトのプロパティには関数リテラルを含むため、10.1.7 項で示した方法で復元する必要があります。そこで、objectToJSON 関数と同様、文字列化した関数を関数リテラルに復元できるように 10.3.3 項で拡張した cloneObject 関数をさらに拡張します。

10.4 仮想物理実験室データの復元

プログラムソース 10.30 ●cloneObject 関数の拡張（physLab_r10.js）

```
// 第1引数で指定した任意のオブジェクトのコピーを返す
PHYSICS.cloneObject = function( oldObject, parameters ){
  (省略)
  // 文字列関数を関数へ変更するフラグ
  var stringToFunctionFlag = parameters.stringToFunctionFlag || false;   ---------------- (※)
  (省略)
}
```

(※) cloneObject 関数の第2引数で指定するパラメータに文字列化した関数を復元するかを指定するフラグ stringToFunctionFlag を導入します。

cloneObject 関数の中で、コピー元オブジェクトのプロパティ値がオブジェクトの場合に、再帰的に本関数を呼び出す部分を次のプログラムソースで示すとおりに拡張します。

プログラムソース 10.31 ●cloneObject 関数の一部

```
// 文字列関数を関数へ変換
if(    oldObject[ propertyName ]
    && oldObject[ propertyName ].constructor === String
    && stringToFunctionFlag
    && oldObject[ propertyName ].search( /function/ ) === 0 ){   --------------------------- (※1)
  // 文字列関数を関数へ変換
  eval( "newObject[ propertyName ] = " + oldObject[ propertyName ] );   ------------ (※2)
} else {
  if( oldObject[ propertyName ] instanceof PHYSICS.PhysObject
      || oldObject[ propertyName ] instanceof PHYSICS.PhysLab ) continue;   ---------- (※3)
  newObject[ propertyName ]
      = PHYSICS.cloneObject( oldObject[ propertyName ], parameters );   --------------- (※4)
}
```

(※1) for in 構文で走査した各プロパティ名に対するプロパティ値が（1）存在して、（2）文字列で、（3）先の文字列化関数を関数リテラルに変換するフラグ（stringToFunctionFlag）が立てられていて、（4）文字列のはじめが「function」である場合を条件としています。

(※2) 上記条件を満たした場合に、10.1.7 項で示したとおりの方法で文字列化した関数を関数リテラルに変換します。

(※3) 10.1.5 項で定義した cloneObject 関数を仮想物理実験室で登場する各種オブジェクトのコピーで利用する際に加えた文です。プロパティ値が実験室オブジェクトあるいは3次元オブジェクトの場合にはコピーを行わせないようにしています。なお、instanceof 構文を利用しているのは、派生クラスのオブジェクトでもこの if 文で判定できるようにするためです。

(※4) for in 構文で走査した各プロパティ名に対するプロパティ値が（※1）の条件に合わない場

10 実験室の保存・復元と動画生成

合、本関数を再帰的に呼び出すことで、階層性のあるオブジェクトに対するコピーを実現しています。

続いて、JSON形式文字列をオブジェクトに変換するJSONToObject関数の定義についてです。10.3.3項で定義したobjectToJSON関数と同様に、拡張したcloneObject関数を内部で呼び出す形で実装します。

プログラムソース 10.32 ●JSONToObject関数（physLab_r10.js）

```
// JSON形式文字列をオブジェクトに変換する
PHYSICS.JSONToObject = function ( json ){
  return PHYSICS.cloneObject (
    JSON.parse( json ),                                                 ----(※1)
    {
      Rwords : null,                // 参照コピーを行うプロパティ名を格納した配列
      Iwords : null,                // 無視するプロパティ名を格納した配列
      classFlag : false,            // 自作クラスのコピーまで考慮
      onlyOwnPropertyFlag : true,   // 自身のプロパティのみをコピー対象とするフラグ
      layerNumber : null,           // コピー階層数
      stringToFunctionFlag : true,  // 文字列関数を文字列に変更   ----(※2)
    }
  );
}
```

(※1) JSONToObject関数の引数で与えられたJSON形式文字列であるjsonをオブジェクトへ変換します。この時点で文字列化した関数以外は全てオブジェクトへ変換が完了します。

(※2) (※1)で生成したオブジェクトの内、文字列化したままの関数を関数リテラルに変換するために、stringToFunctionFlagフラグを立ててcloneObject関数を実行します。

10.4.5 restorePhysObjectsFromLoadData メソッド

loadJSONSaveDataメソッド（10.4.3項）で生成したloadDataプロパティに格納された3次元オブジェクトのプロパティを用いて、同じクラスのオブジェクトを生成するメソッドです。3次元オブジェクトの生成後、実験室オブジェクトのobjectsプロパティに格納され、以後物理演算の対象となります。

プログラムソース 10.33 ●restorePhysObjectsFromLoadDataメソッド（physLab_r10.js）

```
PHYSICS.PhysLab.prototype. restorePhysObjectsFromLoadData = function (){
  // 読み込みデータがある場合
```

```
    if( this.loadData ){
      for( var i = 0; i< this.loadData.objects.length; i++ ){
        // 3次元オブジェクトのプロパティの取得
        var property = this.loadData.objects[ i ];          ───────────────── (※1-1)
        // 3次元オブジェクトのクラス名を取得
        var className = property.className;                 ───────────────── (※1-2)
        // 3次元オブジェクトを生成して実験室へ登録
        this.objects.push( new PHYSICS[ className ]( property ) );  ───────── (※1-3)
      }
    }
  }
```

（※1） getSaveData メソッド（10.3.5 項）では、コピーに必要な 3 次元オブジェクトのプロパティを抜き出しましたが、本メソッドでは反対にこのプロパティから 3 次元オブジェクトを生成します。

10.5　3次元グラフィックスの動画生成

　これまで仮想物理実験室では、物理シミュレーションの結果をリアルタイムや計算結果を元にしたアニメーションとして HTML5 の canvas 要素に 3 次元グラフィックスとして描画していました。本節では、canvas 要素に描画された仮想物理実験室の 3 次元グラフィックスを動画として保存するための方法について解説します。

10.5.1　HTML5 における動画再生とフォーマット

　HTML5 では動画を扱うための新要素である video 要素が導入され、HTML5 に対応したウェブブラウザを利用時にプラグインなしで動画再生ができるようになりました。ただし、ウェブブラウザごとに対応する動画フォーマットが異なり、ひとつの動画フォーマットだけで全てのウェブブラウザに対応できるところまでは進んでいません。代表的な動画フォーマットである MP4、WebM、Ogg に対するウェブブラウザの対応状況を次の表に示します。この表の○×は、OS や実行環境によって異なる場合があるので注意が必要となります。

表 10.4 ●MP4、WebM、Ogg に対するウェブブラウザの対応状況

	MP4	WebM	Ogg
Google Chrome	○	○	○
Firefox	×	○	○
Opera	×	○	○
Safari	○	×	×
Internet Explorer	○	×	×

　現時点で video 要素を用いて HTML5 対応の全てのウェブブラウザで動画を再生させるには、例えば MP4 と WebM の 2 つのフォーマットの動画を用意しておいて、video 要素の子要素として 2 つの source 要素を並べて配置することで、ウェブブラウザは上から順番に再生を試みてくれます。

```
<video width="640" height="400" controls>
    <source src="video/video.mp4">
    <source src="video/video.webm">
</video>
```

仮想物理実験室で導入する動画フォーマット：WebM

　上記 3 つの動画フォーマットの中で現在最も普及しているのは MP4 です。しかしながら、MP4 は特許で守られていて、利用者にライセンス料が発生するという問題があるため安易に利用することはできません。その中で注目を集めているのが、現在 Google が軽量かつ高品質の両立を目指して開発を進めているロイヤリティフリーの動画フォーマットである WebM です。Google が運営する Youtube では全ての動画を WebM で運用しています。WebM のデータ・フォーマットはウェブページ「http://datatracker.ietf.org/doc/rfc6386/」で公開されていて、誰でも自由に作成することができます。本書で開発している仮想物理実験室でも、この WebM を利用して 3 次元グラフィックスの動画を作成できるようにして、講義で利用したり、動画サイトへ投稿したりできるようにしたいと思います。

WebM 形式動画の再生方法

　WebM 形式動画を再生する最も簡単な方法は、動画ファイルを WebM 対応のウェブブラウザ（Chrome、FireFox、Opera）のウィンドウにドラッグアンドドロップすることです。これにより動画は自動再生を行います。また、HTML5 の video 要素を用いることでよりきめ細やかな動画再生が可能となります。次の 2 つの表は JavaScript を用いて動画を制御する際に利用可能なメソッドとプロパティです。

表10.5 ●video要素で実行可能なメソッド（代表例）

メソッド名	引数	説明
play()	なし	再生開始の実行。
pause()	なし	一時停止の実行。
canPlayType(type)	\<string\>	引数で指定したMIMEタイプの動画形式が再生可能かどうかを調べる。
load()	なし	srcプロパティに指定した動画の読み込みを開始する。

表10.6 ●video要素で指定可能なプロパティ（代表例）

プロパティ名	データ型	説明
src	\<string\>	再生する動画ファイルのファイルパス
muted	\<bool\>	動画再生の停止状態を表すフラグ。
currentTime	\<float\>	現在の再生位置。取得だけでなく指定することも可。
volume	\<float\>	ボリュームの大きさを表す小数。０から１の間の小数で指定。
playbackRate	\<floa\>	再生速度の倍率。デフォルト値は１。０で停止しマイナス値は無効。

　図10.9は、9.4.8項の物理シミュレーションから生成した動画を、HTMLのinput要素で指定した再生速度の倍率（playbackRateプロパティ）で再生している様子です。再生途中でも変更することができます。また、HTML文書全体のプログラムソースも示します。

図10.9●HTML5のvideo要素で動画再生制御を行った例（play_WebM.html）

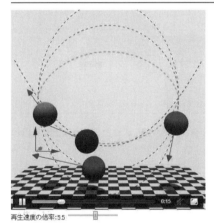

10 実験室の保存・復元と動画生成

プログラムソース 10.34 ●HTML5 の video 要素による 5 倍速対応再生（play_WebM.html）

```html
<!DOCTYPE html>
<html>
<head>
<meta charset="UTF-8">
<title>WebMの再生</title>
<script>
window.addEventListener("load", function () {
  // video要素の取得
  var video = document.getElementById("video");
  // WebM形式動画が利用可能かを判定
  console.log( video.canPlayType('video/webm; codecs="vp8, vorbis"') );
                                            // 出力：「probably」      --------------- (※1)
  // 動画ファイルの指定
  video.src = "furiko.webm";
  video.load();         // -------------------------------------------------------------- (※2)
  // 動画再生倍率指定用のinput要素を変更した場合
  document.getElementById("playbackRate").addEventListener("change", function(){
      // 再生速度倍率の指定
      video.playbackRate = parseFloat(
                        document.getElementById("playbackRate").value );
      // span要素へ出力
      document.getElementById("rate").innerHTML = video.playbackRate;
  })
});
</script>
</head>
<body>
<video id="video" width="500" height="500" controls autoplay loop></video><br>
再生速度の倍率:<span id="rate">1</span>
<input id="playbackRate" type="range" min="0" max="10" value="1" step = "0.25" >
</body>
</html>
```

（※1）　canPlayType メソッドの引数に WebM 形式の MIME タイプを指定すると、「probably（恐らく）」と出力されます。

（※2）　Google Chrome の場合、load メソッドを実行せずとも動画ファイルのパスを src プロパティに指定した直後に読み込みを開始します。

10.5.2　動画生成ライブラリ「whammy」の導入

　WebM のデータ・フォーマットがいくら公開されているとはいえ、簡単には動画の作成はできません。WebGL を用いて canvas 要素に描画された 3 次元グラフィックスのアニメーションを動画

として保存する方法を探していたところ、WebM を出力する「whammy」という JavaScript のライブラリを見つけました。whammy は Kevin Kwok 氏によって 2013 年に公開され、ウェブページには「リアルタイム WebM エンコーダー」と紹介されています。このライブラリの素晴らしさは、HTML5 対応のウェブブラウザ＋ JavaScript だけで、動画を生成することが可能という点です。しかも、ライセンスの記載には「コピーライトの表記があれば」「だれでも」「どんな目的でも」「無料で使って良い」と記述があるので本実験室に導入します。

whammy のダウンロード

検索エンジンで「whammy.js」あるいは URL として「https://github.com/antimatter15/whammy」を直接打ち込むと、図 10.10 で示した本家のダウンロードサイトが表示されます。画面右下の「Download zip」をクリックすることで、必要ファイルをダウンロードすることができます。ライセンスについて確認したい場合は、図 10.10 の中程の「LICENSE」をクリックすることで表示されます。

図10.10●whammyのダウンロードサイト

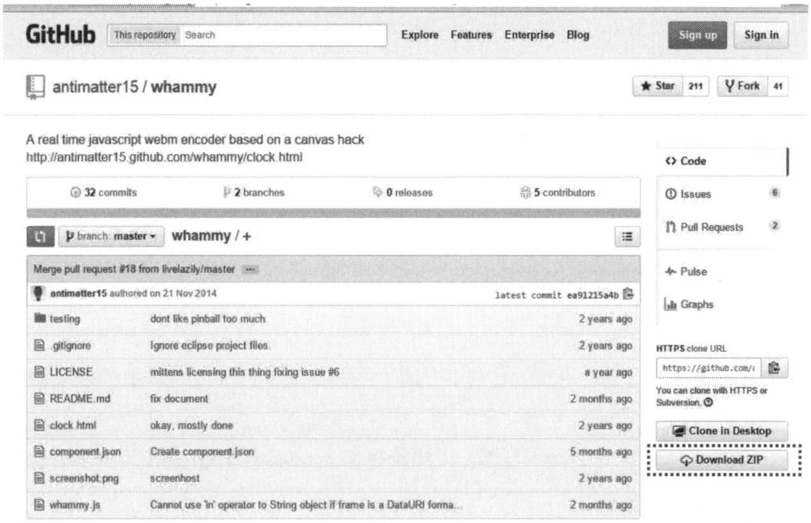

whammy に用意されているデモンストレーションの実行

ダウンロード後に早速 whammy を試してみましょう。zip ファイルの解凍後に生成されるフォルダにある「clock.html」を Chrome あるいは Opera で実行してみてください（Firefox での動作は確認できませんでした）。起動と同時に図 10.11 左のような canvas 要素に描かれた時計の秒針の

動くアニメーションが始まります。およそ3秒後にcanvas要素のアニメーションから生成されたWebM形式の動画が自動再生されるというデモンストレーション。図10.11がその様子です。さらに、生成したWebM形式の動画はa要素を用いてダウンロードすることもできます。

図10.11●whammyにあらかじめ用意されているデモンストレーション（clock.html）

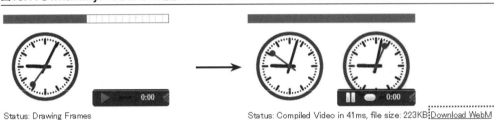

基本的な使い方

whammyの使い方は非常にシンプルです。必要なファイルはダウンロードファイルに含まれているJavaScriptのソース・ファイルである「whammy.js」だけです。これをHTML文書のhead要素で読み込みます。

```
<script src="whammy.js"></script>
```

次に、Whammy.Videoクラスのコンストラクタを利用して、Whammy.Videoオブジェクト（以下、動画オブジェクト）を生成します。

```
var video = new Whammy.Video( speed, quality );
```

コンストラクタの第1引数「speed」はフレームレート（1秒当たりのフレーム数）（必須）、第2引数「quality」は品質を表すパラメータで、0〜1の間で指定します（デフォルト値は0.8）。whammyを利用する準備は以上です。

次に動画の各フレームを作成します。フレームごとに描画後のcanvas要素をaddメソッドを用いて動画オブジェクトに格納していきます。

```
video.add ( frame, duration );
```

addメソッドの第1引数「frame」はcanvas要素の他に、canvas要素のコンテキスト（canvas2D、WebCL）あるいはdataURL形式の画像を与えます（必須）。また第2引数「duration」は次のフレームまでの時間間隔を与えます（デフォルト値はコンストラクタの引数で与えたspeedを用いて1000/speed）。通常、第2引数は未指定で問題ありません。

動画を生成する全フレームを動画オブジェクトに格納したちに、WebM形式の動画を生成するcompileメソッドを実行します。動画生成後、BlobクラスのオブジェクトとしてŌされるので、URL.createObjectURL関数に渡してBlobURLを作成します。

```
var blob = video.compile();
var URL = window.URL.createObjectURL( blob );
```

WebM形式の動画を再生するには、このBlobURLをvideo要素のsrc属性に与えるだけです。動画のダウンロードもa要素のsrc属性に与えるだけです。

10.5.3 three.jsとwhammyの連携

前項でwhammyの使い方を理解できたので、three.jsで生成した3次元グラフィックスのアニメーションをWebM形式の動画として生成する手順について解説します。先の時計のデモンストレーションを真似て、図10.12のようにthree.jsの立方体オブジェクトが回転しているWebM形式の動画を生成するまでの手順を解説します。

図10.12●three.jsとwhammyの連携テスト（test_WebM.html）

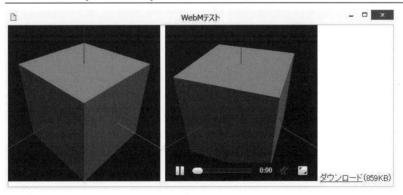

次のプログラムソースでは、three.jsの立方体オブジェクトを100フレームで1回転させたアニメーションを、フレームレート40のWebM形式の動画として生成しています。ちょうど一回転（厳密には1回転から1フレーム前まで）で動画を終了させることで、動画再生をオートリピートした時に立方体が永遠に回転している動画のように見えます。

10 実験室の保存・復元と動画生成

プログラムソース 10.35 ●three.js と whammy の連携（test_WebM.html）

```javascript
var step = 0;  // 描画数
var video = new Whammy.Video ( 40, 1.0 );                                        ─── (※1)
function loop() {
    // トラックボールによるカメラオブジェクトのプロパティの更新
    trackball.update();
    // 描画数のインクリメント
    step ++;
    // 立方体オブジェクトの回転
    cube.rotation.set(0, 0, Math.PI * step/50);                                  ─── (※2-1)
    // レンダリング
    renderer.render( scene, camera );                                            ─── (※3)
    // 動画フレームの追加
    video.add( renderer.domElement ); // canvas要素                              ─── (※4-1)
//  video.add( renderer.getContext() ); // context (WebGL)                       ─── (※4-2)
//  video.add( renderer.domElement.toDataURL("image/webp") ); // dataURL         ─── (※4-3)
    if( step < 100 ){                                                            ─── (※2-2)
        // 「loop()」関数の呼び出し
        requestAnimationFrame(loop);
    } else {                                                                     ─── (※2-3)
        // 動画コンパイル前時刻の取得
        var start_time = new Date;                                               ─── (※5-1)
        // 動画のコンパイル
        var blob = video.compile();
        // 動画コンパイル後時刻の取得
        var end_time = new Date;                                                 ─── (※5-2)
        // 動画コンパイル時間の計算
        var time = end_time - start_time;                                        ─── (※5-3)
        // BlobURLの取得
        var URL = window.URL.createObjectURL( blob );                            ─── (※6-1)
        // div要素の可視化
        document.getElementById('videoFrame').style.display = "block";
        // video要素のsrcへ
        document.getElementById('video').src = URL;                              ─── (※6-2)
        // a要素のsrcへ
        document.getElementById('download').href = URL;                          ─── (※6-3)
        // 動画情報の可視化
        document.getElementById('status').innerHTML
            = "ファイルサイズ:" + Math.ceil( blob.size / 1024 )
            + "[KB]　コンパイル時間:" + time + "[ms]";                            ─── (※7)
    }
}
```

（※1） Whammy.Video クラスのコンストラクタを利用して speed=40（フレームレート）、quality=1.0（画質）の動画オブジェクトを生成します。quality の違いによる画像の見

た目違いについては図 10.13 をご覧ください。また、quality と WebM 形式動画のファイルサイズ、動画コンパイル時間の関係は図 10.14 をご覧ください。

（※2）今回、100 フレームで立方体オブジェクトが 1 回転となるように回転角を与えます。100 フレーム（厳密には 99 フレーム）になるまで loop 関数を呼び出し続け、終了後動画生成に入ります。

（※3）動画のフレームを追加する前に canvas 要素へのレンダリングを行う必要があります。

（※4）Whammy.Video クラスの add メソッドの第 1 引数に渡す 3 種類のオブジェクトの形式をそれぞれ試すことができます。add メソッドで追加されたフレームは、whammy ライブラリ内で全て dataURL（"image/webp"）形式で処理が行われています。そのため、add メソッドの動作を軽くするには dataURL 形式で与えるのが一番ですが、そもそも dataURL 形式に変換するのに負荷がかかるのでトータルではプラマイゼロです。

（※5）WebM 形式の動画へのコンパイルにかかる時間を、前後の時刻を取得して引き算することで見積もります。

（※6）あらかじめ用意しておいた a 要素と video 要素の src 属性に、生成した BlobURL を与えます。

（※7）あらかじめ用意しておいた id 名「status」の span 要素に、動画生成に関する情報としてデータサイズ（Blob オブジェクトの size プロパティ（7.7.1 項））とコンパイル時間（（※5）で計算した値）を表示されます。

プログラムソース 10.36 ●あらかじめ用意しておく body 要素（test_WebM.html）

```html
<body>
  <!-- canvas要素を配置するdiv要素 -->
  <div id="canvas-frame"></div>                              ────── three.jsの描画領域
  <div id="videoFrame" style="display:none">                 ────── はじめは非表示
    <video id="video" width="300" height="300" controls autoplay loop></video>   -- (※1)
    <a id="download" download="three.webm">ダウンロード</a> (<span id="status"></span>)
  </div>
</body>
```

（※1）video 要素に存在する属性値を持たない属性「controls」「autoplay」「loop」は、動画再生を制御するために存在します。「controls」は再生・一時停止などを行うコントロールパネルの表示、「autoplay」は動画読み込み後直ちに再生を行う、「loop」は動画の再生が終わった後はじめから再再生を行うという意味です。この他にも消音再生をデフォルトとする「muted」、「autoplay」が無効の場合にあらかじめ動画データのダウンロードを行っておく「autobuffer」などがあります。

図10.13●画質（qualityの値）に対する画質の比較（test_WebM.html）

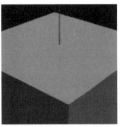

元の画像（canvas要素）

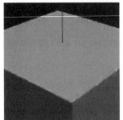  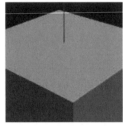 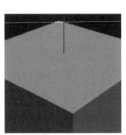

quality=0.1　　　　quality=0.5　　　　quality=0.8（デフォルト値）　　　quality=1.0

　図10.13は、動画の画質を決定するパラメータであるqualityの値に対する実際の見た目を比較した図です。図上左はもとのcanvas要素の画像、図下左から最低画質（0.1）、中画質（0.5）、高画質（0.8、デフォルト値）、最高画質（1.0）となっています。立方体の角を見ると明らかに画質に違いがあることが確認できます。最高画質で若干にじみが見られますが概ね元の画像と同程度であり、そこから画質が悪化していく様子がわかります。

図10.14●画質と動画のファイルサイズ、動画コンパイル時間の関係（GraphViewer_WebM.html）

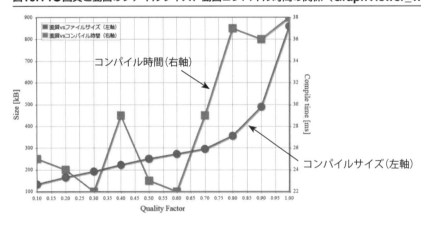

次に、図10.14は画質と動画のファイルサイズ、動画コンパイル時間との関係をqualityの0.1刻みで調べた結果です。画質vsファイルサイズのマークは「●」でy軸は左、画質対コンパイル時間のマークは「■」でy軸は右です。まず、ファイルサイズについてです。quality=0.1から0.8までは概ね線形（比例関係）で、そこから急激に上昇していることが確認できます。これは、qualityの値に対する画質の向上が線形であると仮定したとき、quality=0.1から0.8まではファイルサイズの増大に対する高画質への寄与が一定であるのに対して、0.8〜0.9はファイルサイズの増大が高画質への寄与が小さいことを意味します。つまり、高画質かつ軽量を満たすのはquality=0.8であると言えます。このことからquality=0.8がデフォルト値として採用されていることがわかります。また、動画のコンパイル時間についてですが、元々今回のコンパイル時間が概ね30［ミリ秒］程度なので実行時の環境によってばらつき生じてしまい、有用なデータとはいえません。もっとフレーム数の大きな動画で試してみる必要があると考えられます。

10.5.4 仮想物理実験室への動画生成機能の追加

ここからの本節後半で、whammyを用いて仮想物理実験室に動画生成機能の追加を行います。通常、動画を生成したいシチュエーションというのは、満足の行くシミュレーションの実行ができた時に、その3次元グラフィックス・アニメーションを記録したいという状況であると考えられます。そのため、通常の時間発展の計算時には動画生成は必要なく、計算終了後に動画として保存したい場合のみ動画生成を実行するという流れになります。ただし、10.5.3項で示したとおり、動画はcanvas要素の描画された画像を動画のフレームとしてつなぎあわせることで生成されるので、計算結果から3次元グラフィックスの再描画が必要となるわけです。この「再描画」と「動画生成」を合わせた状態を「動画生成状態」と呼ぶことにします。また、動画の生成が完了して、動画ダウンロードが可能な状態を「動画準備完了状態」と呼ぶことにします。なお、動画生成に必要な「再描画」は、ちょうど7.8.6項で導入した「再生モード」と同じ実行内容となるので、動画生成はこの「再生モード」を拡張する形で実装します。

動画関連プロパティ

仮想物理実験室の動画生成を実装するにあたり、動画関連パラメータを格納するvideoプロパティを追加します。これまでと同様、PhysLabクラスのコンストラクタに該当プロパティの定義を行います。なお、コメント文に「(内部)」と記載のあるプロパティ名は、本実験室内で利用する内部プロパティです。そのため、コンストラクタの引数で値を与える必要はありません。

```
プログラムソース 10.37 ●動画関連プロパティの導入（physLab_r10.js）
    PHYSICS.PhysLab = function ( parameter ) {
      (省略)
      this.video = {
        enabled : false,          // 動画生成利用の有無（必須）
        downloadButtonID : null,  // 動画ダウンロードボタンID（必須） ───────── (※1-1)
        makeButtonID : null,      // 動画生成ボタンID（必須） ──────────── (※1-2)
        speed : 30,               // 動画のフレームレート ──────────── (※2-1)
        quality : 0.8,            // 動画の画質 ────────────────── (※2-2)
        fileName : "video.webm",  // 動画のファイル名 ──────────────── (※3)
        makeStartFlag : false,    // 動画生成開始フラグ（内部） ──────── (※4-1)
        makingFlag : false,       // 動画生成中フラグ（内部） ────────── (※4-2)
        finishedFlag : false,     // 動画生成完了フラグ（内部） ──────── (※4-3)
        readyFlag : false         // 動画生成完了フラグ（内部） ──────── (※4-4)
      }
      (省略)
    }
```

（※1）　リビジョン 10 では、動画生成の制御はマウスによるボタンクリックで行うため、ボタンを表す HTML 要素の id 名は必須となります。今後のリビジョンでは必須では無くなる可能性もあります。

（※2）　10.5.3 項で解説した動画オブジェクトのプロパティに与えるプロパティです。

（※3）　動画のファイル名です。ダウンロード開始のトリガーとするボタンとなる a 要素の download 属性値として与えられます。

（※4）　動画の生成からダウンロードを行うまでの仮想物理実験室の状態を表す 4 つのフラグを導入します。各フラグの意味については、次の状態遷移図を参照してください。

仮想物理実験室の状態遷移

　リビジョン 10 において、仮想物理実験室における物理シミュレーション結果を動画で保存するまでの手順は以下のとおりです。

（1）初期状態 →（2）時間発展の計算 →（3）一時停止
→（4）動画の生成（再描画）→（5）動画ダウンロードの準備完了

　上記で示した仮想物理実験室の各状態は、フラグと呼ばれるプロパティ値に与えたブール値で判定します。これまでに導入した PhysLab クラスの init プロパティ、pause プロパティ、reset プロパティがそれです。動画の生成からダウンロードまでの実験室の状態を表すフラグとして先述の video プロパティで新たに定義した 4 つのフラグを導入します。図 10.15 で示した仮想物理実験室の状態遷移図をご覧ください。

図10.15●仮想物理実験室の状態遷移図

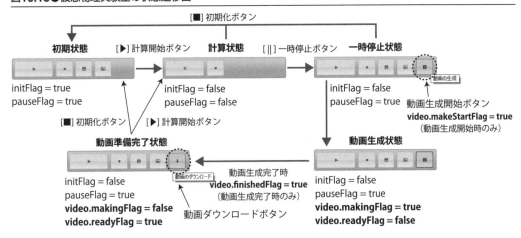

本リビジョンでは、動画に関するフラグは makeStartFlag、makingFlag、finishedFlag、readyFlag の4つです。この内、makeStartFlag フラグと finishedFlag フラグは、それぞれ動画生成の開始と終了を知らせるフラグで、実験室の状態を指定するフラグではありません。残りの makingFlag フラグと readyFlag フラグは、それぞれ動画生成状態と動画準備完了状態を表すフラグです。これらのフラグによって、実験室の時間発展を制御するコントローラに表示するボタンを変更します。動画生成ボタンは初期状態では必要ないので非表示としておいて、通常の一時停止状態で表示するようにします。そして、動画生成が完了してダウンロードが可能となった時に、動画生成ボタンからダウンロードボタンへ差し替えを行うようにします。本書では次の順番で解説を行います。

(1) 動画生成・ダウンロードボタンの設置 → 10.5.5 項
(2) 動画関連フラグの追記とボタンの制御 → 10.5.5 項
(3) 動画生成メソッド「makeVideo メソッド」の定義 → 10.5.6 項
(4) 動画生成時の時間制御を行う timeControl メソッドの拡張 → 10.5.7 項

10.5.5　動画生成・ダウンロードボタン設置とフラグによる制御

図 10.15 で示した動画生成ボタンと動画ダウンロードボタンも jQuery UI を用いたグラフィカルボタンを利用しています。ボタンの準備を行う initEvent メソッド（1.2.5 項）に該当ボタンを設置する記述を追加します。

10 実験室の保存・復元と動画生成

プログラムソース 10.38 ●initEvent メソッド（physLab_r10.js）

```javascript
PHYSICS.PhysLab.prototype.initEvent = function ( ) {
  // 動画生成
  if( this.video.enabled ){                                                    ──(※1)
    // jQueryの利用
    if( this.useJQuery ){
      $( "#" + this.video.makeButtonID ).button({                   ── 動画生成ボタン
        label: "動画の生成",
        text: false,
        icons: {
          primary: "ui-icon-video"                                  ── アイコンの種類
        }
      }).click( function( ) {
        // 動画生成開始フラグを設定
        scope.video.makeStartFlag = true;                                     ──(※2)
        // ボタンの表示内容の変更
        scope.switchButton( );
      });
      $( "#" + this.video.downloadButtonID ).button({               ── 動画ダウンロードボタン
        label: "動画のダウンロード",
        text: false,
        icons: {
          primary: "ui-icon-arrowthick-1-s"                         ── アイコンの種類
        }
      })
    } else {
      (省略：jQuery未利用時の実装)
    }
    // 動画オブジェクトの生成
    this.video.CG = new Whammy.Video( this.video.speed, this.video.quality );  (※1-2)
  }
}
```

（※1）　`video.enabled = true` の場合のみ、関連ボタンの準備と `Whammy.Video` クラスのコンストラクタによる動画オブジェクトの生成を行い、`CG` プロパティに渡します。なお、動画のフレームレートと画質は `video` プロパティに格納された値が与えられます。

（※2）　動画生成開始ボタンがクリックされ、動画生成開始を実験室内部に通知するためのフラグを立てます。

動画関連フラグの初期化

　動画関連の 4 つのフラグは仮想物理実験室起動時には全て `false` です。そこから動画を生成してダウンロードの準備が完了したときには、`readyFlag` フラグのみが `true` となります。その

後、計算再開や初期化を行った時に、動画ダウンロードボタンを非表示とする必要があります。そこで、以下のようにします。

[▶] 計算開始（再開）ボタン 　　「video.readyFlag = false」の文を追記
[■] 初期化ボタン 　　　　　　　「video.readyFlag = false」の文を追記

関連ボタンの表示・非表示制御

最後に、仮想物理実験室の状態に応じた動画生成ボタンと動画ダウンロードボタンの表示・非表示の制御についてです。これまでと同様、switchButton メソッド（1.2.6 項）に追記を行います。実験室の状態とボタンの表示・非表示の関係は図 10.15 を参照してください。

プログラムソース 10.39 ● switchButton メソッド（physLab_r10.js）

```
PHYSICS.PhysLab.prototype.switchButton = function( ){
  // 一時停止フラグによる分岐
  if ( this.pauseFlag ) {
    (省略)
    // 動画生成ボタンの表示・非表示
    if ( !this.initFlag && !this.video.readyFlag )                              ------ (※1-1)
      $( "#" + this.video.makeButtonID ).css( 'display', 'inline-block' );
    else $( "#" + this.video.makeButtonID ).css( 'display', 'none' );           ------ (※1-2)
    // 動画ダウンロードボタンの表示・非表示
    if( this.video.readyFlag )
      $( "#" + this.video.downloadButtonID ).css( 'display', 'inline-block' );  (※2-1)
    else $( "#" + this.video.downloadButtonID ).css( 'display', 'none' );       ------ (※2-2)
  } else {
    (省略)
    // 動画生成ボタンの表示・非表示
    if ( this.video.makingFlag )
      $( "#" + this.video.makeButtonID ).css( 'display', 'inline-block' );      ------ (※1-3)
    else $( "#" + this.video.makeButtonID ).css( 'display', 'none' );           ------ (※1-4)
    // 動画ダウンロードボタンの表示・非表示
    $( "#" + this.video.downloadButtonID ).css( 'display', 'none' );            ------ (※2-3)
  }
  (省略)
}
```

（※1） 動画生成ボタンの表示は、一時停止状態（pause = true）、かつ初期状態ではない（init=false）、かつ動画準備が完了していない（video.readyFlag=false）場合、あるいは動画生成中（video.makingFlag = true）に表示し、それ以外の場合には非表示とします。

（※2）　動画ダウンロードボタンは、一時停止状態かつ動画準備完了状態（video.readyFlag=true）で表示し、それ以外の場合には非表示とします。

10.5.6　makeVideo メソッド（PhysLab クラス）

　本メソッドは、仮想物理実験室の状態に応じて動画各フレームの取得、動画のコンパイル、動画オブジェクトの初期化を行います。なお、本メソッドは PhysLab クラスの loop メソッド内のレンダリング後に実行されます。

プログラムソース 10.40 ●makeVideo メソッド（physLab_r10.js）

```
PHYSICS.PhysLab.prototype.makeVideo = function ( ){
  if( !this.video.enabled ) return;
  // 動画生成中
  if( this.video.makingFlag ) {
    // 動画フレームの追加
    this.video.CG.add( this.CG.renderer.domElement );          ------- (※1)
  } else if( this.video.finishedFlag ) {                       ------- (※2-1)
    // BlobURLの生成
    document.getElementById( this.video.downloadButtonID ).href
        = window.URL.createObjectURL(
            // 動画Blobオブジェクトの生成
            this.video.CG.compile()
        );                                                     ------- (※3)
    // 動画ファイル名の指定
    document.getElementById( this.video.downloadButtonID ).download
        = this.video.fileName;
    // 動画生成完了フラグの解除
    this.video.finishedFlag = false;                           ------- (※2-2)
    // 動画準備完了フラグの設定
    this.video.readyFlag = true;                               ------- (※4)
    this.switchButton();
    this.video.CG.frames = [];                                 ------- (※5)
  }
}
```

（※1）　動画生成状態（makingFlag=true）の間は、現在 canvas 要素に描画されている 3 次元グラフィックスを動画フレームとして利用するために、動画オブジェクトの add メソッドの引数に three.js で管理されている canvas 要素（renderer.domElement プロパティ）を与えて実行します。

（※2）　動画生成が完了したことを表す video.finishedFlag フラグが立てられて時の処理を記述します。この処理は、動画の全フレームが揃った時に 1 度だけ実施されるので、実行後直ち

（※3） 動画の生成からダウンロードのための URL の指定までの流れは、10.5.3 項と同じです。
（※4） ここで動画準備完了フラグを設定（readyFlag=true）します。これによりダウンロードボタンが表示されます。
（※5） 動画フレームは動画オブジェクトの frames プロパティに配列形式で格納されます。そのため、動画生成が完了した後に空の配列を与えることで初期化します。

10.5.7　timeControl メソッドの拡張（PhysLab クラス）

先述のとおり、動画生成状態において動画の各フレームを生成するには canvas 要素へ計算結果を再描画する必要がありますが、これは 7.8.6 項の「再生モード」と同様の動作となります。そこで「再生モード」を実装している timeControl メソッドの拡張を行います。

プログラムソース 10.41 ●timeControl メソッド（physLab_r10.js）

```
PHYSICS.PhysLab.prototype.timeControl = function ( ){
  (省略)
  // 時間制御スライダーの利用時
  if( this.timeslider.enabled ) {                                    ------ (※1-1)
    if( this.pauseFlag && !this.initFlag ){                          ------ (※1-2)
      // 再生モード || 動画生成状態
      if( this.playback.enabled || this.video.enabled ) {
        (省略：再生モードに関する処理)
        if ( this.video.makeStartFlag ){                             ------ (※2-1)
          // 動画再生開始
          document.getElementById( this.timeslider.domID ).value = 0;  ---- (※3-1)
          // 動画生成フラグの設定
          this.video.makingFlag = true;                              ------ (※3-2)
          // 動画生成開始フラグを解除
          this.video.makeStartFlag = false;                          ------ (※2-2)
        } else if( this.playback.on || this.video.makingFlag ){
                                    // 再生実行時あるいは動画生成状態
          // 時間制御スライダーの位置
          this.timeslider.m++;
          var max = document.getElementById( this.timeslider.domID ).max;
          if( this.timeslider.m > max ) {                            ------ (※4-1)
            if ( this.playback.on ) this.timeslider.m = 0;           ------ (※4-2)
            else if( this.video.makingFlag ) {                       ------ (※4-3)
              this.timeslider.m = max;
              // 動画生成中フラグの解除
              this.video.makingFlag = false;
              // 動画生成完了フラグの設定
```

```
                    this.video.finishedFlag = true;
                }
            }
            document.getElementById( this.timeslider.domID ).value = this.timeslider.m;
        }
    }
    // スライダー値の取得
    this.timeslider.m
        = parseInt( document.getElementById( this.timeslider.domID ).value ) ;
    (省略：スライダー値から3次元グラフィックスを生成)
    }
    (省略)
        }
    }
```

（※1）　本リビジョンでは再生モードと動画生成は時間制御スライダーが有効である必要があります。また、時間制御スライダーは初期状態ではない一時停止状態の場合に適用されます。

（※2）　動画生成ボタンをクリックした時に設定された動画生成開始フラグ（makeStartFlag=true）を検知した時の実行する内容を記述します。なお、動画生成開始フラグは直ちに解除します。

（※3）　本リビジョンでは動画の生成は時刻 0 から一時停止の時刻まで行います。そのため、動画フレームを生成するための再生モードの配列番号に 0 をすると動画生成状態を示すフラグを設定（video.makingFlag=true）します。

（※4）　再生モードは、3 次元オブジェクトの運動データが格納された data プロパティ（配列）の最後の要素まで 3 次元グラフィックス描画した後、時刻 0 に戻って再生を続けます。一方、動画生成は最後まで描画した後は動画生成完了フラグを設定（video.finished=true）します。

10.5.8　仮想物理実験室の完成形（リビジョン 10）

　図 10.16 は、仮想物理実験室のひとつである一体問題シミュレータに動画生成を加えた、リビジョン 10 における完成形です。HTML の input 要素を利用して、時間間隔（dt プロパティ）、描画間引数（skip プロパティ）、運動データ間引数（timeslider.skipRecord プロパティ）などの実験室パラメータの他に、作成する動画の FPS や動画生成時の 3 次元グラフィックス関連のパラメータを指定することができます。これらのパラメータは作成する動画の性質に合わせて設定する必要があります。例えば、動画を 1 秒間再生した時の実験室内の時間経過は、

　　動画を 1 秒間再生した時の実験室内の時間経過 ＝ 時間間隔 × 運動データ間引数 × FPS

で与えられます。ここで「運動データ間引数」が関わってくるのは、動画生成のための各フレーム

の画像は運動データ（data プロパティ）に格納されたデータを元に再描画した結果を利用するためです。反対に描画間引数は動画生成には関係ありません。また、3次元オブジェクトの軌跡や速度ベクトル、ストロボの表示・非表示も動画へ反映させることもできます。軌跡、速度ベクトル、ストロボはそれぞれ、常時表示、停止時のみ表示、非表示を選択することができ、途中で切り替えることもできます。ただし、図10.16で示した経路に従って運動する4種類の球オブジェクトは軌跡とストロボを元々利用していないため（それぞれのパラメータを格納するプロパティの enable プロパティが false）、速度ベクトルのみが表示・非表示を変更することができます。これで、本書で取り扱った全ての物理シミュレーションの動画を作成することができます。

図10.16●仮想物理実験室（一体問題シミュレータ）の完成形（OneBodyLab_r10_video.html）

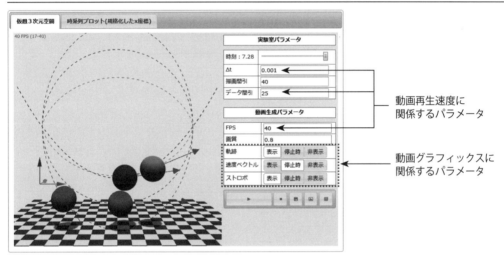

付 録

付録

付録A PhysLab クラスのメソッド・プロパティ（リビジョン10）

仮想物理実験室を生成するクラスです。本付録には本クラスに所属するプロパティとメソッドの一覧を示します。なお、リビジョンが上がるとともに新規追加、機能拡張、名称変更もあることをご了承ください。

A.1 プロパティ

クラスプロパティ

プロパティ	データ型	デフォルト	説明
id	`<int>`	0	生成する3次元オブジェクトの識別番号を与えるための番号。3次元オブジェクトが生成されるごとにインクリメントされる。生成した3次元オブジェクトの数と一致する。

プロパティ

プロパティ	データ型	デフォルト
frameID	`<string>`	null
説明　仮想3次元空間を描画する canvas 要素を出力する要素の id 名。		
playButtonID	`<string>`	null
説明　時間発展を開始するスタートボタンを表す要素の id 名。本プロパティを指定しない場合、実行と同時に時間発展が開始される（`pauseFlag` に false が与えられる）。		
resetButtonID	`<string>`	null
説明　仮想物理実験室の状態を初期状態へ遷移させるためのボタンを表す要素の id 名。		
pictureID	`<string>`	null
説明　画面キャプチャボタンを表す要素の id 名。		
timeID	`<string>`	null
説明　仮想物理実験室の時刻を表示する要素の id 名。		
useJQuery	`<bool>`	false
説明　jQuery の利用の有無を指定するブール値。		
g	`<float>`	9.8
説明　重力加速度。重力加速度の向きは z 軸のマイナス方向。		

付録A PhysLab クラスのメソッド・プロパティ(リビジョン 10)

プロパティ	データ型	デフォルト
`dt`	`<float>`	0.001
説明	時間発展時の1ステップあたりの時間間隔。小さいほど計算精度が高くなる。	
`step`	`<int>`	0
説明	実験室内のステップ数。	
`skipRendering`	`<int>`	40
説明	1回描画する間に間引回数。	
`displayFPS`	`<bool>`	true
説明	FPS計測結果の表示の有無を指定するブール値。	
`draggable`	`<bool>`	false
説明	本実験室に登場する3次元オブジェクトをマウスドラックで移動するための初期化を行うブール値。	
`allowDrag`	`<bool>`	false
説明	本実験室に登場する3次元オブジェクトをマウスドラックにて移動することの可否を表すブール値。	
`locusFlag`	`<bool>`|`"pause"`	true
説明	3次元オブジェクトの軌跡の表示の有無をブール値あるいは文字列で指定。""pause""と指定すると、実験室の状態が停止状態の時のみ軌跡が表示される。	
`velocityVectorFlag`	`<bool>`|`"pause"`	"pause"
説明	3次元オブジェクトの速度ベクトルの表示の有無をブール値あるいは文字列で指定。"pause"と指定すると、実験室の状態が停止状態の時のみ速度ベクトルが表示される。	
`boundingBoxFlag`	`<bool>`|`"dragg"`	"dragg"
説明	3次元オブジェクトのバウンディングボックスの表示の有無をブール値あるいは文字列で指定。"dragg"と指定すると、マウスドラック時のみ軌が表示される。	
`strobeFlag`	`<bool>`|`"pause"`	true
説明	3次元オブジェクトのストロボ表示の有無をブール値あるいは文字列で指定。"pause"と指定すると、実験室の状態が停止状態の時のみストロボが表示される。	
`locusButtonID`	`<string>`	null
説明	3次元オブジェクトの軌跡の表示の有無を切り替えるラジオボタン要素のid名。	
`velocityVectorButtonID`	`<string>`	null
説明	3次元オブジェクトの速度ベクトルの表示の有無を切り替えるラジオボタン要素のid名。	
`strobeButtonID`	`<string>`	null
説明	3次元オブジェクトのストロボ表示の有無を切り替えるラジオボタン要素のid名。	
`loadFilePath`	`<strign>`	null
説明	読み込みを行う保存データのファイルパス。	
`saveDataDownloadButtonID`	`<string>`	null
説明	保存した実験室データをダウンロードを開始するボタンのid名。HTML文書のbody要素に本プロパティに与えたid名のa要素を配置する必要がある。	

プロパティ	データ型	デフォルト
pauseStepList	[<int>]	[]
説明	時間発展を一時停止させる時間の配列。この配列に格納した時間ステップで、仮想物理実験の時間発展を一時停止にする。	

renderer	<object>	{
		  clearColor: 0xFFFFFF,
		  clearAlpha: 1.0,
		  parameters: {
		    antialias: false,
		    stencil: true,
		}}

説明	3次元グラフィックスのレンダラーのパラメータを指定するオブジェクト。プロパティの意味は次のとおり。 ・clearColor：クリアーカラー（背景色） ・clearAlpha：クリアーアルファ（背景透明度） ・parameters：WebGLRenderer クラスのコンストラクタに渡すパラメータ	

camera	<object>	{
		  type: "Perspective",
		  position: { x:15, y:0, z:15 },
		  up: { x:0, y:0, z:1 },
		  target: { x:0, y:0, z:0 },
		  fov: 45,
		  near: 0.1,
		  far: 100,
		  left: -10,
		  right: 10,
		  top: 10,
		  bottom: -10,
		}

説明	3次元グラフィックスのカメラの種類とパラメータを指定するオブジェクト。カメラとして透視投影（デフォルト）、正投影が用意されている。プロパティの意味は次のとおり。 ・type：カメラの種類（Perspective ｜ Orthographic） ・position：カメラの位置座標 ・up：カメラの上ベクトル ・target：カメラの向き中心座標 ・fov：視野角 ・near：視体積手前までの距離 ・far：視体積の奥までの距離 ・left：視体積の左までの距離（正投影） ・right：視体積の右までの距離（正投影） ・top：視体積の上までの距離（正投影） ・bottom：視体積の下までの距離（正投影）	

プロパティ	データ型	デフォルト
| light | \<object\> | ```
{
    type:       "Directional",
    position:   { x:0, y:0, z:10 },
    target:     { x:0, y:0, z:0  },
    color:      0xFFFFFF,
    intensity:  1,
    distance:   0,
    angle:      Math.PI/4,
    exponent:   20,
    ambient:    null
}
``` |
| 説明 | 3次元グラフィックスの光源の種類とパラメータを指定するオブジェクト。光源として平行光源(デフォルト)、スポットライト光源、点光源が用意されている。プロパティの意味は次のとおり。
・type：光源の種類（Directional | Spot | Point）
・position：光源位置
・target：光源の向き（平行光源，スポットライト光源）
・color：光源色
・intensity：光源強度
・distance：距離減衰指数（スポットライト光源，点光源）
・angle：角度（スポットライト光源）
・exponent：光軸からの減衰指数（スポットライト）
・ambient：環境光源色 | |
| shadow | \<object\> | ```
{
    shadowMapEnabled:    false,
    shadowMapWidth:      512,
    shadowMapHeight:     512,
    shadowCameraVisible: false,
    shadowCameraNear:    0.1,
    shadowCameraFar:     50,
    shadowCameraFov:     120,
    shadowCameraRight:   10,
    shadowCameraLeft:    -10,
    shadowCameraTop:     10,
    shadowCameraBottom:  -10,
    shadowDarkness:      0.5
}
``` |
| 説明 | 3次元グラフィックスの影描画関連のパラメータを指定するオブジェクト。プロパティの意味は次のとおり。
・shadowMapEnabled：シャドーマップの利用
・shadowMapWidth：シャドーマップの横幅
・shadowMapHeight：シャドーマップの高さ
・shadowCameraVisible：シャドーマップの可視化
・shadowCameraNear：シャドーカメラの near
・shadowCameraFar：シャドーカメラの far
・shadowCameraFov：シャドーカメラの fov
・shadowCameraRight：シャドーカメラの right
・shadowCameraLeft：シャドーカメラの left
・shadowCameraTop：シャドーカメラの top
・shadowCameraBottom：シャドーカメラの bottom
・shadowDarkness：影の黒さ | |

プロパティ	データ型	デフォルト

trackball	\<object\>	{
		  enabled: false,
		  noRotate: false,
		  rotateSpeed: 2.0,
		  noZoom: false,
		  zoomSpeed: 1.0,
		  noPan: false,
		  panSpeed: 1.0,
		  staticMoving: true,
		  dynamicDampingFactor: 0.3,
		}

説明	カメラパラメータをマウス操作で変更するための仕組みであるトラックボール関連パラメータ。プロパティの意味は次のとおり。 ・enabled：トラックボール利用の有無 ・noRotate：トラックボールの回転無効化 ・rotateSpeed：トラックボールの回転速度の設定 ・noZoom：トラックボールの拡大無効化 ・zoomSpeed：トラックボールの拡大速度の設定 ・noPan：トラックボールのカメラ中心移動の無効化と中心速度の設定 ・panSpeed：中心速度の設定 ・staticMoving：トラックボールのスタティックムーブの有効化 ・dynamicDampingFactor：トラックボールのダイナミックムーブ時の減衰定数	

timeslider	\<object\>	{
		  enabled: false,
		  skipRecord: 50,
		  domID: null,
		  save: {
		    flag: false,
		    objects: []
		  }
		}

説明	時間制御スライダーを実装するために必要なプロパティなどを格納するオブジェクト。 ・enabled：時間制御スライダー利用の有無 ・skipRecord：運動記録の間引回数 ・domID：時間制御スライダーの要素のID名 ・save：制御前の最新データを保持するためのオブジェクト（内部） ・save.flag：最新データの保持フラグ（内部） ・save.objects：3次元オブジェクトの最新情報が格納された配列（内部）	

プロパティ	データ型	デフォルト

playback	<object>	{
		    enabled: false,
		    checkID: null,
		    locusVisible: true,
		    velocityVectorVisible: false,
		    strobeVisible: false
		}

説明	再生モードを実装するために必要なプロパティなどを格納するオブジェクト。 ・`enabled`：再生モード利用の有無 ・`checkID`：check ボックスの ID ・`locusVisible`：軌跡の表示 ・`velocityVectorVisible`：速度ベクトルの表示 ・`strobeVisible`：ストロボの表示	

video	<object>	{
		    enabled: false,
		    downloadButtonID: null,
		    makeButtonID: null,
		    speed: 30,
		    quality: 0.8,
		    fileName: "video.webm",
		    makeStartFlag: false,
		    makingFlag: false,
		    finishedFlag: false,
		    readyFlag: false
		}

説明	動画生成を実装するために必要なプロパティなどを格納するオブジェクト。 ・`enabled`：動画生成利用の有無 ・`downloadButtonID`：動画ダウンロードボタン ID ・`makeButtonID`：動画生成ボタン ID ・`speed`：動画のフレームレート ・`quality`：動画の画質 ・`fileName`：動画のファイル名 ・`makeStartFlag`：動画生成開始フラグ（内部） ・`makingFlag`：動画生成中フラグ（内部） ・`finishedFlag`：動画生成完了フラグ（内部） ・`readyFlag`：動画生成完了フラグ（内部）	

skybox	<object>	{
		    enabled: false,
		    cubeMapTexture: null,
		    size: 400,
		    r: { x:0, y:0, z:0 }
		}

説明	スカイボックスを実装するために必要なプロパティなどを格納するオブジェクト。 ・`enabled`：スカイボックス利用の有無 ・`cubeMapTexture`：テクスチャ ・`size`：スカイボックスのサイズ ・`r`：スカイボックスの位置	

プロパティ	データ型	デフォルト

skydome	<object>	{
		  enabled: false,
		  radius: 200,
		  topColor: 0x2E52FF,
		  bottomColor: 0xFFFFFF,
		  exp: 0.8,
		  offset: 5
		}

説明	_ スカイドームを実装するために必要なプロパティなどを格納するオブジェクト。 ・enabled：スカイドーム利用の有無 ・radius：スカイドームの半径 ・topColor：ドーム天頂色 ・bottomColor：ドーム底面色 ・exp：混合指数 ・offset：高さ基準点	

fog	<object>	{
		  enabled: false,
		  type: "linear",
		  color: null,
		  near: 0.1,
		  far: 30,
		  density: 1/20
		}

説明	フォグを実装するために必要なプロパティなどを格納するオブジェクト。 ・enabled：フォグ利用の有無 ・type：フォグの種類（"linear" | "exp"） ・color：フォグ色 ・near：フォグ開始距離（線形フォグ） ・far：フォグ終了距離（線形フォグ） ・density：フォグの濃度（指数フォグ）	

lensFlare	<object>	{
		  enabled: false,
		  flareColor: 0xFFFFFF,
		  flareSize: 300,
		  flareTexture: null,
		  ghostTexture: null,
		  ghostList : [
		    {size:60, distance:0.6},
		    {size:70, distance:0.7},
		    {size:120, distance:0.9},
		    {size:70, distance:1.0},
		  ]
		}

説明	レンズフレアを実装するために必要なプロパティなどを格納するオブジェクト。 ・enabled：レンズフレア利用の有無 ・flareColor：フレアテクスチャの発光色 ・flareSize：フレアのサイズ ・flareTexture：フレアテクスチャ ・ghostTexture：ゴーストテクスチャ ・ghostList：レンズフレアのリスト（サイズと距離をオブジェクトリテラルで指定）	

付録A PhysLab クラスのメソッド・プロパティ（リビジョン 10）

プロパティ	データ型	デフォルト
objects	<array>	[]
説明　本実験室にて物理演算の対象とするオブジェクト。		
beforeInitEventFunctions afterInitEventFunctions beforeInit3DCGFunctions afterInit3DCGFunctions afterStartLabFunctions beforeTimeControlFunctions centerTimeEvolutionFunctions afterTimeControlFunctions beforeCheckFlagsFunctions afterCheckFlagsFunctions breforeTimeEvolutionFunctions afterTimeEvolutionFunctions breforeMakePictureFunctions afterMakePictureFunctions breforeMakeJSONSaveDataFunctions afterMakeJSONSaveDataFunctions beforeLoopFunctions afterLoopFunctions	[<Function>]	[]
説明　対応する各通信メソッド内で実行する関数を格納する配列。		

内部プロパティ

プロパティ名	データ型	デフォルト
id	<int>	―
説明　生成された仮想物理実験室オブジェクトの識別番号。		
initFlag	<bool>	true
説明　仮想物理実験室が初期状態であることを示すフラグ。		
pauseFlag	<bool>	true
説明　仮想物理実験室が一時停止状態であることを示すフラグ。		
resetFlag	<bool>	false
説明　仮想物理実験室を初期状態へ戻すフラグ。		
makePictureFlag	<bool>	true
説明　画面キャプチャの生成フラグ。		
makeSaveDataFlag	<bool>	true
説明　セーブデータ生成フラグ。		
stats	<Stats>	new Stats()
説明　FPS 計測・表示用のオブジェクト。		

プロパティ名	データ型	デフォルト
draggableObjects	<array>	[<Mesh>]
説明	draggable フラグが立てられているマウスドラックにて移動を行うことのできる 3 次元オブジェクトの、概形を表すバウンディングボックスオブジェクト（three.js の Mesh クラスのオブジェクト）が格納される配列。	
CG	<object>	{}
説明	仮想物理実験室のコンピュータ・グラフィックス関連の各種プロパティが格納されるプロパティ。	
collisionDetectionObjects	[<PhysObject>]	[]
説明	衝突判定を行う 3 次元オブジェクトが格納される。	
copyPropertyList	[<string>]	[]
説明	コピー対象プロパティリスト。	
loadData	<object>	null
説明	保存データ読み込み後のオブジェクトを格納するプロパティ。	

A.2 メソッド

メソッド

メソッド名	引数	戻値
setParameter(parameter)	<object>	なし
説明	コンストラクタの引数で指定されたパラメータを実際に各プロパティに与えるメソッド。	
getProperty(object)	<PhysObject>	<object>
説明	実験室オブジェクトや 3 次元オブジェクトの完全コピーを生成するために必要なプロパティを取得するためのメソッド。	
clone(object)	<PhysObject>	<PhysObject>
説明	引数で与えられた実験室オブジェクトあるいは 3 次元オブジェクトの完全コピーを生成するメソッド。	
getSaveData()	なし	{physLab:<PhysLabObject>, objects:[<PhyObjectObject>]}
説明	実験室オブジェクト並びに 3 次元オブジェクトのコピーに必要な全プロパティを格納したオブジェクトを生成して返す。	
makeJSONSaveData()	なし	なし
説明	makeSaveDataFlag フラグが立てられた時に、JSON 形式の保存データをダウンロードできるように、BlobURL を a 要素に与える。	
loadJSONSaveData(filePath)	<string>	なし
説明	loadFilePath プロパティに指定されたファイルパスに存在する実験室データが保存されたファイルを読み込んで、JSON 形式からオブジェクトに変換後、結果を loadData プロパティに与える。	

付録A PhysLab クラスのメソッド・プロパティ（リビジョン10）

メソッド名	引数	戻値
restorePhysObjectsFromLoadData()	なし	なし
説明	loadData プロパティに与えられた3次元オブジェクトのプロパティから改めて3次元オブジェクトを生成して、実験室オブジェクトに登録する。	
startLab()	なし	なし
説明	仮想物理実験室を開始する。全ての準備が完了した後に実行する必要がある。	
createPhysObject(physObject)	<PhysObject>	なし
説明	引数で与えられた3次元オブジェクトを仮想物理実験室に生成するためのメソッド。	
initEvent()	なし	なし
説明	JavaScript におけるイベント登録をおこなう。r1 では、FPS 計測結果を表示する HTML 要素を追加と、スタートボタンのクリック時イベントの宣言のみが実装。時間発展の制御を行うボタンの設定、初期値を設定するスライダー関連のイベントが定義されている。	
switchButton()	なし	なし
説明	実験室の状態に応じてボタンの表示内容を変更するためメソッド。	
init3DCG()	なし	なし
説明	仮想物理実験室による3次元グラフィックス関連の初期化を行う。具体的には、initThree、initCamera、initLight が実行される。	
initThree()	なし	なし
説明	three.js の初期化を行う。	
initCamera()	なし	なし
説明	three.js におけるカメラオブジェクトの初期化を行う。	
initLight()	なし	なし
説明	three.js における光源オブジェクトの初期化を行う。	
initDragg()	なし	なし
説明	仮想物理実験室内に配置された3次元オブジェクトをマウスドラックで移動させるために必要な初期化を行う。	
mouseDownEvent(physObject) mouseDraggEvent(physObject) mouseUpEvent(physObject)	<PhysObject>	―
説明	3次元オブジェクトがマウスダウンされた時、マウスドラックされた時、マウスアップされた時に実行するメソッド。引数にはマウスドラックされている3次元オブジェクトが格納される。実験室の実装時にオーバーライドで利用できるように空のメソッドが定義されている。	
loop()	なし	なし
説明	仮想物理実験室における無限ループ。時間発展が停止中でも本関数による無限ループは停止しない。	
timeControl()	なし	なし
説明	仮想物理実験室内の時間を制御するメソッド。loop メソッドの中で呼び出される。	
makeVideo()	なし	なし
説明	仮想物理実験室の状態に応じて動画各フレームの取得、動画のコンパイル、動画オブジェクトの初期化	

メソッド名	引数	戻値
checkFlags()	なし	なし
説明　仮想物理実験室の状態をチェックして時間発展を制御するためのメソッド。		
timeEvolution()	なし	なし
説明　仮想物理実験室の時間発展を実行するメソド。loopメソッド内で実行されることを想定している。		
makePicture()	なし	なし
説明　canvas要素に描画された仮想物理実験室の3次元グラフィックスをPNG形式の画像データとして生成するメソッド。		
makeDownloadData()	なし	なし
説明　3次元オブジェクトの任意の運動データを格納したダウンロードデータを作成するメソッド。		
beforeInitEvent() afterInitEvent() beforeInit3DCG() afterInit3DCG() afterStartLab() beforeTimeControl() afterTimeControl() beforeCheckFlags() afterCheckFlags() breforeTimeEvolution() centerTimeEvolution() afterTimeEvolution() breforeMakePicture() afterMakePicture() breforeMakeJSONSaveData() afterMakeJSONSaveData() beforeLoop() afterLoop()	なし	—
説明　仮想物理実験室内の外部との情報のやりとりを行うメソッド（通信メソッドと呼ぶ）。主要なメソッドの最初と最後に配置され、目的に応じてオーバーライドすることで実験室の柔軟な制御に利用することができる。		
checkCollision(contact)	<bool>	なし
説明　collisionDetectionObjectsプロパティに格納された衝突判定対象となる全ての3次元オブジェクト同士の衝突判定を行うメソッド。接触判定を行う場合、引数をtrueとする。		
checkContact()	なし	なし
説明　collisionDetectionObjectsプロパティに格納された衝突判定対象となる全ての3次元オブジェクト同士の接触判定を行うメソッド。		
checkPossibilityOfCollision(　object1, object2)	<PhysObject> <PhysObject>	<bool>
説明　引数で指定した2つの3次元オブジェクトのバウンディング球同士の衝突を判定する。		

付録A PhysLab クラスのメソッド・プロパティ（リビジョン10）

メソッド名	引数	戻値
checkCollisionSphereVsPlane(　sphere , object , noSide)	\<Sphere\> \<Plane\> \<bool\>	\<bool\>
説明	第1引数で指定した球オブジェクトと第2引数で指定した3次元オブジェクトを構成する平面との衝突を判定する。衝突が検知された場合には、球オブジェクトの collisionObjects プロパティに衝突力計算に必要な情報が格納される。平面の端での衝突判定を行わない場合には第3引数に true を与える。	
getCollisionPlane(　sphere, object, i)	\<Sphere\> \<Plane\> \<int\>	\<Vector3\>
説明	球オブジェクトと平面領域を持つ3次元オブジェクトとの衝突判定を行うメソッド。衝突が検知された場合には、球オブジェクトへの力の加わる方向を返す。第1引数に球オブジェクト（sphere）、第2引数に衝突判定用3次元オブジェクト（object）、第3引数に3次元オブジェクトの衝突判定を行う面の番号を指定する。	
getCollisionSide(　sphere, object, i)	\<Sphere\> \<Plane\> \<int\>	\<Vector3\>
説明	球オブジェクトと平面領域の辺との衝突判定を行うメソッド。衝突が検知された場合には、球オブジェクトへの力の加わる方向を返す。第1引数に球オブジェクト（sphere）、第2引数に衝突判定用3次元オブジェクト（object）、第3引数に3次元オブジェクトの衝突判定を行う面の番号を指定する。	
getCollisionEdge(　sphere, object, i)	\<Sphere\> \<Plane\> \<int\>	\<Vector3\>
説明	球オブジェクトと平面領域の角との衝突判定を行うメソッド。衝突が検知された場合には、球オブジェクトへの力の加わる方向を返す。第1引数に球オブジェクト（sphere）、第2引数に衝突判定用3次元オブジェクト（object）、第3引数に3次元オブジェクトの衝突判定を行う面の番号を指定する。	
checkCollisionSphereVsLine(　sphere, object)	\<Sphere\> \<Line\>	\<bool\>
説明	第1引数で指定した球オブジェクトと第2引数で指定した線オブジェクトの衝突判定・衝突計算を行うメソッド。	
getCollisionSphere(　positon1, radius1, 　positon2, radius2)	\<Vector3\> \<Vector3\>	\<Vector3\>
説明	引数に与えた2つの球体の位置（positon1、positon2）と半径（radius1、radius2）から衝突判定を行い、衝突を検知した場合には衝突力の方向ベクトルを返すメソッド。	
checkCollisionSphereVsSphere(　sphere1, sphere2)	\<Sphere\> \<float\> \<Sphere\> \<float\>	\<bool\>
説明	第1引数と第2引数で指定した球オブジェクト同士の衝突を判定する。衝突が検知された場合には、球オブジェクトの collisionObjects プロパティに衝突力計算に必要な情報が格納される。	

メソッド名	引数	戻値
getCollisionSphere(　positon1, radius1, 　positon2, radius2)	\<Vector3\> \<float\> \<Vector3\> \<float\>	\<Vector3\>
説明　第1引数と第2引数で指定した球オブジェクトの位置と半径、第3引数と第4引数で指定した球オブジェクトの位置と半径から衝突を判定する。衝突が検知された場合には、球オブジェクトのcollisionObjects プロパティに衝突力計算に必要な情報が格納される。		
getCollisionCircle(　sphere, circle, 　i, noSide)	\<Sphere\> \<Circle\> \<int\> \<bool\>	\<Vector3\>
説明　第1引数と第2引数で与えた球オブジェクト（sphere）と円オブジェクト（circle）との衝突判定を行い、衝突を検知した場合には衝突力の方向ベクトルを返すメソッド。第3引数は円オブジェクトを構成する円の衝突判定を行う番号、円端での衝突判定を行わない場合には第3引数にtrue を与える。		
checkCollisionSphereVsCylinder(　sphere, object)	\<Sphere\> \<Cylinder\>	\<bool\>
説明　第1引数と第2引数で指定した球オブジェクト同士の衝突を判定する。衝突が検知された場合には、球オブジェクトの collisionObjects プロパティに衝突力計算に必要な情報が格納される。		
getCollisionCylinderSide(　sphere, object)	\<Sphere\> \<Cylinder\>	\<Vector3\>
説明　第1引数と第2引数で指定した球オブジェクトの位置と半径、第3引数と第4引数で指定した球オブジェクトの位置と半径から衝突を判定する。衝突が検知された場合には、球オブジェクトのcollisionObjects プロパティに衝突力計算に必要な情報が格納される。		
removeCollisionDetectionObjects(　physObject)	\<PhysObject\>	\<bool\>
説明　衝突計算の対象となる collisionDetectionObjects プロパティ（配列）から引数でしてした3次元オブジェクトを削除するメソッド。		

（※）「\<PhysObject\>」は、PhysObject クラスの派生クラスで定義される仮想物理実験室に登場する全ての3次元オブジェクトを表します。

付録 B　PhysObject クラスのメソッド・プロパティ（リビジョン 10）

仮想物理実験室に登場する全ての 3 次元オブジェクトの基底となるクラスです。球体や立方体といった 3 次元オブジェクトの描画だけでなく、ベルレ法に基づく時間発展を実装したメソッドなど、物理シミュレーションに不可欠な演算を定義します。

■ B.1　プロパティ

クラスプロパティ

プロパティ名	データ型	デフォルト	説明
id	<int>	0	生成する 3 次元オブジェクトの識別番号を与えるための番号。3 次元オブジェクトが生成されるごとにインクリメントされる。生成した 3 次元オブジェクトの数と一致する。

プロパティ

プロパティ名	データ型	デフォルト
r	<Vector3>	new THREE.Vector3()
説明　位置ベクトル。		
v	<Vector3>	new THREE.Vector3()
説明　速度ベクトル。		
a	<Vector3>	new THREE.Vector3()
説明　加速度ベクトル。		
r_1	<Vector3>	new THREE.Vector3()
説明　ステップ数「step-1」時の位置ベクトル。ベルレ法アルゴリズムで利用。		
r_2	<Vector3>	new THREE.Vector3()
説明　ステップ数「step-2」時の位置ベクトル。ベルレ法アルゴリズムにて衝突時に利用。		
v_1	<Vector3>	new THREE.Vector3()
説明　ステップ数「step-1」時の速度ベクトル。ベルレ法アルゴリズムにて衝突計算に利用。		
v_2	<Vector3>	new THREE.Vector3()
説明　ステップ数「step-2」時の速度ベクトル。ベルレ法アルゴリズムにて衝突計算に利用。		

プロパティ名	データ型	デフォルト
dynamic	<bool>	false
説明　時間発展の有無を指定するブール値。		
visible	<bool>	true
説明　描画の有無を指定するブール値。非表示の場合でもオブジェクトの運動並びに衝突判定を行う。		
mass	<float>	1.0
説明　質量。		
recordData	<bool>	false
説明　運動の記録を行うかを指定するブール値。		
step	<int>	0
説明　オブジェクト内部時間ステップ数。衝突判定時に一度に数ステップ進める必要があるため、仮想物理実験室の時間ステップを表す PHYSICS.PhysLab クラスの step プロパティとずれる場合がある。		
skipRecord	<int>	100
説明　運動記録の間引回数。		
draggable	<bool>	false
説明　3次元オブジェクトのマウスドラックによる移動の有無を指定するフラグ。本フラグが立つ場合、マウスドラックによる演算に必要なバウンディングボックスが生成される。		
allowDrag	<bool>	false
説明　3次元オブジェクトのマウスドラックによる移動の許可を与えるフラグ。本フラグは、3次元オブジェクト生成時に draggable プロパティが true と与えられている必要がある。		
rotationXYZ	<bool>	false
説明　頂点座標を指定する際に、全ての頂点座標を (x,y,z) から (z,x,y) へローテーションを行うかを指定するブール値。		
collision	<bool>	false
説明　衝突判定の対象とするかを指定するブール値。		
collisionGroups	[<int>]	[]
説明　衝突計算グループを指定する配列。同じグループに所属する3次元オブジェクト同士のみが衝突計算の対象となる。本プロパティを指定されていない場合には全ての衝突計算対象の3次元オブジェクトとの衝突計算を行う。		
e	<float>	1.0
説明　反発係数。		
axis	<Vector3>	new THREE.Vector3(0,0,1)
説明　姿勢軸ベクトルの初期値。		
angle	<float>	0
説明　回転角の初期値。		
quaternion	<Quaternion>	new THREE.Quaternion()
説明　姿勢を表すクォータニオン。axis プロパティと angle プロパティより初期値が計算される。		

付録B　PhysObjectクラスのメソッド・プロパティ（リビジョン10）

プロパティ名	データ型	デフォルト

material	<object>	{
		  type: "Lambert",
		  shading: "Flat",
		  side: "Front",
		  color: 0xFF0000,
		  ambient: 0x990000,
		  opacity: 1.0,
		  transparent: false,
		  emissive: 0x000000,
		  specular: 0x111111,
		  shininess: 30,
		  castShadow: false,
		  receiveShadow: false,
		  depthWrite: true,
		  depthTest: true,
		  textureWidth: 256,
		  textureHeight: 256,
		  blending: null,
		  bumpScale: 0.05,
		  vertexColors: false
		}

説明	3次元グラフィックス材質関連パラメータを格納したプロパティ。 ・type：材質の種類（"Basic" ｜ "Lambert" ｜ "Phong" ｜ "Normal"） ・shading：シェーディングの種類（"Flat" ｜ "Smooth"） ・side：描画する面（"Front" ｜ "Back" ｜ "Double"） ・color：反射色（発光材質の場合：発光色） ・ambient：環境色 ・opacity：不透明度 ・transparent：透過処理 ・emissive：反射材質における発光色 ・specular：鏡面色 ・shininess：鏡面指数 ・castShadow：影の生成 ・receiveShadow：影の映り込み ・depthWrite：デプスバッファ書き込みの可否 ・depthTest：デプステスト実施の有無 ・textureWidth：動的テクスチャ生成時の横幅 ・textureHeight：動的テクスチャ生成時の縦幅 ・blending：ブレンディングの種類（"No" ｜ "Normal" ｜ "Additive" ｜ "Subtractive" ｜ "Multiply" ｜ "Custo"） ・bumpScale：バンプの大きさ ・vertexColors：頂点色利用の有無	

プロパティ名	データ型	デフォルト

locus	\<object\>	{
		  enabled: false,
		  visible: false,
		  color: null,
		  maxNum: 1000,
		}

説明	軌跡の可視化関連パラメータを格納したプロパティ。 ・enabled：可視化の有無 ・visible：表示・非表示の指定 ・color：発光色 ・maxNum：軌跡ベクトルの最大配列数	

velocityVector	\<object\>	{
		  enabled: false,
		  visible: false,
		  color: null,
		  scale: 0.5,
		}

説明	速度ベクトルの可視化関連パラメータを格納したプロパティ。 ・enabled：可視化の有無 ・visible：表示・非表示の指定 ・color：発光色 ・scale：矢印のスケール	

boundingBox	\<object\>	{
		  visible: false,
		  color: null,
		  opacity: 0.2,
		  transparent: true,
		  draggFlag: false
		}

説明	バウンディングボックスの可視化関連パラメータを格納したプロパティ。 ・visible：表示・非表示の指定 ・color：発光色 ・opacity：不透明度 ・transparent：透過処理 ・draggFlag：マウスドラック状態かを判定するフラグ（内部）	

プロパティ名	データ型	デフォルト

boundingSphere	\<object\>	{
		    enabled: false,
		    visible: false,
		    color: null,
		    opacity: 0.2,
		    transparent: true,
		    widthSegments: 40,
		    heightSegments: 40
		}

説明	バウンディング球の可視化関連パラメータを格納したプロパティ。 ・visible：表示の有無 ・color：発光色 ・opacity：不透明度 ・transparent：透過処理 ・widthSegments：y軸周りの分割数 ・heightSegments：y軸上の正の頂点から負の頂点までの分割数	

strobe	\<object\>	{
		    enabled: false,
		    visible: false,
		    color: null,
		    transparent: true,
		    opacity: 0.5,
		    maxNum: 20,
		    skip: 10,
		    velocityVectorEnabled: false,
		    velocityVectorVisible: false
		}

説明	ストロボ表示の可視化関連パラメータを格納したプロパティ。 ・enabled：ストロボ撮影の有無 ・visible：表示・非表示の指定 ・color：描画色 ・transparent：透明化 ・opacity：透明度 ・maxNum：ストロボオブジェクトの数 ・skip：ストロボの間隔 ・velocityVectorEnabled：速度ベクトルの利用 ・velocityVectorVisible：速度ベクトルの表示	

プロパティ名	データ型	デフォルト

path	<object>	{
		  enabled: false,
		  visible: false,
		  color: null,
		  type: "LineBasic",
		  dashSize: 0.2,
		  gapSize: 0.2,
		  parametricFunction: {
		    enabled: true,
		    pointNum: 100,
		    theta: {min:0, max:1},
		    position: null,
		    tangent: null,
		    curvature: null,
		    getTheta: null
		  },
		  restoringForce: {
		    enabled: false,
		    k: 1.0,
		    gamma: 0.01
		  }
		}

説明	3次元オブジェクトの運動経路を指定するのに必要となるパラメータが格納されたプロパティ。
	・enabled：経路指定の有無
	・visible：表示・非表示の指定
	・color：描画色
	・type：線の種類（"LineBasic" || "LineDashed"）
	・dashSize：破線の実線部分の長さ
	・gapSize：破線の空白部分の長さ
	・parametricFunction：{ // 媒介変数に関するプロパティ
	    enabled：媒介変数関数設定の有無
	    pointNum：経路の描画点の数
	    theta：媒介変数の範囲（{min, max}）
	    position：頂点座標を指定する媒介変数関数
	    tangent：接線ベクトルを指定する媒介変数関数
	    curvature：曲率ベクトルを指定する媒介変数関数
	    getTheta：媒介変数の取得 }
	・restoringForce：{ // 復元力に関するプロパティ
	    enabled：拘束状態への復元の有無
	    k：復元力のばね定数
	    gamma：復元力の減衰係数 }	

beforeCreateFunctions afterCreateFunctions beforeUpdateFunctions afterUpdateFunctions beforeTimeEvolutionFunctions afterTimeEvolutionFunctions dynamicFunctions	[<function>]	[]
説明	対応する各通信メソッド内で実行する関数を格納する配列。	

内部プロパティ

プロパティ名	データ型	デフォルト	説明
id	<int>	—	生成された仮想物理実験室オブジェクトの識別番号。
data	<object>	{}	運動の記録を格納するオブジェクト。 x：x 座標 y：y 座標 z：z 座標 vx：速度の x 成分 vy：速度の y 成分 vz：速度の z 成分 kinetic：運動エネルギー potential：ポテンシャルエネルギー energy：力学的エネルギー collisionHistory：衝突履歴
geometry	<object>	{}	3 次元グラフィックスの形状オブジェクト関連のオブジェクトが格納されるプロパティ。
CG	<Mesh>	null	仮想物理実験室内に描画する 3 次元グラフィックス。
physLab	<PhysObject>	null	演算を行う仮想物理実験室。本オブジェクトの運動はここで指定した実験室のパラメータに依存する。
children	[<PhysObject>]	[]	子要素として格納する 3 次元オブジェクト。
parent	<PhysObject>	null	所属する 3 次元オブジェクト。
_vertices	[<Vector3>]	[]	頂点座標の初期値。
vertices	[<Vector3>]	[]	頂点座標の現在の値。
colors	[<Color>]	[]	頂点色。
faces	[[<int>]]	[]	面を構成する頂点番号。
tangents	[<Vector3>]	[]	面の接線ベクトル。
normals	[<Vector3>]	[]	面の法線ベクトル。
collisionObjects	[<PhysObject>]	[]	本オブジェクトに衝突したオブジェクトを格納する配列。
collisionForce	<Vector3>	null	getCollisionForce メソッドで計算した衝突力が格納されるプロパティ。
contactForce	<Vector3>	null	getContactForce メソッドで計算した接触力が格納されるプロパティ。
copyPropertyList	[<string>]	[]	コピー対象プロパティリスト。

B.2 メソッド

メソッド

メソッド名	引数	戻値
setParameter(parameter)	\<object\>	なし
説明 コンストラクタで指定した各種パラメータをオブジェクトのプロパティの値へ反映する。		
resetParameter(parameter)	\<object\>	なし
説明 各種パラメータの再設定を行う。それと同時に各種時系列データの初期化、ベルレ法で必要な初期値の計算も行う。		
getProperty()	なし	\<object\>
説明 3次元オブジェクトの完全コピーを生成するために必要なプロパティを取得するためのメソッド。		
clone()	なし	\<PhysObject\>
説明 3次元オブジェクトの完全コピーを生成するメソッド。		
getClassName()	なし	\<string\>
説明 3次元オブジェクト自身のクラス名を取得するメソッド。		
create3DCG()	なし	なし
説明 仮想物理実験室内で描画する3次元グラフィックスを生成するメソッド。		

getMaterial(
    material,
    parameter)
	\<string\>
	\<object\>
		\<Material\>

説明 引数で指定した材質の種類（material）と材質パラメータ（parameter）を用いて、three.jsの材質オブジェクトを生成し返。もし引数に何も与えない場合には、本メソッドを呼び出したオブジェクトに格納されている関連プロパティをそのまま適用する。		
create()	なし	なし
説明 3次元オブジェクトを生成するメソッド。		
update()	なし	なし
説明 3次元オブジェクトの位置、姿勢を元に、描画する3次元グラフィックス（CGプロパティ）の更新を行うメソッド。		
updateLocus(color)	\<hex\>	なし
説明 3次元オブジェクトの軌跡オブジェクトを更新するメソッド。引数でHEX形式の色が指定された場合、指定された色を優先。		

updateVelocityVector(
    color,
    scale)
	\<hex\>
	\<float\>
		なし

説明 3次元オブジェクトの速度ベクトルオブジェクトを更新するメソッド。引数でHEX形式の色あるいはスケールが指定された場合、指定された値を優先。		
timeEvolution()	なし	なし
説明 3次元オブジェクトの時間発展を計算するメソッド。仮想物理実験室オブジェクトの同名のメソッド内で呼び出される。		

付録B　PhysObject クラスのメソッド・プロパティ（リビジョン 10）

メソッド名	引数	戻値
computeTimeEvolution(dt)	<float>	なし
説明	ベルレ法に基づいて引数で与えた時間発展を行うためのメソッド。	
getForce()	なし	<Vector3>
説明	3次元オブジェクトに加わる力を与えるメソッド。本実験室では重力＋拘束力が返される。また、オーバーライドすることで任意の力を与えることができる。	
getBindingForce()	なし	<Vector3>
説明	3次元オブジェクトの運動が指定した経路に拘束される場合、その拘束力を計算するメソッド。	
computeInitialCondition()	なし	なし
説明	ベルレ法にて計算開始するために必要な初期状態を計算するメソッド。	

getEnergy()	なし	{
		　kinetic:<float>,
		　potential:<float>
		}

説明	3次元オブジェクトの力学的エネルギーを取得するメソッド。kinetic プロパティと potential プロパティが格納されたオブジェクトリテラルで返される。	
initDynamicData()	なし	なし
説明	3次元オブジェクトの位置ベクトル・速度ベクトル・各種エネルギーの時系列データを格納する配列の初期化を行うメソッド。	
recordDynamicData()	なし	なし
説明	3次元オブジェクトの運動に関する、位置ベクトル、速度ベクトル、各種エネルギーの時系列データを配列形式で保存するメソッド。	

getDynamicData()	なし	{
		x:[<Vector3>],
		y:[<Vector3>],
		z:[<Vector3>],
		vx:[<Vector3>],
		vy:[<Vector3>],
		vz:[<Vector3>],
		kinetic:[<Vector3>],
		potential:[<Vector3>],
		}

説明	3次元オブジェクトの運動に関する時系列データを取得するメソッド。	
beforeCreate() afterCreate() beforeUpdate() afterUpdate() beforeTimeEvolution() afterTimeEvolution()	なし	―
説明	仮想物理実験室内の外部との情報のやりとりを行うメソッド（通信メソッドと呼ぶ）。主要メソッド内の始めと終わりで実行され、実験室内の3次元オブジェクトの状態の把握や外界からの操作を行うために利用することができる。	

メソッド名	引数	戻値
initQuaternion()	なし	なし
説明 姿勢を表すクォータニオンを計算するメソッド。		

resetAttitude(
    axis,
    theta)
	
	<Vector3>
	<float>
		なし

説明 3次元オブジェクトの姿勢を引数で与えた姿勢軸ベクトル（axis）と回転角度（theta）に再設定するメソッド。内部プロパティである姿勢を表すクォータニオン quaternion プロパティの再設定を行う。		

rotation(
    axis,
    theta)
	
	<Vector3>
	<float>
		なし

説明 3次元オブジェクトを引数で与えた回転軸ベクトル（axis）に対して回転角度（theta）回転させるためのメソッド。内部プロパティである姿勢を表すクォータニオン quaternion プロパティを更新する。		
initVectors()	なし	なし
説明 平面領域が存在する3次元オブジェクトにて、法線ベクトルや接線ベクトルなどのプロパティを初期化するためのメソッド。		
computeVectors()	なし	なし
説明 3次元オブジェクトの移動や回転によって、頂点座標、法線ベクトル、接線ベクトルを更新するメソッド。		
getCollisionForce()	なし	<Vector3>
説明 衝突によって生じる力を計算するメソッド。戻り値として衝突力ベクトルを返す。		
getContactForce()	なし	<Vector3>
説明 接触によって生じる力を計算するメソッド。戻り値として接触力ベクトルを返す。		
timeEvolutionOfCollision()	なし	なし
説明 衝突時の時間発展を行うメソッド。		
computeCenterPosition()	なし	なし
説明 faces プロパティで指定された面の中心座標を計算し、centerPosition プロパティに格納するメソッド。		
computeFaces BoundingSphereRadius()	なし	なし
説明 3次元オブジェクトに存在するポリゴン面（三角形）ごとのバウンディング球の半径を計算するメソッド。計算結果は facesBoundingSphereRadius プロパティに格納される。		
computeCenterOfGeometry()	なし	なし
説明 3次元オブジェクトの中心座標を計算し、centerOfGeometry プロパティに格納するメソッド。ポリゴンオブジェクトの様に多数の面で構成される場合は各ポリゴン面の大きさを考慮、点オブジェクトや線オブジェクトのように場合には、頂点座標の単純加算平均を計算。		

付録B　PhysObject クラスのメソッド・プロパティ（リビジョン 10）

メソッド名	引数	戻値
setVertices(vertices)	[<object>]	なし
説明	引数で指定した頂点座標配列 vertices を、本クラスの vertices プロパティに格納するためのメソッド。	
setFaces(faces)	[[]]	なし
説明	引数で指定した頂点指定配列 faces を、本クラスの faces プロパティに格納するためのメソッド。	
setColors(colors)	<array>	なし
説明	引数に与えた頂点色配列を 3 次元オブジェクトの頂点色を格納する colors プロパティに与えるメソッド。指定する色の形式は HEX 形式に加え RGB 形式と HSL 形式も可能。	
loadJSON(filePath)	<string>	なし
説明	引数で指定した JSON 形式のファイルを読み込んで、3 次元オブジェクトを生成する。	
setVerticesAndFacesFromGeometry(geometry)	<Geometry>	なし
説明	引数で指定した three.js の形状オブジェクト（Geometry クラス）からポリゴンオブジェクトの頂点座標と面指定配列を指定するためのメソッド。	

付録 C PhysObject クラスの派生クラス（リビジョン 10）

　仮想物理実験室に登場する 3 次元オブジェクトは PhysObject クラスの派生クラスで生成することができます。本付録ではリビジョン 10 までで開発したクラスのプロパティとメソッドを示します。

C.1　Floor クラス

　床オブジェクトを生成するためのクラスです。床 1 辺あたりのタイルの枚数やタイル色、を指定することができます。

プロパティ

プロパティ名	データ型	デフォルト	説明
n	<int>	20	床一辺あたりのタイルの個数。
width	<float>	1.0	タイルの一辺の長さ。
tileColors	[<hex>]	[0x999999, 0x333333]	床の市松模様の色配列。HEX 形式で指定。
collisionFloor	<bool>	false	床面での跳ね返りの有無を指定するブール値。
collisionFloorVisible	<bool>	false	跳ね返りの衝突判定用平面オブジェクト可視化の有無を指定するブール値。

メソッド

メソッド名	引数	戻値	説明
create3DCG()	なし	なし	床オブジェクトの 3 次元グラフィックス（CG プロパティ）を生成するためのメソッド。基底クラスの同名のメソッドをオーバーライドしている。

■C.2　Axis クラス（軸オブジェクト）

　3次元の軸オブジェクトを生成するためのクラスです。本実験室では通常 z 軸を上方向とします。各軸の色や矢印の長さや大きさを指定することができます。

プロパティ

プロパティ名	データ型	デフォルト	説明
size	\<object\>	{length:3, 　headLength:1, 　headWidth:0.5}	軸オブジェクトを構成する矢印オブジェクトのサイズ。各プロパティ length は矢印の全長、headLength は矢印頭の長さ、headWidth は矢印頭の幅を表す。
axisColors	[\<hex\>]	[0xFF0000, 　0x00FF00, 　0x0000FF]	軸オブジェクトを構成する矢印オブジェクトの色を指定する配列。x 軸（赤）、y 軸（緑）、z 軸（青）の順番で格納する（カッコの中は色）。

メソッド

メソッド名	引数	戻値	説明
create3DCG()	なし	なし	軸オブジェクトの3次元グラフィックス（CG プロパティ）を生成するためのメソッド。基底クラスの同名のメソッドをオーバーライドしている。

■C.3　Cube クラス（立方体オブジェクト）

　立方体オブジェクトを生成するためのクラスです。立方体の3辺を指定することができます。なお、立方体は平面だけで構成されているので、Plane クラスの派生クラスとして定義します。

プロパティ

プロパティ名	データ型	デフォルト	説明
width	\<float\>	1.0	立方体オブジェクトの x 軸方向の幅。
depth	\<float\>	1.0	立方体オブジェクトの y 軸方向の幅。
height	\<float\>	1.0	立方体オブジェクトの z 軸方向の幅。

geometry	\<object\>	{
		　widthSegments: 1,
		　heightSegments: 1,
		　depthSegments: 1
		}
			立方体の形状の詳細を指定するパラメータ。
			・widthSegments：x 軸方向の幅の分割数。
			・heightSegments：y 軸方向の幅の分割数。
			・depthSegments：z 軸方向の幅の分割数。

■C.4　Sphere クラス（球オブジェクト）

球オブジェクトを生成するためのクラスです。球の半径や形状を指定することができます。

プロパティ

プロパティ名	データ型	デフォルト
radius	`<float>`	1.0
説明　球オブジェクトの半径		

geometry	`<object>`	`{`
		`    widthSegments:  20,`
		`    heightSegments: 20,`
		`    phiStart:       0,`
		`    phiLength:      Math.PI * 2,`
		`    thetaStart:     0,`
		`    thetaLength:    Math.PI`
		`}`

説明　球の形状を指定するパラメータ。 　　　・widthSegments：y軸周りの分割数。 　　　・heightSegments：y軸上の正の頂点から負の頂点までの分割数。 　　　・phiStart：y軸回転の開始角度。x軸の負方向とのなす角で指定。 　　　・phiLength：y軸回転角度（0〜2*Math.PI）。 　　　・thetaStart：x軸回転の開始角度。y軸とのなす角で指定。 　　　・thetaLength：x軸回転角度（0〜Math.PI）。		

■C.5　Plane クラス（平面オブジェクト）

平面オブジェクトを生成するクラスです。平面の辺の長さを指定することができます。

プロパティ

プロパティ名	データ型	デフォルト	説明
width	`<float>`	1.0	横幅（x軸方向の長さ）
height	`<float>`	1.0	縦幅（y軸方向の長さ）

■C.6 Circle クラス（円オブジェクト）

　円オブジェクトを生成するためのクラスです。円の半径と円周の分割数を指定することができます。なお、Plane クラスの派生クラスとして定義します。

プロパティ

プロパティ名	データ型	デフォルト	説明
radius	\<float\>	1.0	円の半径。
segments	\<int\>	40	3次元グラフィックス時の円の分割数。大きいほど円が滑らかになる。

■C.7 Cylinder クラス（円オブジェクト）

　円柱オブジェクトを生成するためのクラスです。円柱の長さに加え、上円の半径と下円の半径をそれぞれ指定することができるので、円錐とすることもできます。

プロパティ

プロパティ名	データ型	デフォルト	説明
height	\<float\>	1.0	円柱の高さ
radiusTop	\<float\>	1.0	上円の半径
radiusBottom	\<float\>	1.0	下円の半径
openEnded	\<bool\>	false	円柱の上下の円の開閉を指定するブール値。
radialSegments	\<int\>	40	3次元グラフィックス時の円の分割数。大きいほど円が滑らかになる。
heightSegments	\<int\>	1	3次元グラフィックス時の円柱の高さ方向の分割数。

内部プロパティ

プロパティ名	データ型	デフォルト	説明
centerPosition	[\<Vector3\>]	[]	円の中心座標を格納する配列。要素番号0が上円、1が下円を表す。

■C.8 Point クラス（点オブジェクト）

　点オブジェクトを生成するためのクラスです。描画時の点の半径 radius プロパティを指定することができますが、この半径は衝突演算には影響を与えません。なお、Sphere クラスの派生クラスとして定義します。

プロパティ

プロパティ名	データ型	デフォルト	説明
radius	<float>	0.01	3次元グラフィックスの球の半径。衝突判定には一切影響はない。

■C.9 Spring クラス（ばねオブジェクト）

　ばねオブジェクトを生成するためのクラスです。ばねの形状を決定するために必要な基本的なパラメータとして、ばねの長さ（length プロパティ）、ばねの半径（radius プロパティ）、管の半径（tube プロパティ）と巻き数（windingNumber プロパティ）を指定することができます。ばねの長さとばねの半径は、管断面の中心座標を基準としていることに注意してください。

プロパティ

プロパティ名	データ型	デフォルト	説明
radius	<float>	1.0	ばねの半径。
tube	<float>	0.2	管の半径
length	<float>	5	ばねの長さ。自然長
windingNumber	<int>	10	ばねの巻き数。
radialSegments	<int>	10	外周の分割数。
tubularSegments	<int>	10	管周の分割数

メソッド

メソッド名	引数	戻値	説明
getSpringGeometry(　radius, 　tube, 　length, 　windingNumber, 　radialSegments, 　tubularSegments)	 <float> <float> <float> <int> <int> <int>	<Geometry>	引数で指定したパラメータに基づいたばねオブジェクトの形状オブジェクト（three.js の Geometry クラス）を生成して返すメソッド。PhysObject クラスの getGeometry メソッド内で呼び出される。引数の意味は上記プロパティと同じ。

メソッド名	引数	戻値	説明

updateSpringGeometry(
  radius,
  tube,
  length,
  windingNumber,
  radialSegments,
  tubularSegments)
	
	<float>
	<float>
	<float>
	<int>
	<int>
	<int>
		なし	ばねオブジェクトの形状を引数で指定したパラメータに基づいて再計算を行い、3次元グラフィックスの更新を行う。引数の意味は上記プロパティと同じ。

setSpringGeometry(
  geometry,
  radius,
  tube,
  length,
  windingNumber,
  radialSegments,
  tubularSegments)
	
	<Geometry>
	<float>
	<float>
	<float>
	<int>
	<int>
	<int>
		なし	引数で指定したパラメータに基づくばねオブジェクトの頂点座標や法線ベクトルの計算を行い、3次元グラフィックスの形状オブジェクトに格納するメソッド。

setSpringBottomToTop(
  bottom,
  top)
	
	<Vector3>
	<Vector3>
		なし	引数で指定したばねの下端（bottom）と上端（top）の位置ベクトルをもとに、ばねの形状の再計算と姿勢を指定するメソッド。本メソッド内部で setSpringGeometry メソッドが実行される。

■ C.10　Polygon クラス（ポリゴンオブジェクト）

　ポリゴンオブジェクトを生成するためのクラスです。任意の頂点データ（頂点座標、頂点色、頂点指定配列）に対するポリゴンを生成することができます。なお、ポリゴンは三角形だけで構成されているので、Plane クラスの派生クラスとして定義します。

プロパティ

プロパティ名	データ型	デフォルト

vertices	[<object>]	[
		  {x:-5, y: 0, z:0},
		  {x: 0, y:-5, z:0},
		  {x: 0, y: 5, z:0}
		]

説明	\multicolumn{2}{l|}{ポリゴンオブジェクトの頂点座標を配列形式で格納するプロパティ。頂点座標を指定しただけでは実際のポリゴンの頂点として利用されるわけではなく、faces プロパティで該当する頂点番号を指定すること初めて利用される。}
faces	[[]]	[[0, 1, 2]]
説明	\multicolumn{2}{l|}{ポリゴンオブジェクトの面を構成する頂点番号を指定するためのプロパティ。}

プロパティ名	データ型	デフォルト
resetVertices	<bool>	false
説明	ポリゴンオブジェクトの位置ベクトルの基準点（ローカル座標系の原点）とポリゴンオブジェクトの形状中心と一致させるかの有無を指定するブール値。true とすると、内部プロパティ _vertices の値を平行移動する。	
loadJSONFilePath	<string>	null
説明	JSON 形式の 3 次元オブジェクトデータのファイルパスを指定。	
polygonScale	<float>	1
説明	ポリゴンオブジェクトの頂点座標を指定する際のスケール。全ての頂点座標を polygonScale 倍する。ポリゴンサイズが適当でない場合に指定する。	

内部プロパティ

プロパティ名	データ型	デフォルト
geometry.type	<string>	Polygon
説明	3 次元グラフィックスで利用する形状オブジェクトの種類。	
centerOfGeometry	<Vector3>	new Vector3()
説明	ローカル座標系におけるポリゴンの形状中心座標。computeCenterOfGeometry メソッドを実行することで計算可能。	
centerPosition	[<Vector3>]	[]
説明	ポリゴンを構成する各三角形の中心を格納した配列。computeCenterPosition メソッドで計算。	
facesBoundingSphereRadius	[<float>]	[]
説明	ポリゴンを構成する各三角形のバウンディング球の半径を格納した配列。computeFacesBoundingSphereRadius メソッドで計算。	
asynchronous	<bool>	false
説明	非同期で行われる外部ファイル読み込みにて、読み込み中の場合に本フラグが立てられる。本フラグが立てられている最中は、該当 3 次元オブジェクトの各種計算がスキップされる。	

C.11 Line クラス（線オブジェクト）

　線オブジェクトを生成するためのクラスです。指定した頂点座標をつなぐ単純な直線だけでなく、スプライン補間を利用した曲線も実装することができます。さらに、媒介変数表示の関数を利用して、任意の関数で生成する曲線を生成することもできます。また、生成した線オブジェクトと球オブジェクトとの衝突の実装も行います。

付録C　PhysObject クラスの派生クラス（リビジョン 10）

プロパティ

プロパティ名	データ型	デフォルト
vertices	[<object>]	[　{x:0, y: 0, z:0}, 　{x:0, y:-3, z:5}, 　{x:0, y: 3, z:5}, 　{x:0, y: 0, z:0}]
説明	線オブジェクトの頂点座標を配列リテラルで格納するプロパティ。	
colors	[<object>]	[]
説明	線オブジェクトの頂点色を配列リテラルで格納するプロパティ。配列に格納するオブジェクトには以下に示す RGB 形式、HSL 形式、HEX 形式を指定する。1 つの線オブエクと内で複数の形式の混在も可能。 ・RGB 形式：{type:"RGB", r:○, g:○, b:○} ・HSL 形式：{type:"HSL", h:○, s:○, l:○} ・HEX 形式：{type:"HEX", hex:○}	

spline	<object>	{
		　nabled: false,
		　pointNum: 100
		}

説明	vertices プロパティで指定した頂点座標を 3 次関数の曲線でつなぐスプライン補間に関するプロパティ。 ・enabled：スプライン補間の有無 ・pointNum：スプライン補間時の補間点数	
resetVertices	<bool>	false
説明	線オブジェクトの位置ベクトルの基準点（ローカル座標系の原点）と線オブジェクトの形状中心と一致させるかの有無を指定するブール値。true とすると、内部プロパティ _vertices の値を平行移動する。	

parametricFunction	<object>	{
		　enabled:　false,
		　pointNum: 100,
		　theta:　　{min: 0, max:1},
		　position: function(_this, theta) {
		　　return {x:0, y:0, z:0}
		　},
		　color: function(_this, theta) {
		　　return {type:"RGB", r:0, g:0, b:0}
		　}
		}

説明	頂点座標や頂点色を媒介変数関数で設定するために必要な関数やパラメータが格納されたプロパティ。媒介変数関数利用時はスプライン補間は無効。 ・enabled：媒介変数関数の利用の有無。 ・pointNum：媒介変数の刻み数 ・theta：媒介変数の最小値（min）と最大値（max） ・position：位置座標を指定する関数 ・color：頂点色を指定する関数 関数 position と color の引数 _this は引数の _this は parametricFunction オブジェクトを指すように実装。	

プロパティ名	データ型	デフォルト
material.type	<string>	LineBasic
説明	線オブジェクトを生成する材質オブジェクトを指定する文字列。実線 "LineBasic" か破線 "LineDashedMaterial" のどちらかを指定。	
material.dashSize	<float>	0.2
説明	破線の実線部分の長さ。	
material.gapSize	<float>	0.2
説明	破線の空白部分の長さ。	

メソッド

メソッド名	引数	戻値
computeVerticesFromSpline(　_vertices, _colors)	[<object>] [<object>]	なし
説明	引数で指定した頂点座標配列 _vertices と頂点色配列 _colors からスプライン補間を利用して曲線を計算するメソッド。実行後、頂点座標と頂点色は親クラスの _vertices プロパティ、colors プロパティに格納される。	
computeVerticesFromParametricFunction()	なし	なし
説明	コンストラクタの引数で指定した媒介変数関数を用いて頂点座標と頂点色を計算するメソッド。実行後、頂点座標と頂点色は親クラスの _vertices プロパティ、colors プロパティに格納される。	

索引

数字・記号
2 次元グラフのダウンロード 80
3 次元オブジェクトの姿勢 93
" 328
' 328
= 332

A
afterMakeJSONSaveData() 366
afterStartLabFunctions プロパティ 363
Array クラス 329
Axis クラス 427

B
beforeMakeJSONSaveData() 366
Blob クラス 73
Boolean クラス 327
BoxGeometry クラス 82

C
checkCollision() 253
checkCollisionSphereVsLine() 253
Circle クラス 429
clone() 357
cloneObject 関数 348, 378
computeBoundingSphereRadius() 14
computeCenterOfGeometry() 14, 16, 246
computeFacesBoundingSphereRadius() 22
computeVectors() の拡張 9
computeVerticesFromParametricFunction() 237, 244
computeVerticesFromSpline() 237, 245
create() 284

create3DCG() 251
Cube クラス 427
CubeGeometry クラス 82
Cylinder クラス 429

D
Date クラス 331

E
Earth クラス 54
eval 関数 354

F
faces プロパティ 15
Floor クラス 426
for in 構文 333
function キーワード 331
Function クラス 331

G
Geometry クラス 2
getBindingForce() 285
getClassName() 372
getCollisionEdge() 255
getCollisionPlane() 9
getCollisionSide() 254
getCommonProperty() 358
getForce() 285
getGeometry() 7, 107, 248
getMaterial() 32, 250
getProperty() 358

435

getSaveData() 366, 371
getSpringGeometry() 105, 108

J
JavaScript ビルトインクラス 333
JSON 形式 350
JSON.parse 関数 352
JSON.stringify 関数 351, 352
JSONToObject 関数 378, 380

L
Line クラス 232, 432
loadJSON() 14, 19
loadJSONSaveData() 376, 377

M
makeDownloadData() 79
makeJSONSaveData() 366, 370
makeVideo() 396

N
Number クラス 327

O
Object クラス 332
objectToJSON 関数 368, 369

P
parent プロパティ 372
PhysLab クラス 402
PhysObject クラス 14, 248, 415
Plane クラス 428
Point クラス 430
Polygon クラス 2, 431
position プロパティ 82

R
RegExp クラス 329
resetAttitude() 15, 94
restorePhysObjectsFromLoadData() 376, 380
rotation() 15, 94

S
setColors() 247
setFaces メソッド () 15
setFaces() 14
setParameter() 283
setSpringBottomToTop() 105, 116
setSpringGeometry() 105, 111
setVertices() 14, 15
setVerticesAndFacesFromGeometry() 14, 20
slice() 74
Sphere クラス 428
Spline クラス 246
Spring クラス 102, 430
stopPropagation() 87
String クラス 328

T
this 333
timeControl() 92, 397

U
updateSpringGeometry() 105, 108
UTC 331

V
vectorsNeedsUpdate プロパティ 27
_vertices プロパティ 15

W
WebGLRenderer クラス 82

索引

WebM	382
whammy	384

あ

浅いコピー	334
イベント	85
イベント伝搬	86
の停止	87
インスタンス	340
うなり	174
円	260
円オブジェクト	429
オブジェクト	332, 340
完全コピー	345
コピー	334, 344
オブジェクトリテラル	333

か

外部ファイル	
—からの復元	375
—への出力	73, 365
角振動数	134
過減衰	152
仮想物理実験室の状態遷移	393
加速度ベクトル	189
極座標系	191
簡易衝突判定	29
簡易バウンディング球	22
管外周の分割数	102
環境マッピング	51
テクスチャ	52
関数	331
慣性抵抗	150
完全微分型	120
管の半径	102
キャプチャーフェーズ	87
球オブジェクト	428
強制振動運動	167
協定世界時	331
共鳴	176
共鳴角振動数	176
鏡面マッピング	44
動的生成	46
極座標系	186
加速度ベクトル	191
速度ベクトル	191
ニュートンの運動方程式	189, 191
曲率	258
曲率ベクトル	258
空気抵抗	150
雲オブジェクト	56
クラス継承	341
クラス定義	340
クラスベースオブジェクト指向言語	326
経験的計算アルゴリズムの改善	225
形状オブジェクト	248
形状中心座標	16, 18
経路	256
拘束された物体の運動	279
強制振動	293
経路ベクトル	256
減衰振動運動	150
拘束条件	201
拘束力	281

さ

サイクロイド曲線	273
経路	305
サイクロイド振り子	313, 322
材質オブジェクト	250
再生モード	90
最速過減衰	155
座標系の変更	34
三角形の面積	17
軸オブジェクト	427
シャローコピー	334, 335
重心	17
衝突	252
衝突計算	24

初期頂点座標	15
真偽値	327
数値	327
数値計算結果のダウンロード	76
スカイドーム	64
スカイボックス	61
スプライン補間	245
正規表現	329
接線ベクトル	257
線オブジェクト	232, 432
線形常微分方程式	121
全微分	120
速度の計算	97
速度ベクトル	188
極座標系	191

た

第二種完全楕円積分	268
第二種楕円積分	268
楕円	264
経路	296
単位ベクトル	190
単振動運動	133
シミュレータ	137
地球オブジェクト	54
張力	192
直交座標系	185
通信メソッド	362
常微分方程式	119
ディープコピー	334, 337
定数係数線形常微分方程式	123
定数変化法	122
テクスチャ	
動的生成	38
マッピング	30
デフォルト姿勢	95
点オブジェクト	430
動画	381
生成機能の追加	391
同次型	120

同次方定式	122
動的テクスチャマッピング	37
特殊関数	133

な

ニュートンの運動方程式	281
極座標系	189, 191
粘性抵抗	150

は

配列	329
バウンディング球	22
バウンディングボックス	83
バタフライカーブ	241
ばね	
オブジェクト	102, 430
外周の分割数	102
長さ	102
半径	102
バブリングフェーズ	87
半値全幅	179
バンプマッピング	47
動的生成	49
微小振動の振り子運動	194
非線形常微分方程式	123
非線形ばね	150
日付	331
非同次方程式	122
微分方程式	119
ビルトインクラス	326
フォグ効果	68
深いコピー	334
振り子運動	192, 196
微小振動	194
強制振動運動	217
等時性	207
プロトタイプチェーン	341
プロトタイプベースオブジェクト指向言語	326
平面オブジェクト	428

べき級数解 132
ベッセル微分方程式 132
変数分離型 119
偏微分方程式 119
法線マッピング 41
　　動的生成 43
放物線 269
　　経路 300
ポリゴンオブジェクト 431

ま

巻き数 102
面指定配列 15
文字列 328

や

床オブジェクト 426

ら

力学的エネルギー保存則 135
立方体オブジェクト 427
臨界減衰 161
臨界状態 161
ルジャンドル微分方程式 132
レンズフレア 70

■ 著者プロフィール

遠藤 理平（えんどう・りへい）
東北大学大学院理学研究科物理学専攻博士課程修了、博士（理学）。
有限会社 FIELD AND NETWORK 代表取締役、特定非営利活動法人 natural science 代表理事。
利酒道二段。宮城の日本酒を片手に物理シミュレーションが趣味。

HTML5 による物理シミュレーション　剛体編
物理エンジンの作り方（2）

2015 年 3 月 10 日　　初版第 1 刷発行

著　者	遠藤 理平	
発行人	石塚 勝敏	
発　行	株式会社 カットシステム	
	〒 169-0073　東京都新宿区百人町 4-9-7　　新宿ユーエストビル 8F	
	TEL (03)5348-3850　　　FAX (03)5348-3851	
	URL　http://www.cutt.co.jp/	
	振替　00130-6-17174	
印　刷	シナノ書籍印刷 株式会社	

本書に関するご意見、ご質問は小社出版部宛まで文書か、sales@cutt.co.jp 宛に e-mail でお送りください。電話によるお問い合わせはご遠慮ください。また、本書の内容を超えるご質問にはお答えできませんので、あらかじめご了承ください。

■ 本書の内容の一部あるいは全部を無断で複写複製（コピー・電子入力）することは、法律で認められた場合を除き、著作者および出版者の権利の侵害になりますので、その場合はあらかじめ小社あてに許諾をお求めください。

Cover design　Y.Yamaguchi　　　© 2015 遠藤理平
Printed in Japan　ISBN978-4-87783-342-8

第8章 ● 振動運動のシミュレーション

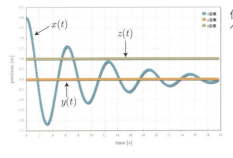

位置ベクトル

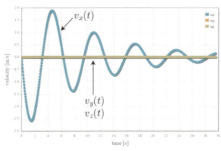

速度ベクトル

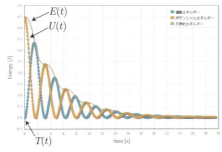

各種エネルギー

図 8.39 ● 減衰振動運動のシミュレーション結果

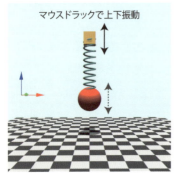

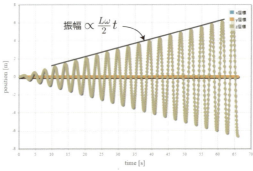

図 8.49
● マウスドラッグによる強制振動運動

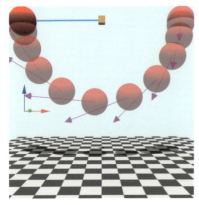

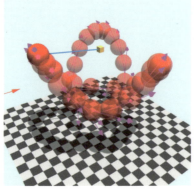

図 8.60
● 支柱が固定された振り子運動の様子

第 9 章 ● 拘束力のある運動のシミュレーション

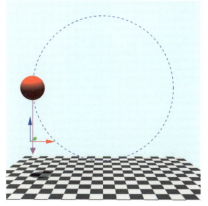
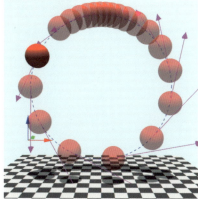

図 9.24 ● 経路が円で指定された球体の運動

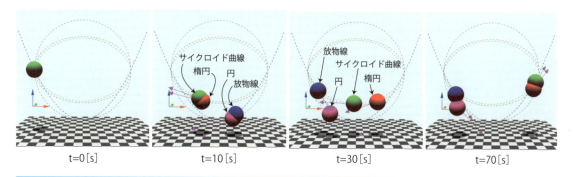

図 9.43 ● 振り子運動の比較

第 10 章 ● 実験室の保存・復元と動画生成

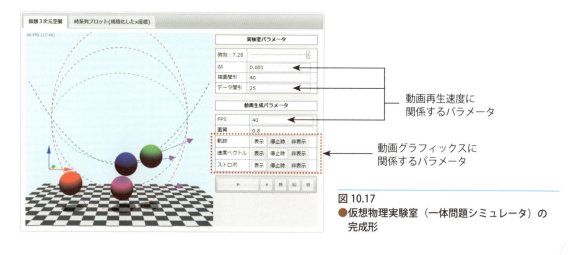

図 10.17
● 仮想物理実験室（一体問題シミュレータ）の完成形